U0383951

2014年版

单元机组集控运行

陈 庚 主编

中国电力出版社
CHINA ELECTRIC POWER PRESS

内容提要

本书着重叙述了火力发电厂单元机组集控运行的方法，内容包括单元机组的启动和停运、单元机组的运行调节、单元机组的控制及安全保护、辅助系统运行、单元机组事故诊断与对策等。

本书可供火电厂运行技术人员使用，也可供大专院校火电厂集控运行或其他相关专业的学生使用。

图书在版编目（CIP）数据

单元机组集控运行/陈庚主编. —北京：中国电力
出版社，2001.5（2015.9 重印）
ISBN 978-7-5083-0530-1

Ⅰ. 单⋯　Ⅱ. 陈⋯　Ⅲ. 火力发电-发电机-机组-
集中控制-运行　Ⅳ. TM621.3

中国版本图书馆 CIP 数据核字（2001）第 04467 号

中国电力出版社出版、发行

（北京市东城区北京站西街 19 号　100005　http://www.cepp.sgcc.com.cn）
北京丰源印刷厂印刷
各地新华书店经售

*

2001 年 5 月第一版　2015 年 9 月北京第十六次印刷
787 毫米×1092 毫米　16 开本　17.25 印张　392 千字
印数 43001—45000 册　定价 **48.00** 元

前　言

　　本书的编写是在 1998 年 8 月召开的国家电力公司热能动力类高等专科集控教学组会议上提出的，它是火力发电厂集控运行专业的一门必修课教材，也可以作为火力发电厂其他专业的选修课教材，本书还可供从事火力发电厂工作的运行人员参考。

　　与原有教材相比较，本书更侧重于关于火电机组运行实际的分析和讲授，并增加了有关辅助系统运行方面的内容，在取材上尽量反映目前国内大容量单元机组集控运行技术水平。

　　本书由北京电力高等专科学校陈庚教授担任主编，其中绪论由陈庚编写，第一章由北京电力高等专科学校孙海波副教授编写，第二章由北京电力高等专科学校赢启节工程师及沈阳电力高等专科学校肖增弘副教授编写，第三章由北京电力高等专科学校李平康教授编写，第四章由肖增弘编写，第五章由赢启节编写，全书由陈庚统稿。

　　本书由华北电力大学高镗年教授和华北电力科学研究院徐垣载教授级高级工程师主审，他们认真仔细地对原稿进行了审阅，并提出了很多宝贵意见。本书在编写过程中，得到了有关单位主管领导的大力支持，在此一并表示衷心感谢。

　　由于编者水平有限，书中一定存在不少缺点和错误，恳请读者批评指正。

编　者

二〇〇〇年八月

目　录

绪　论

随着我国电力工业的发展和技术水平的提高，高参数、大容量的火电机组已成为主力机组。大容量的火电机组几乎全部采用集中控制。

集中控制是相对于单独控制而言的。采用中、小容量机组的老式电厂一般采用单独控制。火电厂的主要设备——锅炉、汽轮机和发电机都有自己单独的控制室，各控制室之间通过热工信号、联络信号和电话进行联系。有些电厂虽然把控制室放在一起，但从控制方式上讲，各设备之间仍然是相对独立的。这种旧的控制方式是与当时的设备水平相适应的。老电厂的热机部分采用母管制，几台并列的锅炉送出的蒸汽进入蒸汽母管，而并列的汽轮机从母管中取用蒸汽，没有一一对应关系。若某台设备启停或发生事故，只要对母管没有影响，一般不会影响到其他设备。因此，采用单独控制可以满足机组的安全、经济运行。

但是，随着机组容量的增大，设备结构越来越复杂。特别是再热机组的出现，使控制发生了变化。再热机组中锅炉过热器和再热蒸汽流量必须成一定比例，因此再热机组一般都采用一台锅炉配一台汽轮机的单元制。有些机组的电气主接线也采用单元制。这样，单元机组各设备的纵向联系大大增加，已成为一个较独立的整体，如在启停过程中，炉、机、电的操作是交替进行的。如果仍采用单独控制，各控制室只能通过信号彼此联络，不可能及时、准确地掌握情况，心中无数，势必产生操作上的被动盲目和不协调，所以在大容量火电机组的设计和运行方式上需要把炉、机、电作为一个整体来对待，对这个有机的整体进行监视和控制，即集中控制。采用集中控制，炉、机、电可以密切配合，协调操作，便于运行管理的统一指挥，有利于机组的安全经济运行。

现代科学技术的发展也为实现集中控制提供了可能。有人曾给集中控制下了这样一个定义，即把有关的主、辅设备集中到一个控制中心进行集中监视和控制。但这远远不是集中控制的全部内容。这样做仅仅可以算作集中办公或控制的集中，真正的集中控制有着更深刻的内涵。由于机组容量的增大和实行集中控制，机组的信息量和操作量也大大增加。当机组容量从 50MW 增加到 500MW 时，信息量增大了 10 倍，操作量增大了 6 倍。一台 500MW 的单元机组从启动到开始带负荷，需要运行人员进行 900 个动作，其中 400 个为操作动作，500 个为监视动作。在最紧张的时候，要求运行人员在 5min 内必须完成 40 个操作动作。因此，要求操作人员只凭双手、双眼去有效地监视和控制机组是不现实的，一旦发生紧急情况也不可能进行完善处理。为此，必须借助于自动化手段，使运行中的参数监视和操作部分由自动化手段代为执行，这是机组真正实现集中控制的技术保证。现代化的大型机组普遍采用分散控制系统，可以实现数据的自动采集，设备的自动调节和顺序控制，主、辅机的自动保护，还可以对生产信息进行自动处理，供管理人员作决策时参考。自动化设备的设计和应用水平已成为火电机组水平的重要标志之一。对运行人员来说，掌握和使用自动化装置已成为工作的重要内容。

火电厂的生产过程是将燃料的化学能变为电能的过程，中间的能量转换一环紧扣一环。对采用集中控制的单元机组来说，由于机组相对独立，纵向联系十分紧密，因此炉、机、电乃至辅助设备任一环节的故障都将影响整个机组的运行。对运行人员来说，集中控制于独立控制的要求已大不相同。集中控制机组的运行人员应能够纵览全局，掌握所有主要设备和辅助设备的工作原理和运行特点，熟悉燃料、烟风、汽水、电气、控制等主要系统，并要有丰富的运行经验。只有这样，才能保证机组安全、经济的运行。

单元机组的容量较大，结构复杂，一旦发生事故，造成设备损坏，检修的难度大、时间长，将造成巨大的损失。同时，事故不但会带来发电量的损失，还会使用户受到影响。因此，保证机组运行的安全性是首要任务。单元机组的启动工作是机组运行过程中最重要的阶段，也是机组设备最危险、最不利的工况。此时，所有的设备都要从静止状态转到运行状态，燃烧和汽水部分的金属要从冷变热，这一阶段操作十分繁杂。如稍有不慎，就会造成事故。有些操作不当虽未立即造成设备损坏事故的发生，却给机组设备的安全运行带来隐患，降低了设备的使用寿命。大容量机组的蒸汽压力温度高，金属材料处于比较严峻的工况。大容量机组轴系长，振动问题相对突出。大容量机组控制系统复杂，出现问题的机率高。凡此种种，都应引起运行人员对安全运行的高度警惕。

在保证安全的前提下，应尽可能地提高运行经济性。实践证明，运行状态的优劣对机组的经济性有很大的影响。集中控制的大容量机组都采用单元制，因此启停时的汽水损失和热损失很大，应设计合理的启停方式，减少启停过程中不必要的拖延，减少这些损失。在运行过程中，锅炉合理的运行调整可以大大提高锅炉效率。保证回热加热器的正常运行，提高机组真空系统的严密性，降低厂用电率，维持额定的蒸汽参数等都可以提高机组运行的经济性。对于调峰电厂来说，几台调峰机组负荷分配合理与否对电厂的经济性也有很大影响。

随着我国国民经济的发展和人民生活水平的不断提高，电力负荷的结构出现了很大的变化，各大电网的峰谷差不断上升，有些地区的峰谷差已高达50％。这样大的峰谷差单靠中小机组调峰显然已不能满足要求，大容量机组也必须参与调峰。随着调峰负荷的不断增大，大机组的调峰已从低负荷运行方式发展到两班制运行、周末停机、少汽无功运行方式等。大容量机组参与调峰运行，由于启停频繁或经常进行负荷的调整，使得机组运行不稳定，设备故障或操作不当引起事故的可能性增加。同时，由于负荷变动频繁，机组高温金属部件要承受剧烈的温度变化和交变热应力，引起金属的低周疲劳损耗，缩短了机组的使用寿命。因此，必须加强机组寿命的管理和合理分配。此外，大机组参与调峰必然会带来运行经济性的降低。对于机组调峰带来的安全性、经济性问题，以及采用何种运行方式使机组有更高的效益等问题，目前仍是研究的热点。

综上所述，随着国民经济的不断发展和技术水平的不断提高，电力的需求量不断增大，机组的容量也不断增大，机组的控制手段不断更新，运行的组织结构也发生了变化。因此，对运行人员来说，也有了新的、更高的要求。本书将系统地、详细地和全面地介绍有关单元机组集控运行的知识。

单元机组的启动和停运

第一节 单元机组启动概述

单元机组的启动是指机组由静止状态转变成运行状态的工艺过程，包括锅炉点火、升温升压，汽轮机冲转升速、并列，直到带至额定负荷的全过程。根据炉、机、电设备的配置不同和设备结构的特点，启动时具有不同的启动方式与方法。

锅炉设备的启动过程是一个极其不稳定的变化过程。在启动初期，锅炉各受热面内工质流动不正常，工质的流量、流速较小，甚至工质短时间断续流动会影响受热面的冷却而造成局部受热面金属管壁的超温。在锅炉点火后的一段时间内，燃料投入量少，炉膛温度低，燃烧不易控制，容易出现燃烧不完全、不稳定；炉膛热负荷不均匀的现象，可能出现灭火和爆炸事故。

实践证明，单元机组启动工作是机组运行过程的一个重要的阶段，同时也是机组设备最危险、最不利的工况。很多机组的设备损坏事故就是在机组启动过程中发生的。有些启动中发生的异常现象，虽然未立即造成设备损坏事故的发生，却给机组设备的安全运行带来隐患，降低了设备的使用寿命，因此通过研究单元机组的启动过程中的加热方式和热力特性寻求合理的单元机组启动方式、方法是非常必要的。

所谓合理的启动方式、方法就是在机组的启动过程中，使机组各部件得到均匀加热，使各部温差、胀差、热应力和热变形等均在允许的范围内变化，尽可能地缩短机组总的启动时间，使机组的启动经济性最高。

一、单元机组启动方式与分类

单元机组的启动方式有不同的分类方法。

1. 按设备金属温度分类

随着机组停运时间的变化，锅炉和汽轮机的金属温度也不相同。启动按温度分类有两种划分方式：一种是以停机后的时间长短来划分，即停机一周时间为冷态启动，停机48h为温态启动，停机8h为热态启动，停机2h为极热态启动。另一种以汽轮机金属温度水平来划分：

(1) 冷态启动。汽轮机调节级汽室金属温度低于满负荷时金属温度30%左右或金属温度低于150~180℃以下者，称为冷态启动。

(2) 温态启动。当汽轮机调节级汽室金属温度在满负荷时温度的30%～70%或金属温度处于180~350℃之间者，称为温态启动。

(3) 热态启动。当汽轮机调节级汽室金属温度在满负荷时温度的80%左右或金属温度高于350~450℃，称为热态启动。

(4) 极热态启动。当汽轮机调节级汽室金属温度高于450℃以上时，称为极热态启动。

2. 按蒸汽参数分类

按启动过程中主蒸汽参数是否变化，可分为额定参数启动和滑参数启动两种。

额定参数启动时，在整个启动过程中，电动主闸阀前的主蒸汽参数始终保持额定值。这种启动方式的缺点是蒸汽与汽轮机金属部件间的初始温差大，调节级后温度变化剧烈，零部件受到较大的热冲击，冲转流量小，调节阀节流损失大。单元制汽轮机不宜采用这种启动方式。

滑参数启动是在锅炉参数达到一定值时就启动汽轮机，锅炉的启动与暖管、暖机和汽轮机的启动基本上同时进行。在启动过程中，锅炉送出的蒸汽参数逐渐升高，蒸汽参数及流量按汽轮机暖机、升速和带负荷的需要而逐渐变化。当锅炉出口蒸汽参数以及蒸发量达到额定值时，汽轮机也刚好带上额定负荷，启动程序即告终结。

滑参数启动由于是用低参数的蒸汽来加热低温金属部件的，使温度梯度变小，因此要合理得多。同时，在大的容积流量下，蒸汽的流速不致过低，也提高了放热系数，改善了加热条件，可以很方便地控制加热速度。在启动过程中，可以使调节阀处于全开位置，这样可以使汽轮机的汽缸加热均匀，也不会产生节流损失。机炉协同操作以后，可以大幅度地缩短锅炉点火到发电机并列乃至升负荷的速度，提高了电网的机动性。除此以外，锅炉产生的蒸汽可以全部进入汽轮机，消除了排入大气的热损失和凝结水损失。在低压下，由于容积流量较大、流速较高，锅炉过热器和再热器可以充分地冷却，这要比额定参数启动时安全得多，锅炉的水循环工况也有所改善。

综合上述一些原因，滑参数启动比额定参数启动要优越得多，因此目前在高压电厂中都采用这种启动方式。

滑参数启动又可分为滑参数真空法启动和滑参数压力法启动两种方式。

（1）滑参数真空法启动。采用真空法启动时，首先把锅炉和汽轮机之间主蒸汽管道上的电动主闸阀、自动主汽阀、调速汽阀以及到凝汽器的疏水阀在内的全部阀门都开启，而将此管道上的空气阀和疏水阀、汽包及过热器上的空气阀全部关闭。投用抽气器抽真空，这时真空一直可以抽到汽包。锅炉点火后产生的蒸汽随即通往汽轮机冲动转子，升速并网。此后，按照汽轮机的要求，锅炉继续升温、升压直至正常运行。此外，采用滑参数真空法启动时，全部启动过程由锅炉控制。由于这种启动方式真空系统太大，抽真空的时间太长，且锅炉的热惯性较大，在低负荷时不易控制汽温、汽压，从而不易控制汽轮机升速并网，在启动初期易发生汽轮机水冲击事故，故目前很少采用。

（2）滑参数压力法启动。滑参数压力法启动时，在锅炉点火前将汽轮机自动主汽阀和调节汽阀置于关闭状态，只对汽轮机抽真空。在锅炉点火后，待自动主汽阀前蒸汽参数达到一定值时冲动转子。冲转、升速直至定速一般均由调节汽阀控制，锅炉保持蒸汽参数不变。并网后，全开调节汽阀，转入滑压运行，由锅炉控制升压、升温过程，汽轮机随主蒸汽参数提高自动增加负荷。滑参数压力法启动克服了真空法的缺点，便于维持锅炉在低负荷下的稳定运行。冲转参数的提高，对汽轮机升速、蒸汽湿度控制较好，可以消除转速波动和水冲击对汽轮机的损伤。同时，由于再热蒸汽温度升高，对减少汽缸热应力也是十分有利的。因此目前国内投产的高参数、大容量机组几乎都采用了滑参数压力法启动。

3．按冲转时进汽方式分类

对于中间再热式汽轮机，按冲动转子时的进汽方式分为高中压缸启动和中压缸启动两种方式。

（1）高中压缸启动。高中压缸启动时，蒸汽同时进入高压缸和中压缸冲动转子。这种启动方式可使高中压合缸汽轮机的分缸处均匀加热，减少热应力并能缩短启动时间。

（2）中压缸启动。中压缸启动方式是指在汽轮机冲转时高压缸不进汽，而是中压缸进汽冲动转子，待转子转速升至 1500～2800r/min 后或并网后，才逐渐向高压缸进汽。中压缸启动具有如下优点：中压缸转子为全周进汽，中压缸和中压转子加热均匀，随同再热器的压力升高对高压缸进行暖缸，高压缸和高压转子的受热也比较均匀，这样就减少了启动过程中汽缸和转子的热应力。采用中压缸启动，在中速暖机结束后，高、中压转子的温度一般都升至150℃以上，这样就使高、中压转子提前度过脆性转变温度，提高了机组在高速下的安全性，还缩短了机组的启动时间，提高了经济性。但采用此种方式启动，控制方法较复杂。

4．按控制进汽流量的阀门分类

汽轮机冲转时，可以使用调速汽阀、自动主汽阀或电动主闸阀，也可以使用它们的旁路阀来控制进入汽轮机的蒸汽量，因此可以分为：

（1）用调速汽阀启动。用调速汽阀启动时，电动主闸阀和自动主汽阀全部开启，由依次开启的调速汽阀来控制进入汽轮机的蒸汽量。这种控制方法易于控制流量，但是会使汽轮机汽缸前部进汽只局限于较小的弧段，使该部分的加热不均匀。高压机组较少采用这种启动方式。

（2）用自动主汽阀或电动主闸阀启动。启动前调速汽阀全开，由自动主汽阀或电动主闸阀控制进汽。这种方式的优点是全周进汽，汽轮机加热比较均匀；缺点是易使自动主汽阀或电动主闸阀磨损，造成关闭不严密的后果，从而降低了自动主汽阀这一保护装置的可靠性。

（3）用自动主汽阀或电动主闸阀的旁路阀启动。用这种方法启动，在启动前调速汽阀全部开启，而用自动主汽阀或电动主闸阀的旁路阀来控制进入汽轮机的蒸汽流量。由于阀门较小，便于控制汽轮机的升温速度和汽缸的加热。在整个升速过程中，汽轮机全周进汽，受热比较均匀，这对汽缸壁较厚的高压以上的机组是十分有利的。

二、单元机组启动过程主要热力特点

在单元机组启动过程中，锅炉、汽轮机各个部件都要经历大幅度的温度变化过程。由于设备体积庞大和结构复杂，各个部件所处加热条件与加热速度不同，因而在各部件之间或部件本身沿金属壁厚方向产生明显的温差，温差将导致金属部件产生热膨胀、热变形和热应力。温度的变化引起的物体变形称之为热变形。如果物体的热变形受到约束，则在物体内就会产生应力，这种应力称为热应力。热应力随温差的变化使金属产生疲劳。当热应力超过允许的极限值时，将导致部件产生裂纹以致损坏。同时，加热速度不当还会引起机组部件膨胀不均而导致机组内部的动静间隙改变，甚至发生动静摩擦事故。

（一）锅炉热应力

锅炉设备在启动过程中，由于温度升高的幅值和各金属部件受热条件的差别，以及金属部件所处位置的不同，金属部件的加热过程不可能完全均匀，部件之间总是存在温度差。特别是在锅炉的汽包、蒸汽集箱等厚壁结构的部位。在启动升温、升压过程中，对金属部件的内外壁和上下部壁温差更需严格加以控制，使其在合理的范围内变化。

金属部件的膨胀，由于各部件的具体情况不同，如所处的部位不同、温升速度的不同、所用各种材料的热膨胀系数不同、几何尺寸的不同、各部件的热胀数值与方向不一等原因，使得锅炉的热膨胀位移问题变得复杂。热胀受到阻碍就将产生巨大应力，使汽包、集箱、管道等变形，甚至严重威胁系统结构的强度及严密性，使锅炉在运行中发生泄漏、爆破等事故。

汽包是一个厚壁高温受压容器,它的受力状况是复杂的。在运行过程中,它承受着内应力所造成的机械应力,温度快速交变所造成的热应力和热疲劳;还有结构设计的制造工艺带来的应力,如开孔造成的应力集中、不圆度和焊接产生的残余应力等。

1. 锅炉汽包温差与热应力

汽包金属的热应力主要是由内壁与外壁温差、汽包上部和下部的温差引起的。

(1) 汽包内外壁温差引起的热应力

机组冷态启动时,汽包进水之前,其金属温度接近环境温度。进水时,温度较高的给水与内壁接触,于是对内壁单侧加热,因而形成内外壁温差,产生热应力。锅炉升温升压过程是对汽包内壁继续加热的过程,因此汽包壁的温差及热应力仍然会存在。

根据热弹性理论,可将汽包视为厚壁圆柱体,则各向热应力可以用式(1-1)计算:

径向热应力

$$\sigma_r = -\frac{\alpha_l E}{1-\mu}\left[\frac{1}{r^2}\int_{r_1}^{r} tr\mathrm{d}r - \frac{r_2^2 - r_1^2}{2r^2}t_\mathrm{m}\right] \qquad (1-1)$$

切向热应力

$$\sigma_\theta = -\frac{\alpha_l E}{1-\mu}\left[\frac{1}{r^2}\int_{r_1}^{r} tr\mathrm{d}r + \frac{r_2^2 + r_1^2}{2r^2}t_\mathrm{m} - t\right] \qquad (1-2)$$

轴向热应力

$$\sigma_r = -\frac{\alpha E}{1-\mu}(t_\mathrm{m} - t) \qquad (1-3)$$

$$t_\mathrm{m} = \frac{2}{r_2^2 - r_1^2}\int_{r_1}^{r_2} tr\mathrm{d}r \qquad (1-4)$$

式中　α_l——汽包材料线胀系数,$\alpha_l = 12 \times 10^{-6}℃^{-1}$;

E——材料弹性模数,$E = (2.0 \sim 2.1) \times 10^5 \mathrm{MPa}$;

μ——泊桑系数,$\mu = 0.25 \sim 0.33$;

r_1——汽包内径,m;

r_2——汽包外径,m;

t_m——体积平均温度,℃。

由式(1-1)~式(1-3)可知,热应力的大小与汽包壁内径向温度分布有关。此外,由公式还可以分析得出:

汽包内壁的径向应力 $\sigma_{r1} = 0$;汽包外壁的径向应力 $\sigma_{r2} = 0$。这是因为内外壁面不受约束的缘故。中间各点的径向应力 σ_r 不为零。

汽包内壁的切向应力 $\sigma_{\theta1}$ 与轴向应力 σ_{z1} 相等,即

$$\sigma_{\theta1} = \sigma_{z1} = \frac{\alpha_l E}{1-\mu}(t_\mathrm{m} - t_1) \qquad (1-5)$$

汽包外壁的切向应力 $\sigma_{\theta1}$ 与轴向应力 σ_{z1} 相等,即

$$\sigma_{\theta2} = \sigma_{z2} = \frac{\alpha_l E}{1-\mu}(t_\mathrm{m} - t_2) \qquad (1-6)$$

中间各点的切向应力与轴向应力不相等，且应力的绝对值均小于内外壁的热应力，故最大热应力的通用计算式为

$$\sigma_t = \frac{\alpha_l E}{1-\mu}(t_m - t) \tag{1-7}$$

式中　t——内壁或外壁的温度，℃。

为了校核汽包在受径向温差作用下的安全性，一般只计算最大热应力。汽包受径向温差作用产生各向热应力的分布如图1-1所示。

在近似计算时，可将汽包壁视为平壁，则壁内平均温度应以式（1-8）计算：

$$t_m = \frac{1}{\delta}\int_0^\delta t\,\mathrm{d}x \tag{1-8}$$

式中　δ——汽包壁厚，m。

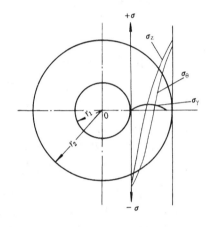

图1-1　汽包壁内热应力分布

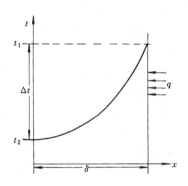

图1-2　汽包壁内温度分布

启动时，在准稳态（此时壁内外温差达最大）下，汽包壁内汽温沿半径方向变化，一般呈抛物线型，如图1-2所示，可用式（1-9）表示：

$$t = t_2 + \left(\frac{x}{\delta}\right)^2 \Delta t \tag{1-9}$$

式中　Δt——壁内外温差，即最大温差，℃。

将式（1-9）代入式（1-8），求得平均温差 t_m，再利用最大热应力通式（1-7），即可求得汽包内壁和外壁的最大热应力为

内壁热应力

$$\sigma_{t1} = -\frac{2}{3}\frac{\alpha_l E}{1-\mu}\Delta t \tag{1-10}$$

外壁热应力

$$\sigma_{t2} = -\frac{1}{3}\frac{\alpha_l E}{1-\mu}\Delta t \tag{1-11}$$

由此可以看出：在机组启动时，汽包壁受单项加热，此时内壁产生热压缩应力，式（1-10）中的负号即表示压缩应力；外壁产生热拉伸应力，且前者的绝对值为后者的两倍。还可看出，最大热应力与壁内外温差 Δt 成正比。

根据不稳定导热理论，可以得出影响壁内外最大温差的因素：

$$\Delta t = \frac{\omega}{2a}\delta^2 \qquad (1-12)$$

$$\omega = \frac{\partial t}{\partial \tau}$$

$$a = \frac{\lambda}{c\rho}$$

式中　　ω——温升率，℃/s；

　　　　a——导温系数；

　　　　λ——导热系数，W/（m·℃）；

　　　　c——金属比热容，J/（kg·℃）；

　　　　ρ——金属密度，kg/m³。

由式（1-12）看出，壁内外的最大温差与壁厚的平方及温升率成正比。因此，为了减小壁内外的最大温差，以减小热应力，在运行中应控制温升率。

（2）汽包上下部壁温差产生的热应力

当上水过快时，特别当汽包初温较低时，都将使上下壁和内外壁的温差加大。温差越大，产生的热应力也越大，严重时会使汽包内表面产生塑性变形。管子与汽包的接口也会由于过大的热应力而受到损伤。实践证明，锅炉上水时控制汽包壁温升速度的关键，在于控制初始上水时的汽包进水速度。为了避免应力过高，锅炉上水水温应控制在90～100℃内。进水速度按上水持续时间，冬季不少于4h，夏季不小于2h，对有缺陷的锅炉应酌情减慢。

锅炉升压初期，只有少量喷燃器投入，炉内火焰充满程度较差，水冷壁受热的不均匀性较大。同时，燃料所放出的热量，一部分要被受热面金属及炉墙所吸收，工质吸收的热量就较少，且工质在低压时的汽化潜热较大，这时产生的蒸汽量很少。自然水循环尚未正常建立，汽包下部的水处于不流动或流动非常缓慢的状态，对汽包壁的放热系数很小。加热缓慢，温度升高不多，与汽包上壁接触的是饱和蒸汽。当蒸汽压力升高时，部分蒸汽将凝结，对汽包壁凝结放热，其放热系数要比下部的水大好多倍。上部壁温能较快地达到对应压力下的饱和温度，这样就使汽包上部壁温高于下部壁温。

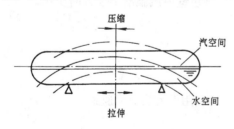

图1-3　汽包上下部壁温差产生的热应力及热变形

汽包上下部壁温差的存在，使汽包上部受热压缩应力，下部受热拉伸应力，同时会使汽包产生拱背变形，如图1-3所示。但是与汽包连接的很多管子限制了汽包任意变形，因此必然会产生热应力。

汽包上下部壁温差产生的轴向热应力可近似用式（1-13）确定：

$$\sigma_{t}^{a} = \frac{\alpha_{l}E\Delta t}{2} \qquad (1-13)$$

式中　Δt——汽包上下部壁温差，℃。

由式（1-13）可知，汽包上下部壁温差越大，其热应力越大。因此，我国电业法规规定，启停期间汽包上下部壁温差不超过40℃，最高不允许超过50℃。

在锅炉升压过程中，由于连续排汽，需要不断地向汽包补水。如果控制不当，使锅炉的给水量时大时小，就会出现间歇的供水方式。当水量增加过多，大量低温水涌入汽包时，或汽包水位过高而紧急放水，排掉了汽包内具有较高温度的饱和水，或省煤器再循环阀门关闭不严，一部分低温给水不经过省煤器直接进入汽包等情况出现时，都将促使汽包上下壁及汽包下部内外壁温差增加，瞬时还会出现较大的温差。此外，在锅炉升压过程中，汽包壁金属从工质吸收热量，温度逐渐升高。汽包壁的内表面温度较高，外表面的温度较低，内外壁存在温差。随着锅炉受热的加强，水循环逐渐正常，汽包金属上下壁温差会逐渐减少，但是汽包内外壁温差始终存在。工质升温愈快，内外壁温差和由此生产的热应力愈大。特别在低压阶段，这个问题更突出。若升压速度过快，对厚壁汽包来说，由于内壁热量向外壁传导的时间较长，将导致内外壁较大的温差。

减少汽包壁温差及热应力，应严格控制升温升压速度。从上述分析可看出，汽包上下壁温差和内外壁温差的大小，在很大程度上决定于汽包内工质的升温升压速度。一般规定汽包内工质温度升高的均匀速度不应超过 1.5～2℃/min。升温升压应按规定的启动曲线进行。在升压过程中，除严格按照规定的升压曲线进行外，还应保持蒸汽压力稳定变化，不使蒸汽压力波动太大，蒸汽压力波动时要引起饱和温度的波动，从而引起汽包温差增大。当发现汽包壁温差过大时，应减慢升压速度或暂停升压。

2．锅炉受热面温差与热应力

自然循环锅炉在启动初期，水冷壁内的水基本是停滞不动的。刚点火时，投入的燃烧器较少，火焰在炉内的充满度较差，沿炉膛四周的热负荷分布不均匀，使沿炉膛高度或水平截面处水冷壁管间受热不均，在水冷壁管中的工质流速将有较大差异，造成水冷壁管间出口工质温差很大。受热不均匀使鳍片式水冷壁管间和管子上下处存在较大的温差，从而产生温差热应力。当鳍片间焊接质量较差时，能使焊缝破裂或撕裂管壁。故不允许水冷壁管间温差过大，一般控制相邻管子的出口工质温度差不大于 50℃。

通过正确选择和恰当轮换点火油枪或燃烧器，可以使水冷壁受热趋于均匀。一般应按燃烧器的布置方式对称地投用燃烧器。燃料量要适中，多油枪、少油量为宜。对于膨胀较少的水冷壁，可在其下联箱利用定期排污阀放水，把汽包中温度较高水引下来加热管子，同时在汽包中补入较高温度的给水，促使其快速加热，减少水冷壁的受热不均和汽包壁的上下温差。

（二）汽轮机热应力、热膨胀和热变形

1．汽轮机的热应力

汽轮机启停或工况变化时，蒸汽参数不断变化，接触汽轮机汽缸及转子各段的蒸汽温度变化会引起汽缸、法兰和转子温度的相对变化。蒸汽的加热或冷却，在金属部件内或不同金属部件之间会产生温差，使汽轮机的零部件产生热应力。

在启动加热时，当汽缸内壁温度大于外壁温度时，汽缸外壁产生拉伸热应力，而汽缸内壁则产生压缩热应力。热应力的大小和方向与零部件内的温度场变化情况和运行方式有关。现以法兰为例来说明产生热应力的情况。沿着法兰宽度方向有温差存在，因此会引起热应力。启动时，法兰外侧的温度低于内侧温度，因而受热后内侧膨胀大，外侧膨胀小，外侧就会阻止内侧自由热膨胀，其结果是内侧产生压缩热应力，而外侧受拉伸热应力。停机时，情况则相反。法兰外侧温度大于内侧温度，这时，内侧为拉伸热应力，外侧为压缩热应力。如果机组不断启停，汽缸和法兰内外侧就要承受交变的热应力。

对于汽缸壁或法兰壁均可视为简单的平壁，在汽轮机启动加热或停机冷却时，在准稳定传热状态，沿壁厚温度分布呈抛物线状，则热应力值各为：

启动加热时：

内壁：$\sigma_i = -\dfrac{2}{3}\dfrac{\alpha_l E}{1-\mu}\Delta t$（压缩热应力） $\qquad\qquad$ (1-14)

外壁：$\sigma_o = +\dfrac{1}{3}\dfrac{\alpha_l E}{1-\mu}\Delta t$（拉伸热应力） $\qquad\qquad$ (1-15)

停机冷却时：

内壁：$\sigma_i = +\dfrac{2}{3}\dfrac{\alpha_l E}{1-\mu}\Delta t$（拉伸热应力） $\qquad\qquad$ (1-16)

外壁：$\sigma_o = -\dfrac{1}{3}\dfrac{\alpha_l E}{1-\mu}\Delta t$（压缩热应力） $\qquad\qquad$ (1-17)

式中 Δt——壁内外温差，即最大温差，℃。

在计算中习惯将压应力以负值表示，拉应力以正值表示。汽缸内壁的热应力值是外壁的两倍，热应力与温差成正比。如果汽缸受热急剧，则由于温差增大而热应力也急剧增加。

为了保证汽缸壁、法兰壁不出现过大的热应力，一般用温差和升温速度这两个指标进行控制。根据上式说明停机冷却时，汽缸内壁将受到较危险的拉伸热应力。在停机过程中，蒸汽降温速度因缸内拉伸热应力与承压机械应力叠加，温降速度不宜过大，应控制在 1.5℃/min 为宜。

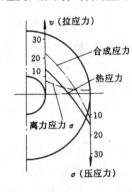

图 1-4 启动加热时转子断面内热应力和合成应力分布

由于转子在高速下运行，转子沿半径承受很高的离心拉应力与在汽轮机启动加热（或停机冷却）过程中沿半径出现的热应力，两者相叠加，成为合成应力。在加热的情况下，如图 1-4 所示，转子外表面压缩热应力部分被离心拉应力所抵消，而转子中心孔内表面拉伸热应力与较高的离心拉应力叠加而使总拉伸应力增大。因此在启动加热时，中心孔内表面承受的拉应力较危险，而在停机冷却时则反之，即转子外表面拉伸热应力将同离心拉应力叠加，尤其是在转子与叶轮连接处、轴封凸肩和防热槽等应力集中区最为危险。

与汽包相似，虽然汽轮机转子形体比较复杂，为了便于理论分析，也可将转子视为空心圆柱体。因此，当启停和工况变化在转子内外壁存在温差时，其各向热应力可用式（1-1）～式（1-7）进行计算。转子外表面和中心孔内表面产生的最大热应力可由式（1-18）计算：

$$\sigma_t = \dfrac{\alpha_l E}{1-\mu}(t_m - t) \qquad\qquad (1-18)$$

式中 t_m——转子在加热或冷却时的平均温度，℃；

t——在转子外表面或转子中心孔内表面的温度，℃。

为了保证转子不产生过度热应力，就应控制转子内外表面温差，但无法直接测得转动状态下的转子温度，则可按准稳定状态下转子内外表面温差与蒸汽升温速度成正比的规律，用蒸汽升温速度来控制转子内外表面温差。

机组冷态启动时，转子表面温度大于该截面的平均温度，此平均温度大于中心孔温度。转子表面产生热压应力，而中心孔壁面为热拉应力，且热应力的大小随温度和时间而变化，如图 1-5（a）所示。当转子表面和中心孔表面的温度差达到最大时，相应的热应力值也达到最大。当启动过程结束后，主蒸汽与第一级后汽温渐趋一致，热应力也随之减小。当转子表面温度与中心孔温度相等时，则热应力为零。在停机过程中，随着蒸汽温度降低，转子表面首先被冷却，而中心孔表面稍滞后些，致使表面温度低于中心孔表面温度，它们之间的关系与启动时刚好相反。这时转子表面为拉伸热应力，而中心孔为压缩热应力。

在汽轮机冷态启动至停机整个过程中，转子表面（或中心表面）的热应力由压缩（或拉伸）变为拉伸（或压缩）。在稳定工况运行时，它们的热应力都为零。也就是说，从启动至停机，转子表面和中心孔表面的热应力大小和方向都随时间而变化，且刚好完成一个交变的应力循环，故称交变热应力。由于汽轮机正常运行时间很长，所以启停时的交变热应力频率很低，因此把这种交变热应力称为低周交变热应力。

一般冷态启动时，转子表面的最大压缩热应力大于中心孔表面的最大拉伸热应力。如果压缩热应力值超过材料的屈服极限，则会产生部分塑性变形。随着启动过程结束，由于塑性变形不能得到恢复，在转子表面会出现残余拉伸应力。

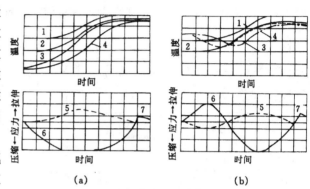

图 1-5　启停及变负荷时转子温度变化与热应力的关系
(a) 冷态启动；(b) 热态启动
1—新蒸汽温度；2—第一级后汽温；3—转子表面温度；
4—转子中心孔温度；5—中心孔应力；6—表面应力；
7—残余应力

在热态启动时，开始冲转的蒸汽温度可能低于第一级区段转子或汽缸金属温度（负温差匹配），转子先受到冷却。转子表面和汽缸内壁产生拉伸热应力，而中心孔表面和汽缸外壁产生压缩热应力。经过很短时间后，随着蒸汽温度升高，第一级后蒸汽温度开始高于转子和汽缸的金属温度，则转子表面和汽缸内壁为压缩热应力，中心孔表面和汽缸外壁为拉伸热应力。由图 1-5 (b) 可知，随着热态启动结束，转子表面和中心空表面的热应力逐渐减小。在稳定工况下运行时，它们的热应力都趋于零。由此可知，每一次热态启动，转子表面和中心空表面的热应力刚好完成一个交变应力循环，汽缸亦是如此。这一点与冷态启动有差别。如果热态启动时，转子表面的压缩热应力超过材料屈服极限，则在稳定工况下，该处同样会出现残余拉伸应力和松弛现象。

2. 汽轮机的热膨胀

汽轮机从冷态到带负荷正常运行，金属温度变化非常巨大。因此汽缸的轴向、水平方向和垂直方向尺寸都显著增大，即产生热膨胀。为了满足汽缸几个方向自由膨胀的要求，保证机组不至因膨胀不均而产生不应有的应力而导致机组振动，设置了滑销系统。汽轮机的横销只允许轴承座和汽缸作横向膨胀；纵销只允许其纵向膨胀。分别通过横销和纵销作两条相互垂直的直线，其交点既不能作纵向移动，也不能作横向移动，称为汽缸的死点。另外，在汽缸和轴承座之间还设有立销，立销只允许汽缸在垂直方向膨胀，使汽缸中心与轴承中心在同一纵分面上，以保证汽缸与轴承中心一致，使转子中心与汽缸中心一致。汽缸死点一般在排汽口中心附近，转子的相对死点在推力轴承推力面处。

汽轮机汽缸自由膨胀数值，不但取决于汽缸的长度和使用的金属材料的性质，同时还取决于汽轮机通流部分的热力过程。随着机组容量的增加，其轴向长度也随之增加。因此汽缸和转子的绝对膨胀值往往达到相当大的数值，汽缸的轴向膨胀是高压汽轮机启动过程中一项重要监督指标，它和汽缸及其法兰金属平均温度有一定比例关系。在进行暖机、升速和升负荷时应严加监视。由于每台汽轮机运行中的轴向金属温度分布有一定的规律性，因此总可以找到调节级汽缸或法兰金属温度与汽缸自由膨胀值的对应关系。

在汽轮机启停和工况变化时，汽缸与转子同时受热和冷却，转子和汽缸分别以各自的死点为基准膨胀或收缩。但由于汽缸与转子传热速度不同，正常汽缸的重量较转子重，而且在运行中汽缸的受热面积又较转子受热面积小，因此转子随蒸汽温度的变化膨胀或收缩都更为迅速，使它们的热膨胀也出现差别。通常将汽缸与转子间发生的热膨胀差值称为汽轮机相对膨胀，简称胀差。若转子轴向膨胀大于汽缸值，则称为正胀差；反之，称为负胀差。

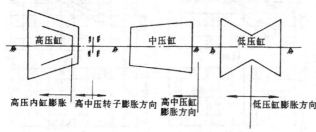

图 1-6　NC300-16.7-537/537 型汽轮机
汽缸和转子膨胀系统图

大容量汽轮机轴系长度增加，采用双层缸、合缸等结构。汽缸的膨胀死点增多，使转子与汽缸相对膨胀比较复杂。下面简单介绍一下某 300MW 机组汽缸和转子的热膨胀系统，如图 1-6 所示。高压外缸、中压缸的膨胀死点在三号轴承座的两滑销连线与汽缸中垂面的交点处；高压内缸膨胀死点在高压缸进汽侧；低压缸死点在低压缸进汽中心线横销处。转子以位于二号轴承座处的推力盘为死点。机组受热时，由于汽缸的膨胀，高中压缸向前移动，推力盘也向前作平动。另一方面，由于受热膨胀，高压转子以推力盘为相对死点向前膨胀，而中压转子则向后膨胀；低压缸以死点为中心向前后膨胀，而低压转子的膨胀趋势是向后移动的。一般来说，与汽缸相比，转子的热容量较小，对温度变化的反应要快些。因此在启动或工况变化时，转子、汽缸的膨胀不同步，高中压缸进汽侧轴向动静间隙变大。对低压缸情况则不同，对于前侧低压缸，由于转子膨胀方向与汽缸膨胀方向相反，进汽侧轴向间隙会迅速减小，因此，安装时该间隙应放大。对于后侧低压缸，进汽侧间隙的变化趋势是变大。

控制蒸汽的温度速度就可以控制汽缸与转子的温度差。因此在启动过程中为控制相对膨胀值在安全范围内，应合理地控制蒸汽的温升（降）速度。

在汽轮机启动过程中应考虑下列因素对胀差的影响：

（1）汽轮机滑销系统的工作状态。

（2）控制蒸汽温升（温降）和蒸汽流量变化的速度。因为产生胀差的根本原因是汽缸与转子存在温差，蒸汽的温升或流量变化速度大，转子与汽缸温度差也大，引起胀差也大。因此，在汽轮机启停过程中，控制蒸汽温度和流量变化速度，就可以达到控制胀差的目的，这是控制胀差的有效方法。

（3）轴封供汽温度的影响。由于轴封供汽直接与汽轮机转轴接触，故其温度变化直接影响转子的伸缩。机组热态启动时，如果高中压轴封供汽来自温度较低的辅助汽源或除氧器汽平衡母管，就会造成前轴封段大轴的急剧冷却收缩。当收缩量大时，将导致动静部分的摩擦。现代大型机组轴封供汽系统还设置了温度控制设备，保持蒸汽和金属适当的温度对胀差是有利的。

（4）汽缸法兰、螺栓加热装置的影响。使用汽缸法兰和螺栓加热装置，可以提高或降低汽缸法兰和螺栓的温度，有效地减小汽缸内外壁、法兰内外、汽缸与法兰、法兰与螺栓的温差，加快汽缸的膨胀或收缩，起到控制胀差的目的。加热装置使用方法要恰当，否则可能造成两侧加热不均匀。当前大功率机组都是力求从汽缸的结构上加以改进，而不采用法兰加热装置。普遍采用的技术是选择窄高法兰或取消法兰，使汽缸成为圆筒形。如西门子公司生产的高压外缸是整体圆筒形，ABB公司生产的汽轮机内缸取消了法兰，采用套环紧箍。

（5）排汽温度与凝汽器真空的影响。机组排汽温度的提高同样会使低压缸的膨胀增加而使低压胀差值减小。当凝汽器真空降低时，若保持机组转速或负荷不变，必须增加进汽量，使高压转子受热加快，其高压缸正胀差随之增大。由于进汽量的增大，中低压缸摩擦鼓风的热量容易被蒸汽带走，因而转子被加热的程度减小，正胀差减小。当凝汽器真空升高时，过程正好相反。应该指出，对不同的机组，不同的工况，凝汽器真空变化对汽轮机胀差的影响过程和程度是不同的。

（6）汽缸保温和疏水的影响。汽缸保温不好，可能会造成汽缸温度偏低或温度分布不均匀，从而影响汽缸的充分膨胀，使汽轮机胀差增大。汽缸疏水不畅可能造成下缸温度偏低，影响汽缸膨胀，导致胀差值的失常。

3. 汽轮机主要零部件的热变形

在启停和带负荷运行工况变动时，由于各零部件受热不均产生温差，引起热变形，使通流部分等地方的间隙产生变化，可能发生摩擦、漏汽等现象。

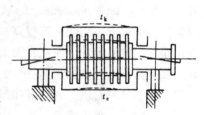

图 1-7 汽缸的热翘曲

汽轮机上下汽缸的质量和散热面积不同，下汽缸比上汽缸的金属质量大，且下汽缸布置有通向低温设备的抽汽和疏水管道。因此在同样保温条件下，下汽缸的散热要比上汽缸快些。如果停机后因阀门不严密，向汽缸漏入汽水或下汽缸保温脱落，致使下汽缸散热较快。因此汽轮机启停时，通常是上汽缸温度高于下汽缸温度。上汽缸温度高、热膨胀大，而下汽缸温度低、热膨胀小，这就引起汽缸向上拱起，如图1-7虚线所示。这时，下汽缸底部动静部分的径向间隙减小，严重时甚至会发生动静部分摩擦。

实践说明，汽轮机在运行或停机时，其上下汽缸都存在着温差。通常调节级上下汽缸温差每变化10℃，该处动静体间径向间隙变化0.1～0.12mm。为了减小上下汽缸温差，使其在规定范围内，必须严格控制温升速度，尽可能地使高低压加热器随机启动。同时停机后应保持盘车处于良好状态下，并注意应使下缸的疏水阀开足。安装时，下缸应采用优质保温材料，或加厚下缸的保温厚度。此外，尚应设法改进保温结构，以改善下缸表面的贴合和避免脱落，还可在下缸下部装设挡风板，以减小对流通风对下缸的冷却。

由于机械强度的需要，高参数汽轮机法兰壁厚度比汽缸壁厚度大得多，在机组启动过程中，法兰处于单向加热状态，因此在法兰内外壁会出现较大的温差。由于法兰内侧的温差高于外侧，其内侧的热膨胀值大于外侧，使得法兰在水平方向发生热变形，如图1-8所示。法兰的这种变形又会影响到汽

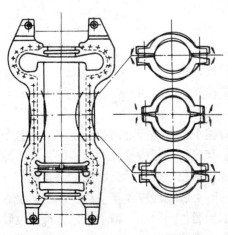

图 1-8 启动时法兰汽缸热变形

缸横截面的变形。由图 1-8 可见，汽缸中间段横截面变成"立椭圆"（如图中粗实线所示），即垂直方向直径大于水平方向直径，而且上下法兰间产生内张口。汽缸前后两端横截面则变形为"横椭圆"，即水平方向直径大于垂直方向直径，而且上下法兰间产生外张口。前者使水平方向动静部分径向间隙变小，后者使垂直方向径向间隙减小。如果法兰热变形过大，就有可能引起动静体间的摩擦。同时还会使法兰结合面局部地方发生塑性变形，导致上下缸结合面出现永久性的内外张口，如图 1-9 所示。这样就会出现法兰结合面漏汽及螺栓被拉断或螺帽结合面被压坏等现象。

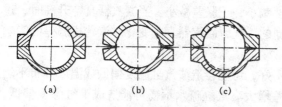

图 1-9　汽缸变形示意图

(a) 变形前；(b) 汽缸前后两端的变形；(c) 汽缸中间段的变形

为减少汽缸热翘曲倾向，可以采用下缸加厚保温层或在下缸底部加装电热装置的方法，对装有法兰加热装置的机组，在启动中要严格监视法兰内外壁、上下缸内壁温差，以便控制法兰加热。

当汽轮机停运时，上下部温度差的存在也必然会导致转子的热变形。在转子的热挠曲较大的情况下启动，不仅可产生动静体摩擦，其偏心值产生不平衡离心力也将使汽轮发电机组产生剧烈振动。所以，大型机组转子热弯曲值一般不允许超过 $0.03 \sim 0.04$mm。减少转子热弯曲最有效的办法是：

(1) 控制好轴封供汽的温度和时间。

(2) 正确投入盘车装置。

(3) 启动时采取全圆周进汽并控制好蒸汽参数变化。

(4) 启动过程中汽缸要充分疏水，保持上下缸温差在允许范围内。

第二节　单元机组（汽包锅炉）冷态启动

单元机组启动的主要步骤为：启动前的准备→辅助设备及系统的投用→锅炉点火及升温升压→暖管→汽轮机冲转与升速→并列和接带负荷→升负荷至额定出力。

单元机组的启动是整组启动，炉机电之间相互联系，互相制约，各环节的操作必须协调一致，互相配合，才能顺利完成。

一、单元机组启动前的准备工作

单元机组启动前的一切准备工作是安全启动和缩短启动时间的重要保证。准备工作的目的是使各种设备处于预备启动状态，以便达到随时可以投入运行的条件。实践证明，往往由于准备工作的疏忽，对某些设备缺陷和异常情况没能提前发现，使启动工作半途而废，甚至导致事故发生。

单元机组在安装或大修后的第一次启动前，必须对整个设备进行全面检查，尤其对各个主要部分更应进行详细检查。启动前，首先应该检查所有曾经进行检修过的部位，肯定检修工作已全部结束。详细了解检修时改动过的设备和系统，掌握改进后设备的性能及其操作方法。其次对各转动机械进行一定时间的试运转。在试转时，启动前应盘车一次，以查明是否有卡涩现象。检查轴承内油位正常，油质合格，冷却水畅通，无漏油、漏水现象，符合运转时的润滑要求，通知电气人员应对机组所属电动机摇测绝缘并送电。试转中应注意其电动机的电流指示是否正常，转动方向是否正确，有无明显的机械振动、摩擦等不正常现象，以及轴承和电动机的温度是否正常等。上述工作结束后，可投入联锁装置，并进行联锁试验，以查明联动是否良好。

单元机组启动前应进行有关项目的试验工作，如：电动门、气动门、安全门、电气开关，保护、控制、调整装置的传动试验；主辅机的连锁、保护试验；锅炉水压试验；汽轮机润滑油系统、调速系统试验；发电机假同期试验等。并保证其动作正确可靠，具备投运条件。

锅炉水压试验是检查锅炉承压部件严密性的试验。水压试验的范围应包括锅炉各承压受热面系统、锅炉本体范围内的汽水管道和附件。它是保证锅炉安全运行的重要措施之一。锅炉水压试验分为工作压力试验和超压试验两种。工作压力试验则是根据检修和检查的需要可随时进行。超压试验一般用于新安装的锅炉和检修中更换了较多的承压受热面的情况。在进行水压试验之前，应先把安全阀关闭。将锅炉进满水，使锅炉内无空气，然后对锅炉进行全面的检查。确认无泄漏时，即可进行缓慢升压。升压速度应控制在 0.2～0.3MPa/min，当压力大约升至工作压力的 10% 时，应暂停升压，进行一次全面细致的检查。如情况良好，即可继续升压。当接近工作压力时，应特别注意压力上升速度必须均匀缓慢，并严防超过工作压力。当压力升至工作压力时，应立即停止升压，对锅炉进行全面检查，并注意监视在 5min 内的压力下降情况，如压降不超过 0.5MPa 即为合格。

如果锅炉需要进行超压试验，则需要根据工作压力下全面检查的结果来决定是否可以继续进行超压试验。如果检查没有发现焊缝有渗漏或湿润现象，其他接合处以及个别人孔、阀门盘根等仅有轻微的漏水，并且在工作压力的情况下，经 5min 后压力未降，即可均匀缓慢地进行超压试验。在进行超压试验前，应将水位计与汽包的连通阀门关闭，检查人员停止工作并退出现场后才能升压。在进行超压试验的升压过程中，压力的上升速度应以每分钟不超过 0.1MPa 为限。当压力升至工作压力的 1.25 倍时，应立即停止升压，压力保持 5min 的时间，压降不超过 0.5MPa 即为合格。在超压试验压力保持 5min 后，应均匀缓慢地降压。降压速度一般较升压速度稍快一些。当降压至工作压力时，检查人员可进入现场再进行检查。检查工作结束后，锅炉的压力再缓慢降低。当压力降至 0.1MPa 时，打开空气阀，将"压死"的安全阀复原，开启水位计与汽包的连通阀门，放水至最低可见水位。

对于在锅炉出口不设主汽阀的单元机组，锅炉进行水压试验时，压力水一直打到汽轮机电动主闸阀前，水压试验完毕，主蒸汽管内放水应在锅炉点火前完成，否则可能引起主蒸汽管道内的水冲击。对于中间再热机组，汽轮机静止时的调速系统动作试验，一定要在锅炉点火前进行，否则当锅炉点火后，蒸汽旁路系统投入，再热系统已通汽，由于中压汽缸进汽管没有截止门，中压调速汽阀一旦开启，就可能由于中压缸进汽而冲动汽轮机。

现代大型汽轮机都设有一系列保护装置，如超速保护、窜轴保护、低油压保护、低真空保护，低汽温保护等。在滑参数启动中，除了低汽温保护（滑参数启动过程中汽温低）和低真空保护（启动过程中，真空系统往往不稳定）等因启动过程的特殊条件不能投入外，其它各项保护在冲转前应全部投入。如窜轴保护的主要用途之一就是防止发生水冲击事故以后损坏推力瓦进而造成动静摩擦。运行经验表明，愈是在启动和停机过程中，愈是容易发生水冲击事故，有的因忽视这一点而酿成事故，所以启动规程应明确规定窜轴保护要在汽轮机冲转前投入。

对电气系统有关设备，发电机—变压器组一、二次设备，厂用配电装置等设备进行全面的检查。对需送电的设备按顺序进行送电。发电机—变压器组恢复备用（包括合发电机出口刀闸），一定要在汽轮机冲转之前完成。汽轮机一经冲转，整个发电机—变压器组回路即认为已经带电，这一点对热态启动显得更为重要。因为热态启动过程所需时间很短，电气的准备工作一定要提前完成才不至于影响整个进程。此外，还要提前组织好外围各专业的准备工作，如上煤、化学制水、发电机充氢等。

二、单元机组辅助设备及系统的投用

辅助设备和系统的投入是保证单元机组顺利启动的基础。单元机组启动前应按机组启动的需要、系统的状态、设备的投入时间的前后顺序及时投运下列系统。

（一）锅炉上水

锅炉上水一般用经除氧器除过氧的热水。锅炉上水前应根据启动上水要求对汽水系统各阀门进行检查，并根据系统特点决定上水方式。向锅炉上水是通过带有节流装置的旁路进行的，这样可以防止过多地磨损给水主调节阀和易于控制。上水到水位计所示的最低水位为止，然后检查膨胀指示器并记录，比较上水前后的膨胀情况。在锅炉进水开始时，稍打开点火给水管路上的阀门，进行排气暖管，并注意给水压力的变化情况和防止水冲击。当给水压力正常时，可逐渐开大进水控制阀门。

对于自然循环锅炉，考虑到在锅炉点火以后，炉水要受热膨胀和汽化，水位要逐渐上升，所以最初进水的高度一般只要求到水位表低限附近。对于强制循环锅炉，由于上升管的最高点在汽包标准水位以上很多，所以进水的高度要接近水位的顶部，否则在启动循环泵时，水位可能下降到水位表可见范围以下。在锅炉点火之前，对循环泵应严格遵循专门的程序和方法，仔细地灌水和放气，并进行其它检查和准备，使每台泵都能随时投运。当向锅炉快速加热水时，特别是锅炉初温较低时，由于汽包壁温差过大，在壁内将出现热应力。为了避免应力过高，规定上水温度不得高于90℃，开始时采用小流量，控制上水持续时间，通常为2.5~3.5h。当锅炉金属的初温较低时（如在冬季），上水水温开始时不得超过50~60℃，上水速度也应慢些。对于有缺陷的锅炉则更要酌情减慢。

（二）凝汽系统投运

1. 循环水系统

循环水是凝汽器的冷却水源，同时也作为汽轮机冷油器、发电机和调速给水泵空气冷却器、发电机水冷却器的冷却水源，此外也是射水抽气器的工作用水。按照启动程序并保证循环水不漏入汽轮机油系统和发电机水冷系统的要求，凝汽器通入冷却水。

2. 凝结水、给水系统

凝结水系统各级低压加热器的出口旁路门关闭，两台凝结水泵的进出口阀门、轴封加热器进出水门、各低压加热器的进出水门开启，使随机启动的各低压加热器能正常工作，凝结水不致误排入地沟。凝汽器汽侧补水至水位计的2/3处。

凝结水控制系统做好投入使用的准备。凝结水控制系统两只滤网的进出水门、高压缸二路排汽逆止门电磁阀的进出水门、各级抽汽逆止门控制器进水门及电磁阀出水门、低压缸喷水电磁阀进水门、凝结水控制系统回水到水封阀门等均开启。此外两台凝结水泵的密封填料处应通以密封水。凝汽器的热井放水门、压水用溢水门、软化水来的隔离门及自动调整门以及凝结水送到发电机回水箱的阀门等均应关闭。凝结水供旁路系统用的减温水总门开启。在凝汽器汽侧已补水及凝结水泵密封填料通水的情况下，逐台试验凝结水泵，检查其振动、声音、水压、电流、温度及密封填料正常，然后校验低水压自启动和相互自启动均符合要求，且一台泵开出后另一台停下来的泵无倒转现象，否则说明逆止门异常应进行处理。开启凝结水再循环阀门，如其不严密时，须在启动凝结水泵后方能开启。对抽汽管道使用水压逆止门的机组，凝结水泵运行后，可以检查水压逆止门的动作情况。真空系统的密封水也在此时投入。

凝结水系统的运行方式，一般是让水通过轴封冷却器、轴封抽气器和低压加热器，然后使凝结水经过再循环门重新回到凝汽器。这样，轴封抽气器、轴封冷却器中有冷却用的凝结水流过，就具备了投入运行的条件。关闭防腐汽门和导管排大气疏水阀。

给水泵校验前，除氧器和给水箱应投入运行，给水箱进补给水并冲洗，直到水质合格。然后进水，再用备用汽源加热，维持除氧器压力。大型机组的给水泵，目前已广泛采用调速给水泵，除了泵体有液力偶合器等设备实现调速功能外，相应的外围设备也增加了密封水泵、供油泵等设备及系统，因此在校验给水泵之前应先校验其辅助设备并投入。供油泵为供给水泵启停及油系统故障时使用的设备，它的校验包括：开启供油泵，其电流、油压、振动、声音等应正常，油系统无漏油，轴承回油畅通，油位正常。校验润滑油压高能自动停泵，润滑油压低能自启动。

密封水系统包括：开启密封水泵，逐台检查水压、电流、声音、振动、温度及密封填料正常。校验密封水泵的低水压自启动、相互自启动应正常。当备用密封水泵已投用或无备用时，密封水压下降至正常值的一半，自动开启备用凝结水源电磁阀门，对密封水箱补水恢复水压至正常值。当密封水压低到极限值，密封水压与给水泵平衡盘后的压差小到极限值时，给水泵自动停用（此时校验电气结线回路即可）。

为避免大型电动机的多次启动，校验给水泵自启动可在给水泵电动机交流电源切断的状态下，校验其自启动回路，校毕再送上交流电源。正式开出给水泵，检查给水泵和电动机无剧烈振动和异声，电动机电流和启动时间，给水泵进出口压力等正常。给水泵正式投入前，为避免冷态启动时过大的热应力，应事先进行暖泵，使泵体温度逐渐上升到接近给水温度值，一般暖泵约需 1h，冬天较冷的时期可延长暖泵时间。给水泵的油箱、油管、给油泵、冷油器及给水泵密封水回路应完整良好，给水泵电动机空气冷却器风门严密、室内清洁无积水。

高加高水位联锁保护校验：高压加热器水位有Ⅰ、Ⅱ、Ⅲ三个水位值。通常当水位高到Ⅰ值时报警；高到Ⅱ值时危急疏水动作，开启疏水阀门放水；当水位继续升高到Ⅲ值，自动关闭高加进水门、进汽门及一、二级抽汽逆止门，使高压加热器自动停用。校验方法为：高加危急疏水阀关闭，开启高加进汽门及进水门，投入高加联锁保护开关，人为接通各定值水位接点，动作情况应符合要求。

抽汽逆止门联锁保护校验：抽汽逆止门保护包括主汽阀关闭或发电机路闸使一致七级抽汽逆止门动作关闭；高压加热器水位高使一、二、三级抽汽逆止门关闭；除氧器水位高使四级抽汽逆止门关闭。控制机构有水控、气控两种。校验方法是，水控机构先启动凝结水泵，使抽汽逆止门操纵机构有水源。气控机构则先开通气源，然后搬运开启抽汽逆止门电磁阀，检查各抽汽逆止门控制器手柄在开位置，投入抽汽逆止门联锁开关，分别校验上述项目。由于主汽阀在关闭位置，抽汽逆止门应相应动作到关闭位置。抽汽逆止门联锁保护和旁路联锁保护都与主汽阀关闭和发电机跳闸有联锁关系，故校验时应将发电机路闸和主汽阀关闭轮流退出，以保证校验的正确性。

排汽温度高及低压缸喷水联锁校验：关闭低压缸喷水装置阀门，人为接通排汽温度高的接点，低压缸喷水装置阀门应开启。

3．抽真空系统及轴封供汽

启动射水抽气器抽真空。射水泵启动之前先将射水箱补水至正常水位，然后逐台检查和校验射水泵的低水压自启动和相互自启动。在真空达到冲动转子所要求的数值之前，轴封供汽管路已事先暖好，疏水排净。当真空增长缓慢时，若要采用向轴封送汽，以提高到需要的数值时，应该注意向轴封送汽的时间必须恰当。过早地向轴封送汽，在连续盘车的情况下转子虽然不致弯曲，但供汽时间过长会使上、下汽缸的温差增大，这同样会使机组动静部分的径向间隙减小。同时供汽时间长，转子受热膨胀较多，因而在冲动转子前，转子和汽缸的相对膨胀正值便要增大，这都是不利的。还应指出，必须在连续盘车后才可向轴封送汽，以免转子产生热弯曲。

转子在冲转前，应有适当的真空，一般为53kPa左右。真空过低，转子冲转时需要的蒸汽较多，这样，蒸汽进入排汽缸时，排汽缸的温度升高较多，同时凝汽器内的压力也要瞬间升高较多。正常启动冲动转子时，真空也要有所下降。下降过多有可能使凝汽器内形成正压，造成排大气安全门动作，同时也会对汽缸和转子造成较大的热冲击。另外还将使排汽缸的中心线抬高，造成冲转时的振动。但冲转转子的真空也不应过高。真空过高，不仅要加长建立真空的时间，也因为通过汽轮机的蒸汽量较少，因而放热系数较小，使得汽轮机加热缓慢，转速也不易稳定，从而显著延长启动时间。

启动时利用给水箱汽平衡来的汽源或来自其它机组的备用汽源，供轴封均压箱和汽加热使用。这些汽源管道的总门和轴封均压箱自动调整器进汽门及旁路进汽门，轴封自动调整器排到凝汽器门等应关闭，有关疏水阀应开启。

轴封送汽后，应该检查轴封抽气器、轴封冷却器水位和内部压力是否正常。无论在启动时向轴封送汽，还是机组正常运行时向轴封供汽，都应保持轴封冷却器和轴封抽气器工作的正常，使轴封供汽和轴封抽气形成环流，防止轴封蒸汽压力过高而沿轴泄出，这将会造成蒸汽顺轴承油挡间隙漏入油中，从而恶化油质。

（三）盘车预热汽轮机

汽轮机冷态启动时，汽缸、转子等部件金属温度很低，冲转时蒸汽将引起金属部件过大的热冲击，蒸汽接触过冷的金属部件时将产生凝结。蒸汽对金属的凝结放热系数比过热蒸汽的放热系数大许多倍。为此，大多数机组为避免启动时产生的热冲击以减少机组寿命损耗，使蒸汽与汽缸、转子的金属部件温度相匹配，采用在盘车状态下预热汽轮机的方式，即在汽轮机转子在盘车转动的情况下，通入加热加蒸汽，使汽轮机转子与汽缸在冲转前进行预热，使汽轮机转子金属强度达到金属材料脆性转变温度以上（150℃左右）。

采用盘车预热启动有以下几点好处：

（1）由于高、中压转子的中心温度已被加热（盘车预热）到接近或超过材料的脆性转变温度（FATT），可以缩短暖机的时间。这样从冲转开始，可以较快的速度升至全速。

（2）采用盘车预热易于利用凝结放热的形式在较低温下加热高压转子，用阀门控制小汽量加热，避免金属温升率太大，又可避免高温蒸汽的热冲击。特别是对转子直径较大的反动式汽轮机和采用多层汽缸及窄法兰结构的机组更有利。

（3）盘车暖机可以利用辅助蒸汽加热，缩短机组启动时间。又由于金属部件金属温度水平较高，可以提高冲转参数尽早接带负荷。

（四）润滑油系统的投入

主油箱、润滑油放油门关闭，润滑油泵、抗燃油泵及顶轴油泵进出油门开启，油箱和各冷油器放油，放水门、加油门、事故放油总门关闭，各冷油器进出油门开启，润滑油系统进行油循环，顶轴油到各轴承进油门开启，高中压主汽阀及中压油动机活动试验油门关闭等，使油系统进入启动油泵及盘车前的状态。

顶轴油泵及盘车装置联锁保护校验：顶轴油泵和盘车装置在联锁开关投入时的相互联锁关系为润滑油压低，顶轴油泵不能启动。润滑油压低或顶轴油泵未启动，盘车电动机不能启动。同时盘车手柄未推进，盘车也不能启动，盘车手柄脱扣则盘车自动停止运行。

检查调节系统和调节汽阀的外部情况，所有螺栓、销子、防松螺帽等均应装配齐全，一切完好。

润滑油系统的可靠性应该通过检查加以证实。在高压油泵运行前，润滑油泵应已投入运行，打开润滑油泵和高压油泵出口连接管上的阀门，以驱除高压油泵和调节系统中的空气，然后试验高压油泵，试验正常后投入运行。高压油泵运行正常后，启动排油烟机。排油烟机运行时，油箱及轴承回油管路的负压不宜过大，防止从油档处吸进较多的脏空气和蒸汽，以保持油质良好。高压油泵运行后，投入润滑油泵的低油压自启动装置，用低油压继电器压力油管泄油的办法作低油电动润滑油泵自启动的试验。试验后恢复到原来的运行状况，然后可以作汽轮机静止时调节系统的动作试验，为此把容量限制器调到不起作用的位置。主汽阀和危急保安器挂闸，根据机组的具体结构特点，检查调节汽阀和油动机开启的情况，以及凸轮轴旋转角度。操作控制机构，开启主汽阀和调节汽阀，然后用同步器或容量限制器使之关闭。检查各部分有无卡涩现象，与主汽阀相连的油系统管道有无漏油现象。再开主汽阀，打闸检查主汽阀和调节汽阀是否迅速关闭，凸轮轴是否回到零位。如果发现不正常的情况应设法消除，否则禁止启动机组。启动盘车装置时，先开润滑油的进油门，并检查其电动机和齿轮啮合情况。顶轴油泵在盘车投入之前先行投入。

汽轮机装置中，一般不采用油箱加热的设备，冷油器也不接装较高温度的水源，而是采用提早开动高压油泵，使油流循环加热的办法来提高润滑油和调节油的温度。汽轮机启动时，润滑油的温度不得低于35℃，润滑油温随转速的升高而升高，在转子通过第一临界转速后，油温应在40℃以上。正常运行时，油温一般控制在40～45℃之间，但不得超过45℃。

机组冲转前，必须确认油系统的正常工作，即也要保证连续地供给润滑系统和调节系统以正常稳定的油压与油温。汽轮机油系统油压高些，一般危害性不大，如果压力过高，要影响油管等部件的安全，易发生油管法兰等处漏油。油压太低会使调节系统工作失调，动作困难。润滑油压过低，影响轴承正常润滑，油温过高，影响轴承油膜减薄，并使轴承温度进一步升高。长期在高温下运行，汽轮机油质量易发生老化，油的使用寿命减短。如果冷油器出口油温过低，使油的粘度增大，会使轴承油膜增厚，油膜稳定性差，可能引起轴承油膜振荡。

（五）发电机冷却系统

1. 发电机水冷却系统的投入

首先应将发电机冷却水回水箱进行外部循环的反复冲洗，直至水质化验合格。进水到回水箱水位计的 2/3 处，然后开通发电机的水冷却系统。发电机的两台水冷泵的进出水门、三台水冷却器的发电机冷却水（凝结水）进出水门、静子和阻尼环进出水门、转子进水门等均开启，进行包括发电机本体静子、转子、阻尼环等水回路的冲洗，直至水质合格。然后关闭放水门，静子、转子压缩空气倒冲门，以及回水箱的放水门和取样门。测量发电机绝缘电阻应合格。

发电机水冷泵校验：在发电机冷却水回水箱已经投入的情况下，逐台开出水冷泵检查，校验低水压自启动和相互自启动符合要求。

2. 发电机氢气冷却系统的投入

氢气冷却的汽轮发电机组，只有处于氢气冷却时，方可投入运行。因此在发电机转子处于静止时，首先应将发电机氢气冷却系统投入运行，然后逐步将发电机密封油系统投入运行，最后逐步升压至发电机额定氢压运行。

充氢时应保持轴密封的密封油压力，以免漏氢。充氢过程如下：先用二氧化碳（或氮气）充满气体系统，以驱出空气。再用氢气充满气体系统，以驱出二氧化碳（或氮气），将发电机转换到氢气冷却运行状态。充氢后，当发电机内的氢纯度、定子内冷凝结水水质、水温、压力、密封油压等均符合规程规定，气体冷却器通水正常，才可启动转子。

三、锅炉点火及升温升压

1. 锅炉点火前的吹扫

点火前必须对轻重油、天然气、雾化蒸汽和空气管道进行认真地吹扫，目的是清除可能残存的可燃物，防止点火时发生炉内爆燃。

锅炉点火前，应打开所有烟道挡板及阀门，先启动回转式空气预热器，然后按顺序启动引风机和送风机各一台，以排除烟道及炉内残存的可能引起爆炸的气体和沉积物，满足炉膛、烟道及预热器的吹扫要求，并可防止点火后回转式空气预热器由于受热不均而发生严重变形的问题。先启动引风机，后启动送风机，以保证炉内有一定负压，防止正压出现。

锅炉吹扫系统根据其结构和制粉系统的型式而略有不同，吹扫风量通常保持在 25%～30% 额定风量，时间应不少于 5min。吹扫完毕，锅炉主燃料跳闸装置自动复位。

2. 锅炉点火

由于许多未知因素的存在，首次点火很可能不易点着火，造成燃油进入炉膛污染受热面，成为潜在的事故根苗，所以要充分重视，为此可预先检查试验点火工作，确保点火顺利的进行。

轻油容易燃烧，对锅炉受热面的沾污也较小，但其价格较重油贵得多。点火油嘴一般同时使用两个，如点火油嘴和喷燃器为四角布置，则应先点着对角的两只油嘴，以后定期调换另外对角的两只，这可使锅炉各部分均匀受热。初始燃料量约为额定负荷的 10% 左右。为了防止未燃油滴和油气在烟道内积聚，此时通风量应比需要量大，通常约为额定负荷时的 20%～25%，以减少爆燃的可能性。轻油点燃后，使炉膛和水冷壁受热逐渐升温。待过热器后烟温和热风温度上升到一定数值（400℃）才不投入主喷燃器。这段时间对煤粉炉来说，一般约需 30～40min。

当前，不少电厂采用重油作为锅炉点火到机组带 20%～30% 额定负荷的主要燃料。其点火方式有：用轻油点火器分别点燃重油及煤粉燃烧器；有的则采用轻油点火器点燃重油燃烧器，再由重油燃烧器点燃煤粉燃烧器。而轻油点火器的轻油是靠高能发火器来引燃的。对于轻油或重油系统，在其投运前应进行油系统泄漏检查，检查快关阀及炉前油系统泄漏合格与否。轻重油泄漏试孔检查，关键在于确认轻重油的快关阀和回油阀之间的管路是严密不漏的。其试验的方法是首先保持快关阀前后压力相等的情况下，将快关阀关闭，要求其能够保持压差为零达 5min，再将回油阀开启，看油压能否进到最低脱扣动作，然后关闭回油阀，要求低油压脱扣亦能保持 5min，以考核快关闭是否严密。

目前四角布置燃烧锅炉，燃料油控制系统多采用油层启动逻辑：当按下油层启动按扭后，油层按照先对角启动的原则，并进行油检启动操作完成整个油层点火。单支油机的启动程控系统包括油检推进到位，点火栓推进到位，点火油阀打开，见火焰信号后点火枪返回。如果油阀开若干秒内未见火焰，则认为点火失败，关闭油阀，自动进行油枪的吹扫。

因冷炉点火炉膛温度比较低，对燃烧重油的锅炉应注意重油中未完全燃烧的成分易沾污受热面，造成局部温度偏差。最初投入的主喷燃器亦不应少于两只，以保证燃烧稳定，且投燃料时应先投入油嘴上的喷燃器。因为这里的温度较高，容易引燃。投燃料后，由于炉膛温度低，有可能会熄火。一旦发生熄火，或投入燃料 5s 后在炉膛内还未点燃，应立即切断燃料供应，并按点火前的要求对炉膛和烟道进行通风吹扫，再重新点火。点火时喷燃器出口的一、二次风都应较小，否则不利于煤粉的点燃。待煤粉着火后，根据燃烧情况调整二次风。当炉膛温度较低时，投煤粉喷燃器，对于直吹式制粉系统可先关小热风门，让磨煤机内积聚一些煤粉后再适当开大热风门，这样能增大点燃时的煤粉浓度，以利于煤粉着火。

3. 锅炉升温、升压

锅炉点火以后，燃料燃烧放热，使锅炉各部分逐渐受热。蒸发受热面和炉火温度也逐渐升高。水开始汽化后，汽压也逐渐升高。从锅炉点火直到汽温、汽压升至工作温度和工作压力的过程，称为锅炉升温、升压过程。由于水和蒸汽在饱和状态下，温度与压力之间存在一定的对应关系，所以蒸发设备的升压过程也就是升温过程，通常以控制升压速度来控制升温速度。为避免温升过快而引起温差热应力，在升压过程中，汽包内水的平均温升速度限制为 $1.5\sim2℃/min$。

在升压初期，汽包内压力较低，汽包金属主要承受由温差引起的热应力，而此时各种温差往往比较大，故升压率应控制小些。另外，在低压阶段，升高单位压力的相应饱和温度上升值大，因此升压初期的升压速度应特别缓慢，并应采取措施加强汽包内水的流动，从而减小汽包上下壁温差。一般采用汽包内设置邻炉蒸汽加热装置和加强下联箱放水，以尽早建立水循环和控制汽包热应力。当水循环处于正常后，为不使汽包内外壁、上下部壁温差过大，仍应限制升温升压速度。当压力升至额定值的最后阶段，汽包金属的机械应力亦接近于设计预定值，这时如果再有较大的热应力是危险的，故升压速度仍受限制。一般规定汽包上下部壁温差不得超过 50℃，为此，在大型锅炉汽包上一般均装设上下部壁温测点若干对，以便在启动时监视。若发现壁温差过大，就应降低升压速度。就升压而言，锅炉很容易做到。只要炉内燃烧，暂时不送或少送蒸汽，压力就会很快地升高。然而升温的问题就比较复杂。升温太快，往往会危及设备的安全。除了从燃烧安全方面考虑以外，其他几乎都是由升温条件决定的。升温速度决定于燃烧率。为了保证锅炉设备的安全，升温速度和燃烧率都有严格的限制。但是对锅炉来说，汽轮机要求冲转的参数总是压力较低而温度较高。因此，在锅炉的启动中必须设法缓和压力的上升，而尽可能加快汽温的升高。

锅炉在启动初期压力很低时，水循环尚未正常建立，升压速度不能过高，待水循环正常后，且压力较高时，才允许适当提高升压速度。升压速度太慢，则延长锅炉的启动时间，增加启动损失。因此，对于不同类的机组，应当根据其具体条件，通过启动试验，确定升压各阶段的升压速度，以便制订出该机组的升压曲线，作为启动时的依据。

4. 锅炉点火及升温升压要注意的问题

在锅炉点火初期和升温升压的过程中，对水冷壁运行工况的监督是十分重要的。对自然循环汽包炉来说，初期水循环不稳定，水冷壁受热的均匀性较差，水冷壁的热膨胀也存在着较大的差别。水冷壁的受热膨胀情况可通过装在下联箱上的膨胀指示器加以监视。点火前应进行记录，点火初期检查的时间间隔要短些，后期可适当延长，对膨胀小的水冷壁，可采取改变燃烧方式或放水办法加快水循环。

自然循环汽包炉启动初期采用间断上水。停止给水时，省煤器内局部可能产生水的汽化，如生成的蒸汽停滞不动，则该处管壁可能超温。此外，间断给水使省煤器的水温也间断变化，在管壁引起交变应力，从而影响金属和焊缝的强度。为保护省煤器，设有再循环管，当停止上水时，应立即开启再循环管上的再循环门，使汽包与省煤器之间形成自然循环回路，靠炉水循环冷却省煤器。重新上水时，应关闭再循环门，防止给水直接进入汽包。

再热器的安全与旁路系统的类型有关。对于Ⅰ、Ⅱ级串联旁路系统，在启动期间，锅炉产生的蒸汽可以通过高压旁路流入再热器，然后经中、低压旁路流入凝汽器，因而再热器能得到充分冷却。对于单级大旁路系统，冲转前因高压缸无排汽，再热器内没有蒸汽流过，这时应严格控制再热器前烟温，有的锅炉使用烟气旁路来控制进入再热器的烟气流量。再热器的安全与冲转参数也有密切关系。因冲转参数的高低与锅炉当时的燃烧量有关，燃烧时又影响再热器前烟温，所以对于采用单级大旁路系统的机组，冲转参数宜选得低些。一般规定在锅炉汽量小于约 10% 额定值时，必须限制过热器入口烟温，考虑到在启动阶段，烟气侧有较大的热偏差，故烟温的限值应比过热器金属允许承受的温度还要低些。控制烟温的主要办法是限制燃料量和调整炉内火焰位置。

随着负荷流量的提高，对管壁的冷却效果提高，烟温也升高，这时就转为限制过热器出口汽温的办法来保护过热器，其限值一般比额定负荷时的汽温低 50～100℃。启动过程中，如用喷水使过热器减温，应注意喷水量不能太大，以防喷水不能全部蒸发积在过热器管内，形成水塞引起超温。

四、暖管

启动前，主蒸汽管道、再热蒸汽管道、自动主汽阀至调速汽阀间的导汽管、电动主闸阀、自动主汽阀、调速汽阀的温度相当于室温。锅炉点火后，利用所产生的低温蒸汽对上述设备及管道进行预热，称为暖管。暖管的目的是减少温差引起的热应力和防止管道内的水冲击。对汽轮机的法兰螺栓加热装置、轴封供汽系统、汽动油泵和蒸汽抽气器的供汽管道也应同时进行暖管。

对于单元机组，锅炉点火升压与暖管是同时进行的。锅炉汽包至汽轮机电动主闸阀之间的主蒸汽管道上的阀门在全开位置，电动主闸阀及其旁路阀处在全关位置，再热机组通过汽轮机旁路系统对再热蒸汽管道进行暖管。同时，也可通入少量蒸汽，在盘车情况下对高、中压缸进行暖缸。

对高参数、大容量的机组，暖管时温升速度一般不超过 3～5℃/min。暖管应和管道的疏水操作密切配合。当蒸汽进入冷的管道时，必然会急剧凝结。蒸汽凝结成水时放出汽化潜热，使管壁受热而壁温升高。如果这些凝结水不能及时地从疏水管路排除，当高速汽流从管道中通过时便会发生水冲击，引起管道振动。如果这些水被蒸汽带入汽轮机内，将发生水击事故。另外，通过疏水可以提高蒸汽温度。因此，疏水是暖管过程中的一项重要工作。在暖管过程中，主蒸汽管和再热蒸汽冷、热段管的疏水，一般通过疏水管道、旁路系统的排汽，经疏水扩容器排至凝汽器，此时凝汽器已接带了热负荷，所以要保证循环水泵、凝结水泵及抽气设备的可靠运行。如果这些设备发生故障而影响真空时，应立即停止旁路设备，关闭导向凝汽器的所有疏水阀，开启所有排大气疏水阀。另外，在暖管过程中，要定期开启疏水管的检查门，以观察是否还有积水。

在暖管过程中，对自动主汽阀和调速汽阀的预热问题应引起注意。大容量机组的自动主汽阀和调速汽阀体积大、形状复杂、壁厚变化大，加上应力集中的影响，往往因热应力大而发生裂纹。因此，现在许多国家的制造厂家对这一问题都作了相应的规定。如日立及引进美国西屋技术专利制造的 300MW 机组，当主汽温度高于调速汽阀室 43℃ 以上时，必须预热调速汽阀，预热时调速汽阀内壁温升不超过 100℃/h。在主蒸汽管道暖管的同时，具有法兰和螺栓加热装置机组的加热系统也应暖管。

在机组暖管升压过程中，排汽量与给水流量较小，汽包水位较难控制，当燃料量、旁路阀门及排汽量变化较大时都会引起汽包水位发生较大的变化，因此，必须加强对锅炉汽包水位的监视与调整以保持水位正常。

五、汽轮机冲转与升速

（一）冲转应具备的条件

冲转条件是保障汽轮机从盘车状态下安全过渡到正常运转的必要保证。通常汽轮机厂家为保护设备的安全均在操作手册中做出了具体要求：

（1）主要技术参数指标符合机组冲转要求限值范围内，如：汽缸膨胀胀差、轴向位移、转子偏心度、润滑油压、油温、各轴承温度、凝汽器真空和汽缸各部金属温度等。

（2）机组各辅机设备及系统总门状态，连续盘车 2h 以上，冲车前，试验工作全部完成且试验结果均应正常，必要时保护已全部投入。

（3）冲转参数选择合理，其原则如下：

1）冲转时主蒸汽压力选择应综合机炉两方面及旁路系统的因素来考虑，要从便于维持启动参数的稳定出发，进入汽缸的蒸汽流量应能满足汽轮机顺利通过临界转速和初负荷的需要。为使金属各部件加热均匀，增大蒸汽的容积流量，冲转蒸汽压力应尽量适当选择低一些。理想的冲转蒸汽温度，应当能避免启动初期对金属部件的热冲击，同时为防止蒸汽过早进入湿蒸汽区而造成的凝结放热及末几级叶片的水蚀，要有足够高的过热度。总之，蒸汽温度应保持与金属温度相匹配，且不匹配度不应超过允许范围。

2）凝汽式汽轮机的启动都无例外地要求冲转前建立必要的真空，凝汽器保持真空度的高低对启动过程有着很大影响。在冲转的瞬间，大量的蒸汽进入汽轮机内，因为蒸汽的凝结需要有个过程，所以真空会有不同程度的降低。如果真空过低，在冲转的瞬间就会有使排汽安全门动作的危险。此外，凝汽器真空过低还会使排汽温度大幅度升高，使凝汽器铜管急剧膨胀，造成胀口松弛，以至引起凝汽器管子泄漏。过高的真空也是不必要的。在其他冲转条件都具备时，仅仅为了等真空上来，必然会延迟机组的冲转时间。另外，真空越高，冲动汽轮机需要的进汽量越少，将达不到良好的暖机效果，从而延长了暖机时间。

3）启动前对大轴晃动进行测定，主要是检查是否在停机期间发生了轴的弯曲，所以大轴晃动值是汽轮机冲转的一项重要条件。如果机组安装后原始大轴晃动值比较大时，一定要记录下最大晃动值的方位，作为以后启动前测量大轴晃动的参考。

（二）冲动转子和低速检查

冲动转子是汽轮机的金属由冷态变化到热态，转子由静止变化到高速转动的初始阶段。这个阶段的矛盾却是由金属温度升高的速度和转子转速升高的速度而引起的。

在暖管阶段，各项工作完成以后，即可开始冲动转子。冲动转子有调节阀冲转和主汽阀冲转两种不同方法。不论采用哪种冲转方法，转子一旦冲转后，都应立即关闭冲转阀门。在低速下对机组进行听音并进行全面检查，确无异常后，再开启冲转阀门，重新启动汽轮机。因为汽轮机在冷态启动时蒸汽和汽缸的温差很大，为防止汽轮机各金属部件受热不均匀产生过大的热应力和热变形，在冲转后转速升至额定转速前，需要有一定时间的暖机检查过程。

高压汽轮机均设有连续盘车装置，它在汽轮机冲转前已先期投入。汽轮机通汽冲转并非从静止开始，而是由某一转速加速，故所需蒸汽量并不很大。同时为了避免冲转阶段汽轮机调节级汽缸温升过快，启动汽门的开启应平缓。由于冲转蒸汽流量小，汽门后压力表计量程太小，无法反映蒸汽压力和流量微小的变化，必须借助于转速监督间接判断启动情况。当转速升到 500r/min 后，便应手摇同步器关闭调速汽阀，用听音棒倾听汽轮机内部有无摩擦声。因为调速汽阀关闭后，排除了汽流声，便于分辨异常声音，此时需特别注意，勿使转子静止。确信无异常情况，重新开启调速汽阀，维持 500r/min 转速，作全面检查。应检查盘车是否脱开，停止盘车电机，转子转动后应对各轴瓦的回油情况、油温、油的受热度进行检查。

冲动转子后，检查机组各轴瓦的振动。如轴承箱有明显的晃动，则说明转子可能因弯曲或机组的动静部分之间发生碰撞，此时应立即手打危急保安器，关闭启动汽门停止启动，测量转子轴颈晃度，找出振动大的原因后方可重新启动；冲动转子后，注意凝汽器真空变化情况。由于一定数量的蒸汽突然进入凝汽器，真空瞬间下降较多，无其它原因，当蒸汽正常凝结后，真空又要上升，这时要及时调整，保持凝汽器真空在该转速下暖机真空度；冲动转子后，注意调整凝汽器的水位，防止发生凝汽器热井满水或因调整不当引起热井水位过低而至使凝结水泵打水中断。在启动过程中，射汽式抽气器、轴封冷却器需要保持足够的冷却水量，否则将引起其工作失常，引起凝汽器真空下降。对于水内冷发电机组要调整转子进水压力，氢冷发电机要调整密封电压。低速检查时要投入法兰、螺栓和汽缸加热装置。

从冲动转子开始，需定期记录测量仪表的读数。冲动转子的瞬间，高温新蒸汽同低温汽轮机部件接触，蒸汽对金属进行剧烈的凝结放热，这时金属的升温率较大，容易产生很大的热应力。随着转速的升高，汽轮机金属温度也将升高，汽缸内蒸汽对金属的对流放热成分逐渐增加，金属温度升高速度才放慢。限制新蒸汽流量才能控制温升速度。蒸汽流量与转速、负荷有一定关系，因而控制升速和负荷也就是控制温升速度。

（三）升速和暖机

汽轮机在冷态启动时，蒸汽与汽缸、转子的温差很大，为防止汽轮机各金属部件受热不均匀产生过大的热应力和热膨胀，在冲转升速至额定转速前，需要有一定时间的暖机过程。暖机的目的是防止金属材料脆性破坏和避免过大的热应力。

升速暖机过程是转速和各部件的金属温度逐步升高的过程。这个过程能否正确进行，将直接影响到汽轮机整个启动过程中各部件的热应力、热变形、热膨胀及振动等情况。启动过程规定的升速速度是根据汽轮机金属允许的温升率来选择的。在升速暖机过程中，必须严格控制金属的温升率，即控制升速速度。对中参数汽轮机，可按每分钟 5% ~ 10% 额定转速来升速；对高参数汽轮机，以每分钟 2% ~ 3% 额定转速进行升速为宜。升速过快，会引起金属过大的热应力。升速过慢只是不必要地延长启动时间，而无别的好处。不同的机组在不同的升速阶段，金属温度升高速度也不同，应该了解所属机组从冲动转子到额定转速的各阶段中汽轮机金属温度的变化情况，在金属温升率大的阶段，按照运行规程正确控制升速速度。监视汽轮机金属温度变化情况，一般以启动过程中温度变化比较剧烈的调节级汽室下汽缸内壁温度（或上、下汽缸的平均温度），作为汽轮机启动过程中金属温度的监视指标，因为这一温度指标能反映出整个高压段汽缸金属温度水平。

高压机组启动时，为保证金属温度均匀上升，一般分别在 1000 ~ 1400r/min、2200 ~ 2400r/min 的时候停留，进行中速和高速暖机，但应避开在临界转速时暖机。中速暖机转速一般在离临界转速 150 ~ 200r/min 范围内进行。因为在启动过程中，主蒸汽参数、真空都会有波动，如不避开临界转速一定范围，将引起机组转速落入临界转速而发生振动。中速暖机是高压汽轮机启动的重要一环。中速暖机必须充分，因为中速暖机之后升速时，将要通过机组的临界转速，再进行高速暖机。如果中速暖机不充分，高速暖机时金属温升率将可能过高。

升速和暖机过程中，应严格控制汽轮机各部分的金属温差，从而把金属的热应力和热变形控制在允许的范围之内。主要控制的温差有上下汽缸温差、法兰内外壁温差、上下左右法兰之间的温差、法兰与螺栓的温差等。

一般在中速暖机前后，法兰内外壁金属温差显著增加，法兰与螺栓温差也显著增加。这个阶段须适时投入法兰和螺栓加热装置。法兰和螺栓加热装置投入后，要严格控制法兰内外壁温差、法兰与螺栓温差、左右两侧法兰温差。要注意检查汽轮机的金属温度、汽缸膨胀、相对膨胀和汽缸左右两侧的对称膨胀情况。考虑到启动中汽缸和转子的受热条件不同，膨胀情况也不同，各级轴向间隙将发生改变，个别的间隙将缩小很多，所以法兰加热装置一定不能使用过度。汽缸膨胀主要是法兰温度水平的反映，当法兰温度低，限制汽缸膨胀时，则须适当地延长升速和暖机的时间。汽缸膨胀数值间歇跳跃式的增加，说明机组滑销系统卡涩，应列入重大缺陷之内，应在近期的检修中加以消除。使用法兰螺栓加热装置时，均为从外部不同部位分别对汽轮机进行加热，所以应特别注意汽缸左右两侧加热的对称情况。避免汽缸两侧加热不均，导致机组中心变动，引起机组振动。通常要求左右法兰中心温差不得大于 10℃，汽轮机左右两侧膨胀应该对称。

高压汽轮机启动、升速和暖机过程中，如果法兰加热装置使用过度，法兰温度过高，那么靠法兰加热装置后部的各段动叶片进汽侧轴向间隙将缩小。当法兰外壁温度高于内壁时，由于外壁金属的伸长较多，使汽缸前后两端成为立椭圆，中间段形成横椭圆。这时前端固定在汽缸上的阻汽片的左右两侧幅向间隙将减小，非悬挂式安装的中间段下隔板将抬高，减小下部的辐向间隙。如下汽缸温度低，又出现猫拱背现象，两者同时出现就可能引起径向摩擦。所以汽缸法兰外壁温度过高比过低更加危险。启动时法兰外壁温度不应高于内壁温度。法兰温度一般不得高于汽缸温度，是使用法兰加热装置的原则之一。对螺栓的加热，螺栓的温度无论如何不应高于汽缸法兰的温度，以免汽缸法兰的连接松开，以致汽缸自结合面漏汽。

升速到 2200～2400r/min 左右进行高速暖机。这是升速过程中汽轮机金属加热速度最大的阶段。这时由于进汽量增大，汽缸膨胀比较显著。高速暖机大约需 30min 以上，汽缸或法兰内壁温度才能达到运行规程规定的数字。随着汽轮机转速的升高，润滑油温度和发电机风温都要升高，可以投入润滑油冷油器和发电机冷却器，以保持运行规程规定的油温和风温。转速升高后，也应相应调整凝汽器的真空、氢冷发电机的密封油压。同时，汽轮机的调速系统开始动作，使调速汽阀关小，要保持汽轮机升速的势头，就应不断手动同步器开大调速汽阀，维持原来的开度，继续保持汽轮机的全圆周进汽，均匀加热。

高速暖机后，当转速升到 2800r/min 左右，主油泵已能正常工作，可逐渐关小启动油泵出口油门。油压达正常工作时的数值，且主轴转速升至额定转速后才可以停止启动油泵运行。当转速从 2800r/min 向额定转速提升时，应把启动汽门控制进汽倒换为用调速汽阀控制进汽，使调速汽阀缓慢关小。这时调速汽阀前汽压将上升到新蒸汽压力，如倒换太快，电动主闸阀、自动主汽阀、导汽管和调速汽阀将受到过于剧烈的加热。所以希望电动主闸阀到调速汽阀之间的一段管道从较低的压力升至全压不少于 15～30min。借此控制这一部分的金属温升速度在运行规程允许的范围之内，使之免受损坏。

汽轮机定速后，应对机组进行全面的检查，一切正常后，方可进行手打危急保安器试验。在进行打闸试验时，启动油泵应继续运行。如果这时油泵停运，自动主汽阀关闭后，主机转速和调速油压下降较快，将不利于危急保安器挂闸。假如一次挂闸未成，随着转速降低，会引起调速油压失压。如果启动油泵保持运行，则可避免这一缺点。试验结束后，停止启动油泵，在关油泵出口门时，一定要慢关，特别注意监视主油泵出口油压及润滑油压的变化。发现油压降低，应立即开启启动油泵出口门，待查到油压下降的原因并采取措施后，再重新进行停止油泵的操作。

在额定转速下，因排汽在排汽缸内分布的不均匀，有可能产生局部涡流，并可能有死区，这将引起汽缸的局部过热，使凝汽器的喉部和其他部分温度不一致。发生这种情况时，也须采取降低排汽温度的办法，以避免排汽缸的不均匀膨胀。

（四）汽轮机冲转与升速要注意的问题

高压汽轮机启动时，振动多发生在中速暖机及其前后的升速阶段。升速和通过临界转速过程中，要特别注意轴承振动的变化。升速和通过临界转速过程中，若发现振动和汽缸内声音异常、不应强行升速，仔细判明原因后，及时消除。机组升速中明显振动，振动增大较多时，用听针能听到轴承内的敲击声，前箱也可能出现左右晃动的情况下，不允许强行升速。否则，易使轴封段磨损，进而造成转子热弯曲。转子愈弯曲，振动愈大；振动愈大，磨损愈严重，造成恶性循环。发生明显振动时，比较安全的办法是迅速打闸停机找出原因。测量转子轴颈处的晃度。如晃度不大，可再挂闸升速到原暖机转速，继续进行暖机。如晃动较大，则需进行转子静置直轴，待大轴晃度减小到允许数值后，再行启动。转子的动不平衡或转子的热弯曲产生的振动，振动幅度与转速的平方成正比，所以中速暖机前，如机组出现 0.04m 以上的振动，则应停机处理。因冲过临界转速时，蒸汽流量有较大的变化，易造成过大的热应力和膨胀不均匀，故冲过临界转速后，应在适当转速下停留适当一段时间，使各部分金属温度趋于一致。每次升速前后均应检查机组振动、摩擦声音、金属温度、汽缸以及转子膨胀情况。还应检查轴瓦回油温度、油压、油质情况以及油箱油位。此外新蒸汽参数、排汽温度、凝汽器真空也应在检查之列。高压大容量汽轮机转子的临界转速偏低，当工作转速约等于最低阶临界转速的两倍时，可能发生的油膜振荡。大型机组在运行中应特别注意这一点。油温对转子运行稳定性的影响是很大的。油温调节不当并偏低时，往往会使稳定性裕度不大的机组发生油膜振荡。故一般情况下，油温不应低于40℃，为了增加稳定性，可将油温维持在40～45℃范围内运行。

六、单元机组并列和接带负荷

（一）单元机组并列操作

单元机组并列操作是指将汽轮发电机组并入电网的操作过程。机组在额定转速下，经检查确认设备正常，完成规定试验项目，即可进行发电机的并网操作。

汽轮发电机并网操作均采用同期法，要严格防止非同期并列。发电机与系统并列操作必须注意主开关合闸时没有冲击电流，并网后保持稳定的同步运行。除要满足上述两点外，准同期并网时还必须满足三个条件，即发电机与系统的电压相等、电压相位一致、周波相等。如果电压不等，其后果是并列后发电机与系统间有无功性质的冲击电流出现。如果电压相位不一致，则可以产生很大的冲击电流，使发电机烧毁或使发电机端部受到巨大电动力作用而损坏。如频率不等，则会产生拍振电压和拍振电流，将在发电机轴上产生力矩，从而发生机械振动，甚至使发电机并入电网时不能同步。准同期法并网的优点是其电机没有冲击电流，对电力系统没有什么影响。

大容量机组一般都采用自动准同期方法，它能够根据系统的频率检查待并发电机的转速，并发出调节脉冲来调节待并发电机的转速，使它达到比系统高出一个预先整定的数值。然后检查同期回路便开始工作，这些工作是由发电机自动准同期装置（ASS）来完成的。当待并发电机以一定的转速向同期点接近，由电压自动调整装置（AVR）通过调节转子励磁回路的励磁电流改变发电机电压。当待并发电机电压与系统的电压相差在±10%以内时，它就在一个预先整定好的提前时间上发出合闸脉冲，合上主断路器，使发电机与系统并列。

（二）单元机组带负荷过程

在冷态滑参数启动过程中，汽轮机的调速汽阀处于全开状态，机组增升负荷的控制主要取决于锅炉的燃烧与调整。为使机组并网后能平稳地增升负荷，要求主蒸汽升压速度控制在20～30kPa/min，主蒸汽温升速度为1～2℃/min。在冷态滑参数启动加初始负荷阶段，汽轮机高压调速汽阀应保持全开，新蒸汽可均匀进入汽轮机。以后增升负荷，主要靠加强锅炉燃烧，增大锅炉蒸汽蒸发量。随着蒸汽蒸发量的增加，主蒸汽压力也相应提高。在低负荷阶段，要求主蒸汽压力变化率控制在20～30kPa/min范围之内。这样可以确保稳定的增升负荷，也可防止流通部分蒸汽流量增加过快，造成高压外汽缸及其法兰加热跟不上转子的加热，引起正胀差值超过运行允许值。以后机组提升负荷时，主蒸汽压力变化率可适当加大。

汽轮机的升负荷，实质上就是增加汽轮机的进汽量。因此汽轮机各级压力和温度都将随着负荷（流量）的增加而提高，通常汽轮机金属温度的升高速度与负荷的增加速度成正比。因此在升负荷过程中，控制金属的温升率就归结为控制汽轮机的升负荷速度。允许的升负荷速度取决于最危险区域（一般指调节级附近）金属的允许温升速度。根据汽轮机的参数和结构特点不同，可定出不同的规定值。对于中参数汽轮机，大约每分钟可增加4%～5%额定负荷，而对于高参数汽轮机，大约每分钟可增加1%～2%额定负荷。最初带负荷暖机和以后升负荷暖机过程中，除仍须对油系统、机组振动、金属温度、轴封供汽情况进行重点监督外，还必须对转子的轴向推力变化加以严格监督。一般认为负荷增加后，蒸汽流量增加，轴向推力要增大，推力支承部分的弹性位移要增大。因此，应对转子的轴向位移、推力瓦温度，推力瓦回油温度进行认真的检查和记录，发现异常应停止升负荷，分析原因，予以处理。

并列后的升负荷过程中，有关系统和附属设备逐步按运行要求投入运行。抽汽管道的逆止门保护应投入工作；低压加热器疏水量增大以后，应该启动疏水泵；法兰或汽缸金属温度达到一定数值时可关闭汽缸疏水阀和调速汽阀疏水阀。升负荷过程中，应该检查调速系统动作是否正常，调速汽阀有无卡涩。

升负荷过程中也必须监督机组的振动情况。若升负荷时引起振动则说明机组加热不均匀，或因轴向、径向间隙消失而引起动静部分摩擦，或因加热不均匀改变了机组的中心所至。无论是几个轴承，还是一个轴承的某个方向（垂直、水平或轴向）的振动逐渐增大，必须停止升负荷，使机组在原负荷下维持运行一段时间。当振动减小后，可以继续增升负荷。但如果停止升负荷后，振动仍然较大，或第二次升负荷时振动重新出现，须仔细分析研究以确定汽轮机是否可以继续运行。

机组接带负荷的过程、汽缸和转子胀差的变化，也是很重要的监视范围。为避免轴向间隙变化到危险程度使动静部分发生摩擦，不仅应对胀差进行严格的监视，而且还应对机组胀差的变化可能对机组正常运行产生的影响应有足够的认识。

根据运行实践，在带负荷阶段，减少胀差的主要途径是：

（1）按滑参数启动曲线的要求，控制温升速度，避免过大的波动。

（2）调整好法兰螺栓加热的进汽量。

（3）发电机并网后，要缓慢开大调速汽阀。

（4）必要时可关小调速汽阀或降低主蒸汽温度，延长暖机时间。调速汽阀节流后进汽量减少，可降低调节级温度及以后各级温度，使转子的膨胀速度得到缓和。

（5）使高压缸在盘车状态下预先加热，使得冲转时的胀差比较小，在冷态启动时也可采取人为供汽预热汽缸这一方法。

低压加热器通常是随机启动，高压加热器则是在负荷带至一定值或抽汽压力超过大气压力后投入。低压加热器投入得过晚，有可能影响汽缸上下壁温差。高压加热器投入得过晚，会影响给水温度，给锅炉燃烧造成困难。低压加热器，特别是高压加热器不投入运行时，应按高压加热器之后几级的通流能力确定机组所带的最高负荷。一般应限制汽轮机的负荷，以保证这些叶片、隔板不过负荷，并使轴向推力保持在安全的范围之内。高压加热器如未随机启动，可在升负荷和暖机过程中投入。

随着负荷的增加，凝汽器中凝结水位要升高，所以应及时调整凝结水再循环阀门及抽气器出口凝结水阀门，保持热井水位正常。根据负荷的增加情况，关闭凝结水再循环门。随着负荷的增加、调节级（速度级）汽室压力也要升高，高压端轴封的漏汽也要增加，要随时调整轴封供汽阀门以保持轴封供汽压力正常。

汽缸法兰和螺栓的温差接近于零或不大时，或下汽缸温度达 340～350℃ 时，可停止法兰螺栓加热装置。当调节级下汽缸或法兰内壁金属温度，达到相当于新蒸汽温度减去新蒸汽与调节级金属最大允许温差时，机组升负荷已不受限制，此时可以认为启动加热过程基本结束，此后可以根据主蒸汽参数要求将机组负荷加到额定负荷。

七、单元机组冷态启动实例

图 1-10 为某 300MW 机组冷态滑参数启动曲线。从图 1-10 中可以看出机组冲转参数：主蒸汽压力 6.0MPa，主蒸汽温度 350℃。在机组 2000r/min 暖机期间，主蒸汽压力维持 6.0MPa 不变。在机组 2000r/min 暖机结束升速前，锅炉开始提高蒸汽压力，汽轮发电机组定速并网时，主蒸汽压力升至 7.5MPa。初负荷暖机结束时，主蒸汽压力提升至 10MPa。随机组负荷的增加，主蒸汽压力逐渐提高到额定值 16.5MPa。从汽轮机冲转到定速并网阶段，主蒸汽温度的升高过程是非常缓慢的，温度升高 70℃ 花费了 140min。机组并列后带负荷过程中，主蒸汽温升速度较快。为了保证机组安全可靠运行，在机组冷态启动过程中，应注意机组热膨胀、热应力的变化，一般以控制主蒸汽温升速度 1.5℃/min 较为适宜。此机组负荷升至 35% 额定负荷时，主蒸汽温度升至额定值 538℃。机组冲转以后，在 500r/min 处短暂停留进行摩擦检查后，即升速至 2000r/min 进行暖机，目的是提高高、中压转子的温度，以防止转子金属低温脆性破坏，其暖机时间为 120min，约占冲转至定速阶段总时间的 90%。此机组采用的升速率较高，冲转至 2000r/min 期间，其升速率为每分钟 300r/min，从 2000r/min 至定速阶段，其升速率为每分钟 150r/min，相比其他类型机组为高。机组达到额定转速后，即进行并网操作，未进行试验工作，并网后带 5% 初负荷，进行初负荷工况下暖机，停留 30min 后即以每分钟 1% 的升荷率提高负荷至额定值。

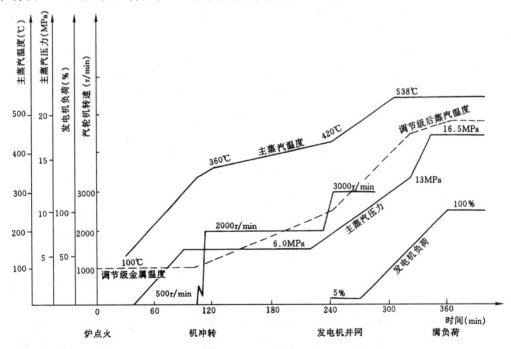

图 1-10　300MW 机组冷态滑参数启动曲线

从图 1-10 可看出，机组的冷态启动过程是顺利的。在启动过程中，重要阶段的操作及辅助系统、设备的切换是及时的，主要技术参数控制得较好。汽轮机调节级金属温度在启动冲转前显然是受到蒸汽加热的影响，温度保持在较高水平。随汽轮机冲转、升速至额定转速阶段，调节级金属温度缓慢增长，基本保持了 1℃/min 的增长速度。机组初负荷至额定负荷期间，调节级金属温度增长速度较快，平均为 1.75℃ /min。

机组整个冷态启动过程，从锅炉点火开始，经历了汽轮机冲转、定速、发电机并网、升负荷至机组额定负荷，共经历了 6h。由于机组的主要参数是在计算机控制状态下，因此各曲线变化较为平稳。

八、中压缸启动

在汽轮机启动冲转过程中，高压缸不进汽，只向中压缸进汽冲动汽轮机转子，待机组达到一定转速或带到一定负荷后，再切换为高中压缸共同进汽的方式，直至机组带满负荷运行。这种启动方式称为中压缸启动。

中压缸启动方式与高中压缸联合启动方式相比，高压缸采用倒暖方式，中压缸全周进汽，使得汽缸加热比较均匀，温升较为合理。在机组启动初期，减少了高压缸热应力和胀差对机组启动速度的影响和限制。由于高压缸在启动初期不进汽作功，在同样的工况下，进入中压缸的蒸汽量大，使得暖机更加充分、迅速，从而缩短了机组启动持续时间。

机组冷态工况采用中压缸启动方式时，当锅炉再热蒸汽参数升到一定数值后（一般比高压内缸温度高出 50℃ 左右）即可开启高压缸排汽逆止门，对高压缸进行倒暖。通常，当高压缸金属壁温达到 150～190℃ 即可停止倒暖。此时可以开启高压缸通往凝汽器管道上的真空阀，使高压缸处于真空暖热状态。在进行倒暖的同时，主蒸汽、再热蒸汽参数仍按规定速度升温、升压。待主蒸汽和再热蒸汽参数达到冲转要求时，即可进行中压缸进汽冲转操作。当达到切换转速或切换负荷后，关闭高压缸通往凝汽器的抽真空阀门。微开高压调节汽门，并打开高压缸排汽逆止阀，让少量蒸汽流入高压缸，此时应注意高压缸缸体温度的变化，然后逐渐开大高压调节汽门直至全开。在恢复高、中压缸同时进汽方式操作期间，高压旁路阀随之缓慢关闭。当切换完成后继续增加负荷时，高压调节汽门保持开度不变，负荷由蒸汽压力的逐步上升而升高。整个切换过程时间不应过长，切换时应特别注意高压缸温度变化，避免产生过大的热冲击。调整高低压旁路时也应保持主蒸汽和再热蒸汽参数的稳定。

在机组进行热态启动时，采用中压缸冲转方式通常不需要进行高压缸倒暖操作，只需将高压缸处于真空隔离状态即可。在热态工况下，保持恰当的启动再热蒸汽参数，在高压缸处于真空状态下，使中压缸进汽冲转转子。当负荷达到切换负荷时，即可进行进汽方式的切换，切换过程结束，仍按高中压缸进汽启动操作程序进行。

九、强制循环锅炉机组启动特点

强制循环锅炉由于在汽包下降管中设置了强制循环泵，除了依靠汽水混合物之间的密度差所形成的压差外，还主要依靠装在下降管系统中的强制循环泵压头，此种方式水循环安全可靠，有利于传热，汽包尺寸比自然循环锅炉的小，运行水容积、水量较小，储水量较小，因此，锅炉启动速度较快。

由于强制锅炉汽包内部弧形衬板的作用，使汽水混合物由汽包顶部引入，沿汽包壁自上而下流动。点火前，强制循环泵就已启动，建立了水循环，汽包受热就比较均匀，有利于汽压速度的提高。

水冷壁管内流量与启动工具没有直接关系。启动初期循环倍率较大，管内有足够水量，炉水温度均匀，因此强制循环泵的运转安全是水冷壁安全运行的重要保障。启动时，汽包水位应上至较高水位，第一台强制循环泵启动后对水位影响较大。启动过程中要注意汽包水位变化。在运行中要随时注意监视强制循环泵电流及差压变化。

第三节 单元机组（直流锅炉）冷态启动

直流锅炉没有汽包，启动时间因而可以大大缩短。配直流锅炉的单元机组，启动时间主要受汽轮机启动加热条件制约。

一、直流锅炉的启动特点

直流锅炉的启动特点是在启动准备阶段，就必须不间断地向锅炉进水，以此来建立起足够的工质流速和压力，保证给水连续地流经所有受热面，使其得到冷却。因此直流锅炉在启动之前就须建立起一定的启动流量和启动压力，甚至采用全压启动。由此可以认为，直流锅炉的启动过程主要是工质的升温过程。

由于直流锅炉各受热面之间无固定分界线，在启动期间开始送出的是热水，然后是汽水混合物、饱和蒸汽和过热蒸汽，最后过热温度逐步达到额定值。启动过程中送出工质的状态是不断变化的，与之对应的锅炉受热面开始时全部做加热区段；当锅炉开始产生蒸汽，全部受热面即分成加热段和蒸发段两部分；最后，当出口蒸汽过热后，全部受热面才分成加热、蒸发、过热三个区段。图 1-11 为配亚临界压力直流锅炉机组启动系统。

在单元制系统中，直流锅炉的启动旁路系统用于排除锅炉启动过程中产生的热水、汽水混合物、饱和蒸汽以及过热度不足的过热蒸汽。由于纯直流锅炉通常需要 25%～30% 额定蒸发量，因此启动时凝结水和热量损失较大，启动旁路系统必须最大可能地回收工质和热量。

二、直流锅炉的启动过程

1. 冷态循环清洗

由于工作原理的差异，直流锅炉的水工况不同于汽包锅炉。直流锅炉无汽包和循环着的炉水，给水带入的杂质及给水系统和锅炉自身的腐蚀产物，部分沉于锅炉受热面上，部分被蒸汽带入汽轮机。因此，直流锅炉所要求的给水品质比同参数汽包锅炉高，它要求高纯度的给水。

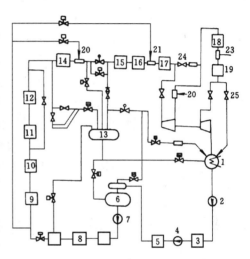

图 1-11 配亚临界压力直流锅炉机组启动系统

1—冷凝器；2—凝结水泵；3—除盐装置；4—凝升泵；5—低压加热器；6—除氧器；7—给水泵；8—高压加热器；9—省煤器；10—水冷壁；11—顶棚；12—包覆管；13—启动分离器；14—低温过热器；15—前屏过热器；16—后屏过热器；17—高温过热器；18—低温再热器；19—高温再热器；20—过热器第一级喷水；21—过热器第二级喷水；22—再热器事故喷水；23—再热器微量喷水；24—汽轮机高压旁路（Ⅰ级旁路）；25—汽轮机低压旁路（Ⅱ级旁路）

循环清洗的目的是清洗沉积在受热面上的杂质和盐分，以及因腐蚀而生成的氧化铁。清洗用温度为 104℃ 的除氧水，流量为额定流量的 1/3，后期可增加到 100% 的额定流量。清洗工作通常分为凝结水系统和锅炉给水系统两部分进行。凝结水系统清洗是除去凝汽器汽侧、凝结水泵、凝结水管路、低压加热器和除氧器内部的铁屑和杂质。在这段时间里，主要利用旁路系统，暂不投入凝结水除盐装置，由除氧器直接排放。当凝结水泵出口凝结水 Fe

<200～300μg/L、浊度为 2mg/L 左右时，可停止除氧器排放，投入凝结水除盐装置运行。给水系统清洗是除去给水管路，给水泵、高压加热器、锅炉省煤器和水冷壁、汽水分离器内的杂质和铁锈。在给水进入锅炉前，先经给水泵再循环进行循环。经给水取样检查后进入锅炉，经省煤器、水冷壁进入汽水分离器，由排放阀排入回收箱至地沟排放。

预热清洗是在点火前、给水合格的情况下，根据锅炉金属温度的不同（冷态、温态、热态）决定预热的快慢。预热的目的是为了防止锅炉烟气侧表面结露而腐蚀。其间应保持较大流量 3min 左右，以驱赶死角中的空气，保证系统内充满水。

2. 启动流量、压力的建立

由于直流锅炉没有自然循环回路，所以冷却受热面的方法是从点火开始就不间断地上水，并保持一定的压力与流量。直流锅炉受热面中，工质的稳定流动必须依靠具有一定压头的给水，因此在锅炉点火之前就必须建立一个足够高的启动压力。启动压力的选择与水动力稳定性、膨胀现象、分离器进口阀的腐蚀有关。在阀门质量允许的前提下，启动压力应尽量选择得高些，甚至可采取额定压力启动。

为了确保直流锅炉受热面在启动时的冷却要求，锅炉应保持足够大的启动流量。在一定的启动压力下，启动流量越大，则流经受热面的流速越大。这对受热面的冷却、水动力稳定性以及防止汽水分层都有好处，但启动时间将要延长，工质损失及热量损失也将增加。此外，启动旁路系统的设计容量也要加大，使设备投资费用增加。相反，如果启动流量过小，则受热面的冷却及工质流动的稳定性将得不到保证。因此，选择的原则是在可靠的冷却前提下，启动流量尽量选得小些。

当启动流量一定时，启动压力高，则汽水密度差小，对改善水动力特性、防止脉动、停滞及减少启动时的汽水膨胀量等有利。但启动压力高将使给水泵耗电量增大，点火升压期间阀门前后压差增大，加速阀门磨损，并引起管路系统的振动和噪声。

3. 点火及升温升压工作

锅炉点火前，应将送风机和引风机投入，以保持炉膛负压。点火前总风量通常为 35%额定风量，吹扫炉膛时间不少于 5min，吹扫完毕，锅炉主燃料跳闸装置自动复置，具备了点火条件，锅炉便可以投入油枪进行点火工作。

锅炉点火后应注意加强燃烧的调整和监视。增加油枪时应注意调整油压，监视油枪雾化情况，防止未燃尽油滴带到尾部受热面而发生再燃烧或爆燃。随着燃烧强度的增强，各部温度逐渐升高，应注意升温升压速度的控制。通常以控制升压速度来控制升温速度。升温过快将引起较大的热应力，故升压速度不能过快。

4. 启动过程工质膨胀现象

直流锅炉工质膨胀现象过去一直是一个复杂的问题，同时也是直流锅炉启动过程必然存在的现象。因为在锅炉充水后的点火初期，总要经历一个由水变成蒸汽的体积膨胀过程。这是因为在直流锅炉启动过程中，出口工质的状态不断变化。在送出汽水混合物或饱和蒸汽期间，会发生短暂的但比较急剧的压力升高。这是由于点火或升火较快时，炉膛内热量骤增，使水冷壁的受热比对流受热面快得多，故水冷壁中短时间内产生了大量蒸汽。工质由水变成蒸汽，比体积猛增，致使水冷壁内局部压力升高。当这些蒸汽通过后面的受热面时，将其中未蒸发的水挤向出口，出口工质变成汽水混合物，一段时间内其量大大超过给水量。这种现象就称为膨胀现象或喷出现象。

膨胀开始时刻、膨胀量和膨胀持续时间与启动分离器在汽水流程中的位置、给水温度、启动时的工质压力（启动压力）、燃料投入速度等有关。膨胀现象可以从分离器疏水量和水位的变化中观察到。当膨胀出现时，分离器疏水量将明显增加。

5. 防止过热器、再热器水塞

启动前在过热器和再热器的弯管内部都有可能存有积水。由于屏式过热器和立式再热器（也包括包覆过热器的下联箱）管子很长，需要较大的压差才能将积水冲出。这部分水蒸发后也会影响各管内流量的分配，甚至引起汽塞，造成管壁温差过大产生危险热应力。特别是过热器，由于分离器的影响更易于积水。

6. 高、低压旁路的投入

在机组启动阶段中，高压旁路不仅是蒸汽的通道，而且也是控制升压过程的一个重要装置。高压旁路有启动阶段、定压阶段和滑压阶段。在每个阶段中，高压旁路按各自不同的方式自动动作。

锅炉点火前，高、低压旁路系统必须投入并保持正确位置，将高压旁路的最大和最小阀位设置好。最大阀位设定开度应能满足锅炉启动时35%额定流量的要求，最小阀位设定应满足再热器有一定的蒸汽流量。选择"启动方式"和投入"自动"后，高压旁路阀门将被强制开启并保持在最小开度。在"启动方式"运行状态下，旁路汽压设定随主汽压力上升而增加。随着燃料量逐渐增加，主汽压力达到设定值，高压旁路便自动转入"定压方式"。在这个阶段直至机组并网，高压旁路阀门开度将不断增加，增加的程度取决于锅炉燃料量投入的多少。总之，高压旁路将控制主汽压力为设定值以维持汽轮机所需冲转参数。

在锅炉点火前应将低压旁路投入自动位置，低压旁路调节阀自动开启并维持最小开度，以保证再热器的冷却。随着燃料量的增加，低压旁路开始进入维持最小再热器压力控制方式，低压旁路调节阀开度随再热器通汽量增大而开大。锅炉点火后到汽轮机冲转期间，系统为纯旁路运行，锅炉产生的蒸汽全部经过高压旁路、再热器和低压旁路，最终排入凝汽器。

7. 汽轮机冲转与升速过程

当锅炉过热器出口温度达到汽轮机冲转参数，且汽轮机具备全部冲转条件时，方可进行汽轮机冲转操作。机组冷态启动时，冲转蒸汽压力不应过高，这样可减少对汽轮机的热冲击，亦可减少转子的热应力。但蒸汽压力过低，有可能影响锅炉水冷壁内的质量流速而发生膜态沸腾。冲转压力的设定也和机组高、低压旁路的通流量有关，一般旁路的通流量以不小于35%额定流量为宜。

直流锅炉的蒸汽品质合格也是汽轮机冲转的必要条件之一。在具有旁路系统的机组上，完全可能等待蒸汽品质合格才冲转，防止对叶片的腐蚀，以保持机组长期安全、经济运行。

汽轮机升速过程锅炉需保持燃烧稳定。实践可以证明，控制好汽轮机热应力的变化是升速过程的关键。通常机组转速达到2500r/min左右，热应力达到最大值，所以大部分机组将中速范围定为暖机区域。顺利通过机组临界转速也是机组升速过程的另一个关键操作。总之，在升速、暖机期间要注意维持锅炉蒸汽参数稳定，防止由于参数的变化造成汽轮机热应力过大。

8. 发电机并网带初负荷

汽轮发电机组转速达到3000r/min，且稳定后，通常需做一些试验工作，要求机组在空载状态下运行一段时间。汽轮机若长时间处于空载下运行，由于鼓风的影响，将使汽缸排汽温度升高，这对机组寿命和安全都是不利的。

机组并网以后，锅炉的燃料量和出力保持不变。主蒸汽压力由高压旁路控制，再热蒸汽压力由低压旁路控制。这个阶段锅炉产生的蒸汽随着负荷的上升逐步地由机组旁路系统转移给汽轮机，直至旁路系统关闭为止。机组并网以后，自动带上初负荷（2%～5%）额定负荷，以处于发电机逆功率保护动作范围之外。为了确保达到这一目的，初负荷的定值不是固定不变的，它可以根据汽轮机转速偏差和汽压偏差自动进行修正。并网后，随着负荷的上升，应随时注意发电机无功电流的调节。在初负荷阶段内，无功电流可以根据电压和有功电流适当调大一些，以保持功率因数在 0.75～0.85 左右。其目的是当负荷上升快时，不会因此使功率因数接近 1 而造成电压过低。通常发电机自动电压调节装置（AVR）均处于自动状态，只需对上述情况加强监视。

9. 机组升负荷阶段

初负荷暖机完成并检查机组运行正常后即可升负荷。冷态升负荷率为 1%/min 额定负荷左右。由于热应力限制了升负荷率。为了缩短启动时间，可以将升负荷率设定值适当加大一些。随着负荷上升，机组的主蒸汽压力也随之上升。机组不仅要保持负荷达到设定值，还要保持主蒸汽压力达到设定值。这个阶段应逐步增加燃料量，增加主蒸汽压力以提高负荷。燃料量增加将使锅炉的蒸发段产汽量增加，汽水分离器水位下降，疏水阀关小。随着燃料量的继续增加，直到疏水阀全部关闭，此时机组进入了纯直流运行。汽水分离器完全干态成为一个微过热蒸汽的通道。进入干态运行，除氧器加热汽源减少，给水温度会逐步降低，应及时切换除氧器汽源，以满足给水加热的需要。由于给水温度的变化，可能引起蒸发段与过热段的分界面发生变化，应在机组干态运行后进行给水泵的切换工作。

在升负荷过程中，由于汽温随负荷上升而上升，将在汽水分离器和过热器联箱等厚壁部件中产生较大的热应力。这个热应力是随着负荷（汽温）升降而循环变化的，它会引起低周疲劳而消耗使用寿命，应该加以重视。目前大型机组控制系统中已装有专门的装置，根据厚壁部件的内外壁温差监视热应力的大小，以热应力余度显示出来。当机组稳定运行时，热应力余度为 100%。负荷变化时，热应力余度将会减小。负荷变化越快，热应力余度越小。手动控制加减负荷时，特别是在加减燃料量较多时，应参考热应力余度曲线进行。根据机组的实际情况和外界的负荷需求，逐渐调整燃烧率以提高蒸汽参数直到额定值，以满足汽轮机升负荷的要求，最终使机组达到额定负荷，完成升负荷过程。

三、直流锅炉启动过程中应注意的问题

1. 直流炉与汽包炉汽水行程的差别

汽包炉由于汽包的存在，在汽包与水冷壁之间形成循环回路，其循环动力不是依靠给水泵的压头，而是依靠下降管中炉水密度与蒸发受热面间汽水混合物的密度差形成的压力差。汽包炉中的汽包将整个汽水循环过程分隔成加热、蒸发和过热三个阶段，并且使三个阶段受热面积和位置固定不变。汽包在三段受热面间起隔离和缓冲作用。汽包水位的正常变化不会影响三段受热面积的改变。

对于直流炉，给水在给水泵的作用下一次性地流过加热、蒸发和过热段。其加热、蒸发和过热三个阶段之间没有明显的分界线。当燃烧率与给水量的比例发生变化时，三个受热面积即发生变化，吸热比例也随之变化。其结果势必直接影响出口蒸汽参数，尤其是出口蒸汽温度的变化。通常当燃烧率增加时，加热与蒸发过程缩短，过热阶段加热面积增加，致使过热器出口蒸汽温度升高。当直流炉燃料与给水量（燃水）比例失去平衡时，将引起出口蒸汽温度发生较大的波动，因此在启动运行过程中必须注意保持燃料率与给水量之间的比例关系，即在适应负荷变化过程中，同时改变燃烧率和给水量才能维持过热器出口蒸汽温度的稳定。

采用喷水降温的方法会加剧燃水比例的失调，为了减小维持过热器出口蒸汽温度的困难，应注意通过保持燃水比来控制汽水流程中某一点温度或焓值。稳定了该点的温度或焓值，即可间接地控制过热器出口蒸汽温度，必要时再辅以喷水减温手段以达到稳定蒸汽温度的作用。

2. 防止水动力不稳、脉动和热冲击

直流锅炉的水动力特性是指在一定热负荷下，强制流动的蒸发受热面中工质流量与流动压降之间的关系。当水动力不稳定时，同一管壁各平行管在同一压差下会有不同的流量。由于流量的不同，各管出口工质的状态也不同，因此会引起并联各管道出口的工质状态参数产生较大变化。发生不稳定流动时，通过管道的流量经常发生变动，蒸发点也随之前后移动，这将使蒸发点附近的管壁金属疲劳而损坏。

由于直流锅炉各受热面之间无固定容量，脉动将引起水流量、蒸发量及出口汽流的周期性波动，使加热蒸发、过热区段的长度发生变化，因而不同受热面交界处的管壁交变地与不同状态的工质接触，致使该处的金属温度周期性的波动产生金属疲劳损坏。

直流锅炉吸热不均匀特性与自然循环锅炉吸热不均匀特性不同，自然循环锅炉有自补偿特性，能够减少热偏差的影响。而直流锅炉蒸发变热面吸热不均匀不但会引起热偏差，而且还会通过对流量不均匀的影响而扩大热偏差。所以通常应注意直流锅炉水冷壁许可温度差不超过50℃。

3. 汽温调节

对于直流锅炉，在接近满负荷区域内，如果煤水比发生较大偏差时，就有可能引起超温。当热负荷很高时，如果水冷壁管内的流速较低，则传热系数会急剧下降，造成管壁温度剧烈升高，会出现类似膜态沸腾的现象，此时也会引起水冷壁下部较低温度处的壁温迅速上升。为此必须引起足够的认识。

由于直流锅炉没有汽包这个中间环节，会给运行操作带来一定的困难。这是因为汽包锅炉水冷壁始终处于饱和温度之下，燃料量只同蒸发量有关。而直流锅炉的水冷壁温度同给水量和燃料量有关，稍有变化就会影响水冷壁出口温度，造成主蒸汽温度超限。因此，运行时必须严格保持燃料量和给水量之间的比例关系，即煤水比。为了更直接地控制这个比值，通常选择一个中间点温度作为监视手段。目前大多以汽水分离器出口温度作为中间点温度来监视。

4. 旁路系统运行应注意的问题

旁路系统使机组启动和停止操作得以简化，也为机组故障处理和迅速恢复提供了条件与方便。但带旁路系统的机组如果运行中发生控制回路或控制油路故障，则将引起高压调速汽阀关闭。若在带负荷运行中高压旁路将因主蒸汽压力迅速上升而自动打开，低压旁路也随着打开，这时机组将仍然由中压缸和低压缸作功，功率可达额定功率的70％左右，高压缸处于无蒸汽状态运行，使高压转子过热而损坏，这是带旁路系统机组的一个极其突出的缺点。

四、复合循环锅炉循环系统及特点

1. 复合循环锅炉循环系统

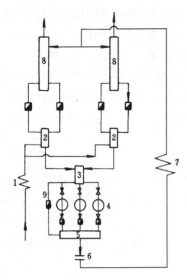

图 1-12 亚临界压力低循环倍率锅炉循环系统
1—省煤器；2—混合器；3—过滤器；4—再循环泵；5—分配器；6—节流圈；7—水冷壁；8—汽水分离器；9—备用管路

复合循环锅炉是以直流锅炉为基础发展形成的。对在低负荷工况进行再循环，在高负荷工况转入直流运行的锅炉称为复合循环锅炉。而对于在全负荷工况范围内进行再循环，其循环倍率随负荷降低而增大的锅炉称为低循环倍率锅炉。复合循环锅炉循环系统与直流锅炉的基本区别是在省煤器与水冷壁之间连接有循环水泵、混合器、分配器和再循环管道。

图 1-12 为亚临界压力低循环倍率锅炉循环系统图。给水经省煤器 1 进入混合器 2，与汽水分离器 8 分离出的水混合，经过滤器 3、再循环水泵 4、分离器进入水冷壁的各个回路中。为合理分配各回路中的水量，水冷壁各个回路装有节流圈 6。水冷壁 7 中产生的汽水混合物在分离器 8 中进行汽水分离，分离出来的蒸汽送往过热器，分离出来的水进入混合器进行再循环。再循环泵一般为 2~3 台，其中一台为备用。在进行切换过程中，给水经备用管 9 直接进入水冷壁，不致影响安全。低循环倍率锅炉可用于亚临界压力锅炉，也可用于超临界压力锅炉。在用于超临界压力锅炉时，系统取消了汽水分离器。

复合循环锅炉循环系统在低负荷工况时按再循环方式工作，在高负荷时按纯直流方式运行。从循环方式切换到直流方式运行要根据具体情况而定，一般为额定负荷的 65%~80%。图 1-13 所示为复合循环锅炉循环系统图。由省煤器来的给水进入球形混合器，当负荷低于切换负荷时，给水在此与水冷壁出口的炉水混合，再由再循环水泵送入水冷壁，经对流竖井包覆管加热后，一部分经再循环管进入混合器与省煤器的给水进行混合再循环，另一部分则送入过热器，再循环水量通过再循环管道上的循环限制阀来调节。当负荷上升到切换负荷时，循环限制阀自动关闭。循环管道中无再给水量，此时的再循环水泵仅起到升压作用，也可以停用再循环泵，使水经旁路进入水冷壁。复合循环锅炉多用于超临界压力机组中。

2. 复合循环锅炉的特点

直流锅炉在稳定工况下，流经蒸发区段的工质流量等于它的蒸发量。在低负荷时，流经蒸发区段的工质流量按比例减少，但炉膛的热负荷降低不多。为了保证水冷壁的安全，直流锅炉在低负荷运行时必须依靠启动系统维持一定的工质质量、流速（工质流量）。因此启动系统较为庞大和复杂。此外启动时还造成较大的工质和热量损失。

通常锅炉最低负荷由过热器冷却所需最低

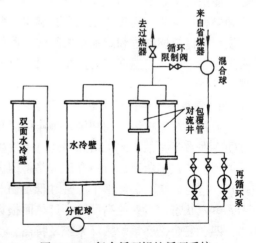

图 1-13 复合循环锅炉循环系统

流量所决定。与直流锅炉比较，复合循环锅炉最低负荷运行值大为降低。启动系统可以按5%～10%额定负荷设计，不但使设备费用降低，同时还可减少工质及热量损失。对于亚临界参数复合循环锅炉，在水冷壁出口设置立式汽水分离器，其横断面积小，出口蒸汽直接进入过热器，汽温特性近似于汽包锅炉。由于采用再循环提高了工质流量，对于容量不大的锅炉，采用一次上升型水冷壁和较大的管径也能保持其安全。再循环流量与给水流量在混合器中经混合后进入水冷壁，使水冷壁进口工质焓值提高。减少工质在水冷壁内的焓增，有利于水冷壁中工质的流动稳定与减小热偏差。

第四节　单元机组热态启动

当机组停运时间不久，机组部件金属温度还处于较高温度水平时，再次进行机组的启动操作称为热态启动。热态启动与冷态启动操作的区别在于机组冲转前金属部件温度的始点不同。

冷态与热态划分的原则主要是考虑汽轮机转子材料的性能。试验研究表明，转子金属材料的冲击韧性随温度的降低而显著下降，呈现出冷脆性。这时即使在较低的应力作用下，转子也有可能发生脆性断裂破坏。因为热态启动时的金属温度也超过转子材料的脆性转变温度，因此它可以避免产生转子的脆性损坏事故。

一、单元机组热态启动的特点和方法

1. 单元机组热态启动的特点

汽轮机热态启动按其新蒸汽参数情况，分为额定参数启动和滑参数启动两种方式。热态额定参数启动与热态滑参数启动同样要求汽轮机转子的弯曲情况必须在允许的范围之内，大轴晃度值应与冷态启动时测得的大轴晃度相同。上下汽缸的温差也必须在允许的范围之内，一般规定该温差应小于50℃。因为启动升速快，启动时润滑油温应保证高于40℃。

热态滑参数启动特点是启动前机组金属温度水平高，汽轮机进汽的冲转参数高，启动时间短。

2. 单元机组热态启动的方法

热态启动前，盘车装置保持连续运行，先向轴端汽封供汽，后抽真空，再通知锅炉点火，这是与冷态启动操作方法的主要区别之一。因为热态启动时，汽轮机金属的温度较高，抽真空前应该投入高压轴封的高温汽源，以保证转子不被过度冷却和相对膨胀值不致减少过多。如果这时使用低温汽源，除了会使转子相对收缩较大外，还会因为低温蒸汽沿轴封漏入汽缸，使上下汽缸温差增大。正常处于热态的汽轮机，应根据金属温度的不同，投入不同参数的轴封汽。汽缸金属温度在150～300℃以内时，轴封用低温汽源供汽。如果汽缸金属温度水平高于300℃，轴封供汽应投入高温汽源。

热态启动时，锅炉开始供出的蒸汽温度往往过低，故先将机炉之间隔绝起来，点火后锅炉产生的蒸汽可经旁路系统送入凝汽器或对空排汽，直到蒸汽的参数满足要求时才能冲转。在这个过程中，锅炉出口汽温应在安全的前提下较快升高，而压力则相对上升得慢一些。采用直流锅炉的单元机组，冷态启动时要在工质膨胀前冲转，热态启动时则要在工质膨胀后冲转，以适应汽轮机对主蒸汽参数的要求。

热态启动时，应根据汽轮机汽缸，转子的金属温度来决定冲转的参数、升速率、带负荷速度以及暖机的时间。利用机组本身的启动曲线来确定上述控制指标。对没有启动曲线的机组，应当由与汽缸金属温度对应的冷态滑参数启动工况曲线上的相应点来确定。在新蒸汽压力和温度达到工况点要求时，使用调速汽阀冲动转子。在起始负荷之前的升速和升负荷过程应该尽可能地快，减少在这一工况点之前的一切不必要的停留时间。一般在满足低速全面检查要求基础上须稍作停留，然后快速地以 200～300r/min 的速度把转数提升到额定转数及时并列。迅速并列后即以每分钟 5%～10% 的额定负荷加到起始负荷点，这样做可避免汽轮机金属的冷却。达到起始负荷以后，按照冷态滑参数启动曲线开始新蒸汽参数的滑升，以后的工作与冷态滑参数启动时相同。到起始负荷后，汽轮机的进汽量已符合汽轮机启动中金属温度变化的要求，所以进汽暖机后，升速和升负荷可以完全按冷态启动汽轮机的要求进行。

热态滑参数启动在起始负荷之后，蒸汽才开始对汽轮机金属进行加热。加热后，汽缸和转子的膨胀差值可能逐步由负值变为正值。法兰与螺栓加热装置的使用，应根据当时汽缸温度水平灵活掌握。因为同样是热态启动，其温度差别是比较大的。机组在汽缸温度为 150℃ 时启动，与汽缸温度为 300℃ 或 400℃ 时的启动，其启动参数与启动时间均有所区别。胀差的变化也不一样，当汽缸温度为 150～300℃ 时，要防止胀差正值过大。当汽缸金属温度水平在 300℃ 以内时，为防止胀差正值过大，需投入法兰螺栓加热装置，以便适当地提高汽缸温度，控制胀差的正值增长。当汽缸金属温度高于 300℃ 时，就不需要投入法兰螺栓加热装置。

为了减少汽轮机部件的疲劳损耗，在热态启动时，蒸汽温度要与汽缸金属温度相匹配。高压汽轮机热态启动时，一般都规定新蒸汽温度应高于调节级金属温度 50℃ 以上。这样可以保证新蒸汽经启动汽阀节流，导汽管散热。蒸汽经调节级喷嘴膨胀后，温度仍不低于调节级金属温度。因为机组启动过程是一个加热过程，不允许汽缸金属温度在热态启动时受到冷却，这样可以缩短启动时间，并可避免转子产生相对收缩。如在热态启动过程中，新蒸汽温度太低，会使金属产生过大的热应力，并使转子突然受冷却而产生急剧收缩，造成通流部分轴向动静间隙消失，从而使设备严重受损。停机时间很短后启动的机组，这时汽轮机部件的温度还很高，要求正温差启动有很大困难。为了满足电网需要，不得采用负温差启动。所以在热态启动初始阶段，汽轮机暂时受到冷却。这种冷却都在较大程度上发生在转子上，结果造成轴封段的转子收缩，胀差负值增大。因此，为保证机组的安全，在启动中要密切监视机组的膨胀、相对膨胀差、振动等情况。同时尽量不采用负温差启动，应尽可能提高进汽温度，加快升速及带负荷的速度。对于汽缸温度较高的热态启动，轴封供汽使用高温汽，对调整高中压负胀差有明显的效果。

热态启动在升速过程中，要特别注意汽轮机的振动情况。在中速以下，轴承发生异常振动，振动超过允许值时，并伴随着前轴承箱横向晃动，则说明转子已有明显弯曲。任何盲目升速或降速的办法，都将使事故扩大，甚至造成动静部分摩损、大轴永久弯曲等事故。

二、热态启动应注意的问题

1. 转子热弯曲

转子的弯曲一般用与之相对应的转子轴颈晃度作指标。有的机组装有电磁感应式的大轴挠度指示表，给监视转子的弯曲带来方便。启动前转子的挠度超过规定值时，应先消除转子的热弯曲，一般方法是延长连续盘车的时间。如果大轴晃度有增大趋势，并有金属摩擦声，应采取手动盘车 180°的方法调直。其方法是：首先手动盘车 360°，测量大轴的晃动值，记下晃动值最大的方位，然后将转子停放在晃动表指示为最小的位置。即转子温度较高的一侧处于下汽缸，而温度较低的一侧处于上汽缸。在上下汽缸温差和空气对流的影响下，原来转子两侧径向温差逐渐缩小，使转子暂时性的弯曲得以消除。当晃度表的指示变化到最大晃动度数值的一半时，马上投入连续盘车，检查晃动度是否已达到所要求的数值。如果晃动度仍大于规定数值，则可重复上述操作，再次消除热弯曲，直到符合启动要求为止。如果转子和静子部件严重卡涩，机组暂时动不起来，则不要强行盘车，待冷却后再作检查。

冲转前连续盘车不少于4h，以消除转子临时产生的热弯曲。在连续盘车时间内，应尽量避免盘车中断。如果中断，则每中断1min则应延长10min的盘车时间，且最长不能中断10min。当高压缸内壁温度在350℃以上，盘车停止不得超过3min，并且每停止1min，就要盘车10min。在整个盘车期间不可停止供油。经过盘车确认大轴挠度达到要求后方可冲转，否则应继续盘车。盘车投入后，从窜轴指示表的摆动情况可初步了解轴弯曲情况。还要在盘车状态仔细听音，检查在轴封处有无金属摩擦声，同时也可以从盘车电动机电流摆动情况，分析判断动静部分有无摩擦现象。如有摩擦，则不应启动机组。如动静部分摩擦严重时，则应停止连续盘车。

2. 上、下缸温差在允许范围

上下汽缸温差是汽轮机热态启动时常见的问题，也是必须正确处理的问题。高压汽轮机金属的温度在从高温状态逐渐冷却的过程中，由于下汽缸比上汽缸冷却得快，上下汽缸将出现较大的温差，使汽缸产生拱背变形。这将使调节级段下部动静部分的径向间隙减小甚至消失。另外高压汽轮机的轴封段比较长，汽缸变形引起轴封处汽缸从缸内向缸外向下倾斜，使辐向间隙减小或消失。所以热态启动时上下汽缸温差应作出明确规定，为了防止汽缸有过大的变形，一般规定调节级处上下汽缸温差不得超过50℃。汽轮机从高温状态中快速减负荷停止以后，下汽缸冷却的速度快于上汽缸。在转子的径向也容易产生温差。转子径向温差使转子上凸弯曲，弯曲最大部位在调节级的范围内，并且转子弯曲最大的时刻也几乎是上下汽缸温差最大和汽缸拱背变形最大的时刻。

转子弯曲加上汽缸变形，造成转子旋转时机组动静部分径向可能发生摩擦。这将产生很大的热量，使轴的两侧温度差很快增大。温差增大使转子的弯曲又增大，而弯曲的增大又加剧摩擦。转子的弯曲使转子的重心与旋转中心偏离，转动着的转子受到很大离心力作用，随转速的升高造成越来越大的振动。这样，摩擦、弯曲、振动的恶性循环，必然导致汽轮机大轴永久性的弯曲，使设备损坏。

3. 轴封供汽及抽真空

启动过程中，轴封是受热冲击最严重的部件之一。对盘动中的转子提前供给轴封蒸汽，不致使转子因受热不均而挠曲。同时先向轴封供汽后抽真空，真空可迅速建立，这样向轴封供汽的时间也不会太长。

在热态启动时，汽封处的转子温度很高，一般只比调节级处汽缸温度低30～50℃。如果轴封供汽温度与金属温度得不到良好匹配，或大量的低温蒸汽通过汽封段吸入汽缸时，它不仅将在转子上引起较大的热应力，而且将使汽封段转子收缩，引起前几级轴向间隙减小，严重时会造成动静部分摩擦。因此，在轴封供汽前应充分暖管疏水，高温高压机组还要备有高温汽源，或高温中温混合汽源供汽，使轴封供汽温度尽量与金属温度相匹配，并应该要求蒸汽有一定的过热度。有些机组的高低压轴封供汽均由主蒸汽提供，同时也备有辅助低温汽源，启动时可根据汽缸温度选择汽源。具有高低温两个轴封汽源的机组，在汽源切换时必须谨慎，切换太快不仅引起相对膨胀的显著变化，而且可能产生轴封处不均匀的热变形，从而产生摩擦、振动。

在热态启动时，凝汽器的真空应适当地保持高一些。因为主蒸汽各部蒸汽管道的疏水都是通过扩容器排至凝汽器的。真空维持高一些，可以使疏水更迅速排出，有利提高蒸汽温度。特别是当锅炉内余压较高时，凝汽器真空不应过低。这样在旁路投入后，不至使凝汽器真空下降过多，可防止排大气安全门动作。然而真空过高也有它不利的一面。当主汽阀、调速汽阀严密性较差时，可能因漏汽使汽缸受到冷却，这点也必须注意。

三、滑参数热态启动实例

单元机组热态启动由于机组停机时间长短不同，锅炉、汽轮机金属温度所处状态也不同。图 1-14 为某 300MW 机组热态启动曲线，可以看出汽轮机在启动前，调节级金属温度为 400℃，是处于较高温度状态下的启动过程。一般情况下，机组热态启动的冲转参数应高于调节级金属温度 50~100℃，并保持其蒸汽过热度不低于 50℃，这样可以保证调节级后的蒸汽温度不低于该处的金属温度。从曲线上看，此机组冲转参数为：主蒸汽压力 13MPa、主蒸汽温度 480℃。蒸汽温度比调节级金属温度高 80℃，冲转蒸汽参数能满足启动要求。当确认机组转子弯曲值、上下缸及各部金属温差、胀差均在允许范围内，就基本具备了机组安全启动的条件。该机组在冲转前经历了 30min，提高主蒸汽参数才达到冲转要求。从汽轮机冲转、升速至额定转速经历 12min，期间随着蒸汽温度缓慢升高，汽轮机调节级金属温度未降低。发电机并网后即带 10% 初负荷进行暖机，可见 10% 额定负荷是该机组调节级金属温度 400℃ 所对应的起始负荷工况点。在达到起始负荷工况点进行暖机是使机组充分加热，保持各部金属部件的温差正常，并为升负荷做好准备。

该机组从锅炉点火到汽轮机达到冲转参数只经历了 30min，显然是通过旁路系统较大的排放量来完成的。在汽轮机冲转、升速至定速、并网及升负荷到 70% 额定负荷，主蒸汽压力始终保持在 13MPa，也说明需要较大容量旁路系统的配合。机组在 70%~90% 额定负

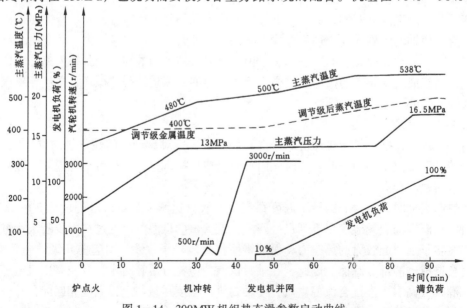

图 1-14 300MW 机组热态滑参数启动曲线

荷期间，主蒸汽压力以较快的速度升至额定值，大约经历了10min，平均以0.35 MPa/min的速度升压，其升压率显得略高。从10%初负荷暖机后到100%额定负荷，只用了40min，说明该机组负荷适应能力较强。

第五节　单元机组的停运

单元机组的停运是指机组从带负荷运行状态，到减去全部负荷、锅炉熄火、发电机解列、汽轮发电机惰走、投入盘车装置、锅炉降压、冷却辅机停运等全部过程。

单元机组的停运方式取决于停运的目的，根据不同的情况，单元机组停运过程可分为正常停机和故障停机两大类。正常停机是根据电网计划安排有准备的停运。正常停机根据不同的停机目的，在运行操作方法上也有不同，停机后所保持的汽缸金属温度水平也不同。一般电气设备和辅助设备有一些小的缺陷需要处理时，只需短时间停机，缺陷处理后就及时启动。在这种情况下，停机要求汽缸金属温度保持在较高的水平，因此采用额定参数停机。额定参数停机即是在减负荷过程中，使新蒸汽参数通常维持在额定值不变，只通过关小调节阀减少进汽的方法减负荷。这样即使是负荷减得较快，也不致产生较大的热应力。大多数汽轮机可在很短的时间内均匀地将负荷减到零。机组计划大修停机，一般希望停机后汽轮机金属降低到较低的温度水平，以有利缩短检修工期，这时采用滑参数停机。滑参数停机就是在停机过程中，使汽轮机进汽调节阀保持全开，调整锅炉燃烧，使新蒸汽压力和温度逐渐降低，将机组负荷逐渐减到零。滑参数停机过程中，调节阀保持全开，通流部分通过的是大流量、低参数的蒸汽，各金属部件可以得到较均匀地冷却，逐渐降到较低的温度水平，热应力和热变形相应地保持在比较小的状态内。如果电力网突然发生故障或运行设备发生严重影响机组运行的缺陷，使机组必须迅速解列，甩掉所带的全部负荷，则称为故障停机。故障停机又可分为紧急故障停机和一般故障停机。当发生的故障对设备、系统构成严重威胁时，必须立即打闸解列并破坏真空进行紧急故障停机。一般故障停机可按规程规定将机组停下来，不必破坏真空。在事故情况下，单元机组的停用操作应进行得十分迅速，这就必须依赖可靠的热工自动控制和运行人员的准确判断及熟练操作。

一、滑参数正常停机

(一) 停机前的准备工作

停机前准备工作的好坏，是机组能否顺利停下来的关键。要根据设备的特点和运行方式等具体情况，做好停机前的一切准备工作，预想停机过程中可能发生的问题，制定具体的应急措施，并做好以下停机准备工作：

(1) 为了保证停机过程中和盘车时轴承的润滑及轴颈的冷却，需要做好高压电动油泵及交、直流润滑油泵试验。对于使用汽动油泵的汽轮机，还需做汽动油泵低转速试验。试验后使之处于联动备用状态，以确保转子惰走和盘车过程中轴承润滑和轴颈冷却用油的供应。油泵不正常必须事先检修好，否则不允许停止汽轮机。

(2) 做好盘车电动机的空转试验，对于设有顶轴油泵的汽轮机，需做好顶轴油泵、盘车装置试验，保证停机转子静止时立即投入连续盘车运行，然后可以将交、直流润滑油泵和盘车装置的联动开关投入联动位置。

(3) 自动主汽阀和电动主闸阀的活动等试验，相关的方向活动自动主汽阀（最小5～

10mm 左右）。自动主汽阀动作应当灵活，无卡涩现象。

（4）停炉应做好油燃烧器投入前的控制准备工作，以备在减负荷过程中用以助燃，防止炉膛燃烧不稳定和灭火。

（5）对于长时间停机的机组，在停运前应停止向原煤仓上煤。一般要求将原煤仓的煤用完，以防止自燃。

（6）锅炉在停止前应对受热面进行全面吹扫，以保持受热面在停炉后处于清洁状态。

（7）在没有邻机供抽汽的情况下，要将启动锅炉投入运行，向厂用蒸汽联箱供汽作为辅助蒸汽汽源。并切换汽轮机的轴封供汽联箱、除氧器、轴封抽气器汽源。

（二）减负荷过程

滑参数减负荷过程必须遵守机组滑参数停机曲线进行降压、降温、减负荷。其速度应参照机组负荷变化的建议曲线进行。

1. 减负荷的操作步骤

停机前如果机组是在额定工况下运行，应先把负荷减到 80%～85% 额定负荷，并把蒸汽参数降到与负荷相对应的数值，此时随着蒸汽参数的降低，逐渐全开调节阀，使汽轮机在这种工况下稳定一段时间，当金属温度降低并且各部件的金属温差减小后再开始滑停。

滑参数通常分阶段进行。一般是在稳定负荷情况下，通过调整锅炉燃烧并使用喷水减温的办法来降低新蒸汽温度，使调节级的蒸汽温度低于该处金属温度 30～50℃。为了不使汽缸热应力超越允许限度，金属温度下降速度不要超过 1.5℃/min。待金属温度降低减缓且新蒸汽过热度接近 50℃ 时，即可开始降低新蒸汽压力，此时负荷也伴随下降。降到下一档负荷停留若干时间，使汽轮机金属温差减小后，再次降温、降压。每当新蒸汽温度和汽缸或法兰金属温度的差值超过 35℃ 限额时，就应重复上述做法，逐渐降温、降压、降负荷。

滑参数停机过程中，当降到较低负荷后，有两种停机方法：第一种方法是汽轮机打闸停机，同时锅炉熄火，发电机解列。采用这种停机方式，汽缸金属温度一般都在 250℃ 以上，停机后还必须投入盘车装置。第二种方法是锅炉维持最低负荷燃烧后即熄火，因此时汽轮机调节汽阀全开，仍可利用锅炉余热发电 4～6min，待负荷到零时发电机解列。这时汽轮机利用锅炉余汽继续空转，以便冷却汽轮机金属。随着余汽量的减少，转速逐渐降低，快到临界转速时，降低凝汽器真空，可用减小凝汽器真空的办法制动，使机组迅速通过临界转速。这种方法可使汽缸温度降到 150℃ 以上，停机后即可开缸检修。从充分利用能量和缩短检修工期来说，后一种方法无疑较为优越。锅炉释放余热是相当缓慢的。如滑停时间很短，汽轮机主汽阀关闭过早，停机后将使锅炉汽压回升过多。回升值愈大，表明锅炉余热的利用愈不充分。如汽压回升值超过规定时，势必要排汽而影响热经济性。

在低负荷阶段调速汽阀和自动主汽阀漏汽应切换为排凝汽器运行，停止排向其他热力系统，以防止外界压力低时汽水倒灌，也防止汽轮机停止后有汽水由轴封汽系统进入汽缸。轴封供汽如果是由汽轮机的调节系统控制，这时则需改为手动旁路阀进行控制，以便汽轮机惰走阶段仍能维持正常供汽。轴封漏汽系统如果与其他热力系统相连的话，也应切换为排向凝汽器运行。对于采用自动主汽阀、调速汽阀门杆漏汽供给轴封用汽的机组，在任何情况下，必须注意自动调整阀门前后蒸汽压力的变化，否则可能引起轴封供汽中断。

减负荷后发电机静子和转子电流相应减小，线圈和铁芯温度降低，应及时减少通入气体冷却器的冷却水量。氢冷发电机组的发电机轴端密封油压，可能因发电机温度降低改变了轴密封结构的间隙而发生波动，也须及时调整。

2．停机过程应注意的问题

（1）停机过程中的不同阶段，蒸汽参数的下降速度是不同的。对于不同压力参数的高压机组，通常新蒸汽相应平均的降压速度约为 $0.02 \sim 0.03$ MPa/min，平均降温速度为 $1.2 \sim 1.5℃$/min。应当指出，停机开始阶段汽压较高，降压速度可较大，后阶段的汽压较低，降压速度应较小。在汽压下降的同时，汽温也会下降。但是对冷却汽轮机来说，往往还希望汽温下降得更快些，使汽轮机前的汽温比汽轮机部件的温度低，但也应有足够的过热度（约 $50℃$），以免汽轮机后部的蒸汽温度过大。在降温过程中，必须保证主蒸汽温度不低于 $50℃$ 的过热度。但主蒸汽压力低于 3.0 MPa 以后，过热度不易保证，要特别注意防止发生水击。滑参数停机曲线还应给出其压力下对应的饱和温度曲线，以便于运行人员掌握。滑参数停机时，转子的冷却快于汽缸，由于厚重的法兰不能及时冷却，限制了汽缸的收缩，所以在停机减负荷过程中，当新蒸汽温度低于法兰内壁金属温度时，为了防止胀差负值增长过快，应投入法兰螺栓加热装置（实际起冷却法兰外壁作用），以冷却汽缸法兰，但必须将法兰内外壁温差控制在允许范围内。滑参数停机的关键在于准确地控制新蒸汽参数的滑降速度。在滑参数停机的低负荷阶段，往往由于锅炉控制不当，新蒸汽温度滑降速度过大，致使汽轮机相对膨胀负值过大，造成不能继续滑降参数。因此在滑停过程的低负荷阶段应细心调整，使新蒸汽温度不应有大幅度的变化。在减负荷过程，锅炉应相应减少给水量和引、送风量，并根据负荷逐步停用给粉机和相应的燃烧器。对于中间储仓式制粉系统，应根据粉仓粉位高低提前停用制粉系统，以便有计划地将粉仓中煤粉用完。对于直吹式制粉系统，则应减少各层、组制粉系统的给煤量，然后停用各层、组制粉系统。停用制粉系统和燃烧器时应做好磨煤机、给粉机和一次风管的清扫工作。对停用的燃烧器应通以少量的冷却风以保证燃烧器不被烧坏。

（2）在减负荷过程中，汽缸加热装置和法兰加热装置（滑停时实际为冷却装置）应紧密配合地投入。一般当内、外缸温差接近时，即可投入汽缸加热装置。根据夹层缸内的汽压情况，也可提前投入。当新蒸汽温度低于法兰内壁金属温度，或法兰内、外壁温差小于 $20 \sim 30℃$ 时，即可投入法兰加热装置，以冷却汽缸法兰。这时可以只使用本机组滑降参数的新蒸汽，也可以同时使用低温汽源，使加热联箱蒸汽温度保持低于法兰金属温度 $80 \sim 100℃$。原则上法兰加热装置可以一直使用到打闸停机。如果没有及时投入法兰加热装置或负荷降过快，则汽缸与转子将会出现负胀差。在法兰或汽缸的冷却跟不上时，可暂停锅炉降温降压，以免出现负胀差或胀差急剧减小的情况。

（3）在机组减负荷过程中必须注意监视机组各部状态的变化。如振动、胀差、轴向位移、轴承温度以及机炉各通流部分、承压部件的蒸汽和金属温度、温差，及时进行辅助系统与设备的切换，以保证机组各部参数的正常。机组加热器在滑参数停机过程中，最好是随机滑停。在负荷下降过程中，应注意加热器疏水水位及装置的自动切换。非调整抽汽较长时间的使用有利于汽缸的冷却，也有利于加热器的冷却。随着机组负荷的降低，应相应地减少给水量，以保持锅炉汽包正常的水位，并应随时注意给水自动调节器的工作情况，如不好用即应改换手动调节给水，必要时应切换给水管路或调节方式。机组负荷降至一定负荷后，为了保证燃烧稳定不至发生突然熄火或爆燃事故，应投入油枪来稳定燃烧。当负荷减至较低负荷时，应注意调整除氧器、凝汽器水位，切换除氧器汽源，开启凝结水再循环以保证凝结水泵的正常工作。根据排汽缸温度上升情况，投入排汽缸冷却水，保持排汽缸温度正常。

（三）发电机解列与转子惰走

当机组减至最低负荷后，无功负荷到零解列发电机。发电机解列后，即可脱扣汽轮机。发电机自电网解列后去掉励磁后，从自动主汽阀和调速汽阀关闭、汽轮机停止供汽后，由于惯性作用，转子仍然继续转动一段时间才能静止下来。从主汽阀和调节阀关闭时起，到转子完全静止的这一段时间，称为转子惰走时间。表示转子惰走时间与转速下降关系的曲线称为转子惰走曲线。惰走曲线的形状是与汽轮发电机转子的惯性力矩、摩擦鼓风损失和机械损失有关。

新机组投入运行一段时间，待各部件工作正常后即可在停机时测绘汽轮机转子转速降低与时间的关系曲线，此曲线称为该机组的标准惰走曲线，如图 1-15 所示。绘制这条曲线要在汽轮机停机过程中并控制凝汽器真空以一定速度降低的情况下进行，或者在凝汽器真空为一定的情况下进行。为了进一步掌握标准惰走曲线的意义，现在对它进行分析。

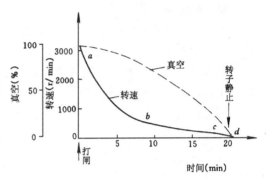

图 1-15　转子惰走曲线

从转子惰走曲线图 1-15 中可以看出，惰走曲线可分为三个阶段：第一段下降较快，第二段较平坦，最后急剧下降。第一阶段（ab）转速下降较快。这是因为打闸后，汽轮机转速从额定转速开始下降，汽轮发电机的转子在惯性转动中因为转速高，鼓风摩擦损失的能量很大。这部分能量的损耗约与转子转速的三次方成正比。就是说转速降低一半时鼓风摩擦损失减少约 88%。因此从 3000r/min 到 1500r/min 的阶段，只要很短的时间。第二阶段（bc）在较低转速范围内，即在 500r/min 以下，转子的能量损失主要消耗在克服调速器、主油泵、轴承、传动齿轮等的摩擦阻力上。与在较高转速下鼓风摩擦相比，这比机械损失要少得多，并随转子转速的降低更为减小。所以这时转子转速的降低极为缓慢，转子惰走的大部分时间被这个阶段所占据。第三阶段（cd）是转子即将静止阶段。在此阶段，由于油膜的破坏，轴承处的摩擦阻力迅速增大，转子的转速也迅速下降，而达到静止状态。

每次停机都应记录转子惰走的时间，并尽量检查转子的惰走情况。通过把惰走时间和惰走情况与该机组的标准惰走曲线对比，可以间接判断汽轮机的某些故障。如果转子惰走的时间急剧减少，可能是轴承已经磨损或机组动静部分发生了摩擦。如果惰走时间显著增加，则说明可能是汽轮机的新蒸汽管道阀门不严，或抽汽管道阀门不严，至使有压力的蒸汽自抽汽管漏入了汽缸。惰走曲线与真空变化有密切关系，若真空下降太快，汽缸内摩擦鼓风损失将大幅度地增加，惰走时间将大大缩短，反之当真空下降较慢，转子惰走时间相应延长。因此每次停机转子惰走时，需控制真空的变化，以便在真空相同条件下对惰走曲线进行比较。通常当转速下降到大约为额定转速的一半时，开始逐渐降低真空（一般通过关小抽气器或开启真空破坏门等方法来降低真空），但转子在整个惰走时间内，真空不能降到零。

转子惰走时，轴封供汽不可过早停止，以防止大量空气从轴封处漏入汽缸内发生局部冷却，轴封供汽停止的时间应该掌握得适当。如真空未到零就停止轴封供汽，冷空气将自轴端进入汽缸，转子轴封段将受到冷却，严重时会造成轴封摩擦。当转子静止时真空到零后停止轴封供汽，汽缸内部压力与外部大气压力相等，这样就不会产生冷空气自轴端进入汽缸的危险。如转子静止后，仍不切断轴封供气，则会有部分轴封汽进入汽缸而无法排出，造成静止腐蚀的可能性，也会造成上下汽缸的温差增大和转子受热不均匀，从而发生热弯曲。轴封进汽量过大还可能引起汽缸内部压力升高，冲开排汽缸排大气安全门。因此，最好的办法是控制转速到零，同时真空也降到零时，停止轴封供汽。

（四）停运后的若干工作

1. 投入盘车

使用连续盘车装置的高压机组，停机后要保持连续盘车，一直到汽缸金属温度水平达150℃以下，才可以停止连续盘车。有些厂在停止连续盘车后，还保持一段时间的间断盘车，即过0.5h或1h把转子转180°，直到汽缸金属温度到150℃以下为止。连续盘车可以使转子不产生热弯曲和减小上下缸的温差，从而在上下汽缸温差不过大时，可以保证机组随时都能启动。盘车期间，应定期记录汽缸金属温度，特别是上下缸的温度、大轴弯曲指示以及各个汽缸的相对胀差值。使用连续盘车装置的机组，如因某种原因，停机之后盘车装置不能立即投入，则应记录转子静止时的位置。当可以连续盘车时，先将转子盘动180℃，消除热弯曲，然后再投入连续盘车。无论采用哪种盘车方式，在启动盘车之前应当启动润滑油泵，以使盘车不致因发生干摩擦而损坏轴瓦。有些机组装有高压油顶轴装置，在这种条件下投盘车装置前，应先启动顶轴油泵，确认大轴已被顶起后盘车装置才可投入运行。这样可以减小盘车电动机的启动力矩，能够使轴瓦建立正常油膜的高速盘车装置，也可以避免轴瓦的磨损。

2. 锅炉的其他操作

锅炉停止燃烧、停止对外供汽时，即应同时开启过热器出口疏水阀或对空排汽门冷却过热器。此时可继续保持给水，在停止给水前，应把汽包水位升到较高允许值。停止进水后，应开启省煤器再循环门，保护省煤器。锅炉停止供汽后，还应继续加强对锅炉汽压、水位的监视。由于蓄热作用可能会使汽压升高。在锅炉停止燃烧进入降压冷却阶段要控制好降压、冷却速度，以防止冷却过快产生过大的热应力，尤其是注意不使汽包壁温差过大。

停炉冷却过程中，锅炉汽包温度工况的特点是壁温和其内的水长时间地保持在饱和温度。由于汽包向周围介质散热很少，所以停炉过程汽包的冷却主要靠水的循环。由于蒸汽对汽包壁凝结放热量大于水对汽包壁的放热量，所以对蒸汽接触的汽包上半部长时间地保存着较多的热量，冷却较慢，因而造成了汽包上下壁温度的不均匀性。与锅炉启动时一样，上部温度高于下部温度。在正常情况下这一温差一般在50℃以下，若冷却过快则温差会超过允许值，从而引起汽包产生过大热应力。冷空气之间的对流热交换是其冷却的主要因素，当机械通风停止以后的4~8h内必须严密关闭烟道挡板和所有的人孔门、检查门、看火门和除灰门等，防止冷空气涌入炉内使锅炉急剧冷却。频繁的补、放水对锅炉的冷却有着重大的影响。由于进入汽包的水温较低，使汽压的下降和锅炉的冷却加快，所以在停炉冷却的初期不可随意增加放水、补水的次数，尤其不可大量的放水和进水以免锅炉受到急剧的冷却。通常停炉8~10h后可进行放水和进水，此后如有必要加快锅炉的冷却可启动引风机进行通风冷却。若需把炉水放净时，应待汽压降至零后炉水温度降至70~80℃以下，方可开启所有空气阀和放水门将炉水全部排出。

3. 辅助设备的操作

当凝汽器内无任何水源进入后，才可以停止凝结水泵的运行。当排汽温度下降且低于50℃时方可停止循环冷却水泵运行。

润滑油泵运行期间冷油器也需运行，使润滑油温度不高于40℃，到一定阶段后可以减少冷油器冷却水量，当冷油器出口油温低于35℃以下时可以停止冷油器冷却水。

氢冷发电机停机后仍为充氢状态，所以轴端密封油系统仍需保持运行。只有机组抢修或需退出备用时方可退氢、停用密封油系统运行。

（五）滑参数停机实例

图 1-16 为某 300MW 机组滑参数停机曲线。机组由 100% 额定负荷开始减负荷至发电机从电网解列，经历了 40min。负荷降至 80% 额定负荷后，锅炉开始降压降温。从 80% 至60% 额定负荷期间，主蒸汽压降速度和负荷下降速度均较快。主蒸汽压力由 16.5MPa 降至13MPa 只花费约 15min，平均约为 0.87MPa/min。此次停机减负荷速率较快，平均每分钟负荷下降约 2.5% 额定负荷。通常过快速度降负荷容易出现较大温差和胀差，对机组冷却不利。除非机组遇到紧急情况，才采用此种快速降负荷方法。同时采用快速降负荷也不利于机组的余热再利用。

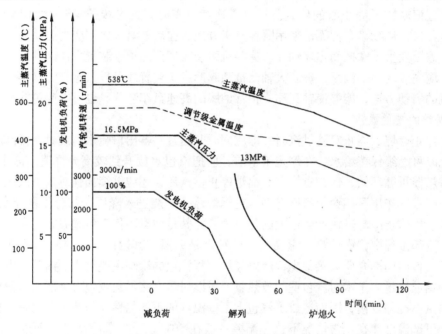

图 1-16 300MW 机组滑参数停机曲线

（六）机组快冷

为了充分发挥机组的效益和提高机组的可用率，缩短检修工期是一项重要措施。由于机组采用了良好的保温材料，汽轮机金属部件在停机后的冷速度减慢了，从而延长了检修工期。200MW 汽轮机停机后，按要求高压缸金属温度下降到 150℃ 才能停止盘车，进行检修工作。采用滑参数停机，一般高压缸金属温度滑至 250℃ 左右，自然冷却到 150℃ 需要 20 多小时。如果是故障停机，缸壁温度达 400℃ 以上，自然冷却到 150℃，约需 100～110h。如果设法缩短这一冷却时间，对缩短检修工期是十分有利的。

从机组停机后的自然冷却实践可以看出，汽缸温度水平较高时，冷却速度较快，而在缸温较低阶段冷却很慢。200MW 汽轮机组从 450℃降到 300℃大约占整个冷却过程（450℃降到 150℃）时间的 30％。为进一步缩短汽缸低温阶段的冷却时间，很多电厂采用了各种强迫冷却汽缸的方法。如真空抽吸空气法、强制通风冷却法及邻机抽汽快速冷却法。

真空抽吸空气对汽轮机进行强迫冷却，主要是汽轮机打闸停机后，汽封照常供汽，真空保持在 40～53kPa 数值，盘车装置连续运行。此时开启锅炉过热器对空排汽门及电动主闸阀，高、中压调速汽阀，使冷空气由高温过热器向空排汽管进入，经主汽管、主汽阀、调速汽阀、汽缸，最后进入凝汽器。为避免上下缸温差增大，汽缸疏水阀应关闭。真空抽吸空气强迫冷却汽缸效果要比自然冷却好。一般汽缸温度从 300℃降到 200℃，自然冷却温降率为 2～3℃/h，而抽真空冷却汽缸温降率为 4～6℃/h。强制通风冷却法就是用压缩空气对停机后的汽轮机进行强迫冷却。根据冷却空气与工作蒸汽流动方向的异同可分为逆流和顺流两种冷却方式。顺流冷却方式即高压缸冷却空气由自动主汽阀后疏水管引入，经高压缸排汽缸疏水管排出。逆流冷却方式即冷却空气相逆工作蒸汽流向流过汽轮机通流部分。冷却空气同时进入高压缸。高压缸冷却空气进、出口与顺流冷却相反。冷却过程需隔断锅炉过热器以及与冷却空气流程无关的系统。顺流冷却空气自高温区引入，传热温差大，比逆流冷却有较大的热冲击风险。但由于是圆周进汽，对转子、汽缸冷却比较均匀，进汽区原来都有金属测点，可便于监视和控制冷却速率。为了防止冷却开始阶段在空气引入口处产生热冲击，在空气引入前可设置加热器，预先将冷却空气加热到 150℃左右是有益的。用作汽轮机冷却介质的压缩空气，应该是干燥洁净的空气。为了从压缩空气中清除水分和油分，必须选择无油润滑空压机，并要有过滤、干燥装置。

采用压缩空气强迫冷却汽缸时，由于冷却空气量比抽真空法的进入量大，故其对应的冷却率也大，但需增加一套空压机冷却系统。以长远观点看，强制通风冷却是发展方向。

二、额定参数正常停机

当要求停机后保持机组金属具有较高温度水平时可采用额定参数停机。在停机过程中，新蒸汽的压力和温度基本保持为额定值。

首先应做好停机前的准备工作。对设备系统进行全面检查，活动各管道系统的阀门，使之处于可以投运状态进行必要的试验。如：电动油泵的启停、盘车电动机空转、自动主汽门和电动主闸门的活动等试验。

额定参数停机的步骤为：先将机组的负荷降低，降负荷的速度应能满足机组金属温降速度不超过 1～1.5℃/min，目的是使汽缸和转子的热应力、热变形及胀差控制在规定范围。每减去一定负荷后要停留一段时间。待负荷降到接近零时，拉开发电机断路器使之与电网解列，注意转数变化，防止超速。启动辅助油泵，将自动主汽门关小一半，然后打闸断汽，最后关闭电动主闸门将机炉隔离。

三、机组的非正常停机

在机组运行过程中发生了严重故障直接危胁人身或设备安全时，需要采取紧急措施停止机组运行，此种停机方式称为非正常停机。根据停机过程降负荷方式又称为故障停机和紧急停机的方式。

故障停机方式是指设备或系统缺陷需要停机进行处理，只需短时间停机缺陷处理后即可恢复运行。在这种情况下要求停机后保持机组金属具有较高温度水平时可采用额定参数停机。在停机减负荷过程中，蒸汽参数基本上保持为额定值。

在机组发生严重问题，直接威胁人身或设备安全时为了消除对人身或设备的危险，需立即将机组设备紧急停止时称为紧急停机方式。紧急停止方式可分为两种方法一，为破坏真空停机方法；二为不破坏真空停机方法。破坏真空停机方法可以使机组转子尽快地停止转动以避免机组转动所带来的设备继续损坏。

（一）故障停机过程以及注意事项

故障停机基本上有较充裕的时间进行降负荷操作。在这种情况下通常应按要求按正常的操作要求以较快的速度减负荷，大多数机组可以在30~60min内均匀地减负荷，使机组安全地停止而不会产生过大的热应力。为保证机组安全，减负荷速度有一定要求，这个要求主要取决于汽轮机金属允许的温降速度（停机过程中金属温降速度一般要求不得超过1℃/min）。为了把汽缸和转子的热应力、热变形及胀差控制在规定范围内，每减去一定负荷后，就要停留一段时间，使汽缸和转子的温度均匀下降，并使各部件金属温差得到缓和。在一般情况下，只要正确执行制造厂和运行规程的要求，按规定速度降负荷，汽轮机金属的温降速度和温差允许值就是能够保证的。

根据具体情况需要亦可采用复合变压减负荷方式，以利消除机组故障后能够较快地并网接带负荷。即在开始减负荷时，主蒸汽只降压不降温，保持调速汽阀开度不变，待汽轮机降到某一负荷后，保持主蒸汽压力、温度不变，通过关小调速汽阀使负荷减到零。如因锅炉燃烧调整等条件的限制，也可保持主蒸汽压力、温度不变，以较快的速度减负荷到零，随即解列、停机。

在减负荷的各个阶段应进行必要的系统切换和依次停止有关辅助设备。如除氧器降温降压和高压加热器、低压加热器疏水，给水泵、疏水泵的切换。此外，调整凝汽器水位、打开再循环水阀门，保证蒸汽抽气器冷却用水，切换轴封和抽气器用汽（由邻机或母管供给）等。

故障停机过程应注意以下问题：

1．减负荷过程的胀差变化

对于大容量汽轮机，由于汽缸与转子的质面比相差比较悬殊，因此在减负荷过程中，往往负胀差较大。特别是减负荷使高压缸前轴封漏出蒸汽量减少，使轴封处温度降低，可能造成该段转子冷却收缩，负差胀值增大而导致高压缸前几段的轴向间隙减小，甚至发生轴向摩擦。前轴封备有高温汽源的机组，必要时可投入高温汽源。此外，停机后也要注意监视差胀的变化，因为转子和汽缸的长度决定于其体积平均温度。要达到稳定的体积平均温度，在停机后还需要一定的时间。

2．避免大的温降率

在停机减负荷过程中，温降率过大将引起转子表面在拉伸应力下屈服，导致较大的寿命损耗。汽缸内壁也产生拉应力，汽缸壁的裂纹及损坏，大多数由这种拉应力引起，所以要予以控制。从转子和汽缸的安全以及使用寿命出发，汽轮机在停机过程中，金属温度每分钟下降的速度和温差应比启动时控制得更加严格。

3．蒸汽压力切忌大起大落

减负荷过程中，蒸汽压力禁忌大起大落，引起汽温的剧烈波动，使汽轮机部件热变形不均匀，造成动静磨损事故。同时，也可能导致疏水量的骤增聚积，有的汽轮机因此发生严重的水冲击事故。

4. 锅炉降压冷却

故障方式停运，汽包内饱和蒸汽压力和温度有较大幅度的变动，而且由于汽和水的热导率不同以及汽包结构因素的影响，汽包壁不同部位将存在温度差异，产生热应力。这种热应力与因工作压力引起的机械应力、自重和不圆度引起的弯曲应力以及焊接残余应力等叠加，使汽包处在十分复杂的应力状态。通过实践证明汽包壁最大温差是发生在停炉以后，停炉时的停炉压力速度对汽包上下壁温差及随后的热态启动影响很大。

（二）紧急停机条件及操作过程

1. 机组紧急停机条件

（1）锅炉主燃料跳闸（MFT）发生报警燃烧管理系统（BMS）拒动时。

（2）机组汽水管路严重泄漏影响机组安全或威胁人身设备时。

（3）锅炉受热面（过热器、再热器、省煤器、水冷壁）严重泄漏，无法维持运行时。

（4）锅炉尾部烟道发生二次燃烧，排烟温度不正常升高时。

（5）机组突然发生强烈振动（11.2mm/s），机组振动保护未动作时。

（6）内部有清晰的金属撞击声和摩擦声音时。

（7）汽轮发电机任一轴承断油冒烟或轴承金属温度和回油温度同时升高超过极限时。

（8）汽轮机超速，超过危急保安器动作数值而危急保安器未动作时。

（9）汽轮机轴封磨损严重，并冒火花时。

（10）轴向位移突然增大超过极限，推力瓦块温度有明显升高时。

（11）发生火灾事故并且严重威胁机组安全时。

（12）主油箱油位突然急剧下降到最低油位（0mm）以下经补救无效时。

（13）润滑油压下降至极限值以下且无法恢复时。

（14）汽轮机发生水冲击或主蒸汽温度突降至450℃以下时。

（15）发电机内部冷却水漏水严重危急设备运行时。

（16）发电机、励磁机内部冒烟、冒火或发电机内部氢气爆炸时。

紧急停机是机组事故状态下的一种停止方式，由于是发生在非常情况下，往往发生时间比较突然，但是一般在事故发生前均会有一些较为明显的征兆，如能及时发现并分析处理便可及时将机组顺利地停止下来，使损失减少到最小强度。

2. 紧急停机过程操作过程重点

（1）撤紧急事故按钮或可动脱扣器，高中压自动主汽阀、调节汽阀各抽汽道口门、高压排汽逆止门自动关闭，发电机出口开关跳闸，汽轮发电机转速下降。

（2）停止锅炉全部燃料（制粉系统、给粉机、燃油）供应。

（3）停止锅炉送风机、引风机。适当开启锅炉排汽门、疏水阀。

（4）启动汽轮机交流润滑油泵。

（5）调整轴封压力、给水及凝结水系统，必要时进行切换。

（6）机组静止，真空到零，防止轴封供汽，投入盘车装置。

（7）完成正常停机其他各项操作。

单元机组的运行调节

单元机组运行状态的监视和调节是日常运行的重要内容。根据外界负荷的变化和设备运行的状况变化，及时、正确地对运行方式和设备运行状况进行调整，保证机组安全、经济地运行是运行调节的根本任务。

第一节　汽包锅炉的运行调节

一、汽包锅炉运行调节特点及任务

由于单元机组锅炉单独向配套汽轮机供汽无其他相邻锅炉提供蒸汽的缓冲作用，发电机的负荷变化全部由配套锅炉承担，锅炉运行必须适应外界负荷的要求。在单元机组运行时，锅炉和汽轮发电机组的动态特性有着较大的差异。锅炉设备调节特性是热惯性较大而反应较慢，且从燃料量改变到产汽量的改变时间间隔长。汽轮机设备调节特性是热惯性小而反应迅速。当调节汽轮机的进汽量，其负荷就会迅速改变。机炉调节特性间的差别造成了在调节负荷的瞬间蒸汽质量不平衡引起的蒸汽压力的变化，因此当快速调节汽轮机进汽量以适应电网负荷的需要时，就会引起主蒸汽压力产生较大的波动，从而影响机组的稳定运行。

在整个电力系统中，电力负荷在不断的变化，既使机组带基本负荷稳定运行，其工况也不可能完全没有变动。机组任何工况的变动，都会引起锅炉有关系统如汽水循环系统、燃烧系统等的变化，因此应及时对锅炉的燃料、送风、给水等进行调整，才能保持机组运行状态的稳定和蒸汽品质的合格。

锅炉运行调整工作的主要任务包括以下内容：

（1）保障锅炉的蒸发量满足汽轮机负荷的需要；

（2）保持蒸汽参数（汽压、汽温）在规定的范围内稳定运行；

（3）保持锅炉汽包水位正常做到均衡给水；

（4）保证锅炉蒸汽和给水品质在合格范围内运行；

（5）提高锅炉热效率，减少各种热损失。

二、汽包水位的调节

（一）保持正常水位的重要意义

汽包锅炉的汽包水位会因负荷、燃烧工况和给水压力的变化而波动。保持汽包内的正常水位是保证锅炉和汽轮机安全运行最重要的条件之一。当水位过高时，由于汽包蒸汽空间高度减小，会增加蒸汽携带水分，使蒸汽品质恶化，容易造成过热器沉积盐垢，使管子过热损坏。严重满水时，会造成蒸汽大量带水，除造成过热汽温急剧下降外，还会引起在蒸汽管道和汽轮机内产生严重水冲击，甚至造成汽轮机叶片断裂事故。运行中的最高水位应低于临界水位之下才能保持良好的蒸汽品质。当水位过低，则可能引起锅炉水循环破坏，使水冷壁管的安全受到威胁。如果在炉水循环泵的进口水中带有蒸汽，就可能发生汽蚀现象，使泵的正常工作遭到破坏。如果出现严重缺水而又处理不当时，则可能造成炉管爆破，带来严重损害。所以，锅炉运行中，对水位监视不严，操作维护不当，或设备存在缺陷而发生缺水、满水事故时，都会造成巨大的损失。尤其对于现代大型锅炉，汽包容水量小，而蒸发量又大，如给水中断而锅炉继续运行，则只需几十秒钟，汽包水位计中的水位就会消失。如果不是给水中断，而只是给水量与蒸发量不相适应，则也会在几分钟之内发生缺水或满水事故。由此可见，锅炉运行中保持水位的正常是一项极为重要的工作。

汽包正常水位的标准线一般是定在汽包中心线以下 $100\sim200mm$ 处，在水位标准线的 $\pm50mm$ 以内为水位允许波动范围。允许的汽包最高、最低水位，应通过热化学试验和水循环试验来确定。

(二) 影响水位变化的主要因素

锅炉运行中，汽包水位是经常变化的。引起水位变化的根本原因有两个：一是物质平衡遭到破坏，当给水量与蒸发量不等时，必然引起水位的变化；二是工质状态发生改变时，即使能保持物质平衡，水位仍可能变化。例如当炉内放热量改变时，将引起蒸汽压力和饱和温度变化，从而使水和蒸汽的比体积以及水容积中汽泡数量发生变化，由此将引起水位变化。根据上述引起水位变化的根本原因，可归纳出影响水位变化的主要因素有机组负荷、燃烧工况和给水压力等。

1. 机组负荷对水位的影响

汽包中水位的稳定与机组负荷的变化有密切的关系。蒸汽是给水进入锅炉以后逐渐受热汽化而产生的。当负荷变化，也就是所需要产生的蒸汽量变化时，将引起锅炉中水的消耗量发生变化，因而必然会引起汽包水位发生变化。负荷增加时，如果给水量不变或者不能及时地相应增加，则锅炉中的水量逐渐被消耗，其最终结果将使水位下降；反之，则将使水位上升。所以，一般来说，水位的变化反映了锅炉给水量与蒸发量之间的平衡关系。当负荷缓慢变化，水位变化是不明显的。但当负荷突然变化时，水位会迅速波动。汽包中水位的变化如图 2-1

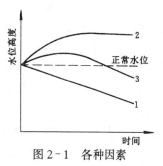

图 2-1 各种因素对水位的影响

所示。图中曲线1表示给水量小于蒸发量时的汽包水位变化；曲线2表示由于蒸汽负荷突增，使汽压降低时汽包水位的变化；曲线3则表示上述两种情况同时作用时所引起的水位变化的结果。

2. 燃烧工况对水位的影响

燃烧工况的改变对水位的影响也很大。在机组负荷不变的情况下，强化燃烧时，水位将暂时升高，然后又下降；燃烧减弱时，水位将暂时降低，然后又升高。这是由于燃烧工况的改变使炉内放热量改变，因而引起工质状态发生变化的缘故。例如，当送入炉内的燃料量突然增多时，炉内放热量就增加，受热面的吸热量也增加，炉水汽化加强，炉水中产生的汽泡数量增多，体积膨胀，因而使水位暂时升高。由于产生的蒸汽量不断增多，使汽压上升，相应地提高了饱和温度，炉水中汽泡数量有所减少，水位又会下降。如果这时汽压不能及时恢复继续上升，则由于蒸汽作功能力的提高而外界负荷又没有变化，因而汽轮机调节机构将关小调速汽门，减少进汽量。由于锅炉蒸汽量减少而给水量却没有变，因而将使得水位又要升高。

3. 给水压力对水位的影响

当给水压力变化时，将使送入锅炉的给水量发生变化，从而破坏了给水量与蒸发量的平衡，将引起汽包水位的波动。在其他条件下不改变的情况下，给水压力高使给水量加大时，水位升高；给水压力降低使给水量减少时，水位下降。

（三）水位的监视和调整

当负荷剧烈变化时，水位的变化有一个明显的过渡过程，在这个过程中反映出来的水位变化并不是最终结果。例如，当负荷急剧增加时，水位会很快上升；当负荷急剧降低时，水位会很快下降。这种水位现象是暂时的，经过一段时间就会过去，从物质平衡的角度来看它也是虚假的，所以称为"虚假水位"或"暂时水位"。出现"虚假水位"现象的原因是：当负荷急剧增加时，汽压将很快下降。由于炉水温度是锅炉原来压力下的饱和温度，所以随着汽压的下降，炉水温度就要高于新压力下的饱和温度产生剧烈沸腾，于是炉水内的汽泡数量大大增加，汽水混合物的体积膨胀，促使水位很快上升，形成"虚假水位"。当炉水中多产生的汽泡逐渐逸出水面后，汽水混合物的体积又收缩，所以水位又下降。当负荷急剧降低时，汽压将很快上升，则相应的饱和温度提高。因而一部分热量被用于把炉水加热到新的饱和温度，而用来蒸发炉水的热量则减少，炉水中的汽泡数量减少，使汽水混合物的体积收缩，所以促使水位很快下降，形成"虚假水位"。当炉水温度上升到新压力下的饱和温度以后，不再需要多消耗液体热，炉水中的汽泡数量又逐渐增多，汽水混合物体积膨胀，所以水位又上升。

了解了"虚假水位"产生的原因以后，就可以找出正确的操作方法。例如，当负荷急剧增加时，起初水位上升。这时应当明确，从蒸发量与给水量不平衡的情况来看，蒸发量大于给水量，因而这时的水位上升现象是暂时的，它不可能无止境地上升，而且很快就会下降的。因而，切不可立即去关小给水调节门，而应当作好强化燃烧、恢复水位的正常。"虚假水位"过后应相应增加给水。当负荷急剧降低，水位暂时下降时，则采用与上述相反的调节方法。当然，在出现"虚假水位"现象时，还需根据具体情况具体对待。例如负荷急剧增加，"虚假水位"现象很严重时，水位上升的幅度很大，上升的速度也很快时，还是应该先适当地关小给水调节门，以避免满水事故的发生。待水位即将开始下降时，再增加给水，恢复水位的正常。

水位投入自动调节后，必须对有关表计和自动调节器的工作情况加强监视，一旦发现自动失灵或锅炉的工况发生剧烈变化时，应迅速将自动解列，改为远方手动操作，以保证水位正常。在机组启停时，由于汽水流量不平衡，低负荷时蒸汽流量的检测误差较大，给水自动调节应采用单冲量调节系统，仅根据水位变化调整给水流量。当用远方手动调节水位时，操作应尽可能平衡均匀，一般应尽量避免采用对调节门进行大开大关的大幅度调节方法，以免造成水位过大的波动。

三、蒸汽温度的监视与调节

（一）主蒸汽及再热蒸汽温度的运行监视

1.温度变化对机组的影响

过热汽温偏高会加快金属材料的蠕变，还会使过热器、蒸汽管道、汽轮机高压缸等承压部件产生额外的热应力，缩短设备的使用寿命。如12CrMoV钢在585℃下工作时有10万小时的持续强度，当温度升到595℃下工作时，运行3万小时则丧失强度。发生严重超温时，甚至会造成过热器管爆管。当压力不变而过热汽温降低时，蒸汽的热焓必然减少，因而做功能力下降。在汽轮机负荷一定时，就必须增加汽耗量，电厂经济性降低。通常从超高压到亚临界压力的锅炉机组，如果过热器出口汽温每下降10℃，汽耗量将增加1.3%～1.5%，大约会使循环热效率降低0.3%。

单元机组的再热汽温过高也会使设备使用寿命缩短，甚至发生爆管事故。特别是再热汽温的急剧变化，将可能导致汽轮机中压缸的胀差发生显著变化。超过其允许值时可能引起汽轮机的剧烈振动，威胁设备的安全。再热汽温低也会使汽轮机的耗汽量增加，经济性下降。如果再热汽温过低，汽轮机低压缸最后几级的蒸汽湿度过大，就会加剧汽水对叶片的侵蚀作用，缩短叶片寿命。严重时可能出现水冲击，直接威胁汽轮机的安全。在运行中，由于很多因素影响汽温，因此必须时刻严密监视，并采取调节措施，保持汽温在规定的范围内。当蒸汽温度偏离额定数值过大时，将会影响锅炉和汽轮机运行的安全性和经济性。因此，蒸汽温度是锅炉运行中必须监视和控制的主要参数之一。

再热器的汽温变化特性与对流式过热器的汽温特性基本相同。但是应当指出，由于再热蒸汽的温度高而压力低，因而再热蒸汽的比热容比过热蒸汽小，这样等量的蒸汽在获得相同热量时，再热蒸汽汽温的变化就比过热蒸汽要大。此外，再热汽温不仅受到锅炉方面因素的影响，而且汽轮机工况的改变对它的影响也较大。因为在过热器中，其进口蒸汽温度始终等于汽包压力下的饱和温度，而再热器的进口蒸汽温度则是随汽轮机负荷的增加而升高，随负荷的减少而降低。所以再热汽温受工况变化的影响要比过热蒸汽温度敏感，再热汽温的波动也过热汽温大。

2. 影响汽温变化因素的诊断

影响汽温变化的因素很多，如锅炉负荷、给水温度、燃料性质、燃烧工况及受热面的清洁程度等工况的改变都将引起再热汽温发生变化，同时再热汽温还受到过热汽温变化的影响。通常将影响因素分为烟气侧和蒸汽侧两个方面。这些因素在实际运行中常常可能同时产生影响。

(1) 烟气侧的主要影响因素

1) 燃料性质变化。燃料性质的变化主要是燃煤挥发分、水分、灰分和含碳量以及煤粉细度的改变。当燃煤的挥发分降低，含碳量增加或煤粉较粗时，煤粉在炉内的燃尽时间增加，火焰中心上移，炉膛出口烟温升高，则将使汽温升高。燃煤中的水分和灰分增加时，燃煤的发热量降低。为了保证锅炉蒸发量，必须增加燃料消耗量。因为水分蒸发和灰分本身提高均要吸收炉内的热量，故使炉内温度水平降低，炉内辐射传热量减少，炉膛出口烟温升高。同时水分增加也使烟气体积增大，烟气流速增加。炉膛出口烟温的升高和烟速的增加，使对流传热增加，也就使得对流过热器的吸热量增加，故汽温升高。当从烧煤改为烧油时，由于油的燃烧迅速，其火焰长度比煤粉短，使火焰中心降低。同时由于油火焰的辐射强度比煤大，而使炉内辐射传热加强，相应炉膛出口烟温降低，因而将使对流过热器的汽温降低，辐射过热器的汽温升高。

2) 燃料量变化。送入炉内的燃料量取决于锅炉负荷，负荷发生变化，燃料量必须相应地变动。燃料量变动，炉膛出口烟温就会发生变动，烟气流速也会变化。这样就必然引起炉内传热量的改变，从而引起过热器内工质吸热量的改变，使过热蒸汽温度发生变动。

3) 风量调节变化。当送风量或漏风量增加而使炉内过剩空气量增加时，由于低温空气的吸热，将使炉膛温度降低，辐射传热减弱，炉膛出口烟温升高。同时过剩空气量的增加将使流经对流过热器的烟气量增多，烟气流速增大，使对流传热增强，从而引起对流过热器的汽温升高和辐射过热器的汽温降低。若风量不足，燃烧不好，在烟道发生再燃烧时，也会引起对流过热器的汽温升高。在总风量不变的情况下，由于配风工况不同，造成炉内火焰中心位置的变化，也会引起汽温的变化。例如对于四角布置切圆燃烧方式的喷燃器，当使其上面的二次风加大而下面的二次风减少时，将使火焰中心压低，于是炉膛出口烟温降低，从而使对流过热器汽温降低。当引风和送风配合不当，例如由于引风量过大，炉膛负压值太大，使火焰中心抬高，则过热汽温会随之不正常地升高。

4）喷燃器运行方式变化。喷燃器运行方式改变时，将引起燃烧室火焰中心位置的改变，因而可能引起汽温变化。例如，喷燃器从上排切换至下排时，汽温可能会降低。

5）给水温度变化。给水温度的变化对汽温有很大的影响。当给水温度变化时，工质在锅炉中的焓增也发生变化。为了维持锅炉蒸发量不变，燃料量势必要相应改变，以适应加热给水所需热量的变化。由此将造成流经对流过热器的烟气流速和烟气温度发生变化，因而引起汽温变化。例如，当给水温度降低时，加热给水所需的热量增多，燃料量必然要加大。但这时蒸发量未变，即由饱和蒸汽加热到额定温度的过热蒸汽所需的热量未变，因而燃料量加大的结果必然造成过热器烟气侧的传热量大于蒸汽侧的需热量，这就必然会引起过热汽温的升高。如高压加热器故障解列，使给水温度降低很多时，则将引起过热汽温大幅度上升。

6）受热面的清洁程度。当过热器受热面本身结渣、严重积灰或管内结盐垢时，将使汽温降低。水冷壁和凝渣管管外积灰、结渣或管内结垢将引起汽温升高。因为无论是灰、渣或水垢都会阻碍传热，使水冷壁或凝渣管的吸热量减少，而使过热器进口的烟温升高，因而引起汽温升高。过热器管内结垢不但会影响汽温，而且可能造成管壁过热损坏。若过热器积灰、结渣不均匀时，有的地方流过的烟气量多，这部分汽温就高。

（2）蒸汽侧的主要影响因素

1）锅炉负荷的变化。当锅炉负荷变化时，过热汽温也会随之而变化。对于不同形式的过热器，其汽温随锅炉负荷变化的特性也不相同。辐射过热器的汽温变化特性是负荷增加时汽温降低，负荷减少时汽温升高。而对流过热器的汽温变化特性是负荷增加时汽温升高，负荷减少时汽温降低。两者的汽温变化特性恰好相反。当锅炉负荷增加时，必须增加燃料量和风量以强化燃烧，这时炉膛温度有所提高，辐射传热量也将增加。但是由于炉膛温度提高的不多，使辐射传热量的增加赶不上蒸发量的增加，因此辐射传热的比例反而下降，即辐射传热量当负荷增加时是相对减少的，使炉膛出口烟温升高。辐射过热器的汽温是随着锅炉负荷的增加而降低的。在对流过热器中，随着锅炉负荷增加，由于燃料消耗量增大，使流经对流过热器的烟气流速增加，使对流放热系数增大。另外由于炉膛出口烟温升高，即进入对流过热器的烟温升高，使传热温差增大，因而使对流过热器吸热量的增加值超过由于流过过热器的蒸汽流量的增加所引起的热量的增加值，使对流传热的比例也增加。所以，对流过热器的汽温是随着锅炉负荷的增加而升高的。半辐射过热器汽温随锅炉负荷的变化而比较平稳地变化。上述汽温随锅炉负荷变化的特性是指变化前、后的两个稳定工况。而对于从一个工况向另一个工况变化的动态过程中，汽温的变化情况则与上述情况不尽相同。例如，当负荷突然增加，而燃烧工况还来不及改变，汽压未恢复以前，由于过热器的加热条件并未改变，而流经过热器的蒸汽流量却增加了，因此，这时的汽温总是降低的。只有经过一段时间后，当燃料量增加达到新的平衡时，汽温才逐渐恢复。

2）饱和蒸汽湿度变化。从汽包出来的饱和蒸汽总含有少量水分。在正常情况下，进入过热器的饱和蒸汽湿度一般变化很小，饱和蒸汽的温度保持不变。但是在不稳定工况或不正常运行条件下，例如当锅炉负荷突增、汽包水位过高以及炉水含盐浓度太大而发生汽水共腾时，将会使饱和蒸汽的湿度大大增加。由于增加的水分在过热器中汽化要多吸收热量，在燃烧工况不变的情况下，用于使干饱和蒸汽过热的热量相应减少，因而将引起过热蒸汽温度下降。如果饱和蒸汽大量带水，则将造成过热汽温急剧下降。

3）减温水变化。减温器中减温水温度和流量变化时，将引起过热器蒸汽侧总吸热量的变化，汽温就会发生变化。当用给水作为减温水，在给水系统压力增大时，虽然减温水调节阀门的开度未变，但这时减温水量增加了，使过热器蒸汽被吸走的热量增加，因而将引起汽温下降。此外，当减温器发生漏泄时，也会引起汽温下降。

（二）蒸汽温度的调节

根据对汽温变化原因的分析可知，汽温变化是由蒸汽侧和烟气侧两方面的因素引起的，因而对汽温的调节也就可以从这两方面来进行。

1．汽温的调节方法

（1）从蒸汽侧调节汽温

汽侧调温通常都采用喷水减温作为主要调温手段。由于锅炉给水品质较高，所以减温器通常采用给水作为冷却工质。喷水减温的方法是将给水呈雾状直接喷射到被调过热蒸汽中去与之混合，吸收过热蒸汽的热量使本身加热、蒸发、过热，最后也成为过热蒸汽的一部分。被调温的过热蒸汽由于放热，所以温度下降，达到了调温的目的。大型锅炉通常均装置两级以上的喷水减温器，在进行汽温调节时必须明确每级减温器所担负的任务。喷水减温器的调节操作比较简单，只要根据汽温的变化适当变更相应减温水调节阀门的开度，改变进入减温器的减温水量即可达到调节过热汽温的目的。

再热器不宜采用喷水减温器调节汽温。因为喷水减温器将增加再热蒸汽的数量，从而增加了汽轮机中、低压缸的蒸汽流量，即增加了中、低压缸的出力。如果机组的负荷一定，将使高压缸出力减少，减少高压缸的蒸汽流量。这就等于部分地用低压蒸汽循环代替高压蒸汽循环做功，因而必然导致整个机组热经济性的降低。再热器喷水减温器的主要目的是当出现事故工况，再热器入口汽温超过允许值，可能出现超温损坏时，喷水减温器投入运行，借以保护再热器。在正常运行情况下，只有当采用其他温度调节方法尚不能完全满足要求时，再热器喷水减温器才投入微量喷水，作为再热汽温的辅助调节。

（2）从烟气侧调节汽温

烟气侧调节汽温的原理是通过改变流经过热器烟气的温度和烟气的流速，以改变过热器烟气侧的传热条件，即改变过热器受热面的吸热量。为达到这一目的，锅炉运行中可根据具体设备情况选择其调节方法。

1）改变火焰中心的位置。改变火焰中心的位置可以改变炉内辐射吸热量和进入过热器的烟气温度，因而可以调节过热汽温。当火焰中心位置抬高时，火焰离过热器较近，炉内辐射吸热量减少，炉膛出口烟温升高，则过热汽温将升高。火焰中心位置降低时，则过热汽温将降低。改变火焰中心位置的方法有：①调整喷燃器的倾角。采用摆动式喷燃器时，可以用改变其倾角的办法来改变火焰中心沿炉膛高度的位置，从而达到调节汽温的目的。在高负荷时，将喷燃器向下倾斜某一角度，可使火焰中心位置下移，使进入过热器区域的烟气温度下降，减小过热器的传热温差，使汽温降低。而在低负荷时，将喷燃器向上倾斜适当角度，则可使火焰中心位置提高，使汽温升高。摆动式燃烧器调温幅度较大，调节灵敏，设备简单，投资费用少，并且没有功率损耗。目前使用的摆动式喷燃器上下摆动的转角为±20°，一般用正10°至负20°。应注意喷燃器倾角的调节范围不可过大，否则可能会增大不完全燃烧损失或造成结渣等。如向下的倾角过大时，可能会造成水冷壁下部或冷灰斗结渣。若向上的倾角过大时，会增加不完全燃烧损失并可能引起炉膛出口的屏式过热器或凝渣管结渣。同时在低负荷时若向上的倾角过大，还可能发生炉膛灭火。摆动式燃烧器可用于过热蒸汽的调温，也可用于再热蒸汽的调温。当摆动式燃烧器作为再热汽温的主调节方式时，它将以再热汽温为信号，改变燃烧器的倾角。为了保持炉膛火焰的均匀分布，此时四组燃烧器的倾角应一致并同时动作。当燃烧器倾角已达到最低极限值时，再热汽温仍然高于额定值时，再热器事故喷水减温器将自动投入运行，以保持汽温和保护再热器。②改变喷燃器的运行方式。当沿炉膛高度布置有多排喷燃器时，可以将不同高度的喷燃器组投入或停止工作，即通过上、下排喷燃器的切换，来改变火焰中心的位置。当汽温高时应尽量先投用下排的喷燃器，汽温低时可切换成上排喷燃器运行，也可以采取对距过热器位置不同的喷燃器进行切换的办法。当投用靠近炉膛后墙的喷燃器时，由于这时火焰中心的位置离过热器近，火焰行程短，将使炉膛出口烟温相对的要高些。而切换成前墙或靠近前墙的喷燃器运行时，则火焰中心的位置离过热器相对的要远些，炉膛出口烟温就相对的要低些。③变化配风工况。对于四角布置切圆燃烧方式，在总风量不变的情况下，可以用改变上、下排二次风分配比例的办法来改变火焰中心的位置。当汽温高时，一般可开大上排二次风，关小下排二次风，以压低火焰中心。当汽温低时，一般则关小上排二次风，开大下排二次风，以抬高火焰中心。进行调整时，应根据实际设备的具体特性灵活掌握。

2）改变烟气量。若改变流经过热器的烟气量，则烟气流速必然改变，使对流传热系数变化，从而改变了烟气对过热器的放热量。烟气量增多时，烟气流速大，使汽温升高；烟气量减少时，烟气流速小，使汽温降低。改变烟气量即改变烟气流速的方法有：①采用烟气再循环。采用烟气再循环调节汽温的原理是从尾部烟道（通常是从省煤器后）抽出一部分低温烟气，用再循环风机送回炉膛，并通过对再循环烟气量的调节来改变流经过热器的烟气流量，改变烟气流速。此外，当送入炉膛的低温再循环烟气量改变时，还使炉膛温度发生变化，炉内辐射吸热与对流吸热的比例将改变，从而使汽温发生变化。由此，改变再循环烟气量可以同时改变流过过热器的烟气流量和烟气含热量，因而可以调节汽温。②烟气旁路的调节。采用这种方法是将过热器处的对流烟道分隔成主烟道和旁路烟道两部分。在旁路烟道中的受热面之后装有烟气挡板，调节烟气挡板的开度，即可改变通过主烟道的烟气流速，从而改变主烟道中受热面的吸热量。由于高温对流烟道中的烟气温度很高，烟气挡板极易变形或烧坏，故这一方法只用于布置在锅炉尾部对流烟道中的低温过热器或低温再热区段，而在我国目前的超高压机组中，则仅用于低温再热器区段。采用烟气旁路来调节再热汽温时，还会影响到过热汽温。为了增加再热汽温的调节幅度并减小对过热汽温的影响，应使主烟道中的再热器有较大的受热面，而旁路烟道中的过热器受热面则应小些。③调节送风量。调节送风量可以改变流经过热器的烟气量，即改变烟气流速，达到调节过热汽温的目的。调节送风量首先必须满足燃烧工况的要求，以保证锅炉机组运行的安全性和经济性。而用以调节汽温，一般只是作为辅助的手段。当汽温问题成为运行中的主要矛盾时，才用燃烧调节来配合调节汽温。利用送风量调节汽温是有限度的，超过了范围将造成不良后果。因为过多的送风量不但增加了送、吸风机的耗电量，降低了电厂的经济性，而且增加排烟热损失，降低锅炉热效率。特别是燃油锅炉对过剩空气量的控制就更为重要。过剩空气量的增加，不但加速空气预热器的腐蚀，还可能引起可燃物在尾部受热面的堆积，导致尾部受热面再燃烧。

2．对主蒸汽温度的监视和调节中应注意以下几个问题

(1) 运行中要控制好汽温。首先要监视好汽温，并经常根据有关工况的改变分析汽温的变化趋势，尽量使调节工作恰当地做在汽温变化之前。如果等汽温变化以后再采取调节措施。则必然形成较大的汽温波动。

(2) 调节过热蒸汽温度的方法很多，这些方法又各有其优缺点，故在应用时应根据具体的情况予以选择。在高参数大容量锅炉中，为了得到良好的汽温调节特性，往往应用两种以上的调节方法，并常以喷水减温与一种或两种烟气侧调温方法相配合。在一般情况下，烟气侧调温只能作为粗调，而蒸汽侧（用减温器）调温才能进行细调。

(3) 在进行汽温调节时，操作应平稳均匀。例如对于减温调节门的操作，不可大开大关，以免引起急剧的温度变化，危害设备安全。

(4) 在锅炉低负荷运行时，应尽量少用减温水。因为在这样的工况下，流经过热器的蒸汽量很少，流速低。如果这时大量使用减温水，局部过热器将会产生水塞，而高温烟气冲刷，使水塞管圈的上部管段由于蒸汽停滞而过热损坏。

(5) 锅炉运行中，过热器出口汽温稳定在规定范围内。但甲、乙两侧常常会出现热偏差，必须加强监视和调整。过热器出现热偏差会引起管壁温度过热甚至烧坏，因此要根据不同的原因采取相应的措施，消除热偏差。要求过热器各点蒸汽温度相差不超过 20℃，过热器两侧烟气温度相差不超过 30℃。对过热器管壁温度亦应给予同样的重视。

四、蒸汽压力的监视与调节

(一) 蒸汽压力的监视

主蒸汽压力是蒸汽质量的重要指标之一，汽压波动过大会直接影响到锅炉和汽轮机的安全与经济运行。

1．影响汽压变化的原因分析

引起锅炉汽压发生变化的原因可归纳为下述两方面：一是锅炉外部的因素，称为"外扰"；二是锅炉内部的因素，称为"内扰"。

(1) 外扰。外扰是指外部负荷的正常增减及事故情况下的甩负荷，它具体反映在汽轮机所需蒸汽量的变化上。当机组负荷突然增加时，汽轮机调速汽阀开大，蒸汽量瞬间增大。如燃料量未能及时增加，再加以锅炉本身的热惯性，将使锅炉的蒸发量适应不了机组负荷的需求，汽压就要下降。相反，当机组负荷突减时，汽压将要上升。在外扰的作用下，锅炉汽压与蒸汽流量的变化方向是相反的。汽压的变化与外界负荷有密切的关系。

(2) 内扰。内扰即由锅炉机组本身的因素引起汽压变化。当炉内燃烧工况变化时，如送入炉内的燃料量、煤粉细度、煤质或风量等发生变化，都会产生内扰。在外界负荷不变的情况下，汽压的稳定主要取决于炉内燃烧工况的稳定。此外，锅炉热交换情况的改变也会影响汽压的稳定。如果热交换条件变化，如炉膛结渣、管壁结垢会使受热面内的工质得不到所需要的热量或者是传给工质的热量增多，则必然会影响产生的蒸汽量，也就必然会引起汽压发

生变化。

2．影响汽压变化速度的因素分析

当负荷变化引起汽压变化时，汽压变化的速度说明了锅炉保持或恢复规定汽压的能力。汽压变化的速度主要与负荷变化速度、锅炉的储热能力以及燃烧设备的惯性有关。

（1）负荷的变化速度。负荷变化速度越快，引起汽压变化的速度也越快。反之，汽压变化速度越慢。对于单元制机组，汽轮机负荷的变化直接影响到锅炉工作，使汽压可能会有较大的变动。

（2）锅炉的储热能力。所谓锅炉的储热能力，是指当外界负荷变动而燃烧工况不变时，锅炉能够放出或吸收的热量的大小。当外界负荷变动时，锅炉内工质和金属的温度、吸热量等都要发生变化。例如当负荷增加使汽压下降时，则饱和温度降低，此时炉水和金属的温度高于饱和温度，储存在炉水和金属中的多余的热量将使一部分炉水自身汽化变成蒸汽，形成"附加蒸发量"。"附加蒸发量"能起到减慢汽压下降的作用。当然，由于"附加蒸发量"的数量有限，要靠它来完全阻止汽压下降是不可能的。"附加蒸发量"越大，说明锅炉的储热能力越大，则汽压下降的速度就越慢。反之，则汽压下降的速度就越快。储热能力对锅炉运行的影响有好的一面，也有不好的一面。例如汽包锅炉由于具有厚壁的汽包及大水容积，因而其储热能力较大，而当外界负荷变动时，锅炉自行保持出力的能力就大，引起参数变化的速度就慢，这有利于锅炉的运行。但另一方面，当人为地需要主动改变锅炉出力时，则由于储热能力大，使出力和参数的反应较为迟钝，因而不能迅速跟上工况变动的要求。

（3）燃烧设备的惯性。燃烧设备的惯性是指从燃料量开始变化到炉内建立起新的热负荷所需要的时间。若燃烧设备的惯性大，则当负荷变化时，恢复汽压的速度较慢。反之，则汽压恢复速度较快。燃烧设备的惯性与燃料种类和制粉系统的型式有关。由于油的着火、燃烧比较迅速，因而烧煤时比烧油时的惯性要大。直吹式制粉系统的惯性比中间储仓式制粉系统的惯性大。因为前者从加大给煤量到出粉量的变化要有一段时间，而后者由于有煤粉仓故只要增大给粉量就能很快适应负荷的要求。

3．蒸汽压力波动对单元机组的影响

（1）蒸汽压力变化对机组的影响。汽压降低使蒸汽做功能力下降，减少其在汽轮机中膨胀做功的焓降。当外界负荷不变时，汽耗量必然增大，煤耗增加，从而降低发电厂运行的经济性。同时，汽轮机的轴向推力增加，容易发生推力瓦烧坏等事故。蒸汽压力降低过多，甚至会使汽轮机被迫降低负荷运行，不能保持额定出力，影响正常发电。汽压过高，机械应力大，将危及锅炉、汽轮机和蒸汽管道等承压部件的安全。当安全阀发生故障不动作时，则可能发生爆炸事故，给设备和人身安全带来严重危害。当安全阀动作时，过大的机械应力也将危及各承压部件的长期安全性。安全阀经常动作不但排出大量高温高压蒸汽，造成工质损失和热损失，使运行经济性下降。而且由于磨损和污物沉积在阀座上，也容易使阀关闭不严，造成经常性的泄漏损失，严重时需要停炉检修。当主蒸汽压力超过额定值时，将引起调节级叶片过负荷。动叶片的弯曲应力是与通过叶片的蒸汽量和调节级焓降的乘积成正比。所以，即使汽轮机进汽量不超过设计值，但因焓降增大很多，同样会导致调节级动叶片过负荷。当蒸汽温度不变而压力升高时，机组末几级的蒸汽湿度增大，使末几级动叶片的工作条件恶化，水冲刷加剧。

（2）汽压变化对锅炉的影响。如果汽压变化速度过大，由于虚假水位的影响将引起汽包水位产生异常。当汽压急剧变化时，这种影响就更为明显。若调节不当或误操作，就容易发生满水或缺水等水位事故。汽压急剧地变化，还可能影响锅炉水循环的安全性。当汽压升高时，过热蒸汽温度也要升高。这是由于汽压升高时，饱和温度随之升高，则给水变为蒸汽必须要消耗更多的热量。在燃料量未改变时，锅炉的蒸发量瞬间要减少，通过过热器的蒸汽量减少了，所以平均每千克蒸汽的吸热量增大，导致了过热蒸汽温度的升高。

由上述可知，汽压过高、过低或者发生急剧的变化（即变化速度很快）对于机组的运行是非常不利的。

（二）主蒸汽压力的调节

主蒸汽压力的变化反映了锅炉蒸发量与机组负荷之间的平衡关系。主蒸汽压力的调节实质上就是对锅炉蒸发量的调节。当负荷变化时，若机组负荷增加使汽压下降时，应强化燃烧，增加燃料量和风量的同时还应相应地增加给水量和改变减温水量。

增加燃料量和风量的操作顺序是，一般情况下，最好是先增加风量，然后紧接着再增加燃料量。如果先增加燃料量而后增加风量，并且如果风量增加较迟，则将造成不完全燃烧。但是，由于炉膛中总是保持有一定的过剩空气量，所以在实际操作中，当负荷增加较大或增加的速度较快时，为了保持汽压稳定使之不致有大幅度的下降，也可以先增加燃料量，然后紧接着再适当地增加风量。低负荷情况下，由于炉膛中的过剩空气量相对较多，而在增加负荷时也可先增加燃料量，后增加风量。增加风量时，应先开大引风机入口挡板，然后再开送风机的入口挡板。如果先加大送风，则火焰和烟气将可能喷出炉外伤人，并且恶化了锅炉房的卫生条件。增加燃料量的手段可以增加各运行喷燃器的燃料量，或者是增加喷燃器的运行只数。对于具有中间储仓式制粉系统的锅炉，燃料量的增加可通过增加各运行给粉机的转速，或将备用的给粉机投入运行的方法来实现。对于中速磨直吹式制粉锅炉，则通过改变给煤机的转速或磨煤机的投停方式来改变燃烧量。对单元制机组主蒸汽压力超过允许值运行是不容许的。必要时还可以开启旁路系统，或开启过热器出口电磁排放阀以及对空排汽门，以达到尽快降压的目的。

五、燃烧过程调节

燃烧的控制就是调节进入炉膛的空气和燃料量，使炉内燃烧放热随时适应负荷的要求。燃烧调节主要是调节燃料量、送风量和引风量，并使三个被调量的调节密切配合。

（一）燃料量的调节

1. 配中间储仓式制粉系统的煤粉炉

当机组负荷变化不大时，改变给粉机的转速就可以达到调节的目的。当机组负荷变化较大时，则应先以投、停给粉机作粗调节，再以改变给粉机转速作细调节。投、停给粉机应尽量对称，以免破坏整个炉内工况。

当需要投入备用的喷燃器和给粉机时，应先开启一次风门至所需开度，对一次风管进行吹扫，待风压指示正常后，方可启动给粉机进行给粉，并开启二次风，观察着火情况是否正常。相反，在停用喷燃器时，则是先停止给粉机，并关闭二次风。而一次风应继续吹扫数分钟后再关闭，以防止一次风管内产生煤粉沉积。为防止停用的喷燃器因过热而烧坏，有时对其一、二次风门保持微小的开度，以作冷却喷口之用。给粉调节操作要平稳，应避免大幅度的调节，任何短时间的过量给粉或给粉中断，都会使炉内火焰发生跳动，着火不稳，甚至可能引起灭火。对各台给粉机事先都应做好转速出力试验，了解其出力特性，以保持运行时给粉均匀。在调整给粉机转速的同时，还应调整送引风量。

2. 配有直吹式制粉系统的锅炉

具有直吹式制粉系统的煤粉炉，一般都装有几台磨煤机，也就是具有几个独立的制粉系统。由于直吹式制粉系统无中间煤粉仓，它的出力大小将直接影响到锅炉的蒸发量。

当锅炉负荷有较大的变动时，需启动或停止一套制粉系统。当锅炉负荷变动较小时，可通过调节运行着的制粉系统的出力来解决。当锅炉负荷增加时，应先开大磨煤机及一次风机的进口挡板，增加磨煤机的通风量，以利用磨煤机内的存煤量作为增荷开始的缓冲调节。然后再增加给煤量，同时开大相应的二次风门。反之，当锅炉负荷降低时，则应减少给煤量和磨煤机通风量以及相应的二次风量。在调节给煤量和风门开度时，应注意辅机电流的变化，挡板的开度指示，风压变化等，防止发生电流超限和堵管等异常情况。

（二）风量的调节

风量的调节是锅炉运行中一个重要的调节项目，它是使燃烧稳定、完全的一个重要因素。当机组负荷变化而需调节锅炉出力时，随着燃料量的改变，必须对锅炉的送风和吸风进行相应的调节。

1. 送风量的调整

正常稳定的燃烧说明风、煤配合比较恰当。应根据二氧化碳表或氧量表的指示及火焰颜色等来判断风量的大小，并进行正确的调节。对于固态排渣煤粉炉，当燃用烟煤时，一般二氧化碳值控制在 14%～15%，氧量值控制在 4%～5%之间是比较经济的。当风量大时，二氧化碳表指示值低而氧量表指示值高；风量不足时，则二氧化碳值高而氧量值低，火焰末端发暗，烟气中含有一氧化碳，烟囱冒黑烟。锅炉运行中，除了用表计分析、判断燃烧情况的好坏外，还要注意分析飞灰、灰渣中可燃物的含量，观察炉内火焰的颜色，依此来综合分析炉内工况是否正常。

对于容量较大的锅炉，通常都装有两台送风机。当锅炉增、减负荷时，若风机运行的工作点在经济区域内，在出力允许的情况下，一般只需通过调节送风机进口挡板的开度来调节送风量。但如果负荷变化较大时，则需变更送风机的运行方式，即开启或停止一台送风机。合理的风机运行方式，应在运行试验的基础上通过技术经济比较来确定。当两台送风机都运行，需要调节送风量时，一般应同时改变两台风机进口挡板的开度（或叶片的角度），以使烟道两侧的烟气流动工况均匀。在调节导向挡板开度改变风量的操作中，应注意观察电动机电流表、风压表、炉膛负压表以及二氧化碳（或氧量）表指示值的变化，以判断是否达到调节目的。尤其当锅炉在高负荷情况下，应特别注意防止电动机的电流超限，以免影响设备的安全运行。

2. 引风量的调整

锅炉引风量是根据送入炉内燃料量和送风量的变动情况来进行调节的。其基本目标是在炉内建立一定的负压，保证稳定、高效的燃烧。

当锅炉负荷发生改变而需进行风量调节时，为了避免炉膛出现正压现象和缺风现象，原则上，则应先减少燃料量和送风量，而后再减少引风量。锅炉负荷变动时，吸风量调节到什么程度最为合适，这要根据各炉所规定的炉膛负压值变化范围来确定。对于负压燃烧的锅炉，理论上，只要炉膛顶部能保持 10～20Pa 的负压，炉内烟气就不致外泄。实际上，由于炉内烟气压力经常有所变动，并且同一水平上的压力也不一定相等。为了安全起见，正常运行中常使此负压值保持为 30~50Pa。另外，在即将进行除灰、清渣或观察炉内燃烧情况时，炉膛负压值应保持比正常值高一些，约为 50~80Pa。

（三）燃烧器的调节

喷燃器保持适当的一、二、三次风的配比是建立良好的炉内空气动力工况、使风粉混合均匀及保证燃料的正常着火与燃烧的必要条件。对于不同的燃料和不同结构的喷燃器，一、二、三次风的风速与风率的配比要求也不相同。合理的风速与风率的配比，应考虑到燃烧过程的稳定性以及整个机组运行的安全可靠与经济性。

1. 双蜗壳旋流喷燃器的调节

双蜗壳旋流喷燃器一般都具有二次风风量挡板和风速挡板，而一次风风量挡板则装在一次风管道上。双蜗壳喷燃器的一次风速度只能依靠改变一次风量来调节。当一次风量增加时，其风速和风量成比例地增加。喷燃器出口二次风的切向速度利用风速挡板进行调节，以改变喷燃器出口气流的扩散状态。

当喷燃器出口旋流强度增强、扩散角变大时，热回流量增大，靠近喷口地点（火焰根部）的温度提高；当旋流强度减弱、扩散角变小时，其结果则与上述相反。对于挥发分低的煤，应适当关小舌形挡板，使扩散角增大，热回流量增大，提高火焰根部的温度，以利于燃料的着火。对于挥发分高的煤，由于着火容易，则应适当开大舌形挡板，增大喷燃器出口旋转气流的轴向速度（即相对减小切向速度），使扩散角减小，射程变远，以防止烧损喷燃器和结焦。

在高负荷情况下，由于炉膛温度比较高，燃料的着火条件较好，燃烧比较稳定，故二次风扩散角可小一些，即二次风舌形挡板的开度可以适当大一些；而在低负荷情况下，由于炉膛温度较低，燃烧不够稳定，则舌形挡板的开度应适当小一些，即二次风扩散角应大一些，以增强高温烟气的回流，有利于燃料的着火与燃烧。调节舌形挡板后，不但改变了气流的速度，还会改变气流的流量，因而往往还要调节风量挡板。例如关小舌形挡板后，为了保持风量可以适当开大风量挡板。

2. 轴向叶轮式旋流喷燃器的调节

轴向叶轮式旋流喷燃器的一次风是稍有旋转地通过喷燃器，而后进入二次风旋流造成局部负压区。由于一次风通道的阻力较小和二次风的引射作用以及炉膛内负压的影响，故喷燃器入口处的一次风压很低。轴向叶轮式喷燃器的一次风轴向分速度只能借改变一次风量来进行调整。可调轴向叶轮式旋流喷燃器，其二次风出口的切向速度（或旋流强度）的改变可根据燃料与工况变化的需要，通过调节二次风叶轮的位置来实现。

对于不同型式的旋流喷燃器，为了适应不同的煤种与工况的要求，应有不同的旋流强度及一、二次风配比。喷燃器出口切向风速的改变一般常和风量的改变配合进行，此外也可进行单调节，如风速挡板、叶轮轴向叶片的位置、中心链等。二次风风量的改变，主要是变更总风量，也可调节二次风风量挡板。对喷燃器的风量及旋流强度进行调节时，可能产生明显的工况变化。例如某个喷燃器可能出现着火过早或火焰中断的情况，或者由于火焰中心位置改变而引起过热汽温发生波动等，因而在调节时必须予以充分注意。

3. 直流喷燃器

四角布置的直流喷燃器，由于其燃烧方式是靠四股气流组织的，所以一、二次风量及风速的选择，是决定炉膛良好的空气动力工况的基本条件。因此必须注意对四股气流的调节与配合。任何不恰当的一、二次风配比，都会破坏气流的正常混合与扰动，从而造成燃烧的恶化。由于四角布置时直流式喷燃器的结构、布置特性差异较大，故其风速的调整范围较旋流式喷燃器要广一些。这种类型喷燃器的一、二次风出口速度可以用下述方法进行调节：

（1）改变一、二次风率百分比。

（2）改变各层喷嘴的风量分配，或停掉部分喷嘴。

（3）有的直流喷燃器具有可调节的二次风风速挡板，改变风速挡板的位置，即可调节其风速，而风量的改变很小。

（4）有的直流喷燃器的一、二次风喷口均可以变动倾角，则可用改变一、二次风喷口中心线间夹角的方法来改变混合情况，以适应煤种的需要。

第二节　直流锅炉的运行调节

一、直流锅炉调节特点

直流锅炉的结构、系统不同于汽包锅炉，因此在调节上有所不同。汽包锅炉由于有汽包水容积的作用，因而当给水量或燃料量中有一个变动时，主要引起锅炉出力或汽包水位的变化，而过热汽温的变化幅度不很大。直流锅炉在负荷变化时，如果给水量与燃料量的比例发生变化，则会引起过热汽温的大幅度变化。这是因为不保持给水量与燃料量的比值，必将使得加热、蒸发、过热三区段的长度发生变化。

直流锅炉水容积小，没有厚壁汽包，又采用薄壁、小直径的管子，因而其工质与金属的蓄热能力比汽包锅炉小，自行保持平衡的能力较差。所以，当工况变化时，直流锅炉运行参数变化的速度比汽包锅炉快得多。显然，直流锅炉的自动调节设备及调节系统在可靠性、灵敏度、稳定性等方面的要求比汽包锅炉高得多。直流锅炉出口过热汽温的变化同汽水通道中各截面的工质焓值的变化是密切相关的。所以在过热器系统中找一个中间点作为超前信号用来提前调节，以保持准确、稳定的参数。

另一方面，由于蓄热能力小，当主动改变出力时，参数的变化能迅速适应工况的变动。

二、直流锅炉的动态特性

直流锅炉的动态特性是锅炉发生扰动后，被调参数随时间而变化的特性。

锅炉运行中的扰动有外部扰动（外扰）和内部扰动（内扰）两种。外扰是指外部功率（外部负荷）的扰动。内扰是指锅炉本身给水量、燃料量或其他因素的扰动。下面就一个参数变动、其他参数不变的工况来讨论直流锅炉的动态特性。

1. 功率扰动

当锅炉在稳定工况下运行时，如果突然增加汽轮机功率而不改变炉内热强度，则蒸汽流量加大，而汽压、汽温都下降。但由于工质和金属放出储热，使汽压、汽温的下降有所延缓。相反，当汽轮机功率降低时，其动态过程为汽压、汽温都上升。与自然循环锅炉比较，直流锅炉的储热量小，参数的变化比较快。

2. 给水扰动

直流锅炉中，燃料量不变而给水量变化时，将引起汽压、汽温和蒸汽流量的变化。由于直流锅炉的工质是一次通过各受热面的，在稳定流动时，进入锅炉的给水量应等于送出的蒸汽量。给水量增加时，蒸汽量也增加，而且保持给水量等于蒸汽量。由于热负荷不变而给水量增加，因而加热区段和蒸发区段的长度都增加，而过热区段的长度缩短。蒸发量增加和过热区段长度缩短都将导致出口过热汽温下降。由于汽轮机负荷不变而蒸发量增加，因而出口汽压上升。

总之，当燃料量不变而给水量增加时，将会导致蒸汽量增加、出口过热汽温下降、出口汽压上升，这就是给水量增加时的动态特性，这个特性表示在图2-2（a）上。燃料量不变而给水量减少时的动态特性表示在图2-2（b）上，与2-2（a）相比可知，其变化方向是相反的。

当给水量扰动时，蒸汽量、出口汽压、出口过热汽温的变化都有一段时间的延滞。这可以用图2-3来解释：给水量增加时，加热段长度由 l_{jr1} 增至 l_{jr2}，增加的容积为 $\Delta V \text{m}^3$。这个

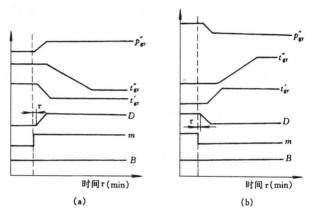

图2-2 给水量扰动时的动态特性（燃料量不变）
(a) 给水量增加；(b) 给水量减少

容积中的工质质量的变化量称为交变工质质量 $\Delta m' \text{kg}$。在这个交变容积内，开始是汽，后来成了水，因而 $\Delta m' = \Delta V(\rho' - \rho'') \text{kg}$。给水量增加时，必须有 $\Delta m'$ 的水量充满 ΔV，然后蒸汽量才能增加，因此蒸汽量的变化迟延了时间 τ。蒸汽量 D 的变化引起出口汽压的变化，因而蒸汽量的迟延引起出口汽压的迟延。入口过热汽温与出口过热汽温的迟延也是蒸汽量 D 的迟延造成的，但是由于过热器蓄热的影响，出口过热汽温的迟延更大些。

3. 燃料扰动

燃料扰动是炉内热强度的变化，是锅炉运行工况变化中一种常见的扰动。

当给水量不变而燃料量变化时，加热、蒸发、过热三个区段的长度都将发生变化，图2-4表示燃料量增加时三区段的变化。显然，由于炉内热负荷增加，蒸发提前，因而加热、蒸发受热面缩短而过热受热面增加。

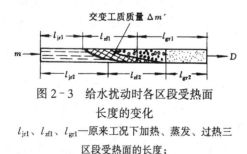

图2-3 给水扰动时各区段受热面长度的变化

l_{jr1}、l_{zf1}、l_{gr1}——原来工况下加热、蒸发、过热三区段受热面的长度；

l_{jr2}、l_{zf2}、l_{gr2}——给水量增加后加热、蒸发、过热三区段受热面的长度

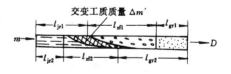

图2-4 燃料量增加时加热、蒸发、过热三区段长度的变化

图2-5是给水量不变而燃料量增加时的动态特性。由图2-5可知，当燃料量增加时，虽然给水量没增加，蒸汽量却在一段时间内超过给水量，随后又恢复原值。这是因为交变容积内工质要由水变成汽，因而，在这段过渡工况的时间内，蒸汽量大于给水量，等到这部分

水蒸发完，到了新的平衡工况，蒸汽量又等于给水量。对应于蒸汽量的变动，出口汽压也有相同方向的变化，即先升高后恢复。

燃料量的增加和过热受热面长度的增长都促使出口过热汽温升高，但由于蒸汽量的短暂增加，使出口过热汽温的升高有迟延。由以上讨论可知，燃料量的扰动主要是引起出口过热汽温的变化。

4. 给水与燃料的复合扰动

给水量与燃料量同时扰动时的动态特性是两者单独扰动时动态特性之和。由图2-6可知，当给水量与燃料量按比例增加时，蒸发量立即增加并稳定在新的数值上，出口过热汽温则保持不变。这就说明严格控制煤水比（或油水比）是调节汽温的主要手段。

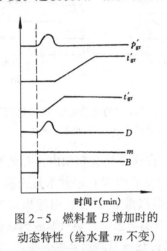

图2-5 燃料量 B 增加时的
动态特性（给水量 m 不变）

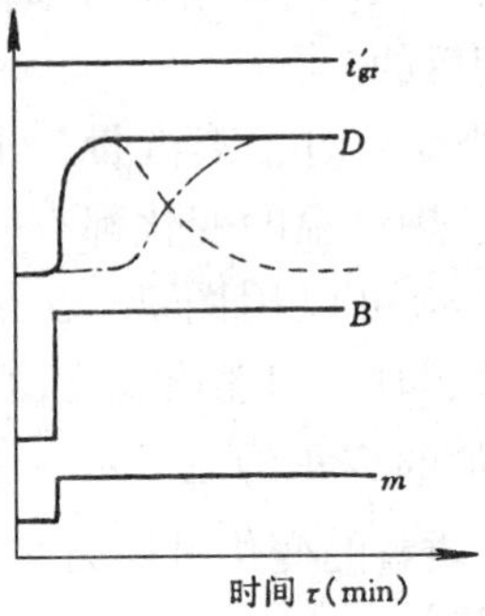

图2-6 燃料量 B 与给水量 m 按比例
增加时的动态特性

三、运行参数控制方法

单元机组中的直流锅炉运行必须保证汽轮机所需要的蒸汽量、过热蒸汽压力和温度的稳定不变。其参数的稳定主要取决于两个平衡：汽轮机功率与锅炉蒸发量的平衡；燃料与给水的平衡。第一个平衡能稳住汽压，第二个平衡能稳住汽温。但是由于直流锅炉受热面的三个区段无固定分界线，使得汽压、汽温和蒸发量之间紧密相关，即一个调节手段不只仅仅影响一个被调参数。因此，实际上汽压和汽温这两个参数的调节过程并不独立，而是一个调节过程的两个方面。除了被调参数的相关性外，还由于这种锅炉的蓄热能力小。因此，工况一旦受扰动，蒸汽参数的变化很敏感。

1. 过热蒸汽压力

直流锅炉内的汽水串联通过各级受热面流动，其工质压力由系统的质量平衡、能量平衡以及管路系统的流动压力等因素决定的。过热蒸汽压力的变化反映了锅炉蒸发量与汽轮机所需蒸汽量的不适应。在自然循环锅炉中，锅炉蒸发量的调整首先依靠燃烧来调整，与给水量无直接关系，给水量根据锅炉水位来调整。但在直流锅炉中，炉内放热量的变化并不直接引起锅炉出力的变化（除扰动初始时的短暂突变外）。由于纯直流锅炉送出的蒸发量等于给水量（严格讲应包括喷水量在内），因此，只有在给水量发生变化时才会引起蒸发量的变化。即直流锅炉的蒸发量首先应由给水量来保证，只有变更给水量才会引起锅炉出力的变化。所以直流锅炉的汽压调节是用对给水量的调节来实现的。

2. 过热蒸汽温度

直流锅炉由省煤器、水冷壁和过热器串联而成，汽水状态无固定的分界点，由此形成不同于汽包锅炉的汽温特性。在稳定工况下，若锅炉效率、燃料应用基低位发热量、给水焓保持不变，则过热蒸汽焓只取决于燃料量与给水比例。如果该比例保持一定，则过热蒸汽焓与过热蒸汽温度便可保持不变。这说明煤水比的变化是造成过热汽温波动的基本原因。因此，直流锅炉的汽温调节主要通过对给水量和燃料量的调整来完成的。但在实际运行中，要严格的保持煤水比是不容易的。因而一般只能把保持煤水比作为粗调节，而另外用喷水减温作为细调节。

在运行中，为了更好地控制出口汽温，常在过热区段的某中间部位取一测温点，将它固定在相应的数值上，这一点称为中间点。调节时应保持中间点汽温稳定，则出口汽温亦稳定。中间点位置越靠前则出口汽温调节的灵敏度越高，但必须保证中间点的工质状态在正常负荷范围内为微过热蒸汽，因而不宜太靠前。

3. 再热蒸汽温度

采用中间再热时，再热汽温的调节也极为重要。与过热器相比，再热器内工质由于压力较低，内侧放热系数较小。工质比热容大，为减小流动阻力，质量流速又不宜过大。因此，再热器管壁的冷却条件较差。此外，低压蒸汽的比热容小，如受到同样的受热不均匀，再热汽温的偏差大于过热汽温的偏差。况且再热器的运行工况不仅受锅炉各种因素的影响，还与汽轮机的运行工况有关。这就增加了再热汽温调节的困难，不易找到有效的调节手段。由于再热蒸汽流量与燃料量之间无直接的单值关系，不能用燃料量与蒸汽量的比例来调节再热汽温。用喷水作为调节手段虽然有效，但因不经济只能作为事故超温时的调节。现时常用烟气再循环、旁路烟气量作为调节手段。

综合上述讨论可知，直流锅炉在带固定负荷时，由于汽压波动小，主要的调节任务是汽温调节。在变负荷运行时，汽温汽压必须同时调节，即燃料量必须随给水量作相应变动，才能在调压过程中同时稳定汽温。

根据直流锅炉参数调节的特性，国内总结出一条行之有效的操作经验：即给水调压，燃料配合给水调温，抓住中间点，喷水微调。例如：当汽轮机负荷增加时，过热蒸汽压力必下降，此时加大给水量以增加蒸汽流量，然后加大燃料量，保持燃料量与给水量的比值，以稳住过热蒸汽温度，同时监视中间点，用喷水作为细调的手段。

第三节　汽轮机的运行维护

汽轮机维护的任务主要有：

(1) 通过检查、监视和调整，及时发现和消除设备的缺陷，提高设备的健康水平，预防事故的发生，保证设备长期安全运行。

(2) 通过检查，监视及经济调度，尽可能使设备在最佳工况下工作，提高设备运行的经济性。

(3) 定期进行各种保护试验及辅助设备的正常试验和切换工作，保证设备的安全可靠性。

在正常运行维护过程中，安全运行至关重要，涉及到安全的运行因素主要包括以下内容：

(1) 主蒸汽、再热蒸汽的压力、温度及高压缸排汽温度；

（2）机组的振动情况；

（3）轴向位移及高中压胀差；

（4）轴承油温、轴承金属温度；

（5）汽轮机各监视段压力。

对以上各参数要根据规程要求严格控制。

一、蒸汽参数变化对汽轮机的影响

汽轮机运行时，蒸汽初终参数有时会偏离设计值。蒸汽参数在一定范围内的波动，在运行上不仅是允许的，而且实际上也是难以避免的。这种波动在允许范围内变化时，只影响汽轮机的经济性，不影响安全性。但当这种波动超过偏差允许的范围时，则不但会引起汽轮机功率及各项经济指标的变化，还可能使汽轮机通流部分某些零部件的受力状况发生变化，危及汽轮机的安全性。

（一）新蒸汽压力的变化

1. 新蒸汽压力升高

在外扰（负荷降低）幅度较大时，汽轮机会有短时间的超压。此时汽轮机调节系统能快速作出反应，使调速汽阀暂时关闭。因此由于外扰超压主要对调速汽阀及其之前的管道阀门产生了冲击，对汽轮机内部的影响不大。一般管道阀门都有足够的安全系数，因此，不致于造成重大损坏。

由于内扰（锅炉调整不当）引起新蒸汽压力升高时，对节流配汽的机组只需将调节阀稍微关小，以保持第一级喷嘴前的蒸汽压力与设计值相等即可，各级内工况并无变化。但对喷嘴配汽的汽轮机将产生一定的影响。

假设变工况前后效率变化不大，则在额定功率下的流量 D_{01} 为

$$D_{01} = D_0 \frac{\Delta H_t}{\Delta H_{t1}} \tag{2-1}$$

式中　ΔH_t——设计工况下汽轮机的焓降，J/kg；

　　　D_0——设计工况下汽轮机的流量，t/h；

　　　ΔH_{t1}——初压升高后调节阀为额定开度时汽轮机的焓降，J/kg；

　　　D_{01}——初压升高后调节阀为额定开度时汽轮机的流量，t/h。

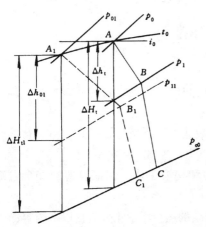

图 2-7 初压提高后汽轮机的热力过程

图 2-7 所示为初压升高前后的热力过程，由图可知 $\Delta H_{t1} > \Delta H_t$，故 $D_{01} < D_0$，即在额定功率下，当初压升高后蒸汽流量将减少。由于流量的减少，各非调节级前压力均相应降低，各中间级的压差减少，使隔板前后的压差减少，轴向推力减少。因中间级焓降基本保持不变，故流量减少时，各级动叶的变应力将减少，因此新蒸汽压力升高时，中间级的安全性没有影响。

对末几级，由于流量减少而使级前压力降低，级内焓降减少，从动叶承受的汽流变应力来看，末几级是安全的。但因焓降的减少，使末几级的反动度增加，有可能使这些级的轴向推力增大。由于这些级处于低

压部分，动叶前后的压差本身较小，同时又有级前压力降低的相反作用，故即使轴向推力增加，也增加得有限。再考虑到中间级的影响，整机的轴向推力还是减少的。此外新蒸汽压力的升高，会使末几级叶片的蒸汽温度增加，使末几级动叶的工作条件变化。通常对于高温高压机组，新蒸汽压力升高 0.5MPa，最末级动叶的湿度大约增加 2%。

对于调节级，由于调节级蒸汽室压力降低而初压又升高，故工作在全开调节阀后的调节级焓降将增大，且流量也因喷嘴前压力的升高，喷嘴后压力的降低而有所增加。因此工作在全开调节阀后的动叶承受的应力要比初压未升高前大。但调节级的危险工况不在额定负荷下，动叶应力一般不会超过初压未升高前最危险工况的应力。在对应于第一只调节阀刚全开的负荷下，调节级是危险的。因为与初压未增加时相比，通过其喷嘴组的流量（此时为临界流量）因初压的升高而成正比的增加，而调节级后的压力也随流量成正比提高，因而调节级焓降保持不变。但由于流量增加，动叶应力将增加，仍有可能超过材料的许用应力。

综上所述，当新蒸汽压力升高时，可以降低机组的汽耗率，只要排汽湿度未超过规定值，流量、功率未超过设计最大值，并能避开第一阀全开第二阀未开时的危险工况，汽轮机运行一般还是安全的。运行中通常规定新蒸汽压力上限为额定汽压的 103% ～105%。由于长期超压运行会加速承压部件和紧固件的寿命损耗，因此当压力超限时，应通过锅炉尽快恢复汽压，或开启旁路系统降压。若机组没有带到满负荷时，可暂时增大负荷加大进汽量，紧急情况时可开启锅炉安全阀，达到降压目的。

2. 新蒸汽压力降低

当新蒸汽压力降低时，汽轮机的理想焓降减少。如果调节阀限制在额定开度，则蒸汽流量将与初压成正比例减少，故汽轮机的最大出力也将受到限制，其功率可由式（2-2）估算（忽略了效率的变化）：

$$P_{el1} = P_{el} \frac{\Delta H_{t1}}{\Delta H_t} \frac{D_{01}}{D_0} \qquad (2-2)$$

式中　P_{el}、P_{el1}——初压降低前的额定功率和初压降低后允许的长期运行的功率，MW；

ΔH_{t1}——初压降低后调节阀为额定开度时汽轮机的焓降，J/kg；

D_{01}——初压降低后调节阀为额定开度时汽轮机的流量，t/h。

因此，当新蒸汽压力降低后，只要将汽轮机的功率限制在 P_{el1} 以下，就可不加任何措施而使汽轮机长期安全运行。

如果初压降低后仍要保证汽轮机发生额定功率，则汽轮机的流量将大于额定流量，此时会引起各非调节级前压力升高，并且使末几级焓降增大。因此各非调节级的负荷都有所增加，并以末几级过负荷最为严重，同时全机的轴向推力增大。此时能否安全运行，必须经过专门的计算来决定。一般在运行中，当初压降低时需要限制汽轮机的出力。

（二）新蒸汽温度的变化

1. 新蒸汽温度升高

在初压不变的条件下初温升高，从经济性看是有利的。它不仅提高了机组的循环热效率，而且还减少了汽轮机的排汽湿度，从而减少了低压级的湿汽损失，使机组的相对内效率也有所提高。但从安全角度看，新蒸汽温度的升高将使金属材料的蠕变加剧，缩短了其使用寿命，如蒸汽室、主汽阀、调节阀、调节级、高压轴封、汽缸法兰、螺栓及蒸汽管道等均要受到影响。因此提高初温时应严格监视这些部件的安全，尤其是高参数和超高参数的机组，即使初温增加不多，也可能会引起急剧的蠕变而大幅度地降低许用应力。因此在大多数情况下不允许升高初温运行。再热蒸汽温度升高对汽轮机的影响，大致与新蒸汽温度的影响相同。

在运行规程中严格地规定了新蒸汽温度的允许升高极限值，如一般规定额定汽温为535℃的机组，允许温度变化为 +5～ -10℃，因此，在电网允许的情况下，当新蒸汽温度超过规定时应进行锅炉调整，若调整无效，再按规程规定停机或紧急停机。

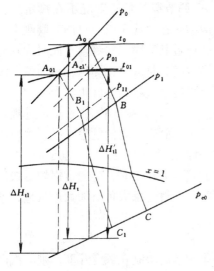

图 2-8　初温降低后汽轮机的热力过程

2. 新蒸汽温度降低

在新蒸汽温度降低而其他参数保持设计值时，由图 2-8 可知，汽轮机的理想焓降随之减少，若在此情况下保持流量为额定值，则机组的实发功率也成比例减少，其值可按式（2-3）确定（次序的变化）：

$$P_{el1} = P_{el} \frac{\Delta H_{t1}}{\Delta H_t} \qquad (2-3)$$

式中　ΔH_t、ΔH_{t1}——新蒸汽温度降低前、后汽轮机的理想焓降，J/kg；

P_{el}、P_{el1}——新蒸汽温度降低前、后汽轮机的功率，MW。

初温降低后，只要将汽轮机的功率限制在 P_{el1} 以下，就可以允许机组长期运行。

当新蒸汽温度降低时，会使各级蒸汽温度都降低，因此减小了各级的理想焓降，使各级的反动度增大，致使转子轴向推力增大。如果蒸汽温度降低，又要保持发出额定功率，则汽轮机的流量必须大于额定流量，此时调节级级后压力升高，该级的焓降将减少，故对调节级的安全性没有影响。但对非调节级尤其是最末几级，其焓降和流量同时增大，将引起最末几级隔板、动叶片应力增大。因此，汽轮机在初温降低情况下运行时，必须相应减负荷，使零件内的应力和轴向推力不超过允许值。

新蒸汽温度的降低会引起低压级湿度的增加，从而增加了低压级的湿汽损失，加剧了对这些动叶的冲蚀作用。因此必要时可以降低初温的同时降低初压，使汽轮机的热力过程线与设计工况下的热力过程线重合，以减少排汽湿度。但此时汽轮机的功率限制就要更大些。再热蒸汽温度降低时，也将使排汽湿度增加。

（三）排汽压力的变化

凝汽式汽轮机的背压往往随凝汽设备的性能和工作情况而变化。

1. 背压升高

背压升高时，汽轮机的理想焓降将减少，相同流量下的功率将减少。背压升高后会引起排汽部分的法兰、螺栓应力增大，因此必须对这些零件进行强度校核。若排汽压力过分升高，将使排汽温度大幅度升高，使排汽室的膨胀量增大。若低压轴承座与排汽缸为一体，将使低压转子的中心抬高，破坏了转子中心线的自然垂弧，从而引起机组强烈振动。此外，排汽温度的升高，使凝汽器的外壳与铜管的相对膨胀差增大，可能使铜管的胀口松动，造成冷却水漏入汽侧空间，影响凝结水的水质，同时也会造成排汽压力的进一步升高。对于末级叶片或较长的叶片，由于偏离空气动力学设计点很远，汽流的冲击或颤动，容易使叶片发生损坏。背压升高后汽轮机轴向推力的变化要视汽轮机的结构而定，当转子在排汽部分没有阶梯时，轴向的推力随末几级的反动度增大而增大，此时须要进行轴向推力的核算。当转子在排汽部分有阶梯时，由于背压的升高，可能使轴向推力减少，若背压升得过高，还可能造成反向推力。

汽轮机在夏季运行时，由于冷却水温度较高，引起排汽压较高，就会引起上述轴向推力过大、机组振动、铜管泄漏等不安全因素。故一般限制其排汽温度不超过 80℃。为了防止排汽温度过高而超过允许值，大型汽轮机的排汽缸都设置有喷水减温装置。

当背压升高（真空下降）到一定范围时，机组应相应减少负荷，甚至紧急停机。当真空恶化后能带多少负荷，应根据机组的具体条件确定。如某厂 300MW 汽轮机规定真空降至 85.3kPa 时，开始减少负荷，降至 70.6kPa 时负荷应减至零；降至 68.6kPa 时，紧急停机。

2. 背压低于设计值

若背压降低而蒸汽流量保持额定值，则由于末级焓降将增大，功率有所增加。当真空提高（即背压下降）过多时，如机组仍在最大流量下运行，则最末级叶片的应力可能超过允许值，并且湿度增加，将会加剧叶片的冲蚀损坏。

二、汽轮机运行状态的监督

1. 监视段压力

在汽轮机运行中，将调节级汽室压力和各抽汽段压力通称为"监视段压力"。通过对这些部位压力变化的监视，可以判断汽轮机通流部分的运行状况是否正常。

在负荷大于 30% 额定负荷时，凝汽式汽轮机除最末一、二级外，各监视段压力均与主蒸流量成正比例变化。根据这个原理，可通过监视各监视段的压力来有效地监督汽轮机负荷的变化和通流部分的运行工况。例如，汽轮机在运行中与刚检修后的运行工况相比，如果在同一负荷下监视段压力升高或当监视段压力相同的情况下负荷减少时，说明该监视段以后各级可能出现了结垢，或由于某些金属零件碎裂和机械杂物堵塞了通流部分或叶片损坏变形。如果调节级和高压缸各段抽汽压力同时升高时，则可能是中压调节阀开度不够或者高压缸排汽流逆止阀失灵。此外，当某台加热器停用后，若汽轮机的进汽量保持不变，则相应汽段的压力将升高。

机组在运行中不仅要看监视段压力变化的绝对值，还要看监视各段之间的压差是否增加。如果某个级的压差超过了规定值，表明该段内隔板和动叶片过负荷，严重时会使动静部件的轴向间隙消失而产生摩擦。因此，对于高压汽轮机，其监视段压力在同一负荷下的允许变化范围为 5%。超过此范围时，必须对通流部分进行清洗，消除盐垢。当加热器停运时，应根据具体情况决定是否需要限制负荷和限制负荷的值。通流部分损坏时应及时修复，暂不能修复的也应适当限制机组的负荷。

2. 轴向位移

汽轮机转子的轴向位移是指汽轮机转子在轴向推力作用下，承受轴向推力的推力盘、推力瓦块、推力轴承等部件的弹性变形和油膜厚度变化的总和。监视轴向位移的变化可以监视轴向推力的变化情况、推力轴承的工作情况，以及通流部分动静部件间隙的变化情况。

引起轴向推力变化的原因很多。一般情况下，轴向推力是随蒸汽流量的增加而增大的。

当新蒸汽压力、温度降低或凝汽器真空降低而又要维持负荷不变时，就要增加进汽量，使轴向推力增大。当通流部分结垢时，轴向推力也会增大。特别是当通流部分发生水冲击时，将会产生很大的轴向推力。对于高中压缸对头布置的再热机组，由于发生水冲击事故时，瞬间增大的轴向推力先发生在高压缸内。即轴向推力方向与高压缸内汽流方向一致，因此推力瓦的非工作面将承受巨大的轴向作用力，而非工作面瓦块一般承载能力较小，汽轮机高压段内的级内轴向间隙又较小。若反向轴向位移保护失灵时，就会使动静轴向间隙消失而发生碰磨。当轴向推力增加时，将使推力盘与推力瓦片乌金之间的摩擦力增大，引起推力轴承出口油温和推力瓦块乌金温度升高。轴向推力过大时，会使油膜破裂而推力瓦烧损，轴向位移就会急剧增加。

大型汽轮机均装有轴向位移保护和推力瓦块金属温度指示表计。为保证汽轮机动、静部件不发生摩擦，必须保证轴向位移不超过允许值。此允许值是根据各个机组动、静部分的最小轴向间隙而定的，对于叶片与隔板的最小轴向间隙为 1～1.5mm 的机组，其允许值小于 0.8mm。推力瓦块金属温度的最高允许值一般为 90～95℃，推力轴承间油温度最高允许值一般为 75℃。当轴向位移超过允许值时，保护装置将动作，使机组停机。当温度超过规定的范围内时，即使轴向位移指示值不大，也应减负荷运行，并使温度下降到规定的范围内。有的引进机组上还装有瓦块与金磨损量的指示表，还有的机组上安装有瓦块油膜压力测点，直接对瓦块的工作负荷变化作出快速反应。

3. 胀差

汽轮机在启停和负荷变动过程中，由于转子和汽缸产生的相对胀差变化会引起通流部分的动静间隙发生变化。当某一区段的胀差值超过了在这个方向的动静部件轴向间隙时，就会发生动静部件的摩擦或碰撞，造成启动时间的延误或引起机组振动、大轴弯曲等严重事故。因此在机组的启停和运行中，必须严格监视和控制胀差的变化，使之不超出最大的允许值。

大容量机组由于长度增加，汽缸膨胀死点增多以及采用了双层缸、合缸结构等，使转子与汽缸的相对膨胀比中小型机组的数值大而且情况复杂。尽管目前运行的大型汽轮机都设有胀差指示器，但它只能指示测点处的胀差值，而并不能准确地反映汽轮机各截面处的胀差情况，有时胀差指示器指示数值在允许的范围之内，转子与汽缸的某些地方还会出现摩擦现象。因此，对各种工况下的胀差值要进行详细的分析，必要时重新计算，才能确定出某一处胀差可能产生危险的工况和合理的胀差控制范围。

4. 轴瓦温度

汽轮机的主轴在轴瓦内高速旋转时，会引起润滑油温和轴瓦温度的升高。轴瓦温度过高，将威胁轴承的安全运行。运行中通常采用监视润滑油温升的方法来间接监视轴瓦温度。一般控制轴承进油温度为 35～45℃，轴承进出口油温差应在 10～15℃ 之间。由于油温滞后于金属温度，不能及时反应轴瓦温度的变化，因而只能作为辅助监视。

为保证轴瓦的润滑和冷却，运行中还要经常检查润滑油压油箱的油位、油质和冷油器的运行情况，当发现下列情况之一时应打闸停机：

（1）任一轴承回油度超过 75℃，或突然升高到 70℃ 时；

（2）主轴瓦乌金温度超过 85℃；

（3）回油温度升高，轴承内冒烟时；

（4）润滑油泵启动后，油压仍低于允许规定值；

（5）油箱油位持续下降无法解决时。

三、设备寿命的监督

金属材料在高温下长期工作，其组织结构也将发生显著的变化而影响机械性能的改变，如出现了蠕变断裂、持久断裂、应力松弛、热脆性、热疲劳以及在高温介质中的氧化和腐蚀等现象。汽轮机启停或工况变化时，金属材料除了受机械应力的作用外，还要承受交变热应力的作用。金属材料在高温时所表现出来的性能和室温时的性能有很大的差别。如果在启停或运行中操作不当，即使目前未出现什么大的问题，但可能对设备造成永久的伤害，大大的影响了设备的使用寿命。因此，了解金属材料在高温下机械性能的特点，建立设备寿命的概念是十分必要的。

1．蠕变

金属在一定的温度和应力作用下，随着时间的增加，缓慢地发生塑性变形的现象，称为蠕变。金属材料不同，开始发生蠕变的温度也不同，并且蠕变的速度也不同。如铅、锡等金属，在室温下就会发生蠕变。而碳钢及合金钢，当温度分别超过 300～350℃ 和 350～400℃ 时，在应力的长期作用下才会发生蠕变现象。而且温度越高、应力越大，蠕变的速度也越快。

金属在蠕变过程中，塑性变形不断增加，最终将导致在工作应力下的断裂。因此，在高温下，即使承受的应力不大，金属的寿命也是有一定的限度的。此外，金属在温度变动频繁的条件下工作，如汽轮机的启动、运行、停机、再启动，由于热疲劳的交互作用，也会使蠕变速度加快。金属的蠕变过程可以用蠕变曲线，即时间与变形的关系来表示。图 2-9 描述了金属在蠕变时的整个变形过程。

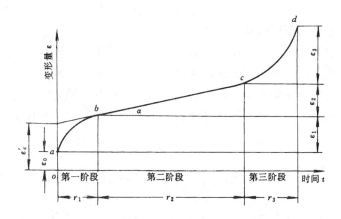

图 2-9　蠕变曲线

（温度 t=常数，应力 σ=常数）

oa 段—瞬时变形部分；ab 段—蠕变第一阶段；

bc 段—蠕变第二阶段；cd 段—蠕变的第三阶段

对于同一种金属材料，影响蠕变曲线最主要的因素是承受的应力和工作温度。在同一温度水平下，部件承受的应力值越大，蠕变越激烈。同一应力水平下，温度越高，蠕变越激烈。

图 2-10 表示汽轮机某转子材料 CrMoV 钢的蠕变断裂时间曲线，纵坐标是转子受到的应力，横坐标表示蠕变断裂时间，曲线中的参变量表示转子工作温度。可以看出，在同一应

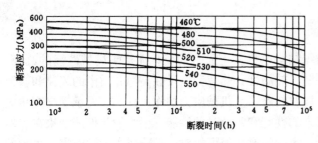

图 2-10 某种转子钢的蠕变极限曲线

力下，转子工作温度越高，蠕变断裂时间越短；同一温度水平下，转子承受应力越大，蠕变断裂时间越短。因为叶片、隔板等的微量伸长，都可能引起动静部分发生摩擦，所以汽轮机转子、汽缸、叶片、隔板等零部件的蠕变总变形量限制较严。在汽轮机中，把蠕变极限限定为运行 10 万小时后，其总的变形量不超过 0.1%。

2. 热疲劳

在生产实践中，常出现金属部件在承受较大的静载荷时并不发生破坏。但当长期承受交变应力时，却往往在最大应力还低于材料的强度极限时就会发生断裂，这种现象就是金属材料的疲劳破坏。疲劳是指材料在某一点或某些点上受到变化的应力和应变，而经过足够次数的变化后可能最终产生裂纹或断裂时，其结构局部发生渐进性永久变化的过程。交变应力越小金属材料产生裂纹或断裂所经历的应力和应变循环次数越多。一般把部件承受 $10^4 \sim 10^5$ 次应力和应变循环而产生裂纹或断裂的现象称为低周疲劳。把能承受 10^7 次应力应变循环的作用而不发生破坏的应力称为疲劳强度极限。

热疲劳是指材料在加热、冷却的循环情况下，由于交变热应力的反复作用最终产生裂纹或破坏的现象。汽轮机在启停或工况变化时，汽缸、转子等金属都会受到因变化而产生的交变热应力，经过一定数量的热应力循环，就会出现疲劳裂纹。汽轮机的热应力的应力水平高，至裂周次少，因此是低周疲劳。

金属表面的裂纹会产生应力集中，应力集中又加剧了裂纹的扩展速度。当裂纹达到一定的深度时，金属会因为有效承力截面超过许用应力而突然断裂。对于大功率汽轮机来说，由于转子的直径大，内外壁温差水平较高，造成应力水平较高。同时转子传递扭矩时，本身又在高速旋转，应力状态十分复杂，因此是最易产生热疲劳的部位。对转子的热疲劳状态应重点加以监视。

3. 应力松弛

零件在高温和应力作用下，随着时间的增加，如果总的变形量不变，应力值却在缓慢地降低，这种现象称为应力松弛。在应力松弛的过程中，应力是逐渐下降的变量，总变形量虽然没有变化，但其弹性变形是在逐渐向塑性变形量转化。如汽轮机紧固汽缸的螺栓，安装时，其内有较大的初始应力，其变形为弹性变形。随着工作时间的推移，在高温下的螺栓逐渐发生蠕变，螺栓的总长度不变，弹性变形有一部分转变为塑性变形，螺栓失去了紧固汽缸法兰的作用，产生了应力松弛。当松弛到一定程度后汽缸结合面就漏汽。

松弛的本质与蠕变相同，只是由于变形的不同而表现为蠕变或松弛。蠕变是在应力不变的条件下，不断地产生塑性变形的一种现象，松弛则是在总变形不变的条件下，由弹性变形逐渐变为塑性变形的一种现象。因此，松弛现象也可视为应力逐渐减少的一种蠕变。对汽轮机螺栓这类承力部件来说，出现应力松弛就需要重新紧固，在新的应力水平下又会产生新的松弛。最后因变形量过大，弹性消失而产生断裂。因此，当对这类部件进行监视，发现变形值超过标准时，应及时进行更换。

4．脆化

金属的脆化是指在某一特定的条件下，金属的韧性大大降低的情况。脆化有很多种，这里只讨论对汽轮机有较大影响的低温冷脆性。

低碳钢和高强度合金钢在高温下有较高的冲击韧性，但随着工作温度的降低，其冲击韧性将有所降低。这种在低温下金属材料呈现的脆性称为冷脆性，当冲击韧性显著下降时的温度称为脆性转变温度或称 FATT。它是汽轮机和发电机转子材料的重要特性，用它可以估计转子在低温下的脆断性能。不同的金属材料具有不同的脆性转变温度，即使材料相同，在不同的条件下，其脆性转变温度及转变范围也不尽相同。影响金属脆性能变温度的因素有：合金元素组成、加载的速度、晶粒度的粗细、热处理的方式等。随转子的钢材冶炼、热处理等方面工艺水平的提高，转子材料的脆性转变温度逐步在降低。鉴于金属材料的这种特性，在汽轮机启动时，应通过暖机或带一段时间负荷等措施将转子温度提高至脆性转变度以上的一定范围后再进行超速试验，以使转子能够承受较大的离心力和热应力，避免造成转子的断裂事故。

5．应力腐蚀

金属在拉应力和特定的腐蚀环境的共同作用下发生的脆性断裂称为应力腐蚀破裂（简称SCC）。这是一种极为隐蔽的局部腐蚀形式，而且往往是事先没有明显预兆，因此常常造成严重事故。如汽轮机末级叶片的断裂、末级叶轮的飞裂往往都是由于 SCC 造成的。对于应力腐蚀，不同学科有着不同的解释。

金属的应力腐蚀破坏是具有选择性的，一定的金属材料在一定的介质中才会发生。为此，在设计选用零件用钢时，除要考虑钢材的高强度外，还必须考虑钢材的耐腐蚀性能。另外有些电厂在现场运行中，还采用了对汽机叶片进行喷涂处理，以提高叶片的抗冲蚀能力和抗腐蚀能力。

6．汽轮机的寿命

在高温下长期运行的汽轮机，其零部件的机械性能将发生很大的变化，其强度有所降低。另外，由于这些零部件长期在高温介质中承受着静态和动态应力，非常容易产生裂纹甚至断裂。为了确保机组的安全，正确地判断汽轮机部件的维修或更新时间，即对汽轮机寿命的评价便成了迫切的任务。

汽轮机的寿命是指从初次投入运行至转子出现第一条宏观裂纹期间总的工作时间。对于宏观裂纹的尺寸，世界上尚无统一规定，它与各国的冶金、机械加工水平以及测试手段有关，一般认为宏观裂纹的等效直径取为 0.2~0.5mm。

影响汽轮机寿命的因素有许多，但总的来看有以下几个方面：

（1）温度变化的影响。温度变化的影响分为两种情况，一种是频繁的周期性温度变动的影响，另一种是在两种以上不同的温度下长期运行的影响。但不论是哪种情况，都将对材料的强度产生影响。同时还会引起交变的应力循环，因此在机组启停或负荷变化过程中，应对复杂的温度变化作长期的记录，以分析材料的剩余寿命。

（2）蠕变的影响。在高温静载荷的作用下，蠕变会使零部件缓慢地随时间的延长而导致断裂。当汽缸和转子的材质一定，工作温度和承受的应力也一定时，金属材料的蠕变断裂时间可从部件材料的蠕变极限曲线上查出。汽轮机每运行 1h，金属材料就发生了 1h 的蠕变，蠕变断裂的时间就要减少 1h，即消耗了 1h 的蠕变寿命。蠕变对金属材料的寿命损耗一般用百分数来表示，如果材料没有疲劳损伤，只是单纯的蠕变，则当其寿命损耗积累到100%时，材料会出现第一条宏观裂纹。启动过程中，一般金属温度低于设计值，所以可以不考虑金属蠕变问题。当金属温度达到设计值时，才考虑蠕变寿命损耗，如果运行中能严格控制超温运行，并保持正常的应力水平，则蠕变寿命的损耗不会很大。

（3）低周波疲劳的影响。在汽轮机启停和变工况时，由于温度的变化，在转子、汽缸等部件会产生热应力，因此会发生疲劳寿命损耗。尤其是调峰机组，由于其频繁的启停和变工况，对汽轮机的寿命影响就更大。金属材料的疲劳寿命与应力或应变的关系称为疲劳曲线。金属的疲劳曲线一般由实验测取。对于确定的转子，若转子的热应力不同，则造成转子材料的疲劳损伤的程度也不同。热应力越大，每次循环对材料所造成的损伤也越大，即材料损坏越快。对于每台汽轮机，由于其转子材料及结构尺寸是一定的，则可根据疲劳曲线判定出寿命损耗曲线。由于影响汽轮机寿命的因素很多，因此要正确地估计汽轮机的寿命损耗是十分困难和复杂的。目前常用一种比较简易的方法，即线性累积损伤法，来评价零件的寿命损耗。

7. 汽轮机的寿命管理

（1）寿命分配。汽轮机的寿命管理通常包括两个方面：一是对汽轮机在总的运行年限内的使用情况作出明确的切合实际的规划，也就是确定汽轮机的寿命分配方案，即在整个运行年限内的启动类型及起停次数以及工况变化、电负荷次数等。另一个是根据寿命分配的方案，制订出汽轮机启停的最佳启动及变工况运行方案，保证在寿命损耗不超限的前提下，使汽轮机的启动最迅速，经济性最好。在正常运行条件下，汽轮机的寿命损耗主要包括低周疲劳损伤和蠕变损伤两部分，他与重视机组担负的负荷性质有所不同，同时还要考虑工况变化、甩负荷等造成的寿命损耗。

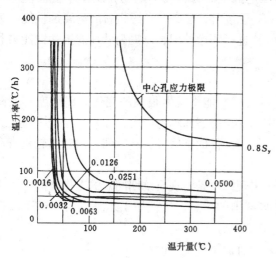

图2-11 国产300MW机组冷态启动时转子
疲劳寿命损耗曲线
（监督部位：调节级叶轮根部）

（2）根据转子寿命损耗曲线进行管理。当确定了各种启动每一次允许的疲劳寿命损耗值后，就可以根据转子的寿命损耗曲线来制定合理的运行操作程度。图2-11为国产300MW机组冷态启动时转子的疲劳寿命损耗曲线。图2-11中坐标上的温升率及温升量均指调节级或中压第一级汽温的变化。图2-11中右上肩的曲线为中心孔应力安全线，是按中心孔表面热应力及离心应力两者的切向合成应力不超过30CrMoV钢的高温屈服极限的80%绘制的。启动时不允许进入该曲线固定的范围内，以防止发生低温暖性断裂事故。从图2-11中可看出，即使是同样的寿命损耗值，温升量越大，对应的允许温升率越小；而温升量越小，允许的温升率则越大，故在机组启动前，应先掌握转子冲转时的温度水平。理想的启动过程是主蒸汽和再热蒸汽按照一定的温升率提高温度，使调节级汽温和中压第一级后汽温按允许的最大温升率升温，直到额定负荷。但是，实际上，机组的启动受到汽缸膨胀、胀差等因素的影响，在升速和加负区荷阶段应有一定的暖机时间。那么在机组的整个启动过程中，由于暖机，调节级汽温将出现升温、恒温、再升温、再恒温的过程，从而引起转子表面产生的热应力对应发生增大、衰减、再增大、再衰减的变化，使得热应力多次出现峰值。因此，转子寿命损耗应力多次热应力波动引起的寿命损耗之和。故在制定启动方案时，应考虑暖机过程，把整个启动过程分段，再考虑每段的温升量和温升率。

　　近年来，随着测试技术和计算机应用水平的发展，对机组转子热应力和疲劳寿命的在线监测技术也在不断发展，许多国产机组上已安装了利用计算机监测汽轮机思考转子寿命消耗的设备，使运行人员可以随时了解转子的受力状态，并指导其合理的操作。

第四节　汽轮发电机组的振动

　　汽轮发电机组的振动对机组非常有害，振动过大，会使轴承钨金脱落，油膜被破坏而发生烧瓦；会使动静部分发生摩擦而损坏设备；会使轴端汽封和转子发生摩擦而造成大轴弯曲；会造成动静部件的疲劳损坏；会造成某些固定件的松动甚至脱落等严重故事。不但如此，振动还会影响汽轮发电机组的经济性，当动静部分发生摩擦后，动静间隙将增加，因此漏汽量将增加，最终导致汽轮机的热耗增加。为此，在运行中必须掌握振动规律，将汽轮发电机组的振动水平维持在振动标准的规定之内。

一、机组振动的原因

　　振动是由多方面因素引起的。汽轮发电机组的转子在高温、高压蒸汽介质和强电磁场中高速运转。转子由滑动轴承支撑，轴承座放置在基础台板上并由联轴器将机组的各转子连成轴系。转子、联轴器、轴承及轴承座、基础台板及基础、密封（汽封、油封等）等部件的任何缺陷或故障，以及蒸汽参数波动和电网扰动，均会不同程度地诱发激振力，产生多种多样的振动形式。图 2－12 为汽轮发电机组出现振动故障的主要部件和故障源。振动的机理比较复杂，限于篇幅我们只做简单的分析。

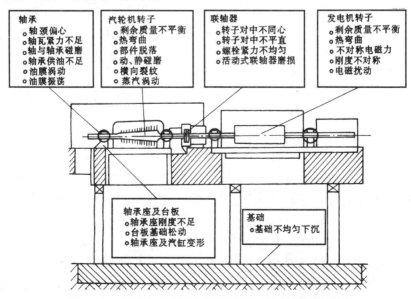

图 2－12　汽轮发电机组振动故障的主要部件和故障源

1. **转子质量不平衡**

由于转子的质心不在旋转中心线上，转子旋转时就产生了不平衡的离心力。这种离心力以转子旋转的频率周期性地作用在转子上，使机组运行时产生振动。转子质量中心线偏离旋转中心线，可能是由于冷态时就存在静不平衡和动不平衡，也可能是运行中因转子沿圆周受热不均，产生热弯曲所致。运行中的汽轮机也有可能由于转子残余应力及材料不均匀，以致在温度变化时振动增大，这就需要在高温即带负荷状态下找动平衡。平衡状态好的转子，一般不会发生较大的振动，同时运行中的噪声也会低些。汽轮机在运行中出现动叶片和拉金断裂、动叶不均匀磨损、蒸汽中携带的盐分在叶片上不均匀沉积等，会使转子产生静不平衡和动不平衡。汽轮机在大修时拆装叶轮、联轴节。动叶等转子上的零部件，或车削转子轴颈时加工不符合要求，也会使机械不平衡增大。所以，要使机组振动达到良好状态，必须从制造、安装、运行等各个方面予以保证。另外，发电机转子有效段的不均匀加热或不均匀冷却也会引起转子的热不平衡。

2. **联轴器缺陷及转子不对中**

刚性联轴器的缺陷一般有两种：一种是联轴器端面不垂直于轴中心线，即所谓瓢偏；另一种是联轴器孔中心不位于靠背轮的中心。当使用具有上述缺陷的联轴器连结转子时，将产生静变形（挠度），如图2-13、图2-14所示。静变形在旋转时将产生旋转的强迫振动，并且在转子旋转时由于此静变形还要产生动挠度。

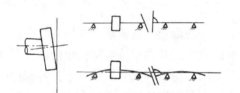

图 2-13　联轴器瓢偏连结

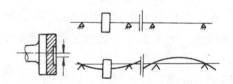

图 2-14　联轴器孔中心有偏移的连结

转子找中心有缺陷时的影响与联轴器有缺陷时的影响完全不同。对于刚性联轴器和半挠性联轴器，由于它具有对中的止口配合部分或配合螺栓部分，所以即使转子找中心略有不正。当拧紧螺栓后，转子将会自动同心。联轴器上下开口差只是意味着轴承负载的变化，左右开口差将促使轴颈偏向轴瓦的一侧。但当这些变化量不大时并不会引起油膜的振荡，也不会使得某个轴承脱空而导致临界转速明显降低，所以亦不会产生新的干扰力与振动。

3. **电磁激振力引起的振动**

（1）发电机转子线圈匝间短路。当发电机转子线圈中大量的匝间短路集中出现在一个极上时，则磁通量沿着定子内孔圆周上的均匀分布可能受到极大歪曲，这时会出现沿着电极的曲线方向，把转子单边地拉向定子去的力。单边的电磁吸引力可使转子及轴承产生频率为转子工作转速的正弦波振动。振动的特点是：励磁电流一改变，振幅即随之变化，在励磁电流和振动之间在时间上不存在任何滞后现象。如果切断励磁电流，此种振动即行消失。

（2）发电机定子铁芯在磁力作用下发生激烈的振动。由于在发电机定子内孔的空气间隙圆周上的磁通量分布呈正弦规律，并可表示为 $\cos P\alpha$ 的函数（其中 P 为发电机电极对数，α 为从水平坐标轴算起的角度），而在定子和转子之间的径向电磁作用力则与空气间隙的圆周上任何一点处的磁通密度的平方成正比。因此，当磁极旋转到水平位置时，如图 2-15（a）

所示，在转子及定子间相互作用的电磁力与 $\int_{-\frac{\pi}{2}}^{\frac{\pi}{2}} \cos\alpha\cos P\alpha\mathrm{d}\alpha$ 成正比。而当磁极轴线旋转到垂直位置时，如图 2-15（b）所示，电磁力将与 $\int_{-\frac{\pi}{2}}^{\frac{\pi}{2}} \cos\alpha\sin P\alpha\mathrm{d}\alpha$ 成正比。对于双极发电机来说，$P=1$，上式计算结果将分别为 1.333、0.667。由此可见，在旋转的转子和定子间相互作用力，在圆周上变化幅值为 ±33%，因此在这一周期性力的作用下，在定子铁芯中将出现双转速频率（2ω）的振动。在设计时应该使定子铁芯固有频率与 100Hz 调开，以避免固有频率与双转速频率共振。

（3）发电机转子及定子间隙的不均匀性而引起的发电机转子的振动。当发电机转子在其自重作用下形成静态挠曲，以及旋转时转子在轴承中浮起等原因，使发电机转子轴线与定子内孔中心线之间总是存在着一些移动，造成定子及转子之间的空气间隙在圆周上分布不均匀。这样，当转子在发电机定子中偏心旋转时，就有周期性电磁力作用在转子上，并激发起双转速频率的振动。此外，若发电机转子产生热弯曲，同样会导致发电机振动。

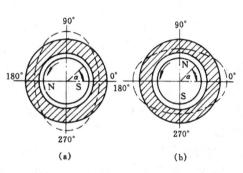

图 2-15　电磁吸引力作用下定子铁芯的椭圆形变形

4. 振动系统的刚度不足与共振

当汽轮发电机组转子受到激振力的作用而产生振动时，振动通过轴承、汽缸、台板一直传到基础上。这整个振动系统的状态对振动有很大影响。强迫振动的振幅与系统的静刚度成反比，系统静刚度的不足又会引起系统共振频率降低。当振动系统的静刚度不足时，一方面直接使振幅增加；另一方面，如果原先的系统工作在接近于但小于共振转速时，由于共振转速的降低，使得工作转速更接近于共振转速，致使振动振幅相应急剧增加。系统静刚度不足，除了设计上的原因外，还有轴承座与台板、轴承座与汽缸、台板与基础之间的连结不够牢固等原因。由系统刚度不足产生的振动同由质量不平衡产生的振动是类似的。当因系统静刚度不足产生共振时，一般共振发生在刚度不足的方向上。例如当轴承座与台板间有部分上下脱空时，这时在垂直方向的静刚度有所降低，因而轴承振动主要是在垂直方向有所增加，但在水平方向则几乎不发生变化。

5. 轴承油膜振荡

油膜振荡是使用滑动轴承的高速旋转机械出现的一种剧烈振动现象。轴颈在轴承中旋转时，受到油膜的作用，在一定的条件下，油膜的作用将使轴颈在轴承中产生涡动，出现涡动时的转速称为失稳转速。油膜一旦失去稳定，轴颈在轴承中总是保持涡动，涡动随转速的升高而升高，且基本为转子转动速度的 1/2，故称为"半速涡动"。当转速升高到二倍于转子第一临界转速时，"半速涡动"与转子一阶临界转速相遇，使转子振幅猛增，转子产生激烈振动，这种现象称为"油膜振荡"。油膜振荡有以下特点：

（1）发生油膜振荡时，振动的波形突然发生变化，并且振动波形中除 50Hz 的正弦波外，还出现低频谐振，使振动波形发生畸变，如图 2-16 所示，低频谐波频率约为机组工作频率的1/2。

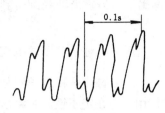

图 2-16 低频振荡的波形

(2) 随着轴承振幅的突然增大，机组的声音也发生异常，好像在抖动一样，在轴承附近往往可听到"咚咚"的金属撞击声。

(3) 油膜振荡一旦发生后，涡动速度就将始终保持等于第一临界转速，而不在随转速的升高而升高，这种共振状态能够在一较宽的转速变动范围内保持，称为油膜振荡的惯性效应。所以，油膜振荡是不能用提高转速的办法来消除的。

6. 轴的扭转振动

长轴系的汽轮发电机组，轴系两端若分别受到方向相反的扭转力作用，轴系就会发生扭转变形，在轴的弹性限度内，当一端的扭转力撤消后，轴截面就会在顺时针和逆时针方向来回扭转，这就是扭转振动。越靠近受扭转力的点，截面来回扭转的角度就越大。扭转振动将损伤大轴和螺栓，缩短它们的使用寿命。因此，应采取有效措施，避免发生扭转振动。在机组设计时，应注意轴系扭振固有频率的计算值要有一定的安全强度。

对轴系扭矩冲击和引起谐振的主要干扰源有：汽轮机调节系统带负荷摆动、发电机出口相同短路、线路单相接地短路、自动重合闸失败、发电机失步、发电机不同期并网、线路串联补偿电容造成次谐波谐振以及由负序电流产生高交谐波等。

二、机组振动的安全性评价

汽轮发电机组在运行时，始终存在着振动现象，振动过大，即超过允许范围，将会危及机组的安全。因此，衡量机组的振动安全性，就需用振动的允许值作为评价标准。同时振动的评价标准本身也反映了这个国家或厂的制造和运行水平。

评定机组振动状况时，可以用振动位移或振幅来表示，也可用振动速度或振动加速度来表示，但从振动对机组给的主要危害考虑，用振幅来表示，更直观些。此外，对振动的测量方法又有两种，可以测量轴承座的振动值，也可以测量转轴的振动值。目前，我国一般多采用测量轴承座的振动值方法来评价机组的运行状况，同时也在开始直接测量转速的振动。国外的大机组，较多的是测量转速的振动。原水利电力部在 1959 年制订的《电力工业技术管理法规》中，对 3000r/min 的机组轴承振动标准（指双峰振幅）的规定见表 2-1。

表 2-1 汽轮发电机组振动标准 μm

转数（r/min）	优	良	合 格
3000	<20	<30	<50

在电力工业法规中规定，评定机组振动以轴承垂直、水平、轴向三个方向振动中最大者作为评定的依据。这三个方向在轴承座上的测量位置如图 2-17 所示，即轴承垂直振动测点是在轴承座顶盖上正中位置；水平振动测点是在轴承座中分面正中位置，平行于水平面，垂直于转子轴线；轴向振动测点是在轴承盖上方与转子轴线平行。

1969 年国际电工委员会（IEC）推荐了汽轮发电机组振动数

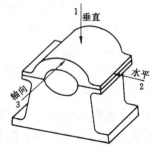

图 2-17 轴承三个方向
振动测点的位置
1—垂直振动；2—水平振动；
3—轴向振动

值的要求（见表2-2），这个标准和我国原水利电力部的标准基本相符。

表2-2 IEC振动标准

转数（r/min）	1000	1500	1800	3000	3600	6000以上
轴承振动（μm）	75	50	42	25	21	12
转轴振动（μm）	150	100	84	50	42	25

随着汽轮发电机组的单机容量不断增加，对机组的安全运行标准也在不断提高，但在我国未公布新的振动标准和废除旧的振动标准以前，表2-1仍具有法规效能，其他所有的振动标准只供参考。表2-3所列的轴承和轴振动标准为我国征求意见稿中的推荐数据之一。

表2-3 轴承和轴的振动评价标准

评	价	优	良	正常	合格	须重找平衡	允许短时运行	立即停机
全振幅	轴承	<12.5	<20	<25	<30	30~58	<50	50~63
（μm）	轴	<38	<64	<76	<89	102~127	—	152

表2-4为某网局根据自己的运行经验对国产200MW机组总结的评价机组振动的标准。

由表2-4可见，当测量振动时，被测量的部位不同，控制的限值也不同。当然，在轴承上测量一般比较方便，所需要的测量仪表也比较简单。但由于各种型式的机组的转子质量、转子刚度、支承动刚度、油膜刚度、基础动刚度、动静间隙等因素不同，在同样的轴承振幅条件下，振动对机组引起的危害将不同。随着振动测试技术的发展，已陆续

表2-4 某网局的振动安全性能控制数据
（双峰振幅，单位：μm）

轴承编号	1号、2号	3号~9号
轴 承	≤18	≤33
轴	≤54	≤66

投用了直接测量转轴振动的仪器，故在表中分别列出了针对轴承和轴的限值。在同一个轴承处，转轴的振幅一般以轴的大，但二者之间在数值上没有固定的对应关系。从上面所取的限值中还可以看出，在同一个机组中，各个轴承的限值也不一样。这是因为被测部位的振动幅值不仅与转轴本身在该处所受的动力负荷有关，而且还与"转子—支承"系统（包括机组基础、轴承箱及轴承体等）的刚度、参振质量及轴系振型等有关。由此还可以推测，不同型号的机组也不应用同一个标准。不论在哪一个范围内制定的振动标准，在执行时，还应注意以下几点：

（1）同一台机组在不同转速下，它的振动限值也不一样。随着转速的增加，转子受到的动力负荷也随之增加，所以在低速和中速暖机时所控制的限值要比该机组在额定转速时的限值要低。如果机组在启动过程中，就已经超过当时转速下的正常值，则在继续升速的过程中要引起注意，或及早采取对策。

（2）机组在通过临界转速时的振动要比非共振区稳定运行时的振动激烈，其激烈的程度与升速率及不平衡质量引起的离心力等决定的放大因素有关。根据积累的经验，要预先对共振值作出估计，以便在跟踪系统进行报警时采取正确的判断。如果机组在越过临界转速时出现过大的振动，则即使在工作转速时的振动值未超过规定标准，机组的振动状态也不能认为是合格的，因为机组往往在这时发生事故。

（3）在监视机组运行时，不仅要用已执行的标准评价运行状态，而且还要与该机组过去的常态值比较。例如，某机组一个轴承的双峰振幅为0.015mm，按标准是在允许范围内的，

但如果过去的常态值是 0.01mm，现值比原值超出 50%。从而可以判定，该机组内已有了异常状态。

三、典型振动故障分析

1. 实例一

某国产 200MW 机组，空负荷时各瓦振动不大，带 100MW 负荷后，3、4、5 号瓦的振动明显增大，特别是 3 号瓦的垂直振动达到 80μm，而且负荷减少时，振动并不明显减小。经检查，3、4、5 号瓦的连接之间的振动差别小于 5μm，可以说明连接刚度正常。因此，引起轴振动不是轴瓦支承刚度低，而是激振力增大所致。在转速为 3000r/min 时，轴承的振动不大，可以说明轴系平衡较好，振动是在并网后逐渐增大的。而且去掉励磁电流，振动并不能立即减小，可以说明转子不存在不均匀的电磁力。在空负荷时振动不大，带负荷后振动增加，过临界转速时，中压转子的两个轴瓦，即 3、4 号瓦的振动最大，达到了 45μm 和 150μm，从而可以确定中压转子发生了转子质量不平衡，很可能是由于热弯曲引起的。从该机 72h 试运行和带满负荷运行的情况看，振动没有明显的增大，经多次启动后带负荷运行时振动才增大。根据这种现象，首先可以排除转子材质不均、套装叶轮之间轴向间隙不足、套装零件在转轴处不对称轴向漏汽、轴向传热热阻值分布不均。其次，可以排除转轴与水接触、转轴径向碰磨等故障。最后判断是转子中心孔进油或进水。

中心孔进油的原因是孔的堵头不严或中心孔与外界直接沟通。机组带负荷运行时，孔内气体膨胀而溢出，停机后转子被冷却，孔内形成负压。当沟通处有油或水时，会被吸入，由于中心孔的几何中心与转子旋转中心不重合，或因转子挠曲等原因，在高速下孔内液体贴向孔壁上，液膜厚度径向分布不均，由此引起转子的不均匀热交换，使转子产生了热弯曲。这种热弯曲随机组有功功率的加大加大，而且在某种温度情况下，转子热弯曲可能随进油量的增大而加大。

根据这种故障形成的机理及机组振动的主要特征，可进一步推理出，因机组调整轴系平衡和后来调整轴系对中，转子多次冷却和加热，造成孔内积油逐渐增多，从而随着调整轴系次数的增多，振动愈来愈大。根据这一推论，将长轴拆下，发现中压转子中心孔堵头上有一个小孔，已碳化的油从孔中流出，后将堵头拔下，发现中心孔内还存油约 400g。从油碳化并不严重和孔壁锈蚀及油垢沉积不明显来分析，中心孔进油时间不长。清除积油后，封好堵头，再次启动机组带负荷，直至满负荷，各瓦振动均小于 40μm。

2. 实例二

某台机停运一周后正常开机，在中速暖机时发生了振动过大现象，其中 1、3、4 号瓦水平振动和 2 号瓦垂直振动明显增大，分别达 100、120μm，但该机原来中速暖机对轴瓦振动状况良好。经过多次打闸停机，再次启动，机组均未能升至 3000r/min。通过对轴承动刚度的测试，排除了轴承座连接刚度和共振的影响变化因素后，说明这次启动中存在的振动变化是由转子平衡变化引起的。根据中速暖机时振动增大存在较小的时滞，而且不是每次升至相同转速都发生相同的振动（幅值和相位），即说明振动与转速无明显的相关性。当通过汽轮机高、中压转子的临界转速时，1、2、3 号瓦振动较启动时有显著的增大，其中 2 号瓦垂直振动达到 150μm，降速至盘车转速时测量大轴弯曲，其指示值增大至 0.15～0.25mm。盘车 1.5h 后，弯曲指示值恢复正常值 0.06mm。由此证明，启动中汽轮机转子出现了临时热弯曲。而引起汽轮机转子热弯曲有两个因素：一是转轴碰磨；二是转轴与水接触。机组再次启动后，经检查和观察，当转速一定时，振幅和相位较为稳定，与转轴早、中期碰磨特征不符。对低压缺疏水系统进行检查，发现3号瓦汽封疏水管堵塞。经过修复，再次启动至中速暖机，振动值正常，升速至3000r/min和带负荷下各瓦振动均正常。

第五节　发变组与厂用设备的运行监视

一、发电机、主变压器的监视

发电机经常要监视的参数有发电机的频率（转速）、有功功率、无功功率、定子电压、定子电流、转子电压、转子电流、功率因数、发电机温度以及冷却介质的工作状态等。

变压器要监视的参数有变压器的电压、负荷、电流、温度及冷却系统等。

1. 频率的监视

电网的频率取决于整个电网有功负荷的供求关系，发电机正常运行时，应该保证电网在50 ± 0.2Hz的范围之内。发电机在电网频率降低运行时，由于转子转速降低，发电机端电压降低，要维持正常的电压就必须增大转子的励磁电流，会使转子和励磁回路温度升高。另外，由于转速降低，发电机两端风扇鼓风的风压则以与转速平方成正比的关系下降，使冷却风量减少，将使定子线圈和铁芯的温度升高。因此在电网频率降低时，必须密切注意监视发电机电压和定子、转子线圈及铁芯的温度，不可使其超温。

2. 发电机功率的监视与调整

在电力系统中，由于电网运行方式的改变或由于用户用电的变化，使电网中的有功和无功失去平衡，会引起电网周波和电压的变化。因此，在运行中应按照预定的负荷曲线或调度员的命令，对各发电机的有功负荷和无功负荷进行调整，维持系统有功功率平衡和无功功率平衡，以使周波和电压维持在允许的范围内。

（1）有功负荷的调整。发电机有功负荷的调整，在正常情况下是根据频率和有功功率的变化，由汽轮机调速系统控制汽轮机调速汽门的开度，调节汽轮机的进汽量，改变汽轮机转动力矩的大小，进而改变输出功率。当汽轮机的转动力矩与发电机的制动力矩平衡时，发电机的转速可以维持恒定。当有功负荷增加时，发电机轴上的制动力矩增大，若汽轮机转动力矩没有增加，因制动力矩大于转动力矩，则发电机转速就要下降。若维持发电机的频率不变，则需要增加汽轮机的转动力矩。反之，当有功负荷减少时，发电机转速就要上升，频率也随之增加。要维持频率稳定，就需要根据发电机有功负荷的变化及时调整汽轮机的转动力矩，保持汽轮发电机组的力矩平衡。有功功率的调整以及功率调整的幅度和速度都是通过调整汽轮机的进汽量来实现的。

（2）无功负荷的调整。发电机无功负荷的调整，是根据功率因数表或无功表及电压表的指示，通过调节励磁电阻、改变励磁电流而进行的。当有功负荷不变而增加无功负荷时，功率因数就下降；同理，当有功负荷不变而减少无功负荷时，功率因数就上升。当无功功率与有功功率的比值大于或等于1/3时，即说明功率因数未超过迟相0.95。因为若功率因数超过迟相0.95时，发电机电枢合成磁场和转子磁极间的磁力线的吸力便减小，使功角增大。因此，会使运行的静态稳定降低，容易使发电机失去同步。为保持单元机组运行的稳定，在调整无功负荷时，应注意不使发电机进相运行。目前发电机均装有自动励磁调整装置，它可以自动调节无功负荷。若不能满足调节要求时，也可以手动调整励磁机磁场变阻器、自动励磁调整装置中的变阻器或自耦变压器来进行辅助调整，以改变无功负荷的大小。

(3) 功率因数。功率因数 $\cos\varphi$ 亦称为力率，它是表示发电机向系统输送无功功率与视在功率之比。发电机功率因数 $\cos\varphi$ 是在额定参数运行时，发电机额定有功功率与额定视在功率之比，即定子电压和电流之间相角差的余弦值。一般发电机的额定功率因数为 0.8，大型发电机额定功率因数是 0.85 或 0.9。发电机的功率因数在额定值到 1.0 的范围内变动时，如果发电机出力不受汽轮机限制，其定子电流可等于额定值，保持发电机的额定总出力。这是由于无功负荷减小，转子电流不会超过其额定电流。为了保持发电机稳定运行，发电机的功率因数不应超过迟相（指定子电流相位落后于端电压）0.95 运行。因为发电机的功率因数愈高，表示发电机输出的无功就相对减少。当 $\cos\varphi = 1$ 时，输出无功负荷为零。而无功负荷的变化是通过调节励磁电流而达到的。减少励磁电流，降低了发电机的电势，从而使发电机定子无功负荷减少。

3. 发电机电压

电压是电能质量的重要指标之一。系统无功功率的不足是造成电压过低的主要原因。发电机运行电压规定一般不得低于额定电压的 95%，最低不得低于额定电压的 90%，如果运行电压低于额定电压的 90% 时，则机组有可能与电力系统失去同步而造成事故。单元机组发电机电压过低，将使直接接在发电机的厂用电系统的电压也降低，影响厂用电动机的可靠运行。发电机本身也因定子电流不允许超过额定值而限值总出力。

现代发电机磁路是按近于磁饱和程度设计的。当发电机电压升高时，因磁通饱和使定子铁损大大增加，从而引起定子铁芯温度升高而损害绝缘。铁芯过度饱和还会使漏磁通增大，漏磁通将沿机架的金属部件形成回路，并产生很大的感应电流，引起发热，使转子护环表面及端部其他部件发热。正常运行时，发电机电压不得超过额定值的 110%。一般应保持在额定值的 $\pm5\%$ 以内，此时发电机可以维持额定出力。

4. 发电机温度

发电机运行时，在功率转换过程中，同时本身也要消耗一部分能量。所消耗能量主要包括铜损、铁损、机械损耗、励磁损耗，这些损耗将转换为热能，并导致发电机各部温度升高。铜损指的是定子、转子绕组通过电流后在其电阻上产生的损耗。铁损有两种形式，一种是涡流损耗，一种是磁滞损耗。涡流损耗是由于交变磁场产生的感应电动势，在铁芯中引起涡流而导致的损耗。磁滞损耗是由于交变磁场而使铁磁性材料克服交变阻力导致的损耗。励磁损耗是转子绕组的铜损，机械损耗是克服摩擦阻力而产生的。上述几种损耗都将使绕组、铁芯或其他相关部件发热而使发电机内部件温度升高。大型发电机为氢、水内冷机组，其体积小、损耗密度大，对其冷却系统和各部温度的监视更为重要。

实验证明，发电机的导磁材料和导电材料的工作温度在 200℃ 以下时，不会影响其电磁和机械性能。但发电机有效部分的绝缘材料的耐热性能则较差，工作温度过高会加速绝缘老化，缩短使用寿命。故发电机有效部分的允许温度应按其绝缘材料的耐热等级来确定。各种绝缘材料的允许温度如表 2-5 所示。

表 2-5 绝缘材料允许温度

绝缘等级	A	B	E	F	H
允许温度（℃）	105	130	120	150	175

在运行中，当定子铁芯各部分温度和温升均超过正常值时，应检查定子三相电流是否平衡，检查进出口风温差及冷却装置工作是否正常。在处理过程中，应控制铁芯温度不得超过允许值。若定子铁芯个别点温度突然升高，应分析该点温度上升的趋势与有功、无功负荷变化的关系，并检查该测点是否正常。当发电机定子接地时，铁芯温度和进出口温差都会显著升高。

5. 冷却系统的监视

大容量汽轮发电机一般都采用氢冷或水冷。氢冷却系统主要监视氢气纯度和压力。水冷系统的水质要求较高，应予监督和保证。另外还应定期检查发电机有无漏水现象。

(1) 氢气纯度。在氢气和空气的混合气体中，若氢气含量在 3% ～75%，便有爆炸危险性（在含氢气量 22% ～40% 范围内爆炸力最大）。当氢气纯度下降到接近于爆炸危险的混合物时，则不允许发电机继续运行。一般要求氢气纯度应不低于 98%。

(2) 氢气压力。随着氢压的提高，氢气传热能力提高。当氢压降低时，氢气的传热能力降低。当氢压低于额定值时，应相应减少负荷。

(3) 水冷发电机的水质监督。水内冷发电机对冷却水质要求比较严格。由于水不断地在铜质线棒中循环，水中铜离子增加，导电度增大，因此每天应对冷却水进行化验分析，确定冷却水的电导率、所含杂质的种类以及含量，并进行适当的排污。发电机冷却水介质通常应符合下列标准：pH 值在 6～8 范围内；硬度小于 $10\mu ml$；导电度为 $10\mu s/cm$；NH_3 微量。发电机组运行中，水冷线圈部分应无漏水现象。

6. 发电机的励磁

汽轮机达到额定速度时，发电机开始励磁，这时调节励磁电流一般应保持发电机电压为其额定值的 95% 左右。在并列过程中应该注意，不要发生过励磁。例如在 80% 转数时，发电机端电压也必须在 80% 以下，在这种状况下必须绝对避免 100% 电压运行。发电机端子电压，如果在 ±5% 以内的变动范围时，则能在额定出力下运行。在未满 95% 的电压范围时，若转子电流为额定值，则机组出力也应按比例减低。但在进相区域运行时，要把防止静子铁芯端过热的因素考虑进去，进一步严格限制发电机出力。发电机在 105% 以上的过电压运行时，发电机磁通量增加，其结果是励磁回路达到饱和状态，特别是静子铁心的铁损增加，因过热要严加限制。

7. 主变压器的监视

大型发电机通常采用发电机—主变压器组接线方式，发电机出口电压为 18～20kV，通过主变压器将电压升至 110～330 kV，以便于向远距离输电。主变压器的容量和发电机的容量相匹配，其型式多为双线圈强制油循环风冷或水冷变压器。

(1) 变压器的运行温度。运行中的变压器要产生铁损和铜损，这些损耗最终全部转为热量，使变压器的铁芯和绕组发热，使变压器温度升高。当变压器温度高于周围介质（空气或油）温度时，就会向外部散热。变压器温度与周围介质温度的差别越大，向外散热愈快。变压器的温度对运行有很大的影响，最主要是对变压器绝缘强度的影响。变压器中所使用的绝缘材料，在长期的温度影响下，会逐渐失去原有的绝缘性能，这种逐渐变化的过程，叫做绝缘老化。温度越高，绝缘老化愈快，以致变脆而碎裂，使得绕组失去绝缘层的保护。温度越高，绝缘材料的绝缘强度就愈差，很容易被高电压击穿造成故障。因此变压器在正常运行中，不允许超过绝缘材料所允许的温度。为防止变压器绝缘材料和绝缘油老化，应控制变压器运行温度在允许值以内。

（2）变压器温升。变压器的温度与周围介质温度的差值称为变压器的温升。变压器运行时，不仅应监视上层油温，而且还应监视上层油的温升。因为当环境温度降低时，变压器外壳的散热大为增加，而变压器内部的散热能力却很少提高。当变压器高负荷运行时，尽管有时变压器上层油温未超过规定值，但温升却可能超过规定值。当温度或温升超过规定值时，应迅速采取减负荷的措施。对变压器来说，负荷是指其通过的视在功率而不是有功功率。当变压器冷却系统故障时，应迅速恢复其正常运行，并按规定减少变压器负荷。若冷却器故障全停，则应按规定限制变压器的运行时间。

8．绝缘监督

绝缘是电气设备结构的重要组成部分。随着电气设备工作电压的提高，迫切需要通过改善绝缘结构。采用新型绝缘材料以及改进制造工艺等途径，使电气设备的绝缘质量和电气强度不断提高。

电气设备在运行过程中，由于电、热、化学及机械等因素的作用，固体和液体绝缘会逐渐老化，使其电气性能与机械性能不断下降。因此，绝缘在电气设备结构中往往是最薄弱的环节。绝缘故障常由绝缘缺陷引起，并且在外界因素影响下得到发展壮大，电气设备事故不少是由绝缘故障而引发的。对电气设备绝缘进行有效的监督、监测和试验是防患未然的有效措施。

利用气体电离子的变化，可以在运行中有效地监督内部绝缘温度的变化。使用无线电频率监测器，利用电弧电压、电流周期性的变化，可以在运行中直接测量出绝缘局部放电量，进而在运行中对绝缘状况进行有效地监督。通过定期的预防性监测试验，可把隐藏的绝缘缺陷及时地检测出来。试验通常包括绝缘参数测量和施加试验高电压两类方法。绝缘参数测量是在较低电压下或用其他不损伤绝缘的办法来测量绝缘特性，如测量绝缘电阻、泄漏电流、介质损耗和局部放电，对油中溶解气体或含水量进行分析，以及用射线或超声波探测绝缘缺陷等。预防性参数监测的任务是确定绝缘状态的优劣程度，把隐藏的绝缘缺陷检测出来。施加试验高电压方法是使电气设备在过电压下考验绝缘的电气强度，保证必要的绝缘水平和裕度。

三、发电机进相运行

随着大容量机组的投运，电力运输及电力线路的延伸，电网电压等级的提高，确保电能质量也是一个突出的问题。当电力负荷处于低谷时，轻载长线路或部分网络的容性无功功率可能超过用户的感性无功功率和网络无功损耗之和，以至会因电容效应而引起运行电压升高。这不但影响电能质量和电网经济运行，同时也威胁电气设备，特别是磁通密度较高的大型变压器的运行以及用电设备的安全。

系统电压的调节与控制是通过对中枢点电压的调节和控制来实现的。通常根据电网结构和负荷性质的不同，在不同的电压中枢点采用不同的调压方式。电网中无功功率的平衡与补偿是保证电压质量的基本条件。当电网重负荷时，会因无功电源容量不足引起系统电压偏低，此时采用静电电容器予以补偿，在电网轻负荷时，若网络容性无功功率出现过剩，则会引起运行电压升高，甚至超过允许电压的上线值。此时将发电机调整至高功率因数运行，切除系统补偿电容器，甚至投入补偿电抗器等，有时仍会出现电压较高的不正常运行状态。经试验和实践证明，适时调整发电机进相运行可以弥补电网调压手段的不足而获得良好的降压效果。

　　发电机经常的运行工况是迟相运行。发电机迟相运行时，供给系统有功功率和感性无功功率，其有功功率表和无功功率表均指示为正值。此时定子电流滞后于端电压，发电机处于励磁运行状态。发电机进相运行是相对于发电机迟相运行而言的。发电机进相运行时，供给系统有功功率和容性无功功率，其有功功率表指示正值，而无功功率表指示负值。此时发电机从系统吸收感性无功功率，发电机定子电流超前与端电压，发电机处于欠励磁运行状态。发电机进相运行时，各电磁参数仍然是对称的，并且发电机仍然保持同步转速，因而是属于发电机正常运行方式中功率因数变动时的一种运行工况，只是拓宽了发电机的运行范围而已。调节发电机的励磁电流，便可实现发电机内部磁场与其感应电势的改变，从而引起无功功率发生变化，此时虽然不影响有功功率，但是，当励磁电流调节过低，则有可能使发电机失去稳定。图 2-18 所示为同步发电机 V 型曲线，其各条曲线的最低点是发电机运行与 $\cos\varphi=1$ 时的状态，连接最低点便为一条向右倾斜的曲线。这是由于当有功负荷增大时，欲保持 $\cos\varphi=1$，必须将励磁电流 I_e 再增大些。以此连线划分，其右侧为迟相运行区，此时励磁电流较大，励磁电势较机端电压高，称此为过励磁状态；其左侧为进相运行区，此时励磁电流较小，励磁电势也较低，称此为欠励磁状态。$\cos\varphi=1$ 时为发电机正常励磁状态。C 点为发电机额定运行点。

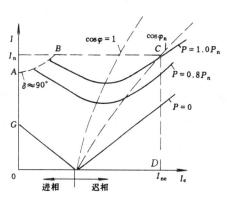

图 2-18　同步发电机 V 型曲线

　　发电机能否进相运行取决于发电机端部构件的发热程度和在电网运行的稳定性。发电机运行时，端部漏磁通过磁阻最小的路径形成闭路。由于端部漏磁在空间与转子同步旋转，切割定子端部各金属构件，并在其中感应涡流和磁滞损耗，引起发热。当端部漏磁过于集中某部件局部，而该处的冷却强度不足时，则会出现局部高温区，其温升可能超过限定值。发电机端部漏磁的大小和发电机的运行状况即与功率因数及定子电流值有关。定子端部的温升取决于发热量和冷却条件的相互匹配。由于发电机在设计时是以迟相为标准的，因此发电机在迟相运行端部各部件温升均能控制在限值内运行。发电机在进相运行时，其端部磁通密度较该迟相运行时增高，因此需格外注意各部件的温升状况。

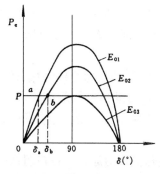

图 2-19　发电机功角随励磁
电流降低而增大

　　当发电机在某恒定的有功功率进相运行时，由于励磁电流较低，因而其静稳定的功率极限值减小，降低了静稳定储备系数，使发电机静稳定能力降低，如图 2-19 所示。保持发电机有功功率恒定，逐渐降低励磁电流直至转入进相运行（感应电势为 E_{02}）。如吸收更多的无功功率，则需增加进相深度。继续降低励磁电流，则感应电势 E_{03} 更低。由于有功功率为恒定，故运行功角必然由 δ_a 增大 δ_b 角。当励磁电流将至使发电机运行功角增大而达到静稳定的临界点 $\delta=90℃$，若继续降低励磁电流，则发电机将会失去静稳定而出现失步现象。因此，发电机进相运行时允许承担的电网有功功率和相应允许吸收的无功功率值是有限值的。适时将发电机进相运行，即可抑制和改善运行电压过高的状况，此措施简单易行，便于实现，运行操作方便灵活，可获得显著的经济效益。

三、厂用电设备的运行监视

厂用电系统是发电厂供电的最重要部分，它的安全运行直接影响到电厂的出力。尤其是大容量的发电厂，对厂用电的供电可靠性要求更高，在任何时候都不应间断。否则，将引起主设备的出力下降或被迫停机，甚至导致对用户的停电，其经济损失是不可估量的。

在火电厂中，一般都投有两台以上厂用高压变压器，以满足厂用负荷的供电需要。一般把厂用变压器以下所有的厂用负荷供电网络，统称为厂用电系统。为了保证厂用电源不间断供电，每段高压厂用母线除由工作变压器取得电源外，还可以从备用/启动变压器取得备用电源。每段都可由两个电源供电，而且备用电源能自动投入，提高厂用电源的可靠性。

机组运行中，应保证厂用电系统在经济、合理、安全、可靠的方式下运行。厂用设备如母线、变压器、断路器、整流器、柴油发电机组等应处于正常完好状态。运行设备各个参数正常，并在允许值范围内变化。备用设备应随时可进行投入。电源分配合理，不允许设备过负荷或限制出力运行。当部分电源及线路发生故障时，要避免影响其他系统运行。厂用变压器在运行中，应保证其负荷、电压、温度在允许范围内运行。变压器声音均匀、无异常放电现象。

第六节　单元机组调峰运行

随着电网容量不断扩大，电网组成结构的变化，工业用电的比重相对降低，电网的峰谷差迅速增大。目前我国电网的组成结构均以火力发电为主，水电调峰机组比重很少。随着担当调峰任务的中小火力发电机组逐步退出运行，电网峰谷差的矛盾日益突出，因此大容量火力发电机组参与调峰已势在必行。

高参数、大容量机组频繁启动或大幅度地负荷变动，将要承担剧烈的温度和交变应力的变化，从而缩短机组使用寿命。为适应电网调峰的需要，还可能使机组在较长时间内停留在机组不稳定区域低负荷运行，这样对机组安全和经济运行会带来不利的影响。从我国现行的能源政策来看，火力发电机组担当电网调峰任务将是较长时期的任务。

一、调峰运行的基本概念

通过调节机组负荷以适应电网峰谷负荷的需要称为变负荷调峰运行。在电网高峰负荷期间，机组应能在设计允许的最大出力工况下运行。在电网低谷负荷运行期间，机组在较低的负荷下运行。当电网负荷变化期间，机组应能以较快的速度改变机组负荷以适应电网的需要。

对于采用变负荷方式调峰运行的机组，在电网高峰负荷运行期间，应最大限度地挖掘潜力多带负荷，而不应满足于额定出力。由于机组制造的工艺、安装质量和运行条件的限制，每台机组所能达到的最大出力各不相同，应根据制造厂规定并通过科学的方法进行现场试验来确定机组的最大允许出力。

在电网低谷负荷运行期间，要求变负荷调峰运行机组尽可能降低负荷运行。在机组低负荷运行期间，往往会引起锅炉燃烧不稳定、汽轮机排汽缸温度高、给水加热器因疏水压差小疏水不畅和汽蚀等问题。对于高中压合缸机组还应注意主蒸汽与再热蒸汽温差过大带来的不利影响。在低负荷时，汽水系统（如：疏水系统、轴封系统、除氧器供汽、厂用蒸汽系统等）还需进行相应的切换操作。

采用变负荷方式调峰运行的机组，还应具有适应电网负荷变化的负荷变化率这个限制负荷变化的关键因素。一般认为是锅炉汽包上下部壁温差和蒸汽压力变化速度等。尤其是当机组采用滑压运行方式时更是如此。为适应调峰运行需要，应通过试验以确定出合理的负荷变化率。

对于采用变负荷调峰方式运行的机组，通常都采用滑压运行方式。因为滑压运行可以使汽轮机降低寿命损耗、改善低负荷运行的经济性和减少切换操作，同时也有利于锅炉燃烧工况的稳定。

二、单元机组的滑压运行

滑压运行又称变压运行，是相对于定压运行方式而言的。在定压运行时，汽轮机自动主汽门前的压力和温度均保持不变。在不同工况时依靠改变调速汽门个数及调速汽门的开度来调整机组功率，以适应负荷变化的需要。此时，汽轮机内各级温度都发生变化，尤其是调节级变化最明显。定压运行时负荷的变化将引起较大的热应力和相对热膨胀，从而限制了机组负荷的适应性。同时，由于定压运行时以调节进汽量来增减负荷，蒸汽流量的变化还将引起级效率的降低。所以近年来，大容量单元机组采用滑压运行越来越多。

滑压运行方式是指汽轮机在不同工况下运行时，维持主汽门全开，调速汽门全开或固定在某一适当开度，蒸汽压力随负荷变化而变化，但主蒸汽和再热蒸汽温度不变。

（一）滑压运行的优点

1. 滑压运行可以改善机组部件的热应力和热变形

在定压运行时，大型汽轮机负荷在 35% ～100% 范围内变动，调节级后温度变化可达到 100℃ 左右。即使是节流调节，在第一级叶片后的汽温也会随着工况变动有较大幅度的变化。当负荷减小时，节流调节由于新汽受到汽阀节流作用，使阀后温度有所降低，因而引起各级温度相应降低，但变化幅度较小。喷嘴调节在变工况时引起各级温度有较大的变化。然而滑压调节由于工况变动时新汽温度保持不变，所以即使工况发生了较大的变动，也完全可以认为汽轮机各级温度保持不变。根据 600MW 汽轮机不同工况下，各种不同调节进汽方式时的温度值。可以看出，当工况从 100% ～30% 范围内变动时，滑压调节各级温度只有 3~5℃ 的差别，远比其他两种调节方式要小。而这一温度变化的大小，在一定程度上代表了高压缸中汽温变化的趋向。所以定压运行时，汽轮机各级的汽温变化较大，这对整个高压缸的热应力和热变形都不利。而滑压运行时，因锅炉送来的蒸汽温度不随负荷而变化，进入汽轮机第一级前又无节流作用，所以第一级后蒸汽温度基本上无变化（如图 2－20 所示），从而汽轮机各级汽温变化都较小，故其热应力和热变形也就较小。

由图 2－20 可见，定压运行时，不论是喷嘴调节还是节流调节，汽轮机第一级后蒸汽温度随工况变化而变动的幅度较大，而滑压运行时该处温度基本上无变化。高压缸第一级后的汽温变化的大小，在一定程度上代表了整个高压缸中汽温变化的大小。当工况变化时，如第一级后汽温变化较大，则汽轮机各级的汽温也将变化较大，这对整个高压缸的热应力和热变形都是不利的。滑压调节使汽轮机的高温进汽部分如汽缸、法兰以及其他高温零部件的热应力、热变形问题大为减小，因而对负荷变化的适应性和灵活性大大提高。此外，由于滑压调节在部分负荷下新蒸汽压力相应降低，改善了锅炉的高温管道、汽轮机的进汽部分等的应力状态和抗蠕变性能，明显地提高了机组的可靠性和机组寿命。

2. 再热汽温易于控制

在定压运行中，当负荷降低时，高压缸排汽温度降低，即降低了再热器进口工质温度，这就使再热器出口蒸汽温度难于维持不变，进而导致汽轮机中、低压缸中的汽温都降低。这不仅影响机组效率，还将产生热应力和热变形。要维持再热汽温，除非加大再热器的受热面，会影响锅炉的合理设计和布置。尤其现时锅炉的构造中，再热器大部分采用对流式布置，即使进口汽温不变，在

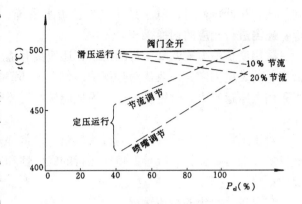

图 2-20 汽轮机在两种方式运行时第一级后蒸汽温度变化情况

锅炉低负荷时已使出口汽温难于维持，何况进口温度降低，问题就更为突出。在滑压运行中，由于蒸汽压力随负荷减少而降低，蒸汽比热容减小。因此，滑压调节时每千克蒸汽在锅炉中间再热器中所需要吸收的热量也就比喷嘴调节时要少。对于常用的锅炉结构型式，部分负荷时，喷嘴调节汽轮机的中间再热温度也降低得比滑压调节时要多些。所以在相同吸热条件下，不仅过热蒸汽，而且再热蒸汽的汽温也易于提高到规定温度，从而使过热汽温和再热汽温能在较大负荷变化范围内维持不变。再热汽温的稳定使得中、低压缸的温度变化较小，对防止产生过大的热应力和热变形都有利。

3. 有利于机组变工况运行和快速启停操作

在工况变动时，滑压调节汽轮机高压缸各级蒸汽温度实际上近乎保持不变。而喷嘴调节温度变化较大，再考虑到调节级为部分进汽，调节级后沿周向温度分布是不均匀的。当工况变化时，汽轮机的温度工况比滑压调节要差得多。滑压调节还由于没有调节级，可直接在汽缸上铸出全周进汽的进汽室，可使高温进汽部分在结构和形状上得到简化。

滑压运行时，由于锅炉的汽温和汽轮机各级温度变化均较小，因此有利于机组的快速启停和变工况。汽轮机变工况主要受到温度变化的限制。理论与实践的表明，如温度变化的数值小，则允许的升（降）温速度也可较大；反之，温度变化的数值大，则允许的升（降）温速度就较小。因此，如汽轮机的设计及材料已定，要想增加机组允许的升（降）温速度以改善机组的变工况性能，就应减小温度变化数值。滑压运行就能达到这个目的。这一优点，对于大功率机组更为突出。

4. 给水泵消耗功率小

在定压运行时，锅炉出口压力在整个负荷变化范围内要求不变。所以在部分负荷下，给水泵功率因流量减少而降低。在滑压运行中，部分负荷时，不仅流量减少，而且出口压力也降低，所以使给水泵的功率降低幅度比较大。这对降低热耗，提高热效率有相当大的影响。尤其是对大容量、高参数的机组影响更为明显。给水泵是现代火力发电机组中最大的辅机，在一般高压与亚临界压力机组中，其功率约占主机的容量 2%～3%，在超临界参数机组中则可占 3%～5%。因此，给水泵耗功的节约对发电厂的热耗和效率有相当的影响。如果锅炉为直流锅炉，则给水泵功率消耗更大，因此滑压运行使给水泵功率节约更为突出，也使滑

压运行的优点更显著。当给水泵由汽轮机驱动时，耗功的节约数就更为显著，约为定压调节时所需耗功的 50%～60%，这样就提高了整个电厂在低负荷时的热经济性。

5.提高机组热效率和减轻汽轮机结垢

滑压运行在低负荷下可以提高高压缸内效率、提高主蒸汽和再热蒸汽温度、降低给水泵电耗，使机组效率得到提高。

滑压运行低负荷时蒸汽压力低，受水冲击而被击碎的水垢减少，因而可减轻汽轮机结垢。另外，滑压运行时蒸汽应力随负荷的降低而降低，蒸汽溶解盐分的能力减少，使蒸汽中总含盐量减少，也可以减轻汽轮机中的结垢。

（二）滑压运行工况分析

1.机组热效率

采用喷嘴调节的机组，调节级在工况变化时，其理想焓降发生较大变化，使级效率降低，而且负荷越低，调节级焓降越大，即有更多的热降在效率较低的调节级中进行能量转换，这就使整个高压缸的效率大幅度降低。滑压运行时，新汽压力随负荷减少而降低，故机组内蒸汽的容积流量近乎不变，同时汽机调节汽门和第一级通流面积都保持不变，因而减少了蒸汽进汽机构的节流损失和改善了汽机高压端蒸汽流动情况，故滑压调节机组其高压缸效率在实用变工况范围内可始终保持最高值不变，低负荷时高压缸具有比喷嘴调节更高的经济性。负荷愈低，这方面得益就愈多。在滑压运行时，采用全周进汽的节流调节的汽轮机比一般喷嘴调节的汽轮机更为有利。

汽轮机效率的变化及其变化幅度，一般取决于汽轮机各级组蒸汽理想焓降的变化幅度。对于滑压运行的汽轮机，在其变工况运行中，仅末级组的蒸汽理想焓降发生变化。又因滑压调节的汽轮机末级级组内级数较少，因而其效率下降轻微。如图 2-21 所示。

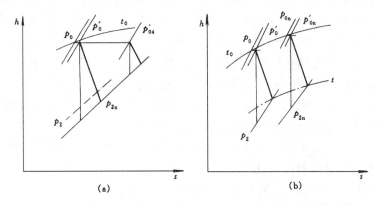

图 2-21　定压运行和滑压运行调节级的热力过程线
(a) 定压运行；(b) 滑压运行

低负荷时，滑压运行锅炉的新汽温度降低得比定压运行少。例如，对于大多数定压运行锅炉，当负荷低于 50%～60% 后，新汽温度即开始降低，负荷每降低 10%，约使新汽温度降低 10℃，而滑压运行锅炉的新汽温度可以在更低的负荷范围内保持不变或少变。这主要是因为蒸汽参数在亚临界范围内，随着压力下降，蒸汽升高到同一温度所需过热热减少的缘故。滑压运行锅炉的这一特性有利于改善低负荷时的循环效率。

综合考虑汽机内效率提高方面的得益和由于机组循环效率下降而引起的损失，对于一般亚临界参数、喷嘴调节的汽机可能在 30%～40% 额定负荷以下时，采用滑压运行才比较经济。综合考虑上述蒸汽初压降低时对机组运行经济性的各种影响，根据有关资料，认为对于具有一次再热的、采用 18MPa 以上的新汽压力的机组，滑压运行比定压运行经济。因为这时变速给水泵功率消耗的大大减少以及新汽进汽轮机的节流损失的减少，此两项节省的数值不仅能足够抵尝机组循环效率降低的数值，而且还有剩余，结果是机组经济性有所提高。若再提高蒸汽参数，滑压运行的收益则更大。

2. 对负荷的适应性

（1）滑压运行机组对电网调频的适应性较差。因为当机组功率增大时，锅炉必然增加燃烧以提高汽压。但此时锅炉的储热能力不但不能利用，还因压力的提高而储蓄了一部分热量，这样就增加了迟延时间。因此，滑压运行的机组对负荷的反应速度比定压运行差，故滑压运行机组一般不宜参与调频。

（2）滑压运行可以减轻汽轮机结垢。通常负荷变动时，锅炉汽包内的水垢受水力冲击而被粉碎并随蒸汽带出，造成汽机结垢。滑压运行低负荷时蒸汽压力低，受水力冲击而被击碎的水垢减少，因而可减轻汽机结垢。另外，滑压运行时蒸汽压力随负荷的降低而降低，蒸汽溶解盐分的能力减少，使蒸汽中总含盐量减少，也减轻了在汽机中结垢。

3. 滑压运行对锅炉的影响

（1）滑压运行对各受热面吸热量分配的影响。采用滑压运行时，负荷降低，主蒸汽压力也降低，亦即锅炉各受热面内工质的压力降低。压力降低对不同类型锅炉的影响是不一样的。滑压运行时，省煤器工质所需热量减少，水冷壁工质所需热量增加，过热器工质所需热量也减少。所以，滑压运行中负荷变化幅度愈大，锅炉各受热面所需热量变化幅度也愈大。这种变负荷下热量的分配关系与定压运行显然不同。定压运行时，加热、蒸发和过热所需热量在不同负荷下变化很小，并且这很小的变化仅仅是由于锅炉在不同负荷下阻力不同所引起的。在定压运行的直流锅炉中由于加热、蒸发、过热各受热面之间无固定分界点，负荷变化时，分界点将发生移动。低负荷时，省煤器和过热区段缩短，蒸发区段伸长。倘若改为滑压运行，低负荷时工质所需热量朝相反方向变化的趋势，必将削弱上述受热面区段的变化。由上所述，滑压运行可以减少由于工况变动引起的工质参数和受热面区段变化。

（2）滑压运行对工质流动的影响。滑压运行时，负荷降低，工质压力降低，比体积增大。而比体积的增大将使自然循环锅炉的流动压头增加，水循环可靠性提高。对于强制循环锅炉，压力下降有两方面影响：压力下降，工质比体积增大，管内阻力增大，这对水动力稳定性和减少管间流量偏差是有利的；然而，在低压时，汽水比体积差增大，容易出现水动力不稳定。因此，对于强制循环锅炉，应由水动力稳定性来决定滑压运行时的最低极限负荷，同时也决定了最低工作压力。上述情况都是对亚临界压力锅炉而言的。对超临界锅炉，在滑压运行时除了对相变点附近比热容、比体积等有影响外，还应注意到，当下滑至亚临界压力时，工质由单相变为双相，必须注意汽水通道中可能出现的水动力不稳定、分配不均匀、造成较大的水力偏差以及可能发生的传热恶化等问题。为解决可能出现的危险工况，国外一些制造厂发展了带有螺旋形管圈及再循环泵的直流锅炉。螺旋形管圈吸热均匀，热偏差小，有利于防止偏高的热应力。且这种管圈型式无中间集箱，汽水分配较均匀。采用再循环泵，可实现全负荷或部分负荷循环，提高工质质量流速，有利于降低管壁温度，达到安全运行。

4. 滑压运行其他若干问题

在滑压运行时，主蒸汽、再热蒸汽温度均能维持额定值，使汽轮机各级金属温度几乎不变，无附加热应力。低负荷时排汽缸温度、排汽温度、本体膨胀、胀差和振动等都变化不大。但仍需注意以下几个问题：

(1) 负荷很低时低压转子流量小，汽轮机叶片根部将产生较大的负反动度，造成蒸汽回流、效率降低和叶片根部出汽边水刷，甚至还有可能引起不稳定的旋涡，使叶片承受不稳定的激振力的颤振。

(2) 锅炉低负荷时，有可能产生主汽温与再热汽温的偏差增大，对于高、中压缸合缸的机组，高、中压缸两个进汽口相邻处的温度梯度过大将产生较大的热应力。

(3) 低负荷时排汽温度将升高，如升高值过大采用喷水减温，要注意可能雾化不佳、喷水位置不当而造成低压缸叶片受侵蚀。

(4) 低负荷时给水加热器疏水压差很小，容易发生疏水不畅和汽蚀，因此要备有正确的检测手段和相应的保护措施。

第七节　单元机组经济运行

一、单元机组的主要经济指标

1. 单元机组的主要经济指标

发电厂通常采用各种技术经济指标来评价其运行的经济性及技术水平。对单元机组的技术经济指标进行统计和分析，将有利于进一步提高发电厂的生产和管理水平，从而达到对发电厂节能的目的。单元机组的主要技术经济指标有发电标准煤耗率和厂用电率。

发电标准煤耗率是每发 1kW·h 的电所需要的标准煤。可用式 (2-4) 表示：

$$b^b = \frac{B \times 10^6}{W} \times \frac{Q_{ar,net}}{29310} \qquad (2-4)$$

式中　b^b——标准煤耗率，$g/(kW·h)$；

　　　B——锅炉燃料消耗量，t；

　　　W——机组发电量，$kW·h$；

　　　$Q_{ar,net}$——锅炉燃料的收到基低位发热量，kJ/kg。

式 (2-4) 还可以写成：

$$b^b = \frac{0.123}{\eta_{cp}} \qquad (2-5)$$

$$\eta_{cp} = \eta_b \eta_p \eta_t \eta_{ri} \eta_m \eta_g \qquad (2-6)$$

式中　η_{cp}——发电厂全厂热效率，%；

　　　η_b——锅炉效率，%；

　　　η_p——管道效率，%；

　　　η_t——循环效率，%；

　　　η_{ri}——汽轮机相对内效率，%；

　　　η_m——汽轮发电机组的机械效率，%；

　　　η_g——发电机效率，%。

厂用电率是每发 1kW·h 的电所消耗的厂用电功率。可用式（2-7）表示：

$$\zeta_{ap} = \frac{P_{ap}}{P_{el}}$$

(2-7)

式中　P_{ap}——单元机组的厂用电功率，MW；

　　　P_{el}——单元机组的发电功率，MW。

标准煤耗率和厂用电率的大小主要取决于机组的设计、制造及选用的燃料，同时选择调整、运行方式对这两项指标也有很大的影响。因此，在运行中，应从能量转换的各个环节入手，尽可能提高各环节的效率，以降低单元机组的标准煤耗率和厂用电率。

2．单元机组的技术经济小指标

在运行中，常把单元机组的标准煤耗率和厂用电率等主要经济指标分解成各项技术经济小指标。只要控制了这些小指标，也就控制了各环节的效率，从而保证了机组的经济性。

（1）锅炉效率。锅炉效率是表征锅炉运行经济性的主要指标，影响锅炉效率的主要因素有：排烟损失、化学不完全燃烧损失、机械不完全燃烧损失、散热损失、灰渣物理热损失等。

（2）主蒸汽压力。主蒸汽压力是单元机组在运行中必须监视和调节的主要参数之一。汽压的不正常被波动对机组的安全、经济性都有很大影响。当机组采用滑压运行方式时，必须控制主蒸汽压力在机组滑压运行曲线允许范围内。主蒸汽压力降低，蒸汽在汽轮机内作功的焓降减少，从而使汽耗增大；主蒸汽压力太高，会使旁路甚至安全门动作，机组运行的经济性降低。

（3）主蒸汽温度。主蒸汽温度的波动对机组安全、经济运行有很大的影响。汽温增高可提高机组运行的经济性，但汽温过高会使工作在高温区域的金属材料强度下降，缩短过热器和机组使用寿命，严重超温时，可能引起过热器爆管。汽温过低，汽轮机末几级叶片的蒸汽温度将增加，对叶片的冲蚀作用加剧。同时，使机组汽耗、热耗增加，经济性降低。

（4）凝汽器真空。凝汽器的真空度对煤耗影响很大，真空度每下降 1%，煤耗约增加 1%~1.5%，出力约降低 1%。在单元机组运行中，影响真空的因素很多。如真空系统的严密性、冷却水入口温度、进入凝汽器的蒸汽量、凝汽器铜管的清洁程度等。因此，运行人员应根据机组负荷、冷却水温、水量等的变化情况，对凝汽器真空变化及时作出判断，以保证凝汽器的安全、经济运行。

（5）凝汽器传热端差。凝汽器端差通常为 3~5℃。凝汽器端差每降低 1℃，真空约可提高 0.3%，汽耗约可降低 0.25%~3%。

（6）凝结水过冷度。凝结水过冷度通常应低于 1.5℃。凝结水出现过冷却，不仅使凝结水中含氧量增加引起设备腐蚀，而且凝结水本身的热量额外地被循环水带走，将影响机组的安全、经济运行。

（7）给水温度。机组运行中，应保持给水温度在设计值下运行。给水温度每降低 10℃，煤耗约增加 0.5%。

（8）厂用辅机用电单耗。辅机运行方式合理与否对机组的厂用电量、供电煤耗影响很大。各辅机启停应在满足机组启停、工况变化的前提下进行经济调度，以满足设计要求，提高机组运行的经济性。

3. 提高单元机组经济性的主要措施

提高单元机组运行的经济性主要应从以下四个方面着手：

（1）提高循环热效率。提高循环热效率对提高单元机组运行的经济性有很大的影响，具体措施有：①维持额定的蒸汽参数；②保持凝汽器的最佳真空；③充分利用回热加热设备，提高给水温度。

（2）维持各主要设备的经济运行。锅炉的经济运行，应注意以下几方面：①选择合理的送风量，维持最佳过剩空气系数；②选择合理的煤粉细度，即经济细度，使各项损失之和最小；③注意调整燃烧，减少不完全燃烧损失。汽轮机的经济运行，除与循环效率有关的一些主要措施外，还应注意以下几方面：①合理分配负荷，尽量使汽轮机进汽调节阀处于全开状态，以减少节流损失；②保持通流部分清洁；③尽量回收各项疏水，减少机组汽水损失；④减少凝结水的过冷度；⑤保持轴封系统工作良好，避免轴封漏汽量增加。

（3）降低厂用电率。对燃煤电厂来说，给水泵、循环水泵、引风机、送风机和制粉系统所消耗的电量占厂用电的比例很大。如中压电厂给水泵耗电占厂用电的 14% 左右，高压电厂给水泵耗电则占厂用电的 40% 左右，超临界电厂如果全部使用电动给水泵，其耗电量可占厂用电的 50%，所以降低这些电力负荷的用电量对降低厂用电率效果最明显。

（4）提高自动装置的投入率。由于自动装置调节动作较快，容易保证各设备和运行参数在最佳值下工作，同时还可以降低辅机耗电率。

（5）提高单元机组运行的系统严密性。单元机组对系统进行性能试验而严格隔离时，不明泄漏量应小于满负荷试验主蒸汽流量的 0.1%。通常主蒸汽疏水、高压加热器的事故疏水、除氧器溢流系统、低压加热器事故疏水、省煤器或分离器放水门、过热器疏水和大气式扩容器、锅炉蒸汽或水吹灰系统等都是内漏多发部门。由于系统严密性差引起补充水率每增加 1%，单元机组供电煤耗约增加 $2\sim3g/(kW\cdot h)$。

二、火电厂调峰经济运行方式的分析

随着电力系统的发展，电网容量的增大，电网的峰谷差日趋增大，原来承担调峰任务的中温中压机组已不能满足调峰的需要。因此近年来大容量单元机组的调峰问题日益突出，然而机组在调峰工况下运行时，因偏离了设计工况，因此将对机组的经济性产生一定的影响。

（一）低负荷运行方式的经济性

1. 低负荷运行时机组的效率

汽轮发电机组在低负荷工况下运行时，其效率将低于额定工况，效率变化的幅度，与汽轮机低负荷运行方式有关，即定压运行还是滑压运行。

当机组在低负荷运行时，对中、低压缸的热力膨胀过程没有明显的影响，因而中间级的效率也基本不变，而高压缸效率的变化主要是由于调节级效率变化所引起的，与运行方式有关。在滑压运行中，调节阀处于全开状态，调节级前后压比在变工况下基本不变，高压缸其他各级的压比也基本保持不变，因而调节级和其它各级的效率也几乎不变。但在定压运行时，在低负荷时个别调节阀处于部分开启状态，将引起较大的节流损失，调节级前后的压比发生了明显变化，导致效率降低。

2. 高压缸内各段温度的变化

当负荷变化时，调节级汽温的变化是导致各部件热能力的重要因素，滑压运行时调节级汽温变化较少，可认为基本保持不变。而机组在喷嘴调节的定压运行工况下，调节级汽温则随负荷的下降而降低。因此，为了防止产生较大的热应力，则必须要控制其负荷的变化率。

不同运行方式下高压缸其他各段的温度变经规律与调节级相似，但滑压运行时高压缸各抽汽段及排汽温度均比定压运行高。若维持再热蒸汽温度为额定值，则此时在再热器中吸收的热量将减少，从而提高了机组的热效率。

3. 汽温控制特性的改善

滑压运行有利于锅炉过热蒸汽温度及再热汽温的控制，从而可以降低机组的最低负荷点。在滑压运行时，汽压降低，蒸汽比体积相应的增加，而调节汽阀通流面积保持不变，汽压与流量成正比。这样流过过热器的蒸汽容积流量几乎与额定工况时相同，从而减轻了过热器热偏差现象，有利于低负荷运行的稳定性。同时，由于滑压运行时高压缸排汽温度高于定压运行，再热蒸汽吸收较少的热量就可以达到额定温度值，比较容易提高再热温度，因而降低了汽温的控制点。在保持蒸汽初温不变的情况下，滑压运行可以允许机组在更低的负荷下保持稳定运行。

4. 机组循环热效率

根据热力学原理，循环热效率随着工质初压的下降而降低，且随着初压的降低，循环热效率下降的趋势将加快，因此滑压运行时主汽初压不宜低于某一临界值。

5. 低负荷运行时的给水泵耗功及厂用电

给水泵是电厂中耗功最大的辅助设备之一，其耗电比例约占厂用电的30%。其他辅机，如磨煤机、循环水泵、送引风机等的耗功对机组低负荷运行方式不太敏感，因此给水泵耗功大小是评价机组运行方式的重要指标。

给水泵耗功可用式（2-8）表示：

$$P_{p} = \frac{D_0(p_0 v_0 - p_i v_i)}{\eta_p} \quad kW \qquad (2-8)$$

式中　D_0——给水流量，t/h；

v_i、v_0——给水泵入口及出口比体积，m^3/kg；

p_i、p_0——给水泵入口及出口压力，Pa；

η_p——给水泵装置效率,%。

给水泵装置的效率在一定负荷范围内变化不大，由式（2-8）中可看出，泵出口的压力越低，给水泵的耗功越小。因此在滑压运行时，应采用变速给水泵以节省厂用电。因为主汽压力随负荷的减少而降低，所需给水压力也相应降低。给水泵出口压力的变化不可通过改变泵的转速来实现，则采用变速给水泵后可减少给水泵的耗功，提高机组低负荷运行的经济性。若仍采用定速给水泵，在低负荷运行时，由于泵的出口压力不变，给水调节阀前后形成了很大的压差，会引起很大的节流损失，并产生很大的噪音。目前大型汽轮机组均采用了汽动变速给水泵。

6. 低负荷运行时的热耗及煤耗

采用滑压运行一方面可以节省给水泵耗功及厂用电，另一方面却降低了循环热效率，衡量综合经济效益的标准应归纳于热耗及煤耗的变化。

图2-22是国产200MW机组不同运行方式下热耗率的计算结果。从图中可看出，当流量小于500t/h时，二阀全开滑压运行方式热耗最小；其次是喷嘴调节定压运行方式；三阀全开滑压运行热耗比前两者大。当流量大于500t/h时，喷嘴调节定压运行比三阀全开滑压

运行略好。因此从热耗角度看，当流量小于 500t/h 时，应采用二阀全开滑压运行方式，当流量大于 500t/h 时，应采用喷嘴调节运行方式。

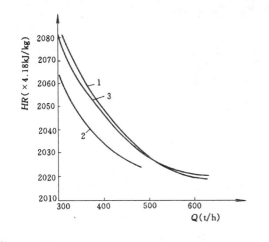

图 2-22　N200MW 机组热耗关系曲线
1—三阀滑压运行；2—二阀滑压运行；3—定压运行

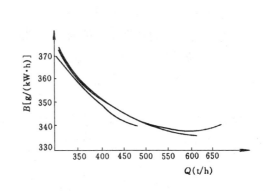

图 2-23　N200MW 机组供电煤耗关系曲线

图 2-23 是国产 200MW 机组在不同运行方式下的供电煤耗曲线。从图中可看出，当负荷低于 80% 时，二阀全开变压运行方式具有最好的经济性；当负荷大于 85% 时，三阀滑压与定压运行较接近；三阀全开节流调节定压运行经济性最差。综合上面情况，可得出如下结论，国产 200MW 中间再热机组以低负荷运行方式承担调解任务时，应该采用混合滑压运行方式；当负荷高于 80% 时，采用喷嘴调节定压运行；当负荷低于 80% 时，切换二阀全开滑压运行。从理论上说，当初压下降至 5MPa 时，应切换为定压运行，以保证热效率不致过分降低。实际上，国产 200MW 机组配备的是汽包炉，当负荷下降到 50% 以下时，燃烧和循环将趋于不稳定。

在升降负荷过程中，由于工况不稳定造成的损失中，升负荷造成的损失大于降负荷。因为在升负荷过程中，金属在升温时需吸收热量，而降负荷时金属则放出一定的热量。

（二）机组启动和停机过程的经济损失

机组参与调峰运行，如采用二班制或少汽无功运行方式，每年一般要启停 150 次以上，因此分析其经济性对比较和评价调峰运行方式具有重要意义。

机组启停过程的热能损失与机组型式、容量、管道系统及启停方式有关，启停损失可以通过实验或理论估算确定。通过启停试验时机组的汽耗及煤耗进行实测可以确定总损失。但是所测得的结果，通常只能适用本次启停实验，除非启停按优化曲线进行，否则难以代表本机组的真实情况，不具有通用性。理论计算可以反启停过程划分几个阶段，根据各阶段的特点及其影响因素，分别估算其损失量。

机组启停过程，一般可分为以下几个阶段：

（1）停机降负荷过程；

（2）机组停运过程；

（3）锅炉点火准备阶段；

（4）点火、升压、冲转、并网；

(5) 升负荷过程；

(6) 设备的热状态稳定过程。

在全部启停过程中，总的燃料损失可用下列线性关系表示：

$$\Delta B = \Sigma K_i^j \tau_i^j \tag{2-9}$$

式中　K_i^j——在第 i 阶段由第 j 种因素引起的线性损失因素，t/min；

　　　τ_i^j——在第 i 阶段，第 j 种因素作用的时间，min。

一般地说，引起损失有三种因素，即直接燃料消耗，用 K_i^f 表示；辅助设备耗电损失，用 K_i^e 表示；附加能量损失（辅机耗汽）用 K_i^s 表示。

下面分别介绍各阶段的损失：

1. 停机——由开始降负荷至机组解列

在停机过程中，由于机组偏离了设计工况，将引起热耗增加，该阶段损失 ΔB_1 可由式 (2-10) 表示：

$$\Delta B_1 = \frac{\overline{p_1}\tau_1}{60}(b_0^1 - b_0^n) \times 10^{-6} \tag{2-10}$$

式中　$\overline{p_1}$——降负荷过程中的平均负荷，kW；

　　　τ_1——降荷过程持续时间，min；

　　　b_0^1、b_0^n——降负荷过程和额定负荷时的供电煤耗率，g／(kW·h)。

由于在停机过程中，设备要向蒸汽释放一定的蓄热，基本上可以补偿由于工况偏离设计值面造成的损失，而且正常停机过程一般不在只有 30～40min，因此在估算启停损失时，通常可以忽略停机阶段的热能损失。

2. 机组停运期——由解列至再启动点火准备阶段

在此阶段，虽然已切断主要辅助设备的汽源和电源，但仍有少量的耗电或耗汽设备在运行。如疏水泵、油泵、盘车装置等，因而带来一定的能量损失，总损失 ΔB_2 由耗电及耗汽两部分组成，并可由式 (2-11) 表示：

$$\Delta B_2 = K_2^e \tau_2 + K_2^s \tau_2 \tag{2-11}$$

式中　K_2^e——由于辅机耗电引起的损失因子，t/min；

　　　K_2^s—— 由于辅机耗汽引起的损失因子，t/min。

3. 点火准备阶段损失

在锅炉点火之前，要开启锅炉给水泵、除氧器上水、供给除氧加热蒸汽以及开动真空机供凝汽器抽真空等一系列操作，由于这些因素造成的启动损失 ΔB_3 可表示为

$$\Delta B_3 = \tau_3(K_3^e + K_3^s) + \tau_3^p K_3^p + \tau_3^d K_3^d \tag{2-12}$$

式中　K_3^p——给水泵耗功损失因子，t/min；

　　　K_3^d——除氧器耗功损失因子，t/min；

　　　K_3^e、K_3^s——除给水泵和除氧器之外其它辅机引起的损失因子，t/min。

4. 锅炉点火、汽机冲转、定速及并网阶段的损失

在锅炉点火升压过程中，除辅机耗功外，大量的蒸汽经过旁路减温减压进入凝汽器或直接对空排掉，造成大量的热损失，汽阶段的损失在整个启动过程中占有最大的比重，可占总损失的 60% 以上，该阶段的损失 ΔB_4 为

$$\Delta B_4 = CK_4^f \tau_4 + (K_4^e + K_4^s)\tau_4 + K_4^p \tau_4 + K_4^d \tau_4 \qquad (2-13)$$

式中　K_4^f——直接燃料消耗损失因子，t/min；

K_4^p、K_4^d——给水泵耗功及除氧器耗汽损失因子，t/min；

K_4^e、K_4^s——其他辅机耗功损失因子，t/min；

C——修正系数，可由试验取得，点火至冲转阶段取 $C = 0.81$；冲转至并网阶段取 $C = 1$。

直接燃料消耗损失因子 K_4^f 与点火前锅炉热状态及冲转时蒸汽参数有关。

5. 由并网到满载阶段的损失

该阶段的能量损失 ΔB_5，主要是由于在升负荷过程中工况及蒸汽参数偏离了设计工况而造成的，可由式（2-14）表示：

$$\Delta B_5 = \int_0^{\tau_5} \Delta b P_{el}(1 - \zeta_{ap}) \mathrm{d}\tau \qquad (2-14)$$

式中　Δb——启动煤耗和额定煤耗之差，g/（kW·h）；

P_{el}——机组额定功率，kW；

ζ_{ap}——厂用电率。

考虑到负荷的非战性变化，可把整个升负荷过程离散成几个负荷线性化区段，将式（2-14）写成下列形式：

$$\Delta B_5 = \sum_k (b_0^k - b_0^n)\overline{P}^k (1 - \zeta_{ap})\zeta_{ap}\tau^k \qquad (2-15)$$

式中　b_0^k——升负荷过程第 k 阶段供电煤耗率，g/（kW·h）；

$\overline{P}^k$——第 k 阶段的平均负荷，kW。

6. 设备热稳定阶段的损失

当机组刚刚达到满载时，各部件金属内部的温度分布尚未达到稳定状态，仍需要一部分热量去加热金属内部，机组热耗仍高于额定稳定工况。经过一段时间后，设备热状态才能达到稳定，这段时间的长短取决于汽缸及转子的金属厚度及导温特性。对于国产 300kW 以下的机组，这段时间大约需要 60min 左右。这段时间的热损失 ΔB_6，可用式（2-16）计算：

$$\Delta B_6 = \frac{P_{el}}{2}(b_0^s - b_0^n)(1 - \zeta_{ap}) \times 10^{-6}\tau_6 \qquad (2-16)$$

式中　b_0^s——刚达到满载时的煤耗率，g/（kW·h）。

以上启动过程六个阶段的总损失为

$$\Delta B = \sum_{i=1}^{6} K_i \tau_i \qquad (2-17)$$

通常在启停过程中，停运时间由电网负荷曲线决定，电厂设有选择的余地。点火准备到冲转所需时间决定于锅炉内的残余温度及压力、锅炉型式、燃烧和升温特性以及设备的保温质量。由运行人员可控制的时间幅度较大的项只有冲转并网及升负荷速度，也即汽轮机启动温升率的选定。

启动过程中的减少燃料总消耗量和减少设备寿命损耗，特别是转子寿命损耗率是一对矛盾，在启动时可以减少转子的寿命损耗，但却加大了燃料的消耗量，同时降低了机组适应负荷需要的机动性。从经济效益角度出发，为了减小转子的寿命损耗而过分延长启动时间也是不合理的，应根据燃料价格和转子购进价格以及快速跟踪负荷的供电效益和社会效益各方面的得失来优选最佳启动方案。

（三）各种调峰运行方式的经济性比较

低负荷调峰运行方式的能量损失主要是由于机组效率低于设计工况而引起的，其损失的大小与带低谷负荷的时间有关。而日启停调峰运行方式的能量损失对既定机组和既定启动方式来说，其能量损失近似为一常数。两者方式之间，存在着一个临界时间，超过此时间，低负荷运行损失将大于日启停方式，应该将该机停运，将负荷转移到其他机组上。因此，对于一个电厂在低谷负荷时，各机组之间如何进行合理的负荷分配及调峰运行方式的选定，使整个电厂运行最为经济，与机组的低负荷经济特性、启动损失、调峰负荷量及调峰运行时间有关。对于单台国产 200MW 机组，当调峰负荷为 50％时，临界时间大约为 10h。对于两台同类型国产 200MW 机组之间进行调峰负荷分配时，临界时间为 5～6h。当调峰负荷为 200MW，调峰时间为 8h。若采用一机停运一机运行时，将比两台机组平均带负荷（油压运行）节省约 15.5t 标准煤。若将加负荷时间由 100min 缩短为 50min，则可节省约 24t 标准煤，但寿命损耗将增加一倍。

若有二类以上多台机组进行负荷分配时，在负荷低谷期间，一般有两种运行方案可供选择：一种方案是部分机组停运，另一部分机组带满负荷或接近满负荷；另一种方案是全部机组平均带低负荷运行。在第一种运行方案中，停运机组一般应该是热态启动时间要求较短、启动损失较少和煤耗率较大的机组。在第二种运行方案中，可以使一部分机组带满负荷，另一部分机组带最低负荷。但因机组煤耗率随负荷的变化接近抛物线规律，当负荷小于 70％额定功率时，煤耗率急剧上升，因此这种负荷分配方式通常是不经济的。

对于不同调峰运行方式的评价，除了上述经济性和转子寿命损耗之外，还有其他一些因素需要考虑。例如在启停运行方式热态启动时高压加热器及给水泵承受热冲击问题、高压加热器停运期间的腐蚀问题、各阀门由于频繁开闭造成加快磨损及电动阀门失灵问题，以及机组启动点火烧油问题；低负荷运行方式，当负荷低于 50％时，锅炉将出现燃烧及水循环不稳现象；此外尾部受热面由于结露会加快腐蚀、汽轮机未级叶片在水流量下会发生颤振问题。以及给水泵在低流量下会发生汽蚀及低频振动等问题。

三、发电厂热力设备的经济运行

（一）汽轮发电机组间的最优负荷分配

由于不同类型的机组，具有不同的经济性。即使相同类型的机组，由于设计上的某些变动、投运时间的长短、维护情况的好坏等因素，也会有不同的经济性。而对于同一台机组而言，在不同负荷、不同运行条件及大修前后不同时间内，也将具有不同的经济性。通常在设计条件下运行时，机组的经济性最好。众所周知，电能是不能储存的，因此就电网而言，发电量必须与外界负荷相适应。对某一发电厂而言，其发电量必须满足电网调度的要求，那么机组就不一定都是在最经济的工况下运行。当总负荷一定时，如何将这些负荷在各台机组间合理的分配，使全网（全厂）的经济性最好，这就是所谓的机组间负荷最优分配问题。

机组的经济性，具体指标应是发电成本。对整个电力系统而言，由于电厂所在位置与煤矿的距离不同，各电厂的煤价不同，因此计算发电成本时应把煤价考虑在内。对某一电厂内的负荷分配问题，由于煤价在同一电厂是一致的，因此，可用发电煤耗量表示发电成本。以下的分析是以同一电厂、总负荷一定时如何在各台机组间分配为例，因此以发电煤耗量作为发电成本，使电厂总煤耗量为最低。

1. 机组煤耗特性

机组煤耗特性是指机组的煤耗量 B 与功率 P 之间的关系，如图 2-24 所示。它是负荷优化分配的依据，煤耗特性的准确与否，直接影响到机组间负荷分配的合理性。因此，准确地描述机组煤耗特性是负荷优化调度的基础。

机组的煤耗特性可由以下两种方法得到：

（1）数字计算方法

通常，锅炉、汽轮机的特性曲线都由制造厂提供。当锅炉、汽轮机的特性曲线都为已知时，可由以下步骤得到单元机组的耗量特性：取单元机组某一负荷值 P，由汽轮机特性曲线求得汽耗量 D 及其微增率 d；根据上一步求得的 D，由锅炉特性曲线求得此时锅炉的煤耗量 B 及其微增率 b，此煤耗量和微增率与 P 对应；机组的煤耗微增率，在前两步的基础上可得出，具体方法如下：

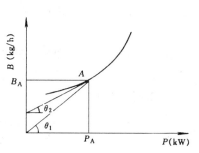

图 2-24　机组煤耗特性

设机组出力变化 ΔP，汽轮机汽耗量变化为

$$\Delta D = d\Delta P \tag{2-18}$$

因此引起的煤耗量变化为

$$\Delta B = \Delta D b_{b} = d\Delta P b_{b} \tag{2-19}$$

由此可得到单元机组的煤耗微增率为

$$b = \frac{\Delta B}{\Delta P} = db_{b} \tag{2-20}$$

将以上所得到的 B 与 P 的关系、b 与 p 的关系拟合成公式

$$B = f(P) \tag{2-21}$$

$$b = g(P) \tag{2-22}$$

（2）试验方法

由制造厂提供的特性曲线，是根据机组在设计条件下得到的。实际上，机组在运行过程中，煤种和水温等外部条件的变化、运行方式的变化、大修前后以及设备的改造等，都会使机组耗量特性发生变化。因此，由上述计算方法得到的耗量特性，严格讲，其使用范围是有一定限度的。

当机组实际运行情况与设计工况不同时，就必须得到新的特性曲线。采用现场试验时，首先由试验得到汽轮机组的特性，之后利用高加热平衡求得高加用汽量，由此得出冷、热再热蒸汽流量，从而求得冷轮机的总汽耗量为

$$Q_{0} = D_{0}(h_{0} - h'_{fw}) + (D_{rh}h_{rh} - D'_{rh}h'_{rh}) \tag{2-23}$$

式中　D_{0}——主蒸汽流量，kg/h；

h_{0}、h'_{fw}——主蒸汽比焓与给水比焓，kJ/kg；

D'_{rh}、D_{rh}——冷、热再热蒸汽流量，kg/h；

h'_{rh}、h_{rh}——冷、热再热蒸汽焓，kJ/kg。

考虑锅炉排污后，锅炉总热负荷为

$$Q_{s} = Q_{0} + Q_{bl} \tag{2-24}$$

式中 Q_{bl}——锅炉排污带走的热量，kJ/h。

根据试验由反平衡法求得锅炉效率 η_b，最后可得到机组的煤耗量为

$$B = \frac{Q_s}{29310\,\eta_b} \qquad (2-25)$$

此煤耗量 B 与汽轮机试验所测得的发电功率 P 相对应，在不同的负荷点重复以上试验及计算，就可得到机组煤耗特性 $B=f(P)$ 的曲线。然后，利用曲线拟合，就得到了 $B=f(P)$ 的关系式。

由于试验要求在不同的负荷点进行，且每一点的试验要进行 1h 以上，试验中需测量的数据之多，因此，试验及数据处理的工作量很大。

2．等微增率分配负荷原则

为了直观地分析问题，我们以简单的情况为例。

假如某电厂中有两台机组，它们的煤耗特性见图 2-25。由图 2-25 可见，2 号机煤耗量小于 1 号机煤耗量，但煤耗微增率 $b=\dfrac{\partial B}{\partial P}$ 是 1 号机小于 2 号机。

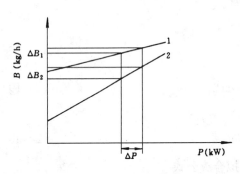

图 2-25　两台机组煤耗特性

由于外界负荷的需要，欲增加功率 ΔP，根据煤耗量的顺序，应优先让 2 号机增加功率，此时全厂燃料增量为

$$\Delta B_2 = \left.\frac{\partial B}{\partial P}\right|_2 \Delta P \qquad (2-26)$$

如果让 1 号机增加功率，全厂燃料增量为

$$\Delta B_1 = \left.\frac{\partial B}{\partial P}\right|_1 \Delta P \qquad (2-27)$$

显然，$\Delta B_2 > \Delta B_1$，也就是说应该让 1 号机先增加负荷。这说明，并列运行机组间的负荷分配，与机组的煤耗微增率有关，而不是只取决于机组的煤耗量。

如果机组的煤耗特性是直线，也即煤耗微增率都是常数的话，那么机组间的负荷分配就十分简单：要优先让微增率低的机组先增加负荷。但事实上，机组的煤耗特性在大部分范围内并非直线，因此负荷分配应按如下原则进行：

假设两台机组的煤耗特性曲线如图 2-26 所示。图中 O_1O_2 的长度为总负荷。如果负荷分配点取在 A，则第一台机组的负荷为 $P_1=O_1A$，煤耗量为 C_1A；第二台机组的负荷为 $P_2=O_2A$，煤耗量为 AC_2。两台机组的总煤耗量为直线 C_1C_2 的长度，即两条特性线在负荷分配点的垂直方向的距离。

由几何学可知，两条曲线之间，当它们在某一点的斜率相等时，它们之间在垂直方向的距离在这一点最短。也就是说，当满足

$$\left.\frac{\partial B_1}{\partial P}\right|_{P_1} = \left.\frac{\partial B_2}{\partial P}\right|_{P_2} \qquad (2-28)$$

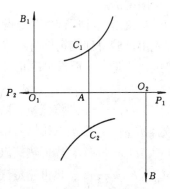

图 2-26　总负荷 P_R 在两台
机组间的分配

$$P_1 + P_2 = P_R \qquad (2-29)$$

也即两台机组的煤耗微增率 b 相等时，总煤耗量为最低。

对于 n 台机组，经数学推导，同样可得到，只有满足式（2-30）、式（2-31）

$$b_1 = b_2 = \cdots = b_n = \lambda \qquad (2-30)$$

$$\sum_{i=1}^{n} P_i = P_R \qquad (2-31)$$

其中 $b_i = \dfrac{\partial B_i}{\partial P}\Big|_{P_i}$，$i = 1、2、\cdots、n$ 才能使机组的总煤耗为最低，也即达到负荷的最优分配。这就是机组间负荷等微增率分配原则。式（2-30）中，λ 称为系统微增率。

3. 机组启停顺序的确定

电网中有若干台可以运行的机组，根据电网负荷的大小，如何确定先启动哪台机组，或先停哪台机组，这就是机组启停顺序问题。

若某台机组的煤耗特性如图 2-27 所示，机组在某一负荷 P 下，其单位负荷煤耗率为

$$\varepsilon_A = \frac{B_A}{P_A} = \mathrm{tg}\,\theta_1 \qquad (2-32)$$

而此时煤耗微增率为

$$b_A = \frac{\mathrm{d}B}{\mathrm{d}P}\Big|_{P_A} = \mathrm{tg}\,\theta_2 \qquad (2-33)$$

由于机组煤耗量特性不是直线，因此，ε 与 b 都随负荷变化。我们可以得到 ε 与 b 的关系，并将不同机组的 $\varepsilon-b$ 曲线绘于同一张图上，如图 2-27 所示。

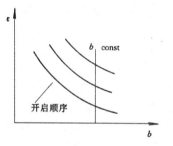

图 2-27　机组启动顺序的确定

根据等微增率分配原则，并列运行的机组 b 相等。在 b 为某一常数时，从图 2-27 中可以看出，较上方曲线所代表的机组煤耗率高，而较下方的曲线的代表的机组煤耗率较低。因此，在 $\varepsilon-b$ 图上，可以直观地看到：机组开启顺序应由下向上，如图 2-27 中箭头方向所示。现在电网中调度的常规办法是：让参数较高、煤耗率较低的大机组承担基本负荷，而让参数较低、煤耗率较高的小机组承担尖峰负荷。这一做法与上述结论是一致的。

由于 b、ε 均与 P 有关，而在决定开机顺序时，每台机组应带的负荷 P 未知。应用中，可用机组在设计负荷下的煤耗率作代表，相互比较，决定顺序。

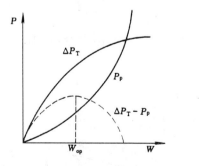

图 2-28　汽轮机功率耗量及水泵耗功
与冷却水流量的关系

（二）循环水泵的优化运行

循环水泵是火电厂主要耗能设备之一，它的经济运行对电厂的经济性有着重要的影响。

由汽轮机特性可知，随着循环水泵冷却水量的增加，汽轮机排汽压力 p 将下降，汽轮机输出功率将增加 ΔP_T，但同时循环水泵的耗功 P_p 也将增加，如图 2-28 所示。当 $\Delta P = \Delta P_T - P_p$ 为最大时，循环水系统就处于最经济的运行状态，此时的循环水量 W_{op} 所对应的凝汽器真空就称为最佳真空。循环

水泵优化运行的目的，就是要使机组在最佳真空下运行，即

$$MAX \qquad \Delta P = \Delta P_T - P_p \tag{2-34}$$

$$s \cdot t \qquad \Delta P_T = f(p_c) \tag{2-35}$$

$$P_c = g(w)$$

$$P_p = h(w)$$

1. 汽轮机特性

汽轮机特性就是指当汽轮机背压 P_c 变化时，背压与功率 P_T 的关系曲线，即 $\dfrac{\Delta P_T}{D_c} = f\left(\dfrac{P_c}{D_c}\right)$ 曲线，也称为真空变化通用曲线，如图 2-29 所示。此曲线通常可通过对末级进行详细变工况计算而得到，之后经曲线拟合，得 $\Delta P_T = f\left(\dfrac{P_c}{D_c}\right)$ 的关系式。

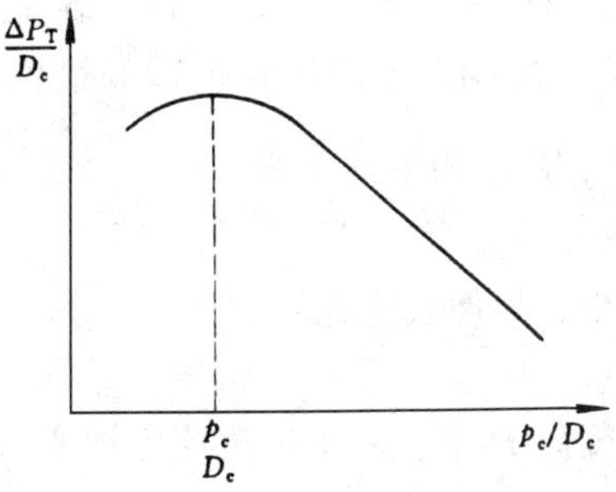

2. 凝汽器特性

凝汽器特性是指蒸汽流量与冷却水量变化时，与凝汽器压力变化的关系，即 $P_c = g$（w）。而凝汽压力 P_c 与其对应的饱和水温度 t_c 的关系为

图 2-29　汽轮机真空变化通用曲线

$$P_c = \left(\frac{t_c + 100}{57.66}\right)^{7.46} \times 10^{-4} \tag{2-36}$$

$$t_c = t_{w1} + \frac{520}{m} + \delta t$$

$$m = \frac{W}{D_c}$$

$$\delta t = \frac{n}{31.5 + t_{w1}}\left(\frac{D_c}{A} + 7.5\right)$$

式中　t_{w1}——冷却水入口温度，℃；

δt——传热端差，℃；

m——循环倍率；

D_c——凝汽量，kg/h；

A——凝汽器换热面积，m^2；

n——系数，与清洁度和空气严密性有关。

当 D_c 和 W 已知时，就能通过测量当时的循环水进口温度 t_{w1}，计算得到凝汽器内的压力。

3. 循环水系统特性

循环水系统由循环水泵和循环水管道系统所组成，它的特性是指循环水流量、水温和压头与所消耗的厂用电之间的关系。

循环水泵的特性线一般由水泵制造厂提供，如图 2-30 所示，经拟合得到 $P_p = h$（Q）、$H = f$（Q）关系的表达式。

管道特性可根据流体在任一管道内的压损计算公式

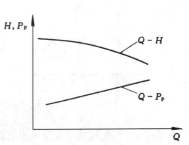

图 2-30　水泵特性曲线

得出：

$$\Delta P = \frac{W_c^2}{2v_c}\left(\frac{\lambda}{d_p}L + \Sigma\xi\right) + (H_2 - H_1)\frac{1}{v_c}$$

$$= RW_c^2 + (H_2 - H_1)\frac{g}{v_c} \qquad\qquad (2-37)$$

$$R = \frac{1}{2v_c}\left(\frac{\lambda}{d_p}L + \Sigma\xi\right)$$

式中　R——管道阻力损失和局部阻力损失，MPa；

　　　λ——管子的流动阻力系数；

　　　d_p——管子内径，m；

　　　L——管段长度，m；

　　　v_c——流体的比体积，m^3/kg；

　　　ξ——管件局部阻力系数之和；

　　　W_c——流体在管内流速，m/s；

H_1、H_2——管子进口与出口标高，m。

　　循环水泵的工作点，即为水泵特性和管道特性的分点。对于最简单的单机对单泵的循环水系统，工作点由式（2-40）确定：

$$H = f(Q) \qquad\qquad (2-38)$$

$$\frac{\Delta P}{v_c} = H \qquad\qquad (2-39)$$

即

$$\frac{\Delta P}{v_c} = f(Q) \qquad\qquad (2-40)$$

式中　ΔP——整个循环水系统压损，Pa；

　　　v_c——循环水重度，N/m^3。

　　解上述方程，即可得到循环水流量 Q，并由 $P_p = h(Q)$ 公式得到水泵耗功 ΔP_p。

　　在实际的循环水系统中，往往是多台凝汽器配多台循环水泵并列运行。现以一个 2 台机配 4 台泵的组合为例，并将此系统变换成如图 2-31 所示的水力网络图。

　　这个水力网络类似于电路，H 相当于电源的电动势，s、r、R、及 R 都相当于非线性电阻，而 AH 则相当于一个恒压源，各管道中的流量就相当于电路中的电流。

　　根据以下原则，可由此网络得到一个非线性方程组：

　　（1）任何水阻产生的压降为 $H = RQ$ 或 $H = RW$；

　　（2）循环水泵提升的压头与流量关系由 $H = f(Q)$ 决定；

　　（3）任一闭合回路的压头降之和为

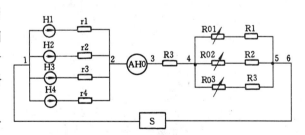

图 2-31　循环水系统水力网络图

$H_1 \sim H_4$—循环水在 1~4 循环水泵中提升的压头；$r_1 \sim r_4$—各台水泵及其管道的系统阻力；$R_1 \sim R_4$—各台凝汽器水阻；$R_{01} \sim R_{04}$—各台凝汽器进水阀水阻，阀门开度可根据需要调节；AH_0—总高度压头差；R_0—循环水母管水阻；S—冷却塔式喷水池水阻零；

（4）对于任一结点，流进的流量等于流出的流量；

（5）若某台水泵或凝汽器停用，则由于有阀门将相应管道隔离，故相应管道中的流量为零，阻力系数趋于无穷，计算时需将此管路断开。

如果选定泵的开启台数以及循环水进水阀的开度后，就能列出一组线性方程，求解该方程组，就能得到相应工况下各台循环水泵的流量 Q_i 及各凝汽器中的流量 W_j。

单元机组的控制及安全保护

单元机组由炉机电构成,分散控制系统DCS的采用将单元机组运行紧密联系在一起。单元机组对外需要与电力系统网络(电网)协调,满足电网运行要求(电压、频率等)。运行中还要克服单元机组内部的扰动,如燃料、风量、给水等的变化,保证机组的安全、经济、高效运行。本章将从集控运行的角度介绍机组运行及其与电网连接的控制及安全保护技术。

第一节　单元机组的负荷控制

一、单元机组负荷控制的特点

高参数、大容量火电机组已成为我国电力工业的主力机组,火电站的热控技术也随着火电机组单机容量的增加和控制仪表的进步而达到崭新的水平。自动控制系统(以DCS为实现手段)作为实现机组安全经济运行目标的有效手段,担负着机组主、辅机的参数控制、回路调节、联锁保护、顺序控制、参数显示、异常报警、性能计算、趋势记录和报表输出的功能,已从辅助运行人员监控机组运行发展到实现不同程度的设备(包括部分电气设备)启停功能、过程控制和联锁保护的综合体系,成为大型火电机组运行必不可少的组成部分。

一般而言,单元机组负荷控制系统包括如图3-1所示的27种主要功能。图中的主要功能有:

(1) 数据采集系统(DAS);

(2) 模拟量控制系统(CCS);

(3) 炉膛安全保护系统(FSSS);

(4) 汽轮机控制系统(DEH);

(5) 汽轮机监测仪表(TSI);

(6) 汽轮机旁路控制系统(BPCS);

(7) 发电机氢水油监测系统;

(8) 辅机顺序控制系统(SCS);

(9) 给水泵小汽轮机控制系统(MEH)。

单元机组负荷控制的主要功能也可以概括为自动检测、自动保护、顺序控制、连续控制、管理和信息处理。

(1) 自动检测。它包括对整个机组运行状态和参数的测量、指示、记录、参数计算、参数越限和设备故障时发出报警信号、事故记录和追忆、工业电视监视等。

(2) 自动保护。它包括主机、辅机和各支持系统及其相互间的连锁保护,以防止误操作。当设备发生故障或危险工况时,自动采取措施防止事故扩大或保护生产设备。

(3) 顺序控制。它包括主机、辅机和各支持系统的启停控制,如输煤系统控制、锅炉吹灰系统控制、锅炉补给水处理控制、给水泵启停控制、汽轮机自启停控制、锅炉点火系统控制等。

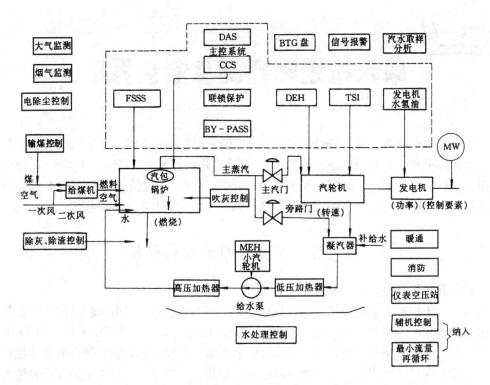

图 3-1 大型火电机组控制系统功能构成示意图

(4) 连续控制。它又称调节控制或自动调节。包括对主机、辅机及各系统中的压力、温度、流量、物位,成分等参数的调节控制,使之保持为预期的数值。

(5) 管理和信息处理。对电厂中各台机组的生产情况(如发电量、频率、主要参数、机组设备的完好率、寿命),电厂的煤、油、水资源情况,环境污染情况进行监督、分析,供管理人员做出相应的决策。

二、单元机组负荷控制的主要系统

单元机组负荷控制的功能是通过各种自动化系统实现的。大容量火力发电机组的自动化系统主要可分为计算机监视(或数据采集)系统、机炉协调主控制系统、锅炉自动控制系统、汽轮机自动控制系统、发电机和电气控制系统、旁路控制系统、辅助设备及各支持系统的自动控制系统、就地控制系统等部分。

1. 计算机监视系统

计算机监视系统包括厂级监视用计算机及分散控制系统的数据采集系统,作用是对锅炉、汽轮机、发电机及电气系统生产过程参数和设备运行状态进行监视。

计算机监视系统的主要功能有数据采集与处理、越限报警、屏幕显示、性能计算、操作指导、打印制表、事故追忆打印和事件顺序记录和历史数据存贮等。

计算机监视系统与各仪表控制系统都有联系,并取代了大部分常规仪表。由于计算机监视系统数据处理能力强,提高了对机组的监视能力,并有大量的历史数据存贮,可供对机组运行问题进行分析。这是传统的常规仪表装置所无法实现的。

2. 机炉协调主控制系统

机炉协调主控制系统根据负荷调度命令和电力系统频率,在单元机组所能承担负荷的情况下，对汽轮机自动控制系统和锅炉自动控制系统发出指挥和控制指令。系统还可按负荷需求和机组运行状态采用不同的运行方式。该系统不仅有调节功能，还具有逻辑判断功能。当设备发生故障等异常工况时，发出必要的连锁保护动作指令。

3. 锅炉自动控制系统

锅炉自动控制系统包括锅炉的调节控制系统和炉膛安全保护监控系统。

(1) 锅炉的调节控制系统。主要包括给水调节、燃料量调节、送风量调节、炉膛负压调节、过热汽温和再热汽温的调节系统等。当锅炉和汽轮发电机组以单元制方式运行而且负荷控制采用单元机组协调控制方式时，习惯上把上述锅炉调节控制系统作为单元机组协调控制系统组成部分。

(2) 炉膛安全保护监控系统。该系统又称锅炉燃烧器管理系统，包括燃烧器管理和安全保护两大部分。其主要功能包括锅炉运行安全功能、操作功能和火焰检测。

4. 汽轮机自动控制系统

汽轮机自动控制系统包括汽轮机调节系统、汽轮机自启停系统、汽轮机监视保护系统和主蒸汽旁路控制系统等。

(1) 汽轮机调节系统。该系统的作用是对汽轮发电机组的转速和负荷进行连续调节控制。汽轮机调节系统在电力系统中常被称为"汽轮发电机组的调速系统"。

(2) 汽轮机保护系统。该系统的执行机构是自动主汽门，保护动作时自动关闭自动主汽门实现停机。汽轮机附有几种基本保护装置，如超速保护、低真空保护等，以保护汽轮机安全。

(3) 汽轮机监视系统。该系统是汽轮机固有保护装置之外的安全监视和保护系统，主要对汽轮机转速、轴向位移、相对膨胀、轴承振动、转子挠度、推力轴瓦和支持轴瓦温度等进行监视和保护。

(4) 汽轮机自启停控制系统。该系统的作用是保证汽轮机安全启停并缩短启停时间，延长机组寿命。现代汽轮机设有应力监视系统，可在汽轮机启停过程中控制关键部件的热应力在设计范围之内，并以此为基础实现汽轮机的寿命管理。

5. 发电机和电气控制系统

发电机和电气控制系统包括汽轮发电机控制系统、厂用电控制系统、升压变电站和直接配电线路的控制系统。

(1) 发电机组自动控制系统。图3-2是火电厂电气自动控制示意图。图3-2中，发电机及其励磁系统组成的发电机励磁自动控制系统，控制发电机电压和无功功率；汽轮机、发电机和调速系统组成发电机组调速自动控制系统，控制发电机转速（频率）和有功功率；自动同期并列装置和断路器控制组成发电机同期并列控制。火电厂电气自动化一般还包括电厂内机组的经济运行组合和负荷的经济分配。机组的经济运行组合即确定本厂哪些机组运行、哪些机组停止运行更经济。负荷的经济分配

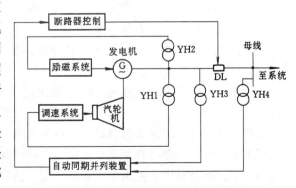

图3-2 火电厂电气自动控制示意图

即确定把发电厂的总负荷功率分配给已并入电力系统运行的机组的份额以保证运行经济性。

(2) 厂用电控制系统。厂用电对保证火电厂安全可靠运行是十分重要的，一般都设有备用电源和紧急直流电源。厂用电控制系统的作用是确保厂用电不致中断，一般都设有备用电源自动投入装置、蓄电池直流系统、交流不停电电源等。

6. 辅助设备及各支持系统的自动控制系统

辅助设备及各支持系统的自动控制系统也可称为火电厂辅助系统的自动控制系统。这些控制系统大多属于顺序控制系统，作用是保证电厂中各辅助设备及各支持系统的安全运行。火电厂辅助系统的自动控制系统主要有输煤控制系统、锅炉吹灰控制系统、锅炉补给水处理控制系统、给水启停控制、风机起停控制、锅炉点火系统控制、煤粉制备系统控制等。

三、汽轮发电机组负荷的调节

(一) 有功负荷与频率的调节概述

电力系统频率是电能的两大重要质量指标之一。电力系统频率偏离额定值过多，对电能用户和电力系统的设备运行都将带来不利的影响。中国规定，正常运行时电力系统的频率应当保持在 50 ± 0.2Hz 范围之内。当采用现代化自动装置时，频率的偏差可不超过 $0.05 \sim 0.15$Hz。维持电力系统频率在额定值，是靠控制系统内所有发电机组输入的功率总和等于系统内所有用电设备在额定频率时所消耗的有功功率总和实现的，其中包括机组和电网损耗。这种平衡关系一旦遭到破坏，电力系统的频率就会偏离额定值。由于电力系统的负荷功率（即有功负荷）是随机变化的，所以上述"等于"关系也就随时都在遭受破坏。因此从微观角度来看，电力系统的频率是时刻都在波动的。系统负荷调节的任务之一就是在电力系统频率偏离额定值时，及时调节输入机组原动机的有功功率，维持上述"等于"关系，将系统频率维持在允许范围之内。

由于大型电力系统具有许多优点，所以现代电力系统的规模越来越大，出现了将几个区域性电力系统互联起来构成的大型电力系统，即联合电力系统。在联合电力系统中，各联网的区域系统之间交换的功率需要按照预先的商定来控制。于是，如何协调控制互联电力系统之间联络线上通过的功率也是电力系统负荷调度控制的问题之一。

电力系统频率和有功功率自动控制是通过控制发电机有功出力来跟踪电力系统负荷变化，从而维持频率等于额定值，同时满足互联电力系统间按计划要求交换功率的一种控制技术。电力系统频率和有功功率控制通常称为电力系统自动发电控制或负荷与频率控制。它的主要任务有以下三项：

(1) 使系统的总发电出力满足系统总负荷的要求，主要由发电机的原动机（汽轮机或水轮机）的调速控制实现，亦称一次调频；

(2) 使电力系统运行频率与额定频率之间的误差趋于零，由调节发电机的频率特性实现，亦称二次调频；

(3) 在联合电力系统各成员之间合理分配发电出力，使联络线交换的功率满足预先商定的计划值，以此保证联合电力系统的运行水平及各成员本身的利益。

完成上述三项任务的基础自动化系统是发电机组的调速系统，同时由于电力系统中用电设备所消耗的有功功率与频率也有一定关系，因此完成上述三项任务时还涉及电力系统负荷的频率特性。这就是说，电力系统频率和有功功率控制一般还应涉及机组调速器的结构和工作原理、调速系统的工作特性、电力系统负荷的频率特性以及电力系统的调频方法等。

与电力系统频率和有功功率自动控制有密切关系的另一个问题是电力系统的经济调度控制。电力系统经济调度控制是指在给定的电力系统运行方式中，在保证频率质量的条件下，以全系统的运行成本最低为原则，将系统的有功负荷分配于各可控的发电机组，并在调度过程中考虑电力系统安全可靠运行的约束条件。电力系统频率和有功功率自动控制是为了解决维持频率为额定值和互联电网间交换功率为规定值时电力系统的总发电机功率应为多少的问题。而电力系统经济调度则解决电力系统的总发电功率分配给哪些电厂，在一座电厂内开几台机组和开哪些机组，每台机组发多少有功功率使电力系统的发电成本低，功率传输损耗（简称网损）小的问题。它的目标是使全系统运行成本最低，而不在于某一具体电厂成本最低或某一线路损耗最低。

（二）单元机组的有功功率控制

1. 电力系统中的有功功率平衡

控制电力系统频率在允许范围之内是通过控制系统内并联运行机组输入的总功率等于系统负荷在额定频率所消耗的有功功率实现的。这个"等于"关系就是电力系统中有功功率平衡关系。由于电力系统负荷功率的变化是随机的，不能被准确地预知，所以电力系统有功功率平衡是一项复杂的工作。

图 3-3 中，P_L 是电力系统的实际负荷功率曲线，P_{L1}、P_{L2} 和 P_{L3} 是 P_L 的三个分量。P_{L1} 变化缓慢，变化幅度大，是由工厂的作息制度、人们的生活规律等造成的，是持续负荷分量。P_{L1} 的变化有一定规律，可根据经验用负荷预测的方法预先估计出来，通过调度部门预先编制系统发电曲线与之平衡。P_{L3} 变化周期很短，一般在 10s 以下，变化幅度很小，是随机负荷分量，它引起的系统频率偏移很小，由机组调速器调节输入原动机的功率与之平衡，即由一次调频来调节。P_{L2} 变化周期较长，一般在 10s 到 30min，变化幅度比较大，是脉动负荷分量。脉动负荷分量引起的频率偏移较大，仅靠一次调频往往不能将频率偏移调节到允许的范围之内，必须通过自动装置或人工手动参与调整，即二次调频才能将频率调整到允许范围之内。

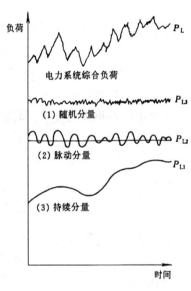

图 3-3 电力系统有功负荷的变化曲线

电力系统频率自动控制所调节的机组功率是与负荷的脉动分量 P_{L2} 和随机分量 P_{L3} 相平衡的。P_{L2} 和 P_{L3} 之和是实际负荷功率与预测负荷功率的差值。电力系统自动调频的物质基础是电力系统中必须有足够的旋转备用容量。系统旋转备用容量是并入电力系统运行的机组实发功率的总和与机组额定容量总和的差值。旋转备用也称为热备用，容量一般为系统最大负荷的 8%～10%，且不应小于运转中最大一台机组的容量。热备用中包含了负荷备用和事故备用。负荷备用用于平衡负荷功率变化。事故备用用于弥补系统事故退出机组时引起的电源功率不足。

2. 电力系统频率特性

电力系统不同种类的负荷对频率变化的敏感程度是不同的。根据有功负荷与频率的关系，可将负荷分成以下几类：

(1) 与频率变化基本无关的负荷，如照明、电热和整流负荷等；

(2) 与频率成正比的负荷，如切削机床、球磨机、往复式水泵、压缩机和卷扬机等，这类负荷的特点是阻力矩为常数；

(3) 与频率的二次方成正比的负荷，如变压器中的涡流损耗，这类负荷在系统中所占比例较小；

(4) 与频率的三次方成正比的负荷，如通风机、静水头阻力不大的循环水泵等；

(5) 与频率的更高次方成正比的负荷，如静水阻力很大的给水泵等。

系统实际负荷是上述各类负荷的组合，即综合负荷，其取用的有功功率与频率的关系可表示为

$$P_D = a_0 P_{De} + a_1 P_{De}\left(\frac{f}{f_e}\right) + a_2 P_{De}\left(\frac{f}{f_e}\right)^2 + a_3 P_{De}\left(\frac{f}{f_e}\right)^3 + \cdots + a_n P_{De}\left(\frac{f}{f_e}\right)^n \quad (3-1)$$

式中 P_D——频率为 f 时整个系统的有功负荷，MW；

P_{De}——频率为额定值 f_e 时整个系统的有功负荷，MW；

a_i——与频率的 i（$i=0$，1，2，$\cdots$，n）次方成正比的负荷占 P_{De} 的份额，显然 $a_0 + a_1 + a_2 + \cdots + a_n = 1$。

以 P_{De} 和 f_e 分别作为功率和频率的基准值，则得式（3-1）的标幺值形式，即

$$P_{d*} = a_0 + a_1 f_* + a_2 f_*^2 + a_3 f_*^3 + \cdots + a_n f_*^n \quad (3-2)$$

3. 发电机组的功率调节控制特性

(1) 发电机组特性

发电机组在稳态运行时，其输入的机械转矩（T_G）和输出的电磁转矩（T_e）相等，转子以恒定的转速（ω_0）运行。这时相应的输入功率（$P_G = \omega_0 T_G$）等于输出的电磁功率（$P_e = \omega_0 T_e$）。在有扰动情况下，发电机组的加速转矩、角速度的偏移和相位角的关系如式（3-3）所示。

$$\Delta T = \Delta T_G - \Delta T_E = I\frac{d}{dt}(\Delta\omega) = I\frac{d^2}{dt^2}(\Delta\delta) \quad (3-3)$$

式中：I 是机组的转动惯量；$\Delta\omega = \omega - \omega_0$。如果转速变化不大，可近似认为

$$\Delta P_G = \omega_0 \Delta T_G, \Delta P_E = \omega_0 \Delta T_E$$

则式（3-3）可改写成

$$\Delta P_G - \Delta P_e = \omega_0 I\frac{d}{dt}(\Delta\omega) \quad (3-4)$$

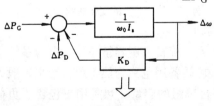

如果发电机组接有负荷，负荷的频率特性取线性关系，则可将发电机的特性用图3-4所示的框表示，其中

$$K_D = \frac{\Delta P_D}{\Delta f} \quad (3-5)$$

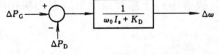

图3-4 考虑负荷时的发电机组框图

定义为负荷的频率调节系数，它衡量负荷调节效应的大小。

(2) 发电机组的调速器特性

如上所述，在发电机组输入功率不变的情况下，当负荷功率 P_D 变化时，将影响发电机组的转速，借负荷的调节效应只能部分地补偿负荷的变化。因此负荷的变化将使系统频率发生偏移。发电机组转速（频率）的调整是通过原动机的调速器实现的。因此，发电机组的功率—频率特性取决于调速系统的特性。下面以最简单的机械液压调速器来说明频率调整的基本原理及其特性。

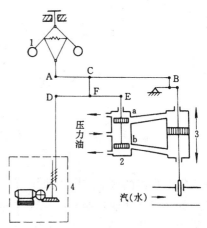

汽轮机的机械液压调速器主要包括测量、放大、执行和整定等环节，图 3-5 为其原理示意图。其工作原理简述如下：当发电机组以某一转速带一定出力稳定运行时，与离心飞摆相连的 A 点固定于某一位置上，杠杆 ABC 和 DEF 处于某一平衡位置，错油门活塞将管口 a 和 b 堵住，压力油不能进入油动机，油动机活塞上、下油压相等，所以活塞不移动，从而使原动机进汽（水）阀门的开度也固定在某一位置。当负荷突然增大时，发电机出力尚未变化（即 B 点位置未变），则必然导致机组转速下降。因离心飞摆与原动机转轴相连，此时其离心力变小而在弹簧及重力作用下下落，即 A 点下降，C 点也下降（B 点位置暂时未变）。由于 C 点位置下降，带动 E、F 点下降（D 点位置未变），使错油门活塞下移，从而压力油经 b 管进入油动机活塞下部而推动活塞上移，使原动机汽（水）门开度增大，进汽（水）量增加，发电机出力亦增加。这时，

图 3-5　原动机调速器原理示意图

1—转速测量元件—离心飞摆；2—放大元件—错油门（配压阀）；3—执行元件—油动机（接力器）；4—转速整定元件（同步器或调频器）

原动机转速回升，B 点上移，A 点在新的转速下回升，直至 C 点回到原来位置，使错油门活塞重新把管口 a 和 b 堵住，机组出力和负荷重新达到平衡，调整过程结束，转速稳定在某一新值。因调整过程结束后，C 点一定要回复到原来位置（否则调整过程不会结束），B 点因发电机组出力增加而上移了，则 A 点的位置比调整前要降低一点，即转速（或频率）低于原来的数值，所以是有差调节。当然，有功功率重新平衡既包括发电机组出力的增加，也包括有功负荷因频率稍为下降的相应减少。

这种调速器的简化模型框图示于图 3-6（a）中。其中积分元件相当于调节系统中错油门和油动机的作用，反馈元件相应于杆 ABC 的反馈作用，反馈系数

$$R = \frac{\Delta\omega}{\Delta P} \qquad (3-6)$$

图 3-6（a）的模型框图又可简化为图 3-6（b）所示的框图，图中 $T = 1/KR$。

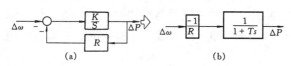

图 3-6　调速器的模型框图

(a) 模型框图；(b) 简化模型框图

（3）发电机组的静态调节特性

由以上分析可知，随着负荷的增加，调速器使发电机组输出功率增加，频率低于初始值。反之，当负荷减少时，机组输出功率减少，频率高于初始值。这种表示发电机输出功率和频率关系的功率频率静态特性称为发电机组的静态调节特性。它可近似地用一条下倾斜的直线表示，如图 3-7 所

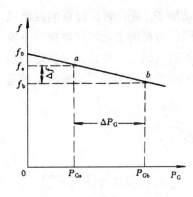

图 3-7 发电机组的
静态调节特性

示。为了衡量发电机组静调节特性的倾斜程度（也称速度
变动率），可以任取两点 a 和 b，定义发电机组的调差系数为

$$\delta = -\frac{f_b - f_a}{P_{Gb} - P_{Ga}} = -\frac{\Delta f}{\Delta P_G} \quad (Hz/MW) \quad (3-7)$$

对照式（3-6）可知调差系数与其反馈系数的关系为

$$\delta = R/2\pi \quad (3-8)$$

或用标幺值表示

$$\delta_* = -\frac{\Delta f/f_e}{\Delta P_G/\Delta P_{Ge}} = -\frac{\Delta f_*}{\Delta P_{G*}} \quad (3-9)$$

式中的负号是因为 Δf 和 ΔP_G 的符号相反，而习惯上
取调差系数为正值。式（3-9）可改写为

$$\Delta f_* + \delta_* \cdot \Delta P_{G*} = 0 \quad (3-10)$$

称为发电机组的调节准则，或调节方程。调差系数也叫调差率，它表明发电机组负荷变化时
相应的频率（转速）偏差。从式（3-9）可知，调差系数 δ_* 的物理意义是当机组出力从空
载到满载变化时（即 $\Delta P_{G*} = 1$）频率偏移的标幺值。调差系数的倒数称为机组的单位调节
功率，即

$$K_G = \frac{1}{\delta} = -\frac{\Delta P_G}{\Delta f} \quad (MW/Hz) \quad (3-11)$$

或用标幺值表示

$$K_{G*} = \frac{1}{\delta_*} = -\frac{\Delta P_{G*}}{\Delta f_*} \quad (3-12)$$

发电机单位调节功率 K_G 表示当频率下降或上升 1Hz 时发电机增发或减发的功率值。调
差系数或相应的机组单位调节功率的大小是可以整定的。调差系数越小（或机组单位调节功
率越大），则在同一频率变化时的机组出力变化越大。通常取 $\delta_* = 0.04\sim0.06$，$K_{G*} = 25$
~16.7。

(4) 电气液压调速器

由于机械液压调速器失灵区大，动态性能指标较差，难以实现综合调节，不能满足现代电
力系统对频率质量的要求，所以 60 年代初研制了电气液压调速器(简称电液调速器或电调)，
70 年代初又出现了数字式电液调速器，80 年代我国开始广泛在 200MW 以上机组中采用。

机械液压调速器只按转速（频率）偏差产生控制作用，而电液调速器的输入信号除频率
偏差信号外，还可加进功率偏差信号。在大型汽轮发电机的调速控制系统中，为了提高机组
的功率动态响应性能和抗动力元素（蒸汽和水）参数扰动的能力，采用频率和功率两种信号
同时作用，所以称为功率—频率电液调速器，简称功率电液调速器或功频电调装置。用于大
型汽轮发电机组的功频电液调速器的基本工作原理如图 3-8 所示。它由测量放大部件、电
液转换部件和液压执行部件三部分组成。

测量放大部分主要包括频率测量、功率测量、频率给定、功率给定、综合比较、综合放
大、PID 校正和功率放大等环节。电液转换部件的主要元件是电液转换器，它把测量放大部
件输出的电量转换成非电量—油压量（习惯称为液压），以控制后面的液压执行部件。电液
调速器仍然使用液压部件作为执行机构，这是因为蒸汽阀和导水叶的调节需要很大的操作动

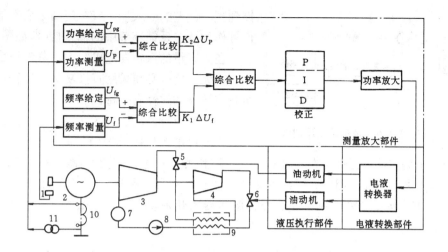

图 3-8　功频电液调速器原理图

1—测速器；2—发电机；3—低压汽轮机；4—高压汽轮机；5—低压阀门；6—高
压阀门；7—凝汽器；8—凝结水泵；9—锅炉；10—电流互感器；11—电压互感器

力，且液压操作具有动作平稳的优点。由于液压部件已在机械液压调速器中作了介绍，所以不再赘述。

　　功频电液调速器与机械液压调速器一样，可以自动调节机组的频率或有功功率，而且具有更为优良的性能，它可以在低速启动阶段便投入运行。当机组升速时，可以通过频率给定环节送出给定电压 U_{fg}，另一主面由测频环节送出电压 U_f，两者进行综合比较，得到 $\Delta U_f = U_{fg} - U_f$，再经过综合放大和 PID 校正等环节，使进汽量改变，以增加转速。当 $\Delta U_f = 0$ 时，放大器输出为零，才不再进行调节。这样可以利用改变频率给定值，把机组的转速逐步升至额定值，这时，即可将机组并入电网。随后，操作电路便自动转换到只由功率给定环节起作用，而频率给定环节不动的状态。以后如果要机组带上负荷，可以通过功率给定环节改变输出电压 U_{fg}。假如实发功率与之不对应，即测功环节测得的输出电压 U_P 与 U_{Pg} 不一致，将出现差电压 $\Delta U_P = U_{Pg} - U_P$，经综合放大后，使进汽量改变，以调节输出功率。

　　在正常运行过程中，功率给定环节和频率给定环节均起作用。当机组功率发生变化，或系统频率发生变化时，测量环节将获得偏差信号，经综合放大后，通过 PID 校正环节，然后再送到功率放大环节，以获得电流变化信号，并由电液转换部件将电信号的变化转换成油压信号的变化，控制油动机的动作。以改变汽轮机调节阀门的开度大小。假如系统负荷增加，则要有更多的蒸汽进入汽缸，使汽轮机的功率达到新的平衡，直至综合放大输出为零，才停止调节。假如发电机出口的断路器因事故跳闸而使机组甩负荷，调速器可自动将功率给定值返零，并截断输出回路，因此转速自动回到额定转速，这是一般离心式机械液压调速器所不能达到的。当汽轮机发生故障时，机组必须紧急停机。这时除了功率给定值返零外，同时还将转速给定值自动返零，使机组逐渐停下来。

　　一些功频电液调速器为了改善调节性能，还设有汽压测量及汽压给定环节，把压力信号加入综合放大环节中，可有利于调节过程中加速锅炉的调整及汽压的重新恢复。此外，有些还设有频率和功率的变化率限制等环节。有关功频电调的内容在本章第三节还要讨论。

　　在电液调速器中可用不同的方法实现调差特性。如将油动机行程经位移传感器的输出反

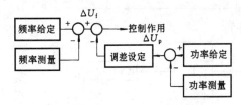

图 3-9 功率变送器构成的调差反馈框图

馈到频率偏差的输入端，或者用功率变送器的输出信号作为调差反馈环节中的输入信号，如图 3-9 所示。在大容量的汽轮发电机组中，蒸汽压力对出力影响很大，所以必须采用直接功率反馈控制，使机组具有严格的线性有差特性。

(5) 调节特性的失灵区（也称迟缓率）

以上讨论的机组调节特性是一条理想的直线，但实际上由于调速器各元件存在各种摩擦、间隙和死行程等，使调速器具有一定的失灵区，机械式调速器尤为明显。因此，机组的调节特性实际上是一条具有一定宽度的带，如图 3-10 所示。只有在频率偏差超过 $\pm \Delta f_w$ 后，调速器才开始动作。失灵区的宽度可用失灵度 ε 来描述，即

$$\varepsilon = \frac{\Delta f_w}{f_e} \tag{3-13}$$

式中　Δf_w——调速器的最大频率呆滞。

由于失灵区的存在，导致并列运行的发电机组间有功功率的分配产生误差。从图 3-10 可知，对于一定的失灵度 ε 来说，最大功率误差（ΔP_w）与调差系数存在如下关系

$$-\frac{\Delta f_w}{\Delta P_w} = \delta \tag{3-14}$$

或以标幺值表示

$$-\frac{\Delta f_w/f_e}{\Delta P_w/P_e} = -\frac{\Delta f_{w*}}{\Delta P_{w*}} = \delta_* \tag{3-15}$$

可将式（3-15）改写为

$$\Delta P_{w*} = -\varepsilon / \delta_* \tag{3-16}$$

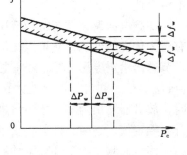

图 3-10　调速器的失灵区

由式（3-16）可知，机组最大功率误差标幺值 ΔP_{w*} 与失灵度 ε 成正比，而与调差系数 δ_* 成反比。所以，一般要求调速系统的失灵度小于 0.2%～0.4%，过小的调差系数将会引起较大的功率分配误差，所以调差系数 δ_* 不能取得太小。

还须指出，失灵区的存在虽然会引起一定的功率误差和频率误差，但如果失灵区太小或完全没有，那么当系统频率发生微小波动时，调速器也要调节机组出力，使原动机阀门调节过分频繁，对机组不利。因而对有些非常灵敏的电气液压调速器，通常要采用附加措施，以形成适当大小的失灵区。

(6) 原动机的特性

在汽轮机中，阀门位置改变使进汽量变化，从而导致发电机出力的增减。由于调节阀门与第一级喷嘴间有一定的空间存在，当阀门开启或关闭时，进入阀门的蒸汽量虽有改变，但这个空间的压力却不能立即改变。这就形成了机械功率滞后于阀门开度变化的现象，称为汽容量影响。在大容量的汽轮机中，汽容对调节过程的影响很大。这种现象可用一惯性环节来表示。图 3-11 原动机模型框图中的 TCH 即汽容时间常数，一般取 0.2～0.3s。对于再热式的汽轮机还要考虑再热段的充汽时延。

根据上述介绍,可以构成一由调速器—原动机—发电机—负荷组成的框图(见图3-11)。从框图中可以知道,负荷变化 ΔP_D 与转速变化 $\Delta \omega$ 之间的传递函数(不包括虚线框)为

$$\frac{\Delta \omega}{\Delta P_D} = -\frac{\dfrac{1}{\omega_0 Is + K_D}}{1 + \dfrac{1}{R}\left(\dfrac{1}{1+sT}\right)\left(\dfrac{1}{1+sT_{CH}}\right)\left(\dfrac{1}{\omega_0 Is + K_D}\right)} \tag{3-17}$$

(三)电力系统频率控制

1. 频率的一次调整

当电力系统负荷发生变化引起系统频率变化时,系统内并联运行机组的调速器会根据电力系统频率变化自动调节进入它所控制的原动机的动力元素,亦改变输入原动机的功率,使系统频率维持在某一值运行,这就是

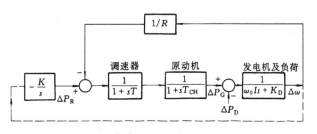

图 3-11　调速器—原动机—发电机—负荷组成的框图

电力系统频率的一次调整,也就是前面提到的一次调频。一次调频是电力系统内并联运行机组的调速器在没有手动和自动调频装置参与调节的情况下,自动调节原动机的输入功率与系统负荷功率变化相互平衡来维持电力系统频率的一种自动调节。

电力系统一次调频可用图 3-12 说明。图3-12 中,$P_G(f)$ 是电力系统等效发电机组的静态调节特性曲线,$P_L(f)$ 和 $P_L'(f)$ 是电力系统负荷的静态频率特性曲线。设电力系统中有 m 台机组并联运行,第 i 台机组的原动机组输出功率为 P_{Ti}、发电机输出的功率为 P_{Gi},则系统等效机组的原动机和发电机输出的功率分别为 $P_T = \sum\limits_{i=1}^{m} P_{Ti}, P_G = \sum\limits_{i=1}^{m} P_{Gi}$。对应于图 3-12 中的 A 点,如果忽略机组内部损耗,则

$$P_{TA} = P_{GA} = P_{LA}$$

由于此时等效机组的输入和输出功率相等,系统将稳定在 A 点运行。

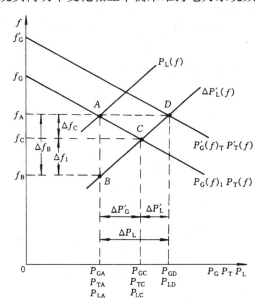

图 3-12　电力系统一次调频和二次调频过程

如果电力系统负荷功率突然增加 ΔP_L,系统负荷的静态频率特性曲线由 $P_L(f)$ 变为 $P_L'(f)$。由于电力系统中的电能是不能储存的,任何时刻电力系统中并联运行的机组发出的功率总和必须等于负荷所消耗的功率总和,所以,在电力系统负荷增加 ΔP_L 的瞬间,系统等效机组的发电机必须立刻多发出有功功率 ΔP_L。这样等值机组发出的功率将从图 3-12 中 P_{GA} 突然增加到 P_{GD},而等效机组的原动机输入仍然为 P_{TA}。将上述用数学描述,即

$$P_{\mathrm{G}} = P_{\mathrm{GD}} = P_{\mathrm{LD}} = \sum_{i=1}^{m} P_{\mathrm{G}i}$$

$$P_{\mathrm{T}} = \sum_{i=1}^{m} P_{\mathrm{T}i} = P_{\mathrm{TA}}$$

$$P_{\mathrm{G}} - P_{\mathrm{T}} = \sum_{i=1}^{m} P_{\mathrm{G}i} - \sum_{i=1}^{m} P_{\mathrm{T}i} = P_{\mathrm{GD}} - P_{\mathrm{TA}}$$

$$(3-18)$$

式中: P_{GD}、P_{TA}、P_{LD} 如图 3-12 所示。

根据能量守恒定律, 为了保持系统等效发电机有功功率的平衡, 机组会将转子中储存的一部分动能转换成电功率送往负荷, 即有

$$\Delta P_{\mathrm{L}} = \frac{\mathrm{d}}{\mathrm{d}t} \left(\sum_{i=1}^{m} W_{\mathrm{K}i} \right)$$

$$W_{\mathrm{K}i} = \frac{1}{2} J_i \Omega_i^2$$

$$(3-19)$$

式中　$W_{\mathrm{K}i}$ ——系统中并联运行的第 i 台机组转子中储存的动能, kJ;

$\sum_{i=1}^{m} W_{\mathrm{K}i}$ ——系统等效机组转子中储存的动能, kJ;

m ——系统中并联运行机组的台数;

J_i, Ω_i ——系统中第 i 台机组的机械转动惯量 (kg·m²) 和机械角速度 (rad/s)。

由式 (3-19) 不难看出, 在等效机组释放转子动能的同时, 自己的转速 (频率) 也随之下降。由图 3-12 看出, 随着频率下降, 一方面机组调速系统会按照等效机组的静态调节特性增加输入原动机的动力元素, 使原动机输出功率增加。另一方面根据负荷的静态频率特性, 负荷从系统取用的有功功率也要减少。上述过程一直进行到 C 点。在 C 点, $f = f_{\mathrm{C}}$, 等效机组的原动机输出功率与发电机输出的功率相等, 等于系统负荷的功率, 等效机组处于稳定运行状态。此时的运行状态可用下列数学描述:

$$f = f_{\mathrm{C}}$$

$$P_{\mathrm{TC}} = P_{\mathrm{GC}} = P_{\mathrm{LC}}$$

$$\frac{\mathrm{d}}{\mathrm{d}t} \left(\sum_{i=1}^{m} W_{\mathrm{K}i} \right) = 0$$

$$\Delta P_{\mathrm{L}} = \Delta P_{\mathrm{G}} - \Delta P'_{\mathrm{L}}$$

$$\Delta P_{\mathrm{G}} \sum_{i=1}^{m} P_{\mathrm{T}i} = \sum_{i=1}^{m} P_{\mathrm{G}i} = P_{\mathrm{G}i}$$

$$\Delta P'_{\mathrm{L}} = K_{\mathrm{L}} \Delta f$$

$$\Delta f = f_{\mathrm{C}} - f_{\mathrm{A}}$$

$$(3-20)$$

式中　ΔP_{G} ——等效机组多发出的有功功率, MW;

$\Delta P'_{\mathrm{L}}$ ——系统负荷从系统少取用的功率, MW。

当电力系统负荷突然减少时, 经过与增加负荷功率相反的调节过程以后, 系统会在某一频率稳定运行, 并同时满足式 (3-20) 描述的各项内容, 只是 Δf 和 $\Delta P'_{\mathrm{L}}$ 会变为正值, ΔP_{T}、ΔP_{G} 会变成负值。

由图 3-12 看出, 当负荷增加时, 如果机组调速器不进行调节, 即系统等效机组的输入

不变而仍为P_{TA}，负荷增加的功率（ΔP_L）就会全部由负荷频率调节效应调节。在这种情况下，系统将稳定在图3-12中的B点，$f=f_B$，$\Delta f_B=f_B-f_A$。图3-12中$\Delta f_1=\Delta f_B-\Delta f_C$就是一次调频的调节效果。

2. 频率的二次调节

用手动或通过自动装置改变调速器频率（或功率）给定值，调节进入原动机的动力元素来维持电力系统频率的调节方法，称为电力系统频率的二次调节，也称为二次调频。

改变调速器的频率给定值，实际上就是改变机组空载运行的频率。例如，增加频率给定值，则图3-12中的空载频率（对应于$P_G=0$时的频率）就会升高，设由f_0增加到了f'_0。由于没有改变调差系统的整定值，机组调速系统的静态调节特性曲线的斜率不会改变。这样，增加调速器中的频率给定值就使机组静态调节特性向上平移了。在图3-12中，由曲线$P_G(f)$向上平移到了$P'_G(f)$。同理，当减少调速器中频率给定值时，会使机组的静态调节特性向下平移。通过改变频率给定值可以保持系统频率不变或较少变化。如图3-12所示，当负荷功率增加ΔP_L之后，增加给定频率值，使机组静态调节特性向上平移到$P'_G(f)$，可以将系统频率由f_C调回到f_A，从而使系统频率保持不变。通过二次调节，系统负荷的变化ΔP_L就完全由等效机组输入功率的增加承担了，即

$$
\left.
\begin{aligned}
\Delta P_L &= \Delta P_{GD} - P_{GA}\sum_{i=1}^{m}P_{Gi} \\
\Delta f &= 0
\end{aligned}
\right\} \tag{3-21}
$$

四、单元机组无功负荷和电压的调节

电压和频率一样也是电能质量的重要指标。电力系统电压偏离额定值过多，对电能用户及电力系统本身都有不利影响。我国对电力系统运行电压和供电电压值都有规定规范要求，规定供电电压允许偏差如下：

（1）35kV及以上供电电压正、负偏差的绝对值之和不超过额定电压的10%，如果供电电压偏差为同号（均为正或负）时，按较大的偏差绝对值作为衡量依据；

（2）10kV以下三相供电电压允许偏差为额定电压的$\pm 7\%$；

（3）220V单相供电电压允许偏差为额定电压的$+7\%$、-10%。

在国家标准中，还对供电电压和电压偏差做出规定：

（1）供电电压为供电部门与用户的产权分界处的电压或由供电协议所规定的电能计量点的电压；

（2）电压偏差的计算公式如下：电压偏差（%）＝［（实测电压－额定电压）/额定电压］×100（%）。

维持电力系统电压在规定范围内运行而不超过允许值，是以电力系统内无功功率平稳为前提。电力系统中的无功电源主要是发电机。除此之外，还有并联电容器、同步调相机、静止补偿器等，高压输电线本身也产生无功功率。

电力系统电压和无功功率自动控制是使部分或整个系统保持电压水平和无功功率平衡的一种自动化技术。它的主要内容有：

（1）控制电力系统无功电源发出的无功功率等于电力系统负荷在额定电压下所消耗的无功功率，维持电力系统电压的总体水平，保持用户的供电电压在允许范围之内；

（2）合理使用各种调压措施，使无功功率尽可能就地平衡，以减少远距离输送无功功率

而产生的有功损耗，提高电力系统运行的经济性；

（3）根据电力系统远距离输电稳定性要求，控制枢纽点电压在规定水平，避免产生过电压。

由于发电机是电力系统中最重要的无功电源，且发电机的无功出力受发电机的励磁电流控制，因此，发电机的励磁控制系统就成了电力系统电压和无功功率控制系统的重要执行子系统，是电力系统电压和无功功率自动控制的重要组成部分。就此而论，电力系统电压和无功功率自动控制的内容还应包括发电机励磁调节器的结构、工作原理、励磁自动控制系统的工作特性等内容。

（一）电力系统的无功功率控制

电力系统无功功率控制的首要任务是控制电力系统中无功电源发出的无功功率总和等于电力系统负荷在额定电压时所消耗的无功功率总和，以维持电力系统电压的总体水平在额定值附近。其次是在保证上述"等于"关系成立的前提下，优化电力系统中无功功率的分布，即电力系统无功功率的优化控制。优化的内容有两个：一是负荷所需的无功功率让哪些无功功率电源提供最好，即无功电源的最优分布问题；二是负荷所需的无功功率是让已投入运行的无功电源供给好，还是装设新的无功电源更好，即无功功率的优化补偿问题。优化的目的是在保证电压质量的前提下获得更多的经济效益。

1. 维持电力系统电压的基本方案

电力系统电压是靠电力系统中无功功率平衡维持的。无功功率平衡关系可用式（3-22）表示：

$$\sum_{i=1}^{n} Q_{Gi} = \sum_{j=1}^{m} Q_{Lj} + \sum_{k=1}^{l} Q_{\Sigma k} \qquad (3-22)$$

式中 Q_{Gi}——无功电源 i 向系统供应的无功功率，MW；

     n——无功电源的个数；

     Q_{Lj}——负荷 j 所消耗的无功功率，MW；

     m——无功负荷的个数；

     l——系统损耗的个数；

     $Q_{\Sigma k}$——电力系统中损耗的无功功率，MW。

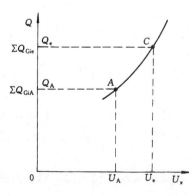

图 3-13 无功功率平衡
和电压水平的关系

由于电力系统中的电能是不能储存的，任何时刻发出的无功功率都等于消耗的无功功率。因此式（3-22）总是成立的。问题是式（3-22）在多高的电压下成立，需要进一步说明。

图 3-13 是电力系统无功负荷（包括无功损耗）的静态电压特性。如果电力系统电压 U_x 运行在额定电压 U_e，则系统负荷所消耗的无功功率为 Q_e。即式（3-22）等号右侧 $\sum Q_{Lj} + \sum Q_{\Sigma k} = Q_e$。如果电力系统中所有无功电源发出的无功功率总和 $\sum Q_{Gi}$ 也等于 Q_e，电力系统就会维持在额定电压运行，此时有

$$\sum_{i=1}^{n} Q_{Gie} + \sum_{j=1}^{m} Q_{Lje} + \sum_{k=1}^{l} Q_{\Sigma ke} \qquad (3-23)$$

式中符号意义同式（3-22），角标"e"表示运行在额定电压。

如果系统中所有无功电源发不出 Q_e 那么多无功功率，而只能发出 Q_A 这么多，系统负荷就只能消耗 Q_A 这么多了。这时系统将运行在 A 点，系统电压 $U_x = U_A$，系统负荷消耗的无功功率为 Q_A。将上述用数学式表达即

$$\sum_{i=1}^{n} Q_{GiA} = \sum_{j=1}^{m} Q_{LjA} + \sum_{k=1}^{l} Q_{\Sigma kA} \tag{3-24}$$

式中符号意义同式（3-22），角标"A"表示系统运行在 A 点。

上述表明，e 点和 A 点都是电力系统无功功率的平衡点，即系统既可以稳定在电压 U_e 运行，也可以稳定在电压 U_A 运行。以上分析说明，要控制电力系统在额定电压运行，就要控制电力系统中无功电源发出的无功功率等于电力系统负荷在额定电压时所需消耗的无功功率。如果这个"等于"关系不能满足，电力系统就会偏离额定电压运行。当无功电源发出的无功功率偏离负荷在额定电压下所需消耗的无功功率过多时，电力系统电压就会过多地偏离额定电压。维持电力系统电压在允许范围之内是靠控制电力系统无功电源的出力实现的。

发电机作为电力系统中的主要无功电源。通过调节发电机的励磁电流就可以调节发电机的端电压输出的无功功率，从而改变电力系统的无功功率平衡关系，控制系统电压的总体水平，改变电网中节点的电压及无功潮流分布，同时也可以控制距机端电气距离不大的节点电压。

调相机的容量可以做得很大，而且调节方便、灵活，是一种很好的无功电源。但调相机投资很大，只有在十分必要的场合才安装。因此电力系统中调相机的数量是有限的。调相机的电压调节作用与发电机相同。

并联电容器和电抗器以及静止补偿器的容量一般比较小，改变并联电容器和电抗器的容量或改变静止补偿器的电压稳定值，可改变并联这些补偿装置的结点和电压及与之相联接的线路的无功潮流。

用变压器调压时，通过改变变压器分接头位置即改变变比可进行调压。应选择一适当的变压器变比，使在运行时变压器高压或低压侧有合适的电压水平，但固定变比不能改变电压变化度；有载调压变压器能在运动中随时改变变比，调节电压的偏移，适用于电压变化幅度大的地方。

表 3-1 列出了各种无功功率电源性能的比较。

表 3-1 各种无功功率电源性能比较表

类型	投资	无功调节性能	安装地点	无功出力与电压的关系	对系统短路电流的影响	有功损耗
同步发电机	无需额外投资		各发电厂	不受影响	使短路电流增大	不必考虑
同步发电机			某些大用户		影响很小	不必考虑
同步调相机	大		枢纽变电所		使短路电流增大	大
静止补偿器	较大		枢纽变电所		不增大	中等
静电电容器	小	只能发出，可分级调节	分散在各变电所及大用户处	与电压平方成正比，是缺点	不增大	小
并联电抗器	小	只能吸收	高压远距离线路中间或末端	与电压平方成正比，是优点	不增大	小

2. 单元机组无功控制的经济性和稳定性

除了同步发电机以外，电力系统中的主要无功功率电源还有并联电容器、同步调相机、同步电动机、静止补偿器等。高压输电线路的充电功率相当于在线路上并联了电容器，因此高压输电线路也可以看成是无功电源。选用哪种无功电源，将它们配置在何处，如何控制系统中无功电源的出力，是很重要的。这些工作做得好，不仅可以提高电力系统的电压质量，而且还会减少无功传输过程中造成的无功和有功功率损耗，因而可以提高系统运行的经济性。例如，对于远离负荷中心的电厂，就不要它发过多的无功功率送往负荷。这是因为远距离地从电源经过变压器和输电线路向负荷输送无功功率，要产生电压损耗（高压线路和变压器上的主损耗主要是由无功功率造成的）和有功功率损耗，而且输送距离越远，经过的环节越多，电压损耗和有功功率损耗也就越大。因此，无功功率一般都尽可能地就地、就近平衡。

控制发电机输出无功功率的是发电机的励磁调节系统。在电力系统静态稳定方面，合理地选用自动励磁调节器，可以使发电机出口某一电抗器后面的电压维持不变。这相当于将发电机电抗和发电机后的电抗减少至零，从而提高电力系统的静态稳定性。在暂态稳定方面，采用高励磁顶值、快速响应的励磁系统，会使发电机在加速过程中迅速增大励磁电流，从而有效地改善电力系统的暂态稳定性。在现代大型发电机上采用高性能的励磁调节器提高励磁顶值电压和励磁电压上升速度，对提高电力系统稳定有明显的效果。

另外，在发电机励磁系统中加入电力系统稳定器（PSS）对抑制电力系统低频振荡也有一定作用。

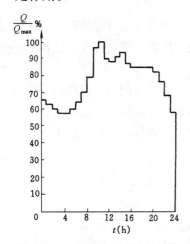

图 3-14　电力系统的无功功率
日负荷曲线

（二）电力系统的电压控制

电力系统正常运行时的电压变化主要是由负荷无功功率变化引起的。电力系统无功负荷的变化可分为两类：一类是变化周期长、波及面大，主要是由生产、生活和气象变化引起的负荷变化；一类是冲击性或间歇性负荷变化。前一类无功负荷的变化可以根据经验和统计规律预测，如图 3-14 所示。后一类负荷主要是往复式泵、电弧炉、卷扬机、通风设备等等。这些负荷的功率变化周期短，频率一般在 0.01Hz 至 2Hz 不等，而且变化是随机的，不能事先预见。

电力系统中无功电源有多种。由于存在线路阻抗和变压器漏抗，电能（主要是无功功率）通过电力线路和变压器时会使电压下降。因此，一般说来，系统稳定运行时系统中各结点电压的相对值是不相等的。而且由于上述电压降随输送功率的变化而变化，这就使得系统中各结点电压又是随负荷功率变化而变化的。电力系统电压控制的首要任务是控制电力系统中各种无功功率电源发出的无功功率总和等于负荷在额定电压时消耗的无功功率总和，维持电力系统电压的总体水平在额定值附近。其次是控制电力系统各结点电压在允许范围之内。

通常所谓电力系统电压控制主要是针对图 3-15 进行的。

电力系统电压控制是在已经解决了冲击性和间歇性负荷引起的电压波动的基础上进行

的。由于电力系统结构复杂，负荷极多，如果对每一个用电设备的电压都进行监视和控制，不仅没有可能，而且也没有必要。电力系统电压的监视和控制是通过监视和控制中枢点的电压实现的。所谓电压中枢点系指某些可反映系统电压水平的主要发电厂或枢纽变电站的母线电压。因为很多负荷都由这些中枢点供电，如能控制住这些点的电压偏移，也就控制住了系统中大部分负荷的电压偏移。通常所说的电力系统电压控制就是控制各电压中枢点的电压偏移不超过允许范围。

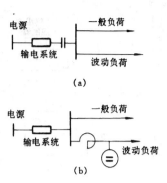

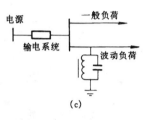

图 3-15 限制电压波动的措施

(a) 设置串联电容器；(b) 设置调相机和电抗器；(c) 设置静止补偿器

五、自动发电控制

电力系统频率和有功功率自动控制统称为自动发电控制（AGC）。

AGC（Automatic Generation Control）是互联电力系统运行中一个基本的重要的计算机实时控制功能。其目的是使系统出力和系统负荷相适应，保持额定频率和通过联络线的交换功率等于计划值，并尽可能实现机组（电厂）间负荷的经济分配。一般来说，在互联电力系统中，任一地区系统发生负载变化，一次调整结束后，仍存在频率偏移和联络线的交换功率不能维持规定值，不能保证系统功率的经济分配。这使得需要对机组施加外界的控制作用，即二次调节。由于系统规模日益扩大，而人工调频又有局限性，不可能由一个容量足够大的调频厂来承担全部调频容量（即过去称主调频厂），不便吸收更多的电厂参加调频（因人工控制难于协调配合）。另外，在实际运行手动调频方式下，一天内各时间段的计划负载与实际负载不可能一致，其差值部分称为计划负载，亦由调频厂来负担。系统对计划内负载的分配（即预定的机组发电计划，包括开停计划）能考虑经济分配原则，但计划外负载则不能按经济原则进行分配，而只能由调频厂承担，难于做到电力系统负载在各机组间的最佳分配，不能完全实现经济调度。对互联系统也难于做到联络线交换功率维持在规定值。因此采用自动发电控制（AGC）成为必然。

具体地说，自动发电控制有四个基本目标：

（1）使全系统的发电出力和负荷功率相匹配；

（2）将电力系统的频率偏差调节到零，保持系统频率为额定值；

（3）控制区域间联络线的交换功率与计划值相等，实现各区域内有功功率的平衡；

（4）在区域内各发电厂间进行负荷的经济分配。

上述第一个目标与所有发电机的调速器有关，即与频率的一次调整有关。第二和第三个目标与频率的二次调整有关，也称为负荷频率控制 LFC（Load Frequency Control）。通常所说的 AGC 是指前三项目标，包括第四项目标时，往往称为 AGC/EDC（经济调度控制，即 Economic Dispatching Control），但也有把 EDC 功能包括在 AGC 功能之中的。

自动发电控制（AGC）是由自动装置和计算机程序对频率和有功功率进行二次调整实现的。所需的信息（如频率，发电机的实发功率，联络线的交换功率等）是通过 SCADA 系统经过上行通道传送到调度控制中心的。然后，根据 AGC 的计算机软件功能形成对各发电厂（或发电机）的 A GC 命令，通过下行通道传送到各调频发电厂（或发电机）。

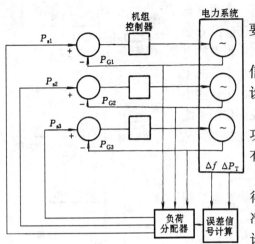

图 3-16 自动发电控制示意图

自动发电控制是一个闭环反馈控制系统，主要包括两大部分，见图 3-16。

(1) 负荷分配器。根据系统频率和其他有关信号，按一定的调节准则确定各机组的有功出力设定。

(2) 机组控制器。根据负荷分配器设定的有功出力，使机组在额定频率下的实发功率与设定有功出力相一致。

自动发电控制系统中的负荷分配器是根据测得的发电机实际出力和频率偏差等信号按一定的准则分配各机组应调节的有功出力。决定各机组设定功率 P_{si} 的一种简单的办法是

$$P_{si} = a_i \left(\sum_j P_{Gj} - B\Delta f \right) \qquad (3-25)$$

式中　B——频率偏差系数，对单区域单机组情况与式（3-11）发电机单位调节功率意义相同；

　　　a_i——分配系数，$\Sigma a_i = 1$。

所以，系统机组总的设定功率为

$$\sum_i P_{si} = \sum_i a_i \left(\sum_j P_{Gj} - B\Delta f \right) = \sum_j P_{Gj} - B \qquad (3-26)$$

也就是说，系统机组总的设定功率取决于系统机组总的实发功率及系统的频率偏差。偏差越大，设定功率的变动越大。当频率偏差趋近于零时，系统机组总的设定功率就与实发功纺相等。至于分配到每台机组的设定值则由分配系数 a_i 规定。

对于分区调频的电力系统，可取 ACE（区域控制偏差）作为调节信息，根据分配系数 a_i（$\Sigma a_i = 1$）可确定各机组的有功出力设定

$$P_{si} = a_i \left[\sum_j P_{Gj} - (\Delta P_T + B\Delta f) \right] \qquad (3-27)$$

按固定分配系数方法控制出力的缺点是，各机组按固定的比例分配出力，一般并不符合功率经济分配原则。为了克服这个缺点，可采取一些更好的经济分配的控制方法。下面对此作简要介绍。

1. 频率积差控制（AFC）

20 世纪 50 年代的某些调频方式和准则，随着系统发展和自动控制水平提高已不适用了，如主导发电机法（主调频厂式的人工调频，仅适用于小容量电力系统）早已为 AFC 所代替；虚有差调频法和虚无差调频法，仅反应频率的偏差信号，且有功功率在多个调频厂之间是按固定比例分配的，不符合经济调度的分配原则。同时，区域系统间联络线交换功率的控制也无法和调频结合在一起综合考虑，这些调频法已不能满足现代电力系统的运行要求。

频率积差控制又称同步时间法，它是利用频率偏差的积分值进行调频控制，可用式（3-28）表示

$$P_R = -K \int \Delta f \mathrm{d}t \qquad (3-28)$$

式中：K 是由系统的频率负载特性所决定的比例系数；P_R 是需调频机组总的给定功率，MW；负号表示给定功率的增量和频率偏差 Δf 相反。由于采用积分环节，调节结束稳态的充要条件是 $\Delta f = 0$，表示系统频率恢复到额定值，实现系统频率无差调节。频率积差控制在 AGC 中可看作是调速器一次调整以外的辅助控制，如图 3-11 及其虚线部分，表示了发电机组单独供电时具有频率积差控制机组调速系统的传递函数结构图。对单个机组的情况，二次频率调节后，使 $\Delta f = 0$，系统发出功率与负载功率相平衡，即 $\Delta P_G = \Delta P_D$。

2. 其他控制方法

除 AFC 控制方法外，目前电力系统 AGC 控制中广泛应用的还有联络线控制，机组经济功率分配控制以及实时经济调度控制等。其中联络线控制利用式（3-10）和式（3-24），将控制地区系统间联络线上的交换功率控制为协议限定的数值，以便实现某一地区系统发生的负载变化由该地区系统的机组来承担调节。若强调按联络线功率偏差控制方式则还被称为联络线偏差控制（TBC）。

第二节　火电厂机炉与电气系统的安全监控

本节介绍的火电厂机炉与电气系统的安全监控主要指锅炉炉膛安全监控系统（FSSS）、汽轮机监视仪表系统（TSI）与振动监测、电气系统的监控与保护系统（主要指已经纳入 DCS 的部分），以及与机组运行有关的电力系统安全控制等。

一、锅炉炉膛安全监控系统

锅炉炉膛安全监控系统（furnace safety supervisory system，FSSS），有时也称作燃烧器管理和控制系统（burner management control system，BMS），它是大型锅炉机组必备的一种安全监视保护系统。在锅炉启动、停止及正常运行时，连续监视燃烧系统的有关参数和设备运行状态，不断进行逻辑判断和逻辑运算，必要时发出动作指令，通过各种联锁装置，使燃烧设备的有关部件严格按照既定的合理程序完成必要操作或处理未遂性事故，以保证操作人员及锅炉设备的安全。

（一）FSSS 的主要作用与功能

炉膛安全监控系统在锅炉启、停阶段，按运行要求启、停油燃烧器和煤燃烧器。在机组事故情况下，FSSS 与 CCS 配合完成主燃料跳闸（master fuel trip，MFT）、机组快速甩负荷（fast cut back，FCB）及辅机故障减负荷（run back，RB）等功能。当机组发生严重故障而需主燃料跳闸时，由 FSSS 发出 MFT 指令，实行紧急停炉。当电网、发电机或汽轮机故障而需机组快速甩负荷时，FSSS 接到 FCB 指令后，迅速投入油层，并将煤层全部切除，使锅炉带最低负荷运行，实现停机不停炉。当锅炉辅机故障而发生 RB 时，FSSS 将迅速切除部分磨煤机，使机组负荷降低至预先规定的负荷目标值。上述动作，FSSS 仅完成锅炉及其辅机的启停监视和控制功能，调节功能由 CCS 完成。

大型火电机组的炉膛安全监控系统一般具有以下功能：

（1）锅炉点火前和燃烧后的炉膛吹扫；

（2）油系统和油层的启停控制；

（3）制粉系统和煤层的启停控制；

（4）炉膛火焰监测；

(5) 有关辅机(如一次风机、密封风机、冷却风机、循环泵等)的启停控制和联锁保护;

(6) 二次风挡板控制;

(7) 主燃料跳闸（MFT）;

(8) 机组快速甩负荷（FCB）;

(9) 辅机故障减负荷（RB）;

(10) 机组运行监视和自动报警。

按照美国防火协会标准设计的炉膛安全监控系统，功能多，控制范围广，而且与控制对象密切相关，即不但与锅炉结构、燃烧器布置、制粉系统、油系统、点火器及运行方式等有关，而且与一次仪表取样点、火焰检测器的安装位置及执行机构的工作性能都有直接关系。炉膛安全监控系统（FSSS）功能框图如图 3-17 所示。

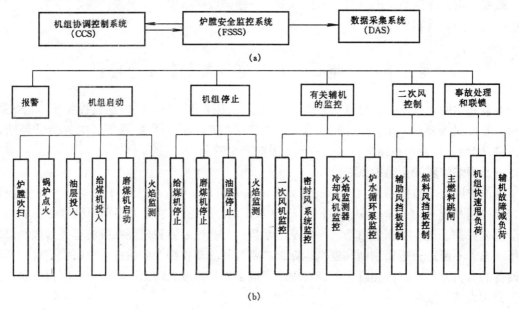

图 3-17　FSSS 功能框图

(a) FSSS 与 CCS、DAS 的连接示意图; (b) FSSS 功能框图

(二) 炉膛安全监控系统的组成

1. 基本组成

一个完整的炉膛监控系统通常由四部分组成：运行人员控制盘、驱动器、敏感元件和逻辑系统。

(1) 运行人员控制盘。操作指令可由运行人员通过盘上的指令器件（如开关、按钮等）发出，通过逻辑系统控制有关驱动器动作。盘上还有设备运行状态灯，指示运行操作情况。

(2) 驱动器。将燃料和空气送入炉膛燃烧的执行机构，如磨煤机、给煤机的电动机启动器，油枪驱动器等。

(3) 敏感元件。包括油、风的压力、温度和流量检测，炉膛火焰检测等。

(4) 逻辑系统。运行人员的操作指令通过逻辑系统判断，满足一定的安全条件后，发出有关设备的启动指令。当出现危及机组安全运行时，逻辑系统发出停止有关设备运行的操作指令。因此，逻辑系统是 FSSS 的心脏。

2．火焰检测器

(1) 检测方法。炉膛火焰发出的辐射能以不同的频率闪烁着，不同燃料、不同燃烧区的闪烁频率是不同的。炉内燃烧的好坏，火焰的平均光强度也是不同的。火焰检测器就是利用火焰的闪烁频率和光强度来鉴别火焰有无及强弱的。

(2) 检测器类型。常用的火焰检测器有紫外线式、红外线式和可见光式等几种形式。

(3) 特点。六七十年代广泛采用紫外线式火焰检测器，特别是燃油、燃气炉上使用效果较好。但在燃煤炉上，特别是在低负荷时，煤粉火焰的紫外线成分少，且被粉尘吸收，因而使用效果较差。80 年代，燃煤锅炉已广泛使用红外线和可见光式火焰检测器，如 CE 公司的 SAFESCAN－Ⅰ型和Ⅱ型就属于可见光式火焰检测器，它以火球火焰监视为基础建立熄火保护逻辑。目前采用光纤和 CCD 开发的图形图像火检装置，更增强了火检设备的性能。

3．控制装置

(1) 控制装置类型。目前国内投运的 FSSS 装置类型很多，常见的有美国燃烧工程 (CE) 公司的 FSSS 炉膛安全监控系统，美国福尼（Forney）公司的 AFS－1000 锅炉火焰检测及安全保护系统，日本三菱公司的 DABS 自动燃烧器控制系统，美国贝利公司 N－90 分散控制系统的 BMS 燃烧器管理系统，还有引进机组随主机配套提供的其他型式的 FSSS 系统以及国内生产的简易型炉膛安全监控系统等。

(2) 硬件配置及发展：

1) 最早的逻辑系统采用电磁继电器，后来采用固态电路作为逻辑系统的控制器件。

2) 在固态硬接线控制系统的基础上发展成采用单板计算机构成的微机型控制系统，如美国 Forney 公司的 AFS－1000 燃烧器管理系统等。

3) 近年来可编程序控制器（PLC）发展较快，因而利用单独的 PLC 控制各个燃烧器，然后将各 PLC 挂接到上位计算机上，进行综合控制。如日本三菱公司的 DABS 自动燃烧器控制系统就是采用这种方式配置的。

4) 各种燃烧器分别由几个 PLC 控制，采用冗余的组态方式，配置成环形控制系统，以提高 FSSS 的可靠性。如美国 CE 公司 FSSS 的近期产品就是这样配置的。

5) 80 年代开始，以微处理器为基础的分散控制系统迅猛发展，它将局部的功能系统（如 BMS、CCS、DAS 等）视为某些结点，用通信环路将诸多结点联系起来，燃烧器管理系统作为一个结点通过环路接口模件与通信环路相连，使控制系统更完善、更可靠。如国内很多电厂采用 INF1－90 分散控制系统及 MAX1000＋plus 对大型火电机组进行综合控制。

(三) FSSS 系统运行

下面以某国产 300MW 机组配置美国 CE 公司 FSSS 的运行情况作一介绍。

1．燃烧器布置

该锅炉的燃烧器布置在炉膛的四周，燃烧器的中心线与炉膛中央的假想圆相切（图 3－18）。

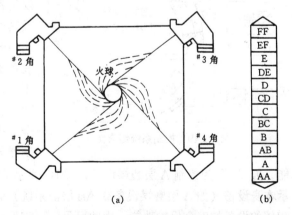

(a)　　　　　(b)

图 3－18　燃烧器布置示意图

(a) 燃烧器四角布置示意图；(b) 一个角的层布置示意图

燃烧器采用炉膛四角布置，每个角的燃烧器分五层布置，自下而上的 A、B、C、D 和 E 为煤粉层，AB、BC 和 DE 为燃油层。此外，设置了辅助风、燃料风和过燃风（FF 层）。表 3-2 列出了整个燃烧器组标高层的各种辅助风、燃烧风、过燃风、煤粉喷嘴、暖炉油枪、点火器及火焰检测器的分布情况。

该机组的燃烧器主要设备有：高能点火器 12 只、轻油点火器 12 只、暖炉油燃烧器 12 只、煤粉燃烧器 20 只、辅助风喷口 24 只、燃料风喷口 20 只、Ⅱ型火焰检测器 12 只、Ⅰ型火焰检测器 4 只。

表 3-2 　　　　　　　　　　　　　燃 烧 器 布 置 一 览 表

层	辅助风	燃料风	过燃风	主燃料（煤粉）	暖炉油	轻油点火器	火焰检测器 Ⅰ型	火焰检测器 Ⅱ型
FF			✓					
EF	✓							
E		✓		✓				
DE	✓				✓	✓		✓
D		✓		✓				
CD	✓						✓	
C		✓		✓				
BC	✓				✓	✓		✓
B		✓						
AB					✓	✓		
A	✓			✓				
AA	✓							

注　"✓"表示采用。

2. 环形分配器控制系统

CE 公司 FSSS 的逻辑控制采用可编程序控制器组成的环形分配器，其控制系统组态图如图 3-19 所示。

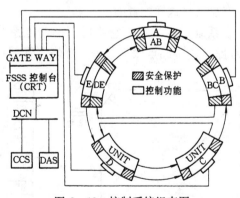

图 3-19　控制系统组态图

图 3-19 中，由五台可编程序控制器构成的环形分配器网络，分别控制 A、B、C、D 和 E 层磨煤设备和 AB、BC 和 DE 层油系统。每层磨煤设备包括一台磨煤机及其电动机、一台给煤机及其电动机、一次风及二次风系统、调风挡板及阀门的控制装置、点火系统、反馈敏感元件及仪表系统等。图 3-19 中标有 "UNIT" 的为专门用来控制整台锅炉机组的单元控制部分，如炉膛吹扫、点火风机和火焰检测器冷却风机的控制、全炉膛火焰检测器故障、主燃料跳闸等。每个控制器分为三部分：中间的空白部分用于控制功能，如 "A" 为控制 A 层磨煤设备，"AB" 为控制 AB 层油系统，其右边画阴影线的部分表示本身设备（如 A 层磨煤设备或 AB 层油系统）的安全保护功能；左边画阴影线的部分表示相邻的设备的安全保护功能。由此可见，可编程序控制器配置成环形网络后，使安全功能具有双重化性质。当一台控制器故障时，其保护功能由其相邻的控制器来承担，从而提高了系

统的可靠性。这种采用部分双重化比采用整体双重化结构形式较为经济。各控制器之间的联系及与外系统的联系均通过硬接线连接，由门路（GATE WAY）挂接到分散通信网络（distributed communication network，DCN），以便与其他系统（如 DAS、CCS 等）进行数据通信。FSSS 可以独立配置 CRT，也可通过整个机组的通信网络与其他系统合用公共的操作员站和工程师站。

表 3-3　　　　　　　　　　锅 炉 主 燃 料 跳 闸 条 件

主燃料跳闸条件	中间储仓式制粉系统			直吹式制粉系统		
	全炉膛灭火保护	层火焰灭火保护	单燃烧器灭火保护	全炉膛灭火保护	层火焰灭火保护	单燃烧器灭火保护
炉膛压力高二值	✓	✓	✓	✓	✓	✓
炉膛压力低二值	✓	✓	✓	✓	✓	✓
全部送风机跳闸	✓	✓	✓	✓	✓	✓
全部引风机跳闸	✓	✓	✓	✓	✓	✓
全部一次风机跳闸	✓	✓	✓	✓	✓	✓
全部膛火焰丧失	✓	✓	✓	✓	✓	✓
火焰检测器冷却风压低，延迟 $x\mathrm{s}$	○	○	○	○	○	○
风量小于额定负荷风量30%		○			○	
手动跳闸	✓	✓	✓	✓	✓	✓
控制电源或气源故障延时	✓	✓	✓	✓	✓	✓
全部排粉机跳闸且总燃油（或燃气）阀关闭	✓	✓	✓			
全部给粉机跳闸且总燃油（或燃气）阀关闭	✓	✓	✓			
全部给煤机（或磨煤机）跳闸且总燃油（或燃气）阀关闭				✓	✓	✓
发电机变压器组内部故障	✓	✓	✓	✓	✓	✓
汽包水位高三值	✓	✓	✓	✓	✓	✓
汽包水位低三值	✓	✓	✓	✓	✓	✓
给水丧失（直流炉）	✓	✓	✓	✓	✓	✓
汽轮机跳闸	○	○	○	○	○	○

注　对带有旁路系统的中间再热机组，汽轮机跳闸时是否动作 MFT，应根据旁路容量大小、旁路系统快开速度及机组是否具有 FCB 等运行工况而定。"✓"表示采用，"○"表示可采用。

3.MFT 控制逻辑

逻辑系统是 FSSS 的核心，它包括很多逻辑系统，如炉膛吹扫、煤层控制、油层控制、主燃料跳闸（MFT）等等。下面以主燃料跳闸为例介绍 MFT 动作条件。

锅炉点火、正常运行过程中，若出现危及机组安全运行的情况时，应自动切除通往锅炉的一切燃料，实现紧急停炉。引起锅炉主燃料跳闸（MFT）的因素很多，表 3-3 列出了锅炉主燃料跳闸的条件，由于各个厂的制粉系统不同，机组的结构型式、配用辅机、热力系统和运行方式等存在很大差异，因而锅炉主燃料跳闸的条件也不尽相同。

二、振动监测与汽轮机监测仪表系统（TSI）

许多旋转机械，如发电厂的汽轮发电机组、各种离心压缩机、核电站的冷却泵等，都是安全监测的关键设备。

旋转机械中的转子通过轴承（油膜轴承或滚动轴承）支承在轴承座内，转子与其轴承以及转子上的部件，如叶轮、叶片等，构成了转子—支承系统，整个支承系统的动力学特性都将影响到转子的运行状态。一般引起转子故障的原因有：质量不平衡，转子受力或受热作用引起的弯曲，轴与轴承座的不同心性，转轴上零部件的松动，轴裂纹或叶片断裂，轴承油膜涡动及油膜振荡等，这些故障将会导致转子的振动。

转子振动主要有强迫振动与自激振动，强迫振动是由于质量不平衡、联轴器不对中，以及安装不善引起的轴弯曲等因素造成的。强迫振动的频率一般等于转子频率，转子—支承系统中常见的自激振动现象有：油膜半速涡动和油膜振荡、由于转子的内阻而引起的不稳定自激振动、由于动静部分间的干摩擦而引起的自激振动等等。

汽轮机监测仪表系统（turbine supervisory instrumentation，简称 TSI）是一种多通道监测系统，用于连续测量汽轮发电机组主轴和壳体的机械状态参数。它可以指示机组状况，输出记录，越限报警。当发出危险信号时，还能触发联锁机构，使机组自动停机，并为事故分析提供数据。

（一）转子振动信号的测量与处理

转子的一般振动监测方法主要包括两部分：前一部分是传感器和专用信号处理线路，其功能是将机械振动变换为可以被一般分析测量仪器所能接受的并且具有灵敏度归一化的电压信号。后一部分在于将前面所获得的原始电压信号加以分析、处理和记录、显示等。在转子振动监测中常用的传感器有磁电式速度计、压电式加速度计、电涡流式位移传感器等。磁电式速度计用于测量轴承座、机壳及基础的低频区的振动速度和振动位移（经积分网络），其频带约为 $10 \sim 500\text{Hz}$，即相当于转子 $600 \sim 30000\text{r/min}$。压电式加速度计用于测量轴承座、机壳的绝对振动，有较宽频带，一般为 $0.2\text{Hz} \sim 10\text{kHz}$，能够测量高速旋转机械的因气流脉动或滚动轴承故障等引起的高频振动。非接触式涡流传感器用于测量转子轴相对于轴承的相对位移（包括轴心平均位置及轴心轨迹）。这种传感器具有零频率响应，对于判断运转过程中的轴心是否处于正常位置，是十分有用的一种测试手段。光电传感器用于测得转子转速信号，并提供识别相位的脉冲基线。

由传感器获取的振动信号经基频检测仪或实时频谱仪分析处理以后，再由函数记录仪、电子示波器、数字绘图仪、打印机等显示、记录，最终利用分析得到的数据和图形获取旋转机械的故障诊断信息。主要包括了时域振动波形，频域伯德图、奈奎斯特图以及概率分布图和轴心轨迹图形等。

1. 转子基频信号幅值与相位的测量

转子振动信号中的基频等于转速频率，是由于质量不平衡因素而引起的受迫振动，它是表明旋转机械运动状态的最重要因素，在进行振动监测或动平衡时，特别需要精确地测定基频振动的幅值及其相对于转子上某一刻线的相位角。

旋转机械的振动信号中不仅有基频成分而且包含有倍频及其他许多频率成分，因此，为了从合成波形中获得基频振动的幅值与相位，检测装置具有跟踪滤波或相关处理的功能。基频检测仪可与巡回检测装置、显示记录设备一起构成旋转机械的多点振动监测系统，若与报警设备、自动停机系统相联，还可构成自动维护系统。通过基频检测仪得到的伯德图或奈奎斯特图形能够把转速、旋转振动或力以及不平衡点相对于转轴参考点的相位滞后联系起来，是表示旋转机械性能好坏的极为有用的手段。

2. 轴心运动轨迹的监测

轴心运动轨迹一般是指轴心相对于轴承座在其与轴线垂直的平面内的运动轨迹，这一轨迹是一平面曲线。可用两个电涡流传感器测量，这两个传感器安装在同一轴断面上，互成90°，如图3-20所示。两个传感器拾取的位移振动信号经放大器、双通道基频检测仪，输入给电子示波器。

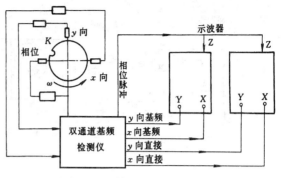

图 3-20　轴心轨迹测试装置图

轴心运动轨迹可利用电子示波器的李沙茹图形显示，图3-21表示了由 X、Y 方向上输入位移振动信号合成的轨迹图形。

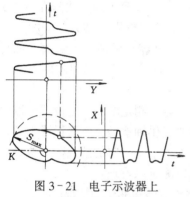

图 3-21　电子示波器上
的合成轨迹图形

一般情况下，当轴的各向弯曲刚度（包括支承刚度）相同时，转轴由于不平衡质量引起的运动为同步进动，反映在 X、Y 主向上为只有基频成分的正弦振动，而且它们的幅值相等，相位差为90°。在这种情况下，轴心轨迹为一圆图像，实际上多数转轴的各向弯曲刚度，特别是轴承油膜各向刚度不同。因此，由于不平衡质量引起的轴心轨迹近似于一个椭圆。

实际情况下，引起转轴的振动，除了不平衡质量的基频振动外，还有由于油膜涡动、油膜振荡以及摩擦等因素引起的其他振动频率成分。这时轴心运动轨迹的图形特征亦不相同。轴心运动轨迹的形状，直接而形象地描述了机械转子的运动状态，是获取诊断信息的有效手段，表3-4列出了一般情况下，位移振动信号的时域波形、X-Y 向合成轨迹图形与其相应的转轴的缺陷和故障诊断结果。

表 3-4　　　　　　　　位移振动信号分析

缺　陷	时　域	X-Y 轨迹	诊　　断
不对中			典型的严重不对中
油膜涡动			与不平衡相似而且涡动频率较慢，小于轴转速的0.5倍
摩　擦			接触产生花状，它叠加在正常的轴心轨迹上
不平衡或轴弯			椭圆的 X-Y 显示

3. 轴心平均位置的测定

对于油膜轴承，其轴心位置随转速和载荷不同而浮动。为了测定轴心偏离轴承中心的幅度及方位角亦需要用两个非接触式电涡流传感器，如图3-22所示，图中 X-Y 记录仪用以

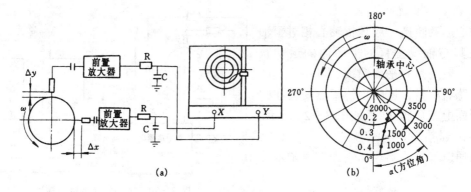

图 3-22 轴心平均位置的测定

绘制轴心位置随转速或其他因素变化的曲线。实际上，前置放大器的输出是一个脉动电压信号，其直流部分正比于平均间隙，而交流部分正比于轴心绕平均位置的振动。为了测量平均间隙，需从总信号电压中取出直流部分（或平均电压值）。一种简单的方法是在 X-Y 记录仪输入端前面置 RC 分压回路。其中 R 作为前置器的交流负载电阻，其数值应根据前置器的输出阻抗来决定。在电容 C 的两端提供平均直流电压，电容 C 的值要足够大，使得它对交流部分的阻抗非常小。这样，在电容两端就能获得稳定的正比于平均间隙的直流电压。

轴心平均位置的监测亦是旋转机械故障分析的一项重要内容，测定轴心平均位置可以说明转轴是否处于预期的正常位置。轴心的位置及其方位角还能提供轴承是否有磨损或不正常的预载荷信息。例如，由于轴系在安装时不对心，将给轴承处加某一方向的预载荷，这种载荷将使轴心偏离正常位置，这些都可以通过轴心平均位置的监测予以发现。

图 3-22（b）是表示旋转轴在起动过程中，轴心平均位置随转速变化的情况。

（二）汽轮机监视保护系统

图 3-23 为引进型 300MW 汽轮发电机组的监视仪表系统图。它包括多种传感器、四个机箱（箱内装有电源、各种监视仪表和记录仪表）及 TSI 报警告示牌等。

整个 TSI 系统采用的传感器主要是涡流传感器，用于测量轴向位移、偏心度、相位角、转速、零转速和双探头径向振动。涡流传感器与惯性式振动传感器组合后，用于测量轴的绝对振动、轴的相对振动和轴承座振动。差胀、缸胀和阀位采用线性差动变压器式传感器（LVDT）。

报警告示牌上面有机组结构示意图，所有报警（A）和跳闸（T）指示灯安装在轴系的相对位置。一旦某处发出信号，运行人员迅速得知哪一部分出现了故障，以便及时处理。

除 TSI 外，另一种 RMS 系统在我国电厂应用十分广泛，旋转机械安全监视装置（rotating machinery supervision，RMS）用于汽轮机、压缩机、鼓风机等各种旋转机械的安全监测。监视的主要参数是：轴向位移、差胀、转速、轴承座的绝对振动或轴的相对振动和主轴的偏心度等。整套装置所用的传感器主要是非接触式涡流传感器，监测重要参数的指示、报警、记录、监控等。

图 3-24 为国产某 200MW 机组测点布置图。整套系统共有 7 种监测项目的 21 个监测点，包括轴承座振动 7 点（5~11）；轴振动 4、8、12、17、20、21，其中 4、8、12、17 为测量轴的垂直振动，21、20 为测量轴的水平振动；转速和键相器测点各 1 点；高、中、低

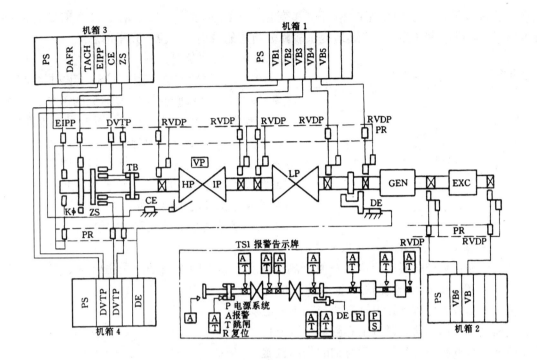

图 3-23 汽轮机监视仪表系统图

HP—高压缸；IP—中压缸；LP—低压缸；GEN—发电机；EXC—励磁机；PR—前置器；
EIPP—偏心度；DVTP—双选轴向位移；RVDP—双探头径向振动；VP—阀位；Kφ—键
相器；ZS—零转速；TB—推力轴承；CE—汽缸膨胀；PS—电源；DVFR—数字矢量滤
波器；TACH—转速；VB—轴承振动；DE—差胀

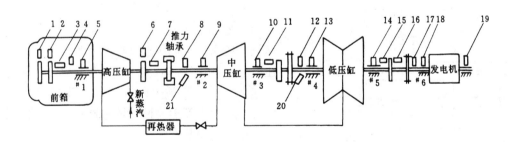

图 3-24 200MW 汽轮机组监视仪表系统测点布置图

1—转速传感器；2—键相器；3—高压缸差胀传感器；4、8、12、17、20、21—轴振动传
感器；5、9、10、13、14、18、19—轴承座振动传感器；6—偏心度传感器；7—轴向位
移传感器；11—中压缸差胀传感器；15、16—低压缸差胀传感器

压缸差胀 4 点；偏心度和轴向位移各 1 点。

（三）TSI 的监测参数简介

1. 转轴径向振动的监测

在汽轮机的每个轴承或靠近轴承的位置上，都安装两个互成 90°的电涡流传感器。X 传
感器沿水平方向，Y 传感器沿垂直方向。利用非接触式电涡流传感器可以直接测量转轴的

振动，获得转子相对于轴承座的相对位移变化，将此位移振动信号输给数字矢量滤波器（DVFR），经跟踪滤波后，可连续地提供故障分析用的振幅、相位、频率信息。

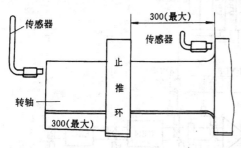

图 3-25 转轴轴向位置监测

2. 转轴轴向位置监测

转轴轴向位置监测（图 3-25）能够指示出不正常的轴向运动和迫近的止推轴承的破坏，以避免转子和定子之间的摩擦。轴位置测量要求准确，预报警及危险报警反应要迅速。为此，传感器应尽量安装在止推盘附近，止推盘与传感器测点之间的距离不应超过 300mm，转轴位置传感器最好直接测量止推环的轴向位移，有时由于结构限制，也可以测量轴的端部或轴肩的轴位移。

3. 转轴偏心与偏心度峰—峰值的监测

利用监测转轴径向振动的传感器便可测得偏心。测量的方法是，先测出 X、Y 两平面上的径向位置，即振动监视仪上显示的径向间隙，再按所测得的数值计算出轴心线与轴承中心线的偏离位置及偏位角。通过偏心测量可以分析预加载荷、静电腐蚀及其他因素对轴的径向位置的干扰。慢转速下的偏心度峰—峰值可以指示大轴弯曲量的总和，只有偏心度峰—峰值低于某一限定值时，才允许机组启动升速。测量偏心度峰

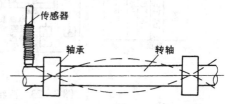

图 3-26 转轴偏心度峰—峰值的监测

—峰值的电涡流传感器安装在轴承旁边，如图 3-26 所示。偏心度峰—峰值监测仪的电路带有峰—峰值保持器，能够直接指示出大轴挠度的峰—峰值。

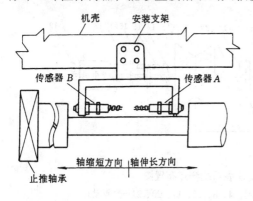

图 3-27 转轴与壳体的差胀监测

4. 转轴与壳体的差胀监测

大型汽轮机组一般有 3～4 个汽缸，包括高压缸、中压缸、低压缸（有时分为低压缸Ⅰ和低压缸Ⅱ）。由于缸体与轴承受热不均匀，两者膨胀速率不同，需要监视这一参数，以避免转轴与缸体之间发生摩擦碰撞。传感器一般采用电涡流式，用支架安装在机壳上，如图 3-27 所示，有时用两个传感器同时测两个部位，轴伸长靠近传感器称为短方向，轴伸长远离传感器称为长方向，在差胀监视仪的表头上，都标明了差胀的长方向和短方向。

5. 壳体膨胀监测

机组启动时，机壳受热膨胀，为避免机组的"滑脚"卡住，引起机壳变形，或由于机组过热引起机壳相对基础的膨胀量过大，需要监测这一参数。一般采用线性可变差动变压器式传感器（LVDT），这是一种接触式位移传感器，由一个可移动的芯和一个固定的变压器组成。传感器安装在机座上，铁心杆抵在机壳上。当机壳受热膨胀后便带动铁心杆移动，移动量值经机壳膨胀监视仪的电路调整后，即可在监视仪表上指示出来。

6．转速监测

利用安装在转轴驱动端的电涡流传感器或光电传感器获取每一次的脉冲信号，经转速监视仪的电路调整后，显示出转速值。对于大型汽轮发电机组来说，如果工作转速超过限定值时，就被看作是事故状态，必须立即采取应急措施，避免"飞车"事故发生。

7．零转速监测

在机组停机过程，为避免温度不平衡引起转子变形，需要经过盘车阶段，即机组在慢转速下运行一段时间，使机组各部分温度均匀地降下来，再完全停转。为了使盘车机构准确无误地投入工作，需要对盘车机构及机组主轴的转速脉冲周期限定在设定值范围内。

8．相角监视

一般采用数字矢量滤波器监视相角，同时还可以指示机组的同步转速和振幅。利用数字矢量滤波器的输出信号，还可以在 X、Y 记录仪上或计算机上绘出伯德图和奈奎斯特图，确定机组的临界转速及引起共振的因素。在一定的转速下测量振幅和相角，还可以对转子进行动平衡。

9．温度监测

在汽轮机的滑动轴承及止推轴承的两边装上温度传感器，例如热电偶或热电阻，联接到温度监视仪上，指示出各测点的温度。

10．阀位监测

当汽轮机与发电机联机运行时，阀位开度（阀门打开的百分数）能够表明汽轮机的负荷情况。若同时测量温度等参数，阀位开度还有助于确定机组运行效率。阀位监测的传感器可采用线性可变差动变压器或电位计式位移传感器。在阀位监视仪上用百分比值表示阀位开度。

常用的 TSI 及所监测的参数列于表 3−5。

表 3−5　　　　　　　　　　监视仪表类型及所监测的参数

监视仪名称	监测参数	监视仪名称	监测参数
轴位移监视仪（包括单通道及双选式）	转轴相对于轴承止推环的轴向位移	绝对振动监视仪	轴、机壳的绝对振动；轴相对机壳的振动；轴在轴承中的位置
偏心度峰—峰值监视仪	转轴在轴承内的平衡位置及大轴挠度	加速度监视仪	机壳的振动加速度或齿轮箱、叶片的振动
差胀监视仪	轴相对于汽缸壳体之间的受热膨胀值	转速监视仪	轴的转速
阀位监视仪	进汽阀门的开度	零转速监视仪	主轴与盘车机构啮合时的转动周期
壳体膨胀监视仪	壳体相对于基础的膨胀	温度监视仪	轴互、机壳等部位的温度
轴振动监视仪（包括单平面和双平面）	轴相对于机壳的径向振动	数字矢量滤波器	转子转速、振幅及相位
双路监视仪	机壳振动的速度振幅和位移振幅		

各种传感器所感受的机组状态信号输给监视仪，供仪表控制室的操作人员监视。状态信号还经监视仪变换后输给数据处理系统，为运行和分析人员提供信息。

三、电气系统安全监控保护系统

火电厂中电气控制系统主要分为发电机同期并网控制、励磁控制系统及发电机变压器组的保护。下面就其在 DCS 中的实现进行简要说明。

1. 发电机同期并网控制

当机组达到额定转速后，发电机并网过程中要调整励磁控制系统，使发电机空载电压与相电网电压匹配。并通过机组升速或降速控制，使发电机和电网电压、频率及相位匹配。由于这种控制是在数毫秒中进行的，DCS 发展初期用标准的功能码实现这种控制逻辑不能满足要求。近年来已专门开发了应用于同期并网控制的专用模件。例如 ETSI 公司开发的 TAS01 子模件就已将同期并网控制纳入 DCS 中。

2. 发电机—变压器组保护

发电机—变压器组保护一般设计如下：

(1) 差动保护；

(2) 匝间短路保护；

(3) 定子接地保护；

(4) 失磁保护；

(5) 转子接地保护；

(6) 主变压器瓦斯保护；

(7) 定子过负荷保护；

(8) 低频保护；

(9) 失步保护；

(10) 逆功率保护；

(11) 过励磁保护。

这些保护项目一般比较简单且仅是逻辑控制，其输入信号是经过电压互感器和电流互感器来的二次电压或电流信号及有关开关量信号。电压及电流信号，主要是交流信号，所以必须经过交直流转换，此功能由专门设计的交直流转换模件实现。由于电气保护的重要性，系统要求动作绝对可靠且不产生误动。动作迅速并且灵敏。DCS 硬件本身的可靠性可以从硬件角度保证系统的可靠性；软件上采用冗余设计、纠错设计等方法，保证保护的可靠性与正确性；另外，通过合理的系统设计，例如对主要保护提供专用控制模件等方法，还可以充分保证保护的速度及灵敏性。对于发电机—变压器组的保护，通过一些技术上的处理，目前已采用 DCS 实现。

3. 励磁控制系统

励磁控制系统主要是自动电压控制器。输入的交流信号，在进入 DCS 前要进行交流向直流的转换，而其内部控制逻辑及调节回路可利用 DCS 软件中强大的计算功能，可以实现更为复杂及性能更好的控制规律（例如励磁的自适应控制），这样可以保证发电机在不同运行方式、运行状态及不同的网络结构下都具有较好的性能。

四、电力系统安全控制

安全控制是在电力系统各种运行状态下，为保证电力系统安全运行所要进行的各种调节、校正和控制。广义地理解，安全控制也包括对电能质量和运行经济性的控制。现代化电力系统的运行要求具备完善的安全控制功能和手段，而正是这一点，使对实时数据的要求、信息处理方法、计算机系统和人机联系等方面发生了较大的改变。电厂的运行需要站在服从电力系统安全的角度考虑。

（一）电力系统正常运行状态时的安全分析和控制

电力系统正常运行状态下安全控制的首要任务是监视不断变化着的电力系统的运行状态（发电机出力、母线电压、系统频率、线路潮流、系统间交换功率……），并根据日负荷曲线调节运行方式和进行正常的操作控制（如起停发电机、调节发电机出力、调整变压器分接头等），使系统运行参数维持在规定范围内，以满足对负荷正常供电的需要。同时，在正常运行状态时应注意和及早发现电力系统由正常运行状态向警戒状态的转变。

警戒状态是指系统内部条件和外部负荷或干扰逐渐变化时的状态。例如：

（1）系统中可用出力的减小。如计划外负荷的逐步增长、燃料供应不足、发电机计划外停运以及某地外界条件（如循环水温升高）的变化等都会使发电机出力降低，而辅机故障同样会使发电机出力减少。

（2）输电能力减少。计划外输电线或变压器断开、负荷的不正常分配以及高温等自然现象都会使输电能力减少。

（3）干扰概率增大。风暴、水灾、地震等自然灾害，以及社会治安等因素。

因此，在警戒状态时应及时采取预防性控制措施（例如增加和调整发电机出力，调整负荷的配置，切换线路等），使系统尽快恢复到正常状态，以免在随后一个不大的干扰或负荷逐渐增大时，有可能使系统进入紧急状态。

电力系统中事故的出现可能是突然来临的（如雷击），也可能是较缓慢的，可能是由于电力系统安全水平逐渐降低而诱发的。为了使电力系统的运行严格地置于人和自动装置的控制之下，即使在正常运行时也要时刻准备着下一时刻可能出现的事故，所以应尽可能对系统在很短时间里的实时状态和未来时间里可能出现的多个事故及其所造成的后果作出分析和计算，以确保为安全运行所必需的校正、调节和控制提供必要的依据，先进的安全分析还可为运行人员提供实现有效的安全控制所必需的对策和操作步骤，通过运行人员的最后判断作出决定，然后发出操作和控制的命令。也可以由控制系统直接发出控制信息，实现实时闭环控制。

（二）电力系统的紧急状态控制

电力系统紧急状态是电力系统在遭受大的干扰或事故（例如短路故障，切除大容量机组等）或出现异常现象后的运行状态。这时，电力系统偏离正常运行方式，电力供需失去平衡，某些保证系统安全性的不等式约束条件遭到破坏（如线路潮流或系统其他元件的负荷超过极限值），并且由于系统的电压和频率超过或低于允许值，直接影响对负荷的正常供电。这时，如果能及时而正确地采取一系列紧急控制措施，就有可能使系统恢复到警戒状态乃至正常状态。如果不及时采取措施，或者措施不够有效，就会使系统的运行条件进一步恶化，或者使故障扩大和发展，从而有可能使系统失去稳定而解列成几个子系统，并大量切除负荷及发电机组，导致大面积的停电和全系统的崩溃。

电力系统紧急状态控制的目的是迅速抑制事故及异常现象的发展和扩大，尽量缩小故障延续时间及其对电力系统其他非故障部分的影响，使电力系统能维持和恢复到一个合理的运行水平。这种紧急状态控制一般分为选择性切除故障阶段和防止事故扩大阶段。

表3-6中列出各种紧急控制措施及相应的控制效果。表中符号○表示这种措施的主要作用，符号△表示辅助作用。

表3-6　　　　　　　　　　电力系统紧急状态的控制措施及其作用

效果\措施	使部分或全系统供需平衡	避免线路过载	避免失去稳定				保住非故障部分和维持系统完整性	改善恢复能力
			静稳定	暂态稳定		电压稳定		
				非周期	振荡性			
减少负荷								
1. 降低电压	○	△						
2. 切负荷	○	△	△	△	△			
发电机								
1. 减出力	△	○	△	○	○			
2. 切机	△	○		△	○			
3. 使辅机隔离							△	○
4. 自动励磁调节系统和调速系统				○	○			
5. 电气制动				○				
6. 快关阀门				○				
7. 快速励磁				○	△	△		
8. 操作旁路阀门								△
9. 改变抽水蓄能发电方式	○	△	△	△	△			
10. 启动水轮机和燃气轮机	○							○
电网								
1. 重合闸（快速）		△		○				
2. 重合闸（慢速）		○						○
3. 插入串联电容				○				○
4. 解列							○	△

注　"△"表示这种措施的主要作用；"○"表示辅助作用。

下面再分别介绍在电厂发电机侧常用的稳定性控制措施。

1. 自动切除发电机

在短路故障或输电线路断开而使送端发电机的电磁功率减少时，为了不使发电机加速而失去稳定，可迅速切除部分送端的发电机组，使剩余机组的原动机输入功率和输出的电磁功率尽可能趋于平衡，抑制发电机转子的加速。如图3-28所示，在故障前系统运行于点 a，发电机的原动机功率 P_0 与输出的电磁功率（曲线1）相等。故障后由于功角特性的变化（曲线2），运行点由 a 变到 b，所以瞬时的剩余功率为 ab。如果在切除故障的同时（δ_c）切除部分机组（如1/4机组），使原动机功率由 P_0 减小到 P_1，与故障后的功角特性曲线3（因切机后系统总阻抗增大，所以特性曲线略低于用虚线示出的不切机的故障后特性曲线）相交于 c 点，使制动面积增大，这样就可提高暂态稳定性。

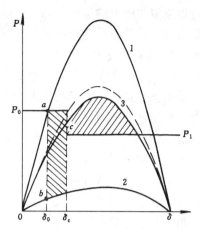

图3-28　切机对提高暂态稳定性的作用

2. 电气制动

这是在故障切除后，人为地在送端发电机上短时间加一电负荷，吸收发电机的过剩功率，以便校正发电机输入和输出功率间的不平衡，保持系统运行的稳定性。当一回线路发生故障被切除时，将电阻 R 接入高压母线，如图3-29（a）所示。这时图3-29（b）所示功角特性曲线由3变成3′，使故障切除后的制动面积增大，从而增强了系统的稳定性。

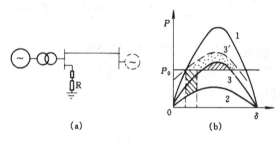

图3-29　电气制动及其作用

(a) 接线图；(b) 功角特性

3. 快关汽门

所谓快关汽门就是在输电线路故障并使火电厂发电机输出的有功功率突然减小时，快速关闭汽轮机进汽阀门，以减少汽轮机的输入功率，在发电机第一摇摆周期摆到最大功角时，再慢慢地将汽门打开。快关汽门的目的是为了减少机组输入和输出之间的不平衡功率，减少机组摇摆，提高汽轮发电机组的暂态稳定性。一般关闭中压缸前的截止阀门。这是因为中压缸截止阀门前面是过热器，有一定容积起调节作用，不致影响锅炉运行，也不致使安全阀动作。

从理论上讲，快关汽门对提高机组的暂态稳定性是一种有效措施，因而也是提高电力系统暂态稳定性的有效措施。但是由于由汽轮机和锅炉组成的热力系统结构和运行都是很复杂的，快关汽门可能会影响锅炉的稳定燃烧，或出现其他问题。因此，电厂对应用此项措施往往持慎重态度，致使快关汽门的运行经验不足。

4. 自动重合闸

电力系统的运行经验表明，输电线路故障大多数是瞬时的。例如，线路遭雷击引起绝缘子表面闪烁、大风吹动导线摇摆与线路附近摇动的大树造成的对地放电、鸟群飞行造成的相间短路等。这种故障的特点是故障时间短暂。为了防止继电保护装置将瞬时性故障线路永久切除，在继电保护装置动作跳开故障线路的断路器、延迟故障点电气绝缘恢复时间之后，再将断开的断路器重新闭合一次，这就是自动重合闸。如果线路果真是瞬时故障，重合闸后就可以恢复故障前的运行状态。重合闸的成功率一般比较高，所以它对提高电力系统暂态稳定很有好处，是目前应用得比较多的一项提高电力系统暂态稳定的措施。

5. 采用快速励磁系统

快速励磁系统可以有效地提高电力系统静态稳定的功率极限；强行励磁可以改善电力系统的暂态稳定性；电力系统稳定器（PSS）在某些情况下可以有效地抑制电力系统的低频振荡。介绍这方面的内容需要较大的篇幅，且已经超出本课程的基本要求，故不再介绍。

6. 切除部分负荷

在计算机离线计算和运行经验的基础上发现，在某些特定运行方式下发生某些形式的故障时，在继电保护跳开某条线路的同时切除一部分负荷对电力系统稳定有很明显的好处。于是可以在跳开故障线路的同时，由跳开线路的断路器的辅助触点发出联切负荷的启动信号，并由远动系统传到有关变电站。一般在短路故障切除 0.5s 内切负荷，然后在大约 15min 内分级将负荷重新投入。这种快速切负荷和低频减载装置切负荷的概念不同，切负荷时系统频率并没有降低，切负荷的目的在于防止系统失步。

7. 再同步控制

以上介绍了各种电力系统稳定控制措施。实际上由于电力系统非常复杂，以上诸项措施并不能保证系统一定不失去稳定。电力系统稳定破坏的主要特征是系统内并联运行的同步发电机组失去同步，电力系统出现振荡。由于振荡对电力系统和用户都有较大的影响，所以在系统出现振荡时应当尽快采取措施，使失去同步运行的机组重新恢复到同步运行，即再同步控制。

再同步控制是指自动控制未能阻止系统振荡时，调度人员实施的调度控制。调度控制的原则是设法缩小电力系统中各发电机间的频率差：对于电力系统频率升高的部分，减少原动机输入功率或切除部分机组，使这部分频率降低；对于电力系统频率降低的部分，则应动员备用出力或切除部分负荷，使频率回升。

8. 解列

系统失步后，经过努力在规定时间不能再同步时，应将系统解列，以避免事故在全系统进一步扩大。待到事故消除后再将分开的系统逐步并列起来，恢复正常运行。

解列点选择是很重要的。选择解列点的原则为：①使解列后电力系统各部分的功率基本平衡，以防止解列后的电力系统再发生振荡或过负荷；②适当考虑操作的方便性，如解列的电力系统再并列比较方便、通信可靠性高、远动设备水平高等。

第三节　汽轮机电液调节系统

一、电液调节系统的基本工作原理与结构

大功率汽轮机组为了维持电网频率的稳定和功率需求，要求具有一定的一次调频能力和功率负荷调整能力。

传统的机械、液压式调速系统是一种速度调节系统，它在并网的情况下能起频率调节作用（即一次调频）。改变同步器的位置，可以改变调节阀的开度，因而改变了汽轮机所带的负荷。但用这种方法给定机组的功率是有条件的，任何条件的变化（如蒸汽初参数和凝汽器

真空的变化等干扰，这种扰动称为内部扰动，简称内扰）都会引起机组所带功率的改变。因此，速度调节系统是没有抗内扰能力的。它在并网运行时，即使外界负荷和同步器的位置不变，由于内扰的原因也会使机组的负荷发生变化，这就不利于电网中各机组的安全经济运行。

为了增加机组的抗内扰能力，在速度调节系统中引入功率信号，对机组的功率也实行自动控制，以便将机组的功率自动地维持在给定值上，这种调节称之为功率—频率调节，简称功—频调节。功—频调节一般采用电液调节系统来实现。自 80 年代以来，微机型的数字电液调节系统（DEH）已在我国电厂得到广泛应用。

电液调节系统是将一些非电量的被调参数利用变送器转换成电量，经综合放大后去推动液压执行机构而起调节作用的系统。它既发挥了电子装置灵敏度高、非电量—电量的转换实现容易及综合方便的优点，又发挥了液压执行元件的工作能力大、体积小、动作迅速而且平稳等优点。目前随着分散控制系统 DCS 的广泛使用，DEH 也选用与 DCS 一致的硬件，软件采用模块化结构，使机组自动化水平得到了较大提高。

1. 汽轮机电液调节简介

早期的功—频电液调节系统一般由测频单元、测功单元、放大器、PID 校正单元、电液转换器以及液压执行机构所组成。其原理示意图如图 3-22 所示。其中测频单元与其给定装置的作用与液调的调速器和同步器相当，它"感受"转速与给定值（由给定单元给定）的偏差作为调节信号。在机械式或液压调节中，调速器所感受的转速偏差是以滑环的机械位移或脉动油压变化的形式反映出来的，而这里的测频单元则是以电压变化的形式反映出来。测功单元及给定装置是功—频调节系统所特有的，它感受功率与给定值（由功率给定装置给定）的偏差发出功率调节的信号。放大器则相当于液调中的液压放大元件。因为从测频及测功单元输出的电压信号的大小和功率都很小，不足以推动执行元件，故放大器的作用是将测频单元和测功单元来的信号综合放大后，去推动电液转换器。PID 是一个具有比例（P）积分（I）和微分（D）作用的调节器，它在系统中的作用是将综合放大器来的综合信号进行微分、积分运算，同时加以放大，然后输入功率放大器加以功率放大。微分作用相当于液调中校正器的作用，使调节阀产生动态过开来增加机组的负荷适应性；积分作用与油动机的特性相同，即当无输入时，输出保持不变（而不是输出为零），当有恒定输入时，则输出随时间线性增加；比例作用产生与偏差大小成比例的信号。电液转换器则是将电调来的电信号转变成油压变化信号去操作油动机，是电调和液压控制之间的联络部件。切换阀是电液并存调节系统所保留下来的电调系统和原液压系统的切换阀门。在纯电调控制系统中已取消了切换阀（及相应的液调二次油压系统）。

2. 汽轮机功频电调的基本结构

国内早期汽轮机控制采用液压控制系统，以后经历了电调与液调双系统并存的时期，又发展到取消机械液压式控制系统做为后备的纯电调系统，由采用模拟控制仪表为基础的模拟电调（AEH）发展到以计算机为基础的数字电调（DEH）。

80 年代以来，我国进口了大量的 300MW 以上的大型火电机组，汽轮机控制系统均采用了纯电调。其基本功能包括：机组的功率、频率调节；转子热应力监控，实现机组自启动；具有机、炉联合调节的功能；机组保护和在线试验能力；运行参数显示、报警和事故追忆等。

现代的 DEH 系统在上述基本功能上还扩展了许多功能。DEH 的电子部分也不仅可由专用的独立硬件系统实现，而且可由分散控制系统（DCS）实现。图 3-30 的 DEH 系统结构可分为三大部分：汽轮发电机组及测量部分、数字控制部分和电液转换及液压部分。

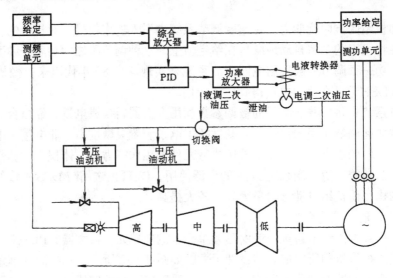

图 3-30　功—频电液调节系统原理图

（1）汽轮发电机组的测量。这是 DEH 控制系统中的控制对象和测量执行器件部分。功率测量和转速测量都采用三组独立的传感系统。测量和执行阀门布置如图 3-31 所示。电液伺服回路接受给定值和阀门位置信号，由电液伺服阀和油动机组成的执行器控制各阀门的开度，以实现汽轮机组转速、功率的连续自动调节和在各种运行方式下的机组协调控制。

（2）数字控制器。数字控制器接受机组的转速、调节级压力和发电机功率等变送器输出的信号，以及远方计算机的自动控制，自动调度系统、锅炉控制、自动周期、RB 及运行人员操作指令等信号，经计算机综合处理后，输出对应阀门的位置给定值信号。

（3）液压部分。液压系统包括高压抗燃油液压调节系统和低压润滑油系统两部分。这两个系统是完全独立的，中间通过隔膜阀使这两个系统的跳闸母管相连。EH 油系统提供高压油源。它包括不锈钢油箱、两台由电动机驱动的高压油泵、油管路系统、蓄压器、高压油动机及附属的控制设备、保护装置及指示仪表。EH 工作液一般为"EYRQUEL220"磷酸酯抗燃油。

（4）电液转换器。计算机运算处理后输出的电气信号经过伺服放大器放大后，在电液转换器（伺服阀）中将电信号转换成液压信号，使伺服阀中的滑阀移动，并将液压信号放大后去控制高压油系统。当高压油进入油动机（油缸）活塞下腔，使油缸活塞向上移动，经杠杆带动蒸汽阀门开启；反之，使压力油自活塞下腔排出，借助蒸汽阀门上的弹簧作用力使活塞下移，关闭蒸汽阀门。

油缸活塞移动的同时，带动两个线性差动变送器，将活塞的机械位移转换成电气信号，作为伺服系统的反馈信号，输入电气控制部分。

当紧急事故（如真空低、轴承油压低、推力轴承磨损、电调油压低、超速、操作跳闸信号等）发生时，由自动保护系统动作电磁阀，快速泄放高压抗燃油，使阀门执行器迅速关

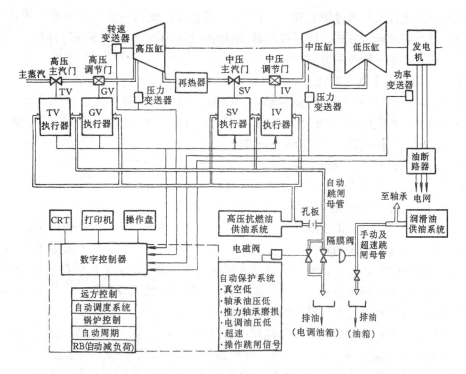

图 3-31　DEH 控制系统原理图

闭，达到自动保护汽轮机组的目的。

例如国内广泛应用的 DEH-Ⅲ系统，其硬件组成主要部件有下述 6 部分：

(1) DEH 控制柜：

　　00 柜　控制计算机 A 和 B

　　01 柜　基本控制模拟量，开关量，输入输出

　　02 柜　阀门控制

　　03 柜　ATC（automatic turbine control）控制与监视的 I/O 通道

　　04 柜　ATC 计算机

　　05 柜　UPS 电源

(2) 操作台：操作盘、指示盘。

(3) 图像站：PC 机，CRT 显示，打印机。

(4) 调试终端。

(5) 液压部：（EH 部分）。

(6) 汽轮机及发电机的各种变送器。

二、DEH 的基本功能

DEH 装置可根据需要进行手动运行方式、操作员自动运行方式和汽轮机自动控制（ATC）三种运行方式的切换。其中 ATC 运行方式是最高级运行方式，即 DEH 根据汽轮机高、中压转子热应力、差胀、轴向位移、振动等情况自动控制汽轮机组的升速、待速、同步、并网、升负荷及跳闸等，并将有关数据、图表通过打印机和 CRT 告诉运行人员。其次为操作员自动运行方式，即 DEH 装置在 CRT 上为操作员提供操作指导，但转速的升降及速

率的变化等均由运行人员通过键盘输入 DEH，一般在新机组第一次启动时都采用这种运行方式。另一种为手动运行方式，即当控制器故障时，通过手动直接控制阀门开度，以维持汽轮机运行，因此它是一种备用方式。

DEH 一般具有以下基本功能：

(1) 转速和功率控制。汽轮机组启动时，DEH 装置发出控制信号，依靠高压主汽门中的预启阀进行升速和暖机。当 DEH 装置处于 ATC 运行方式时，根据热应力控制汽轮机的升速率和暖机时间。当转速升到约 2900r/min 时，自动进行阀门切换，高压主汽门全开，由高压调节门进行转速控制，控制机组同期并网。通过热应力计算控制升负荷率。按一次调频和二次调频的要求，对机组进行功率和转速的闭环调节。

(2) 阀门试验和阀门管理。所有汽门应定期作关闭、再启动的活动试验，可以通过 DEH 作阀门试验。另外，阀门管理也是 DEH 的一个重要功能，它可以进行以下控制：①机组启动或工况变化过程中采用单阀（节流调节，全周进汽），稳定工况下采用多阀顺序控制（喷嘴调节，部分进汽）。这样，前者可以减少转动与静止部分的温差，后者可以减少阀门的节流损失，改善机组的运行性能；②从手动到自动控制提供无扰动切换；③控制阀门最佳工作区，使阀门的行程和通过的流量成线性关系。

(3) 运行参数监视。包括以下参数监视：①温度监视（包括汽室金属温度、缸壁温度、轴承温度、再热蒸汽温度等）；②转子偏心度和振动监视；③轴向位移和差胀监视；④其他如 EH 油系统、发电机氢系统、励磁系统、汽轮机真空和密封系统、疏水系统等的状态及有关参数的监视。

(4) 超速保护。超速保护控制器（overspeed protection controller, OPC）的功能是当汽轮发电机组甩负荷时，将直接通过油动机上的油泄放掉，瞬时关闭高、中压调节门 GV、IV，防止汽轮发电机组超速，为汽轮机提供动态超速保护途径。

(5) 手动控制。当自动控制器故障时，DEH 置于手动控制方式，以维持机组运行。

下面从运行角度对上述功能展开介绍。

(一) DEH 自动调节系统

DEH 自动调节系统主要有转速调节系统、负荷调节系统、主汽压控制系统和手动控制。控制回路有主汽门控制回路（TV），高压调门控制回路（GV），中压调门控制回路（IV），各回路按一定的逻辑规定协调工作，参见图 3 - 31 中 DEH 控制系统图。下面就其主要控制回路工作原理说明如下：

1. 转速控制

在不同的转速范围，阀门状态是不同的，每个阶段只有一个回路处于控制状态。汽轮机冲转时由主汽门控制钮（TC）控制，转速达到 2900r/min 时，由调门控制按钮（GC）切换到调门控制。

各阶段阀门状态如表 3 - 7 所示（BYPASS OFF）。

表 3 - 7　　　　　　　　　　阀 门 状 态 表

阀　门	冲 转 前	0~2900r/min	阀切换 2900r/min	2900~3000r/min
TV（主汽门）	全开	控制	控制→全开	全开
GV（高调门）	全开	全开	全开→控制	控制
IV（中调门）	全开	全开	全开	全开

不带旁路（BYPASS OFF）主汽门启动时，在 0～2900r/min 范围，高压调门全开，中压调门全开，由主汽门调节器控制主汽门调节机组转速；到 2900r/min 时，将主汽门控制（TC）按钮换为调门控制按钮，实现阀门切换至调门回路。主汽门全开成为开环，调门回路为闭环，通过高压调门开度去控制机组转速。在每个阶段，只有一个回路在控制。

带旁路（BYPASS ON）启动时，采用中压缸启动，0～2600r/min 左右由中压调门控制转速，主汽门全关，高压调门全开，到 2600r/min 由中压门切换到主汽门控制，到 2900r/min，再切换到调门控制，余下就与 BYPASS OFF 相同。

2. 负荷功率控制

负荷调节是由三个回路组成的串级调节系统，通过对高压调门的控制来控制机组负荷。这三个回路分别是：内环调节压力回路（IMP），调节器为 PI，给定值 REF2；中环功率调节回路（MW），调节器为 PI，给定值 REF1；外环转速一次调频回路（WS）调节器为 $1/\delta$，给定值 REFDMD。

在负荷控制系统中，负荷设定值代表要求机组带的负荷。当机组在稳定运行状态时为运行人员或负荷调度（ADS）要求机组所带的负荷。对于参与一次调频的机组，它还应当随电网负荷的变化改变出力，因此负荷设定值中应有反映电网负荷要求的信号，这就是频差信号。它反映了电网负荷变化的大小和方向。DEH 控制系统中，一般将频差信号乘上比例系数后与负荷定值信号相加。经过修正后，定值信号既反映了稳定状态下对机组的负荷要求，又反映了电网负荷变化时对机组负荷的要求。频差信号所乘比例系数越大，则机组对电网负荷变化的反应越敏感，承担调频任务也越重。对于带基本负荷的机组，频差信号被切除或乘上的百分系数很小。频差比例系数根据调峰机组所承担一次调频百分比来确定。

经过转速偏差修正后的定值送入负荷控制的串级系统，控制系统的反馈信号是电功率信号和汽轮机调节级压力信号。其中调节级压力信号对控制作用（汽轮机调节阀门开度）反应比较快，它近似代表送入汽轮机的蒸汽流量，当设定值改变或内扰（如主蒸汽压力变化引起蒸汽流量改变）时，对于 IMP 控制回路能及时加以控制，使机组负荷基本上与设定值相等，如果机组的负荷与要求还有偏差，则通过 MW 反馈回路来进一步加以修正，最终保持电功率信号与设定值相一致。因此，快速反应的 IMP 回路对机组起了粗调作用，反应较慢的电功率回路起了细调作用。两个控制作用都是比例积分（PI）控制作用，细调是通过电功率回路的 PI 输出与负荷设定值（经频差修正后）相乘后，作为 IMP 回路的设定值。

功率反馈回路 PI 控制运算是这样设置的：比例积分输出的平衡位置是 1。当输入功率偏差为正时，输出向大于 1 的方向积分，使经过频差修正的设定值乘大于 1 的系数后，送至 IMP 控制回路，从而使机组负荷增大。当输入功率偏差为负时，输出向小于 1 的方向积分，与设定值相乘后，使设定值减小，送至 IMP 控制回路，使机组负荷减小。同时，在比例积分输出端设置了上下限值，使它在 1 附近的小范围内变动，因为调节级压力信号和发电机输出功率信号在稳定状态下都代表了机组的出力，它们应该是相等的。故由 IMP 回路保持第一级压力等于负荷给定值后，发电机功率信号与给定值之间偏差不会很大，因此将功率回路的比例积分控制输出，限制在 1 附近已足够了，细调作用不宜过大，否则反而造成系统振荡。如果发电机输出功率信号被切除，则该控制回路不起作用。控制系统通过保持第一级汽室压力来间接保证机组输出功率。如果调节级汽室压力信号被切除，这时 IMP 控制回路 PI 控制器不起作用，内扰靠发电机输出功率信号来消除，显然这一信号比第一级汽室压力信号反应得慢，控制过程的品质相对来说比较差些。

上述功能都是以软件方式实现的。三个回路有自动和手动切除或投入，可以很方便地构成各种运行方式，如阀门手动控制、定功率运行、功频运行和纯转速调节等。

手动控制系统是通过阀门控制卡（VCC 卡），用增加和减少按钮直接控制阀门的开度。手动控制一般还分为一次手动，二次手动和手动备用。

（二）DEH - Ⅲ超速保护（OPC）系统

超速保护控制系统由三部分组成：快速关闭截止阀（close intercepter valve，CIV）、失负荷预测（LDA）和超速控制。DEH 的可靠性要求 OPC 系统与负荷控制系统是完全独立的。

1. 快速阀门动作

它是为机组在部分失负荷时提供稳定性的手段。在正常运行情况下，中压调节阀门是不能关闭的。当汽轮机的机械功和发电机的电功率产生偏差且超过某一预定值时，保护逻辑就使 CIV 触发器翻转，实现关中压调节阀的功能。

汽轮机机械功与发电机功率差值超过某一预定值，CIV 触发器就被置位，IV 阀在 0.15s 之内被关闭。若此时发电机的励磁电路是闭合的，表明机组只是部分甩负荷，因而 IV 阀在关闭一段时间（可在 0.3~1.0s 内调整）后，CIV 触发器被复位，IV 阀又重新被打开。快速关闭阀门功能只能自动执行一次。当动作一次，系统恢复正常，再热汽压力与电功率信号平衡后，"快速关闭阀门"功能才可重新被"使能"，以备出现下一次部分甩负荷时再动作。若中压调节阀门一次快关后再开启时，汽轮机机械功与发电机电功率的差值仍然超过某一数值。运行人员可以按操作盘上该功能的"使能"开关，使它再动作一次。中压调节阀暂时性的快速关闭，可减少中、低压缸的出力，迅速适应外界甩负荷的要求，从而对保证电力系统的稳定是有利的。

2. 失负荷预测——全部甩负荷

机组在运行过程中，如果出现下列条件中的任一条，就可判定机组是全部甩负荷。

（1）汽轮机功率在额定功率的 30％以上，且发电机的励磁电路断开。

（2）再热压力变送器出现低限故障，且发电机励磁电路断开。

当发电机励磁电路断开时，DEH 系统就将负荷设定值改为高于额定转速值的设定值。同时 LDA 触发器被置位，将高调门迅速关闭。如励磁电路断开后经过 5s，转速已下降到小于额定值的 103％，则被重新打开（这时高压调节阀门由于受转速控制系统控制，而转速仍大于额定值，故高压调节阀门仍处于关闭状态）。失负荷预测功能的这些动作，可避免汽轮机因甩负荷引起超速跳闸而停机。保持空载运行，以便能很快实现同步并网。

3. 超速控制

当机组转速超过额定转速的 103％时，超速控制将高调阀和 IV 阀关闭，如果这一超速是由于全部甩负荷引起的（励磁电路断开），则同时会引起失负荷预测功能动作。如果是部分负荷下跌，则同时会引起快速阀门功能动作。

OPC 系统可以通过操作盘上的 OPC 键开关进行测试。在机组升速带负荷之前（即励磁电路处于打开状态），键开关被转定"OPCTEST"位置，就能产生一个信号，使 OPC 系统如同出现超速条件那样关闭阀门，以检验其可靠性。

（三）阀门管理

大功率汽轮机有多只高压调节阀，每只高压阀有一个独立的伺服控制回路，阀门的开启需要一个专用程序进行管理，使阀门开启按预先设定的顺序进行。

根据汽轮机运行的要求，设计两种控制方式。

(1) 单阀控制。所有高压调门开启方式相同，各阀开度一样，故叫单阀方式，其特点是节流调节，全周进汽。

(2) 多阀控制。调门按预先给定的顺序，依次开启，各调门累加流量呈线性变化，按 300MW 机组调门次序开启。其特点是：喷嘴调节，部分进汽。

一般冷态启动或带基本负荷运行，要求用全周进汽，即用单阀方式；机组带部分负荷运行，为了提高经济性，要求部分进汽，即多阀控制，单阀控制与多阀控制两种方式之间能保持功率不变无扰动切换。

阀门管理任务由软件系统完成，主要程序如下：①阀门特性曲线产生程序；②单阀控制程序；③多阀控制程序；④单/多阀转换控制程序。

操作台设有单阀控制、多阀控制按钮，按动按钮，能在 2～3min 内无扰动完成单阀控制与多阀控制的相互转换。

(四) ATC 控制

汽轮机在启停或变负荷时，由于汽轮机热惯性大，特别是转子如蒸汽温度变化快，汽轮机内部温差较大，将产生过大的热应力。经过多次升减负荷循环，产生热疲劳裂纹，将引起机组疲劳损坏。循环次数与应力大小关系很大，循环次数就相当于寿命。例如：按寿命 10000 次进行设计，如果使用不当，热应力大，实际寿命可能只有几千次。由此要求自动控制能保证机组寿命。ATC 就是保障机组寿命的自动启停控制。引进型机组都有专门的寿命控制用曲线和计算程序。

ATC 通过 DEH 控制柜的 ATC I/O 通道，检测机组的各点温度，计算高压和中压转子的实际应力，而后将它与许可应力进行比较，得其差值。再将它转化为转速或负荷的目标指令和变化率，通过 DEH 去控制机组升速和变负荷。在整个启停机组或负荷变化过程中，进行闭环的自动控制，使转子应力保持在允许的范围内。ATC 中除了对应力进行闭环控制外，对于盘车、暖机、阀切换、并网等具有完善的逻辑控制和闭锁回路，对汽轮机的偏心、差胀、振动轴承金属温度、轴向位移及电机冷却系统等各安全参数也自动进行监控。

对引进机组，升速率从每分钟 50～500r/min 分为 10 级，每级每分钟 50r/min 应力可用温差 ΔT 表示。当实际温差 <72℉，每 3min 升一级速率，最大速率每分钟 500r/min；温差 >72℉，每 3min 降低一级升速率，最小速率每分钟 50r/min，温差在 70℉左右，速率不变。升负荷率将 1.395～13.95MW/min 分为 10 级，每级 1.395MW/min，升降规律与升速率一样。如温差 <72℉，每 3min 增加一级升负荷率，最大升负荷率为 13.95MW/min。控制汽轮机第一级蒸汽变化速度就能控制热应力，这可通过控制负荷变化量和变化速率来达到。

第四节 单元机组联锁保护逻辑系统

电厂中的报警、保护、操作、控制和自动调节是由逻辑和控制功能实现的。为了实现逻辑控制功能，必须根据电厂逻辑控制系统图进行逻辑控制系统编程和组态。无论采用什么元器件或软件功能算法块构成的逻辑系统，其基本逻辑功能是相同的。例如，都是"与"、

"或"、"非"、"与非"、"或非"、"异或"、延时环节及触发器等逻辑功能。如同模拟量控制系统 CCS 和就地单回路控制系统，其主要部件是比例积分微分、比例积分和比例微分（PID、PI 和 PD）调节器、加法器、乘法器、除法器、大小值选择器等组成相似。进行模拟分析时，采用自动控制系统的理论和方法，而对顺序控制系统（SCS，也称为程序控制系统），则采用二进制开关量逻辑的分析方法。SCS 逻辑分析主要内容包括顺序控制、联锁保护、报警显示等。

一、顺序控制的基本概念

顺序控制是按照预先规定的顺序（逻辑关系），逐步对各阶段进行信息处理的控制方法。这里，每个阶段的执行必须满足一定的条件，而信息的处理包括逻辑运算及记忆某些信息等。顺序控制以逻辑关系为前提，运算过程以逻辑运算为主，输出信息是二进制的开、关或者通断等逻辑值。因此，顺序控制又称逻辑控制。从顺序控制系统中执行指令形成来分类，顺序控制系统可分为时间顺序、逻辑顺序和条件顺序控制三类。

时间顺序控制系统又称固定程序控制系统，它的执行指令是按时间排列固定不变的，即按照预先规定的每一步动作的时间长短进行程序控制。例如，在输煤等物料输送过程中，各传输带电机的启动和停止的控制系统。通常，为防止同时启动时电流过大，电机的启动是先开后级再开前级，其开启时间有一定延时。而停止输送时，电机的停止是先停前级再停后级。其停止时间也有一定延时，而且延时时间与开启时也不相同。这种顺序控制系统由于各阶段的执行条件是时间，且时间是事前确定的和不变的，因此，称为时间顺序控制系统。

逻辑顺序控制系统的执行指令是按先后顺序排列的，和时间无严格关系。即按照几个动作的结果或其他条件的综合结果再决定下一步动作与否。如在反应器进料系统中，当进料使反应器内料位达到某一值时，才能开启搅拌电机。这里进料量的变化会影响达到预定料位的时间，而开启搅拌电机的条件是料位达到预定值。逻辑顺序控制系统在工业生产过程中应用较多。它们通过条件测定来决定下一步是否执行。

条件顺序控制是以条件成立与否为前提，在其条件不同时执行不同过程。最常用的系统是电梯系统。电梯是升是降，取决于电梯现在的位置，外界给予的指令。在工业生产过程中的成品分拣系统也是条件顺序控制系统。产品符合一等品进入一等品库，二等品进入二等品库，……，废品送废品库。它通过对产品条件的检查来决定产品的去向。

另外还可能将上述分类进行组合而实现顺序控制，如控制系统中某些步序的转换是根据时间而定的，而有些步序的转换是根据条件而定的。这可称为组合控制。

图 3-32 是典型的顺序控制系统框图，它主要由五部分组成。

（1）控制器：这是指令形成装置，它接受控制输入信号，经处理，产生完成各种控制作

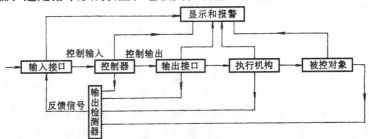

图 3-32　典型顺序控制系统结构

用的控制输出信号。

（2）输入接口：完成输入信号的电平转换。

（3）输出接口：完成输出信号和功率转换。

（4）输出和检测装置：用于输出和检测被控对象的一些状态信息。

（5）显示和报警装置：用于显示系统输入、输出、状态和报警等信息，以利于调试和操作。

有关机组辅机顺序控制系统运行的详细介绍见第四章。下面主要讨论机组联锁保护逻辑及 FCB、RB 等。

二、机组联锁保护逻辑

单元机组联锁保护逻辑主要包括采用 DCS 逻辑实现的联锁保护和顺序逻辑控制。这部分内容现在大都归入顺序控制系统（SCS）。

现代化大型火电机组采用 DCS 实现集中控制。全厂联锁保护系统是单元机组顺序控制系统的一个重要功能。它提供了与锅炉、汽轮机、发电机安全运行直接相关的重要保护。从安全性出发，单元机组联锁保护系统常采用部分硬接线，形成与正常 DCS 控制相对独立的双重保护功能。大量阀门、挡板及电动机的操作都集中在控制室，形成远方操作方式或计算机自动方式。DCS 将逻辑开关与模拟调节结合，在逻辑开关中将顺序控制与联锁及保护结合，为机组全自动的启停奠定了基础。SCS 中的联锁控制（Interlock）主要用于各个辅机之间及辅机与各个有关设备之间的联系，它可以将关系密切的控制项目联系起来进行自动联锁控制。例如：故障设备的自动停运、备用设备的自动启动、条件不具备时的禁止控制和条件满足时的自行动作等，均可利用联锁控制来实现。锅炉辅机联锁控制是锅炉机组自动化的一个组成部分。如果没有辅机联锁控制，则当一台辅机故障时，会影响锅炉设备的正常运行，甚至危及锅炉本体和人身安全。例如，负压燃烧锅炉引风机故障停运后，烟气不能排走，如果送风机不及时停运，就会造成炉膛正压而向炉膛外面喷火。因此，在锅炉辅机之间都设置联锁控制。

锅炉辅机的联锁条件取决于锅炉机组的结构特性及运行特点。联锁一般分为大联锁和小联锁两种。小联锁如备用设备自启停；大联锁（总联锁）是指一台辅机跳闸将相应地引起一连串辅机联锁动作。例如引风机因故障跳闸，引起送风机、排粉机、磨煤机、给煤机等相继依次跳闸。大联锁还指当锅炉、汽轮机和发电机三大发电主设备中有一个事故停运时，为防止影响整个单元机组的运行，甚至迫使整套机组停运而采取的运行操作措施。如图 3－33 为机炉电大联锁逻辑框图。机炉电大联锁投运时，锅炉跳闸将引起汽轮机跳闸，汽轮机跳闸将引起发电机跳闸，发电机跳闸也将引起汽轮机跳闸，构成整个汽轮发电机组的联锁保护、锅炉、汽轮机及发变组联锁保护是在 FSSS 实现的锅炉主燃料跳闸 MFT。ETS 实现的汽轮机跳闸和电气保护单元实现的发变组主保护的基础上，根据三大主机的相互关系，完成不同的

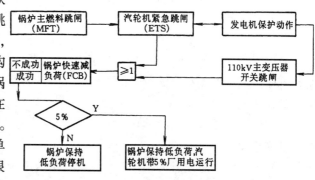

图 3－33　炉机电大联锁逻辑框图

机组事故运行方式的切换（如 FCB 方式）或联锁跳闸动作。当汽轮机紧急跳闸（ETS）动作时，迫使锅炉快速减负荷（FCB）。若 FCB 成功，则锅炉保持低负荷（30%额定值）；若 FCB 不成功，则锅炉 MFT 动作，迫使紧急停炉。当电网故障而且主变压器开关跳闸（本单元机组变压器开关仍合上）时，则锅炉快速减负荷。若 FCB 成功，则锅炉保持低负荷，汽轮发电机组带 5%负荷（厂用电）运行；若 FCB 不成功则紧急停炉。

全厂联锁保护系统的主要功能包括如下：

（1）锅炉、汽轮机及发变组联锁保护（也就是常说的机组大联锁）；

（2）送风机、引风机联锁保护；

（3）除氧器水位保护；

（4）加热器水位保护；

（5）再热器保护；

（6）其他危及主设备的重要保护。

送风机、引风机联锁保护，提供锅炉非正常运行工况下为防止锅炉内爆或外爆的风机必要的安全联锁。包括风机的正常启停顺序、风机的联锁跳闸和锅炉的通风。

汽轮机防进水保护遵循 ASME 标准 TDP‐1《发电厂蒸汽轮机防进水保护准则》，防止水在主蒸汽、再热蒸汽和抽汽管道以及汽轮机轴封系统中凝结，并由于疏水不当或疏水阀操作不当而进入汽轮机，造成汽轮机的损坏。

除氧器水位保护是当除氧器水位达到高限时，隔绝进入除氧器的凝结水和至除氧器的汽轮机抽汽。

加热器水位保护是当加热器水位达到高限时，将该加热器隔离出去。关闭抽汽侧隔绝门和抽汽逆止门，关闭正常逐级疏水阀，打开事故疏水阀和抽汽管道疏水阀。

再热器保护的作用是防止再热器失去冷再入口汽源或失去有效冷却流量而造成再热器超温。当汽轮机所有主汽门全关，而汽轮机旁路未开启或出现锅炉燃烧的蒸汽大于锅炉给水流量时，发出保护信号至 FSSS，切断所有的锅炉燃料输入。

三、FCB（快速减负荷）

1.FCB 的设置目的

FCB—Fast Cut Back，即机组快速切回，是一种对机组的保护。当汽轮机或电气方面发生故障，汽轮机脱扣或机组带厂用电运行时，锅炉不停炉而带最低负荷运行，以便故障消除后机组可尽快恢复原出力运行，减小事故损失。根据 FCB 后机组的不同运行方式，可分为 5%FCB 或 0%FCB 两种型式。5%FCB 即机组甩负荷后带厂用电单独运行，0%FCB 即停机不停炉的运行方式。

2.FCB 动作的主要内容

发生 FCB 时，机组全甩负荷或带厂用电运行，机炉之间的能量平衡严重破坏。处理时必须迅速采取正确而有效的措施，重新建立能量平衡，不使参数偏离过大。具体地说，主要有以下几个方面：

（1）FCB 发生时，机组大幅度甩负荷，汽压急剧上升，处理时，应设法使汽压的升高减低到最小程度。

（2）由于汽压急剧升高，燃料量骤减，水位瞬间严重下降，处理时，应尽量减小水位的波动程度。

（3）由于急减燃料，给炉膛造成很大的扰动，为防止锅炉灭火，应做好稳燃措施。

（4）带厂用电运行时，周波变化幅度不可太大。

从上述四条处理原则出发，发生 FCB 时，主要动作包括对燃料、给水、汽轮机和主蒸汽压力的控制。

3.FCB 的动作逻辑

FCB 动作逻辑见图 3-34。

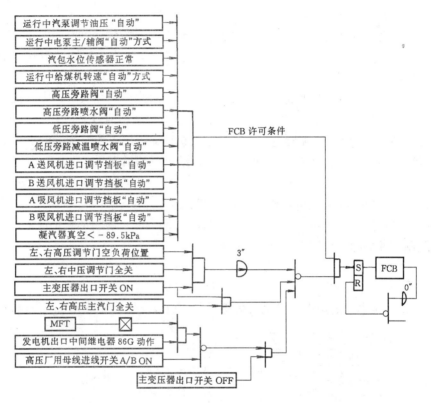

图 3-34　FCB 动作逻辑图

4.FCB 动作后的处理

（1）FCB 触发后，按 FCB 的有关动作逻辑自动处理 1min 后，FCB 信号自动复置。此时，可根据实际需要进行适当的手动调节。

（2）汽轮机甩负荷后，应注意辅汽汽源从低温再热器切至三级过热器。尤其注意是否发生安全门动作、水击等异常情况。

（3）FCB 动作后，汽包水位急剧下降。在注意水位调节的同时，应密切监视炉水泵差压的变化情况，防止炉水泵发生汽蚀。

（4）锅炉维持低负荷运行时，注意监视燃烧工况和汽温调节。

（5）5%FCB 时，汽轮机转子表面热应力水平很高，在此工况下的运行时间一般不得超过 10min。

（6）汽轮机重新启动时，应投入热应力控制，在允许的应力范围内，迅速恢复负荷。

（7）5%FCB 动作时，厂用电频率应在 48.5～50.5Hz 之内变化，同时应监视各辅机的运行情况。

四、RB

RB是指当任何主要辅助设备突然停运时，单元机组要尽可能快速降低负荷，使机组负荷降低到没有这些停运的辅助设备也能使单元机组继续运行的地步。这种自动快速地降低负荷的功能用RB的甩负荷的方法完成。当锅炉送风机、引风机、一次风机、给水泵等重要辅机故障跳闸时，机组快速减负荷至故障时的实际出力。电厂机组的RB保护有50%RB和75%RB。

1.RB保护的主要动作内容

（1）锅炉重要辅机跳闸后，机组实际出力降至50%或75%，此时锅炉主控以每分钟100%的减负荷速度急降负荷至规定值，机组负荷控制切换为汽轮机跟踪方式，主汽压力由汽轮机调门控制。

（2）发生50%RB时，无法维持四台磨煤机运行。因此，全烧煤时，磨煤机由上至下切至剩三台运行；三只以上油枪投运时，磨煤机由上至下切至剩两台运行。

（3）发生50%RB时，炉膛燃烧工况受到较大扰动，各层煤粉燃烧器的点火器由上至下以15s的间隙依次投入（发生75%RB时，若运行给煤机的给煤量<50%，对应点火器投入助燃）。

（4）由于一次风机与送风机串联，送风机跳闸触发50%RB时，同侧一次风机联锁跳闸，为保护空气预热器及防止一、二次风向风机停止侧倒灌，影响锅炉正常运行，同侧吸风机也联锁跳闸，并关闭停止侧有关风门、挡板。

2.RB动作逻辑及甩负荷逻辑线路示例

机组75%RB动作逻辑参考见图3-35（DCS实现中，利用系统提供的专用的RB算法块）。图3-36为某电厂的送引风机甩负荷逻辑图。一般发生下列情况之一需使机组甩负荷。

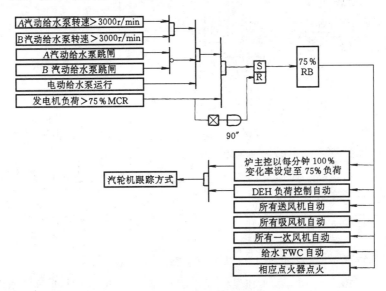

图3-35　75%RB动作逻辑图

属于锅炉辅机故障的甩负荷：失去一台送风机。失去一台一次风机。失去一台引风机。失去一台给水泵。失去一台循环水泵。

属于汽轮机辅机故障的甩负荷：发电机静子失掉冷却水。

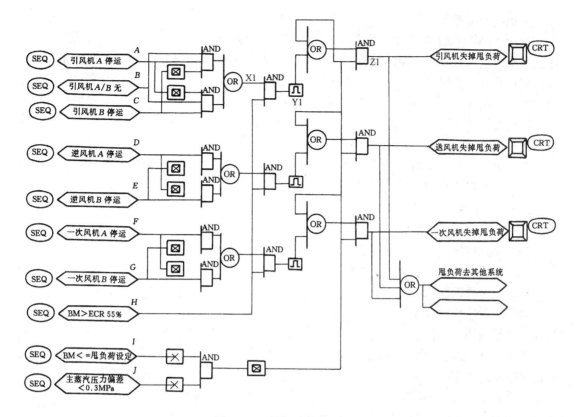

图 3-36 风机甩负荷逻辑图

属于其他：发电机或汽轮机的快速切断（此时汽轮机旁路系统投入）。

对于不同的辅机故障，甩负荷目标值和甩负荷速率是不同的，需分别设置。

由于出故障辅机归属于锅炉还是归属于汽轮机的不同，甩负荷还牵涉到控制方式的自动转换问题。属于锅炉辅机的故障在甩负荷的同时还要自动转换到"锅炉基本"控制方式。这是因为此时锅炉担负的负荷能力受到限制，用汽轮机调节节流压力为好。

同理，属于汽轮机辅机的故障，则在甩负荷的同时还要自动转换到"汽轮机基本"控制方式。

下面以图 3-36 为例，分析实现上述要求的逻辑线路。图 3-36 中，为分析方便，对各输入及中间部分信号标注了变量名，如 ABC 及 X1 等。该逻辑的功能如下：

见图 3-36 上部，设因失掉一台引风机引起甩负荷，引风机的停运信号来自 MHI 的 D211 辅助联锁图（此处略）。

起始条件：引风机 A 及 B 均运行，则与门输出为"0"而使或门输出为 0，使或门后的与门输出 y 为 0，IDF RUNBACK 信号 Z1 为 0，甩负荷信号无动作。

当发生一台引风机 A 或 B 停运时：前述与门后的"或"输出端信号电平转变为"1"，而使 X1 后的与门输出 Y1 为"1"（因起始条件使 H 即 BM＞55% ECR，H 输入为"1"），该逻辑关系可表示为：

$$X1 = (AB\overline{C} + \overline{A}BC)H$$

$$Y1 = \begin{cases} X1 & X1 \leqslant 2s \text{ 脉冲时间持续高电平} \\ 2s & X1 > 2s \text{ 脉冲时间持续高电平} \end{cases}$$

甩负荷输出逻辑为：$$Z1 = \overline{I.J}(Y1 + Z1)$$

Y1 为 1 将使 Z1 为 1 发出甩负荷指令（因为信号 I、J 的初始信号为 0，使 $\overline{I.J} = 1$），使代表实际负荷指令的可逆计数器输出值不断下降，直到实际负荷值下降到比规定的甩负荷量定值还小时，实际指令＜甩负荷指令的信号 H 的输入端为"0"，从而使 X1 后的与门输出为"0"，引起 Z1 为 0，也即使实际负荷指令计数器输出停止变化，从而使后来的实际负荷指令接近或等于甩负荷规定的负荷上。注意，Y1 恢复 0 和 Z1 自保持归 0 才能清除甩负荷输出逻辑信号。

图中 B 信号为引风机 A/B 切换指令，来自逻辑图 D—211B（此处略）的中部。送风机与一次风机的甩负荷与引风机类似。

3.RB 动作后的处理

（1）RB 动作时，确认所有自动动作正常，90s 后，RB 信号自动复置。

（2）注意监视汽温、水位和燃烧工况，必要时手动干预。

（3）查明 RB 动作原因，尽快恢复正常运行。

五、机组局部故障处理逻辑

当机组发生局部故障时需对机组实际负荷指令进行必要的处理，以防止局部故障扩大引起机组其他故障，甚至引起单元机组停机事故。局部故障处理方法有三种：一种是甩负荷；另一种是闭锁机组负荷增（或减）；第三种是使机组负荷迫升（或迫降）。这三种处理故障方法的区别从故障来源上看在于：用第一种方法处理的故障，其故障来源是明确的。比如来源于某台风机跳闸等；而用第二、第三两种方法，被处理的故障来源是不明确的。因此处理后面这两种的方法只能是根据控制参数的差异进行判断，并进行处理。

第一种故障来源明确，甩负荷的方法，如前 RB 所述。

由故障来源的明确与不明确，引来的是改变负荷的数量上的区别。第二种方法即闭锁，因故障来源不明确，处理方法是保持实际负荷指令在原位置不变，但有保持增方向实际负荷指令不变（这时实际负荷指令向减的方向变化还是允许的）及保持减方向实际负荷指令不变（这时实际负荷指令向增的方向变化还是允许的）两种类型。因此这种闭锁方法没有改变负荷量的问题。

第三种方法与第一种方法相比，主要区别为第一种在降负荷数量上是明确的。比如有两台送风机运行时，停运一台要降低实际负荷指令到 50％；第三种方法改变负荷（有升、有降）量则是不确定的，遇到这种情况，一般是较缓慢地降升负荷直至故障现象消失为止。

下面叙述后两种方法的内容。

第二种：闭锁机组负荷增（或减）（BLOCK LOAD INCREASE OR DECREASE）

这是指下面列出的条件之一发生时，单元机组负荷变化就要自动地被闭锁。其中闭锁机组负荷分：闭锁机组负荷增（负荷上升方向被闭锁）及闭锁机组负荷减（负荷下降方向被闭锁）。

1.闭锁机组负荷增的项目

（1）实际负荷指令达机组能担负的电功率高限。

（2）汽轮机方面的限制，包括汽轮机已限制负荷及汽轮机调节门已开足。

（3）生产过程变动期间应对机组负荷闭锁的条件：①给水量＞指令，且二者偏差大于允许值；②燃料量＞指令，且二者偏差大于允许值；③发电量＞指令，且二者偏差大于允许值；④节流压力＞定值，且二者偏差大于允许值。

（4）送风机指令达最大值。

（5）给水泵指令达最大值。

（6）燃料指令达高限。

2．闭锁机组负荷降的项目

（1）实际负荷指令达到机组电功率低限。

（2）生产过程变动期间应对机组负荷闭锁的条件。包括：①给水量＜指令，且二者偏差大于允许值。②燃料量＜指令，且二者偏差大于允许值。③空气量＜指令，且二者偏差大于允许值。④发电量＜指令，且二者偏差大于允许值。⑤节流量＜指令，且二者偏差大于允许值。

3．闭锁机组负荷的逻辑线路

闭锁机组负荷的项目虽较多，但它的逻辑线路并不是很复杂。主要是把各条件用或门集合起来送入实际负荷指令形成部分。当然在实际负荷指令形成部分，它还与其他功能有逻辑关系。如与 ADS 及机组负荷给定值逻辑部分有关。

第三种：机组负荷迫升及迫降（UNIT LOAD RUNUP OR RUNDOWN）。

这里指发生下面列出条件之一时则会发出使实际负荷指令升高（或降低）的作用，实际负荷指令则会被迫地较缓慢地升高（或降低），直到该条件消失时迫升（或迫降）作用才停止。

1．迫升项目

（1）燃料指令达低限（这也是机组负荷下降被闭锁条件）。再附加上燃料量＞指令，且偏差超过允许值时。

（2）给水泵指令达低限（这也是机组负荷下降被闭锁的条件）。再附加上给水＞指令，且偏差超过允许值时。

（3）实际负荷指令＜电功率低限。

2．迫降项目

（1）燃料指令达高限，（这也是机组负荷上升被闭锁的条件。）再附加上燃料量＜指令，且偏差超过允许值时。

（2）给水泵指令达高限，（这也是机组负荷上升被闭锁的条件。）再附加上给水量＜指令，且偏差超过允许值时。

（3）送风机指令达高限，（这也是机组负荷上升被闭锁的条件。）再附加上空气量＜指令，且偏差超过允许值时。

（4）实际负荷指令＞电功率高限。

3．迫升迫降的逻辑线路

这方面没有多少特殊之处。此处从略。

第四章

辅助系统运行

组成一个完整的火力发电机组仅有炉、机、电三大主机是不够的,还必须配备数量庞大的辅机、阀门、执行器等辅助设备。任何辅助系统的不正常运行都可能造成整个热力系统和热力循环的瘫痪,甚至可能引起整个设备的严重损坏。所以对电站辅助设备的运行维护、监视和日常管理是发电厂运行工作的一个重要组成部分。在电厂事故停机和减负荷事故中,辅机事故占有相当大的比例。随着单机容量的不断增大和对机组运行安全性、经济性要求的不断提高,除了对汽轮机自动调节系统和锅炉燃烧管理系统不断改进和完善外,更需加强对辅机系统的自动调节、自动保护的研究。本章主要介绍这些辅助系统的运行及控制。但因辅机数量多,结构差异大,运行条件繁多,故不能一一介绍,仅对影响机组运行的主要辅助设备的主要操作做简略介绍。

第一节 锅炉辅助系统运行

一、锅炉风烟系统的运行

锅炉风烟系统主要由空气预热器、送风机和引风机等设备及其连接管道组成。通常锅炉的风烟系统如图4-1所示。

（一）空气预热器的运行

随着锅炉容量的不断增大,体积庞大的管式空气预热器使尾部受热面布置越来越困难。即使采用小直径、小管距的结构,也只能解决到一定程度,因此大容量机组普遍采用了回转式空气预热器。回转式空气预热器是再生式空气预热器的一种,它又分为受热面回转式和风罩回转式两种,也通常被称做容克式和罗特缪勒（Rothemuhle）式回转空气预热器。这两种空气预热器应用都比较广泛,而采用受热面回转式空气预热器则更多些。

回转式空气预热器的主要问题是漏风问题。有些电厂的回转式空气预热器漏风率高达30%～50%。在空气预热器中,空气的压力大于烟气的压力,故所谓的漏风主要是指空气漏入到烟气中。当然,也会有少量的烟气进入到空气中。漏风使空气直接进入烟道由引风机抽走,因而使引风机的电耗增大,增加了排烟热损失,使锅

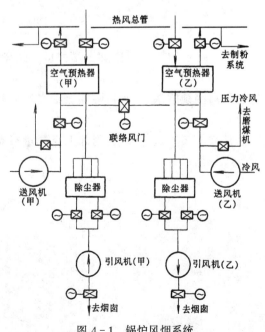

图4-1 锅炉风烟系统

炉热效率降低。如果漏风过大，超过了送、引风机的负荷能力，还会造成燃烧风量不定，导致锅炉的机械未完全燃烧热损失和化学未完全燃烧热损失增加，被迫降低负荷，并且可能引起炉膛结渣，因此漏风直接影响着锅炉的安全性和经济性。

1．影响回转式空式预热器漏风的主要原因

（1）密封间隙。回转式空气预热器是由转动部件和静子部件组成。在动静部件之间总有一定的间隙，显然间隙愈大，漏风量就愈多。这种间隙的产生往往是由于受热面发生热变形造成的。受热面回转式空气预热器的转子与风罩回转式空气预热器的静子都布置着受热元件，烟气自上而下逐渐降温。而空气自下而上逐渐升温。因而上端的空气、烟气温度都比下端高。这样上端的膨胀量大，而下端的膨胀量小，就形成了"蘑菇状"变形，如图4-2所示。由于蘑菇状变形引起各部分的间隙都发生变化，使上面的外环向间隙加大而下面的外环向间隙减少。此外，由于受热不均匀而产生的轴向变形或其他扭曲变形，也会使某一侧的间隙突增而加大漏风量。如当转子由上轴承支承时，受热后向下膨胀。但由于外壳是由构架支承的，受热后将向上膨胀，结果使上面的环向间隙增大。为了减少因热变形而增大的漏风量，在结构上应采取各种措施，使各个方向的密封片调整到与变形相适应，以减少漏风间隙。在运行中应严格按照规程操作，防止各部件产生严重受热不均。

（2）空气与烟气侧压差。对通常普遍采用的负压燃烧锅炉来讲，空气预热器的空气侧总是正压的，烟气侧为负压。两者之间的压差必然导致漏风。且压差愈大，漏风量也愈大，燃烧器风道以及预热器本身风道阻力越大，则需要较高的空气压力去克服这些阻力。同理，烟气侧阻力越大，要保持恒定的炉膛负压时，空气预热器处烟气的负压也越高，此时在空气预热器中，空气侧和烟气侧的压差就愈大。如果动静之间密封不良，就会导致大量空气漏入烟道中。要减少漏风量，就要减少烟气和空气两

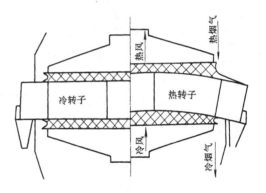

图4-2 预热器转子的蘑菇状变形

侧的压差，为此应减少风道、烟道的阻力。风道、烟道越长，弯头越多，则阻力越大。另外，喷燃器的型式也影响着阻力。通常直流喷燃器的阻力比旋流喷燃器的阻力小。预热器的受热面的结构特性也影响着阻力，如波形板的波形及波纹角度都将影响阻力。在运行中，风门的开度、投入热风再循环时风机的出力也会影响阻力。受热面的堵灰对阻力的影响比较大。如空气预热器本身发生堵灰时，则会使风压增大，烟气负压也增加，最终使漏风量很快上升。为此，要经常保持空气预热器风、烟传热面的清洁，减少通风阻力。一般规定运行8h就要对空气预热器冷热端各吹灰30min，然后再两端同时吹灰30min。在锅炉熄火前也必须对空气预热器冷热段吹灰30min。正常情况下要经常对空气预热器通风阻力进行检查和监视。在发生空气预热器严重堵塞时，要停机进行水冲洗或化学清洗。在水冲洗时，若附着物冲不干净时，可将冲洗水适当加热（60～70℃）。冲洗完毕后要利用锅炉余热或启动吹风机吹干热元件，避免发生锈蚀。

（3）携带漏风。当空气预热器转子旋转时，其转动部分也会将一部分空气带入烟气流中，从而也增加了漏风量，这部分漏风称为携带漏风。漏风的多少是与密封过渡区所占的角

度，受热面的直径、高度以及转子转速有关。但该项漏风所占的份额较小，一般不超过1%。总之，空气与烟气之间必然存在压差，如果动静之间密封良好，就不致造成严重漏风。因此，影响回转式空气预热器漏风的关键在于密封间隙大小和密封装置的性能。除了在设计中尽量合理地考虑密封装置的性能外，在运行中要力图减少温差，减少不必要的变形间隙，将漏风量限制在最小的限度。一般回转式空气预热器的设计漏风量在10%以下。运行得好，可控制在7%左右。

2. 空气预热器的低温腐蚀

运行中空气预热器的另一个问题是防止低温腐蚀。由于燃料中含有硫元素和水分，燃烧后形成硫酸蒸气和水蒸气。当烟气进入低温热面时，因烟温的降低或在接触到温度较低的受热面金属时，只要温度低于露点温度，水蒸气或硫酸蒸气就会凝结。水蒸气在受热面上的凝结会造成金属的氧腐蚀。而硫酸蒸气在受热面凝结时，将使金属产生严重的酸腐蚀。

强烈的低温腐蚀通常发生在空气预热器的冷风进口端，因为此处的空气及烟气温度最低。低温腐蚀将造成空气预器受热面金属的破裂穿孔，使空气大量漏至烟气中，致使送风不足，炉内燃烧恶化，锅炉热效率降低。有些厂严重时三、四个月就要更换受热面，也增加了资金损耗。同时，液态硫酸还会粘结烟气中的飞灰，使其沉积在潮湿的受热面上，从而造成堵灰，使烟道阻力增大，严重影响锅炉的安全、经济运行。

为了防止空气预热器冷端金属过快的腐蚀，必须使其温度高于烟气的露点温度。水蒸气的露点温度决定于它在烟气中的分压。一般煤种在正常温度下的烟气中水蒸气的露点温度为30~65℃，而排烟温度远高于此，可见一般蒸汽不易在低温受热面结露。但硫酸蒸气则不同，其酸露点温度可高达140~160℃。当硫酸蒸气在壁温低于酸露点温度的受热面上凝结下来时，就会对金属受热而产生腐蚀作用。

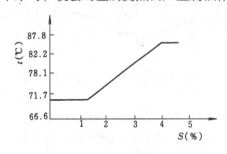

图4-3 空气预热器冷端温度
与燃料中含硫量的关系

一般在工程实际中，冷端金属允许的最低壁温由燃料中的含硫量确定。因为烟气中三氧化硫含量越高，则酸露点温度越高。图4-3为CE公司提供的空气预热器冷端金属温度选择曲线。在图4-3中的曲线上根据所用燃料的含硫量即可查得冷端金属壁温允许值。实际工作中的空气预热器端金属温度 t_c 可简单地取排烟温度 t'' 与空气预热器入口风温 t' 的算术平均值。两者一比较就可求出入口风温的允许值。例如某台锅炉设计煤种的含量为 3.27%，由曲线查得

t_c 等于85℃。假定排烟温度为140℃，则根据 $t_c = \dfrac{t'' + t'}{2}$ 可得 $t' = 30$℃。也就是说在运行中，空气预热器的入口风温应不低于30℃，否则空气预热器将会很快被腐蚀。但是入口风温 t' 愈高，排烟热损失必然愈大，因此 t' 应该保持在一定范围内而不能过高。

另外，当排烟的含氧量超过设计值时，烟气中的二氧化硫会更多地转化为三氧化硫，从而提高三氧化硫的分压，亦即提高了烟气的酸露点温度。在这种情况下也必须提高入口风温 t'，以使空气预热器冷端金属温度相应提高。

既然空气预热器的低温腐蚀的根本原因在于烟气中会有三氧化硫，使烟气中酸露点的温度高于金属壁温。那么减轻空气预热器低温腐蚀就得从两方面着手，一是采取措施降低烟气

中的三氧化硫的含量，使酸露点温度降下来；二是采取措施，提高空气预热器冷端金属温度，使之高于酸露点温度。为了达到这一目的，常采取燃料脱硫，低氧燃烧，增加抑制腐蚀的添加剂，采用耐腐蚀材料和提高空气预热器受热面壁温等措施。但前者都会带来一些附加的问题，使其在实际中的应用受到限制。只有提高空气预热器受热面的壁温才是防止低温腐蚀最有效的办法，也是实践中最常用的方法。

目前大容量机组为了提高空气预热器壁温，一般在送风机与空气预热器之间的风道上设置暖风器（亦称前置式空气预热器）或热风再循环，把冷空气温度适当提高后再进入空气预热器，以确保空气预热器冷端金属壁温在一定范围内。

暖风器一般采用汽轮机的抽气或其他辅助汽源来加热冷风，它是一种管式加热器。暖风器的进口空气温度将随气候或时间而变化，因此欲保持其出口气温 t' 为定值，就必须随时调整暖风器的工作。此外，锅炉排烟温度将随其负荷而变化。在这种情况下，欲保持 t_c 为定值，又必须调整暖风器出口温度 t'。为此对采用暖风器的空气预热器，都配置了暖风器空气温度自动控制系统。通过控制加热蒸汽调节阀门的开度来同时调节进入两台暖风器的蒸汽流量。当自动调节装置因故不能投运时，应及时将蒸汽调节阀切至手动调节，以确保空气预热器出口烟气温度与入口空气温度的平均值维持给定值。另外，在冬季环境温度较低的地区，常采用中间加热介质来作暖风器的热源。如石横电厂即采用乙二醇的水溶液作为中间加热介质。即先用抽汽加热乙二醇的水溶液，然后再用加热的乙二醇溶液来预热空气。这样可使加热器布置得更紧凑，以提高效率。

3. 空气预热器的运行

在空气预热器的首次启动或大修后的启动前必须对空气预热器进行全面的检查，并进行试运转，以检验转动部分的润滑情况是否正常。在热态启动时应检查预热器的温度是否正常，封锁再燃烧现象。空气预热器的启动应在引风机之前。启动时，烟气进出口挡板、二次风进出口挡板、一次风进出口挡板应是全开的。锅炉点火后要进行空气预热器的吹灰。

回转式空气预热器除配置一套主传动装置外，还备用一套备用驱动装置。当主传动装置故障时，除要发出信号给控制室外，备用驱动装置可以自动投入。若30s后备用驱动装置也不能投入时，应立即切除该侧的空气预热器，并将锅炉负荷降至50%。若两侧空气预热器同时故障时，应立即联锁停炉。

当空气预热器进出口压差增加到1.3倍的设计值时，说明空气预热器已严重积灰，应停止运行并进行水冲洗。停运时，在锅炉熄火后至少要保持空气预热器运转4h或确认排烟温度低于150℃时，方可切断电动机。当发现空气预热器传热元件发生二次燃烧现象时，应立即将锅炉负荷降至50%，关闭着火的空气预热器进出口所有挡板及所有人孔等。打开底部排水阀，用灭火装置对着火的传热元件区域进行喷水，火焰扑灭后要对空气预热器进行全面冲洗和检查，以免发生变形而影响密封性。

4. 回转式空气预热器的程控

在锅炉运行和停炉过程中，当烟气温度高于环境温度时，若停止回转式空气预热器的运行，则会造成设备的损坏。因此，保证回转式空气预热器可靠运行是非常重要的。一般由一台交流电动机和一台直流电动机共同驱动，在正常情况下，交流电动机工作，驱动空气预热器。当交流电动机在运行过程中由于故障跳闸退出工作时，直流电动机自动启动，接替交流电动机工作，并发出报警信息。在锅炉运行过程中，回转式空气预热器是一种先启动和最后

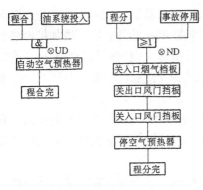

图 4-4　空气预热器启停程序
控制流程图

停止的转动机械，而上不允许出现预热器先跳闸的情况。

因回转式空气预热器的径向密封间隙很小（约 1～1.5mm）。为使回转式空气预热器在热态运行时各部件受热均匀，并保持密封间隙，减少风量，除了设置径向密封间隙自动调整装置进行间隙自动调整外，在启动时空气预热器应先接通冷却介质——空气，再接通加热介质——烟气。在停用时则相反，应先切断烟气，再关闭空气。为此，空气、烟气挡板的调节应受空气预热器的投停控制。当空气预热器投入后，因锅炉启动的需要，其空气预热器的出口、入口风门以及入口烟气挡板的控制就不再受空气预热器的控制了，而是受炉膛点火及燃烧系统的控制，因此空气预热器的启动程控流程较为简单，如图 4-4 所示。

启动顺序为：程合指令（按钮指令）→启动空气预热器润滑油泵→启动空气预热器电动机→开空气出入口挡板和烟气入口挡板→空气预热器启动顺序结束。

停止顺序为：程分指令→关入口烟气挡板→关出口风门挡板→关入口风门挡板→停止空气预热器传动→程分完。

（二）送、引风机的运行

大容量机组的送、引风机的型式有离心式和轴流式两种。这两种类型风机的出入口门挡板在启停中，其开关状态略有不同。

轴流风机采用调整动叶片安装角度的方法来改变送引风量。叶片安装角是通过电动执行器的位置来变动的。这种风机在较大的流量范围内可以保持较高的效率，然而在一定的安装角下，风机的流量越小，功耗就越大，因此原则上不应空载启动风机。在启动时应关闭动叶（安装角减小），切断风道，但出入口挡板是全开的。对于离心式风机，为了避免启动时负载过重，在风机启动之前，其出、入口挡板应是全关的。在风机启动后再开启出、入口挡板，当风机停止后要关闭这些挡板。由于风机入口挡板是接受自动调节器控制的调节挡板，在风机停止后，应将联锁强制关闭信息送入自动调节系统使挡板强制关闭。而在风机启动正常后，通常约在风机断路器合闸 30～60s 后，即可切断风机入口挡板的强制关闭信息，使挡板重新接受自动调节器的控制。

大容量风机在运行中还应避免发生风机的喘振。喘振是流体机械及其管道中介质的周期性吸入排出产生的机械振动。由于风机的 $Q-H$ 性能曲线存在驼峰形状，当工作点进入曲线上升段时，使工作点发生自振荡状态。此时气流有短暂的倒风现象，气压也脉动升高，而这种持续脉动式的喘振，因流量的急剧波动产生气流的撞击，使风机发生强烈振动，噪声增大，压力不断晃动。风机的容量越大，压力越高，则喘振的危害越大。为此运行中应严格避开喘振区，以确保风机的安全可靠工作。由于风机喘振区通常发生在流量较小的区域，因此风机的程控启动应考虑这个问题。另外，风机在并联运行时，喘振区域会发生移动，工作时应确保避开此区域。

一台风机在运行中要启动另一台风机时，则为了防止发生喘振，应先将运行中的风机负荷降低，即将动叶关小到一定位置，再启动另一台风机。一般甲乙侧风烟自成系统，送引风机不采用交叉运行方式。停炉时，一台风机要停止，另一台风机在运行中，则停止风机前，应先将运行中的风机动叶全部关死，再停止另一台风机的运行。启动或运行中，当喘振发生时，应发出喘振报警。若喘振时间过长，则应停机。此外，风机本身常同轴带动一台润滑油泵，供风机运行时的轴承润滑之用。同时还配有一台独立驱动的电动机辅助油泵，以保证风机启动和停止过程中的轴承润滑。风机在启动前，油系统应处在正常工作状态下，油泵备用联锁功能应可靠，信号保护系统应正常。

对于引风机，通常还配有两台冷却风机，供液压系统和轴承冷却、密封用。引风机运行时，液压系统的冷却风机须经常开启，轴承冷却风机则当轴承温度高于设计值时自动投入，轴承温度降到某一低值时，自动切除。冷却风机应在引风机启动前先启动。送风机由于是在低温下运行，与引风机相比少了一台冷却风机。

图 4-5 为某厂轴流式引风机的程序控制操作流程图。

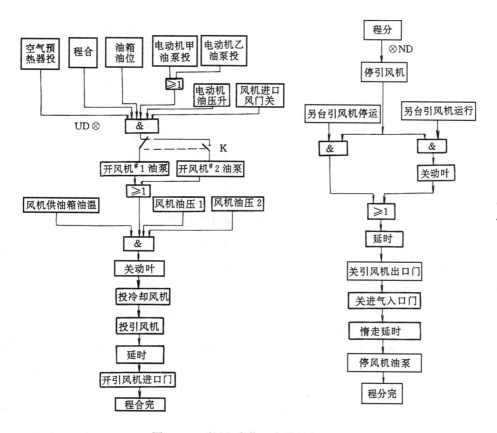

图 4-5　引风机启停程序控制流程图

启动顺序为：程合指令→启动控制油泵、润滑油泵、冷却风扇及关闭动叶→打开进气室入口挡板和引风机出口挡板→启动引风机电动机→调整引风机叶片→程合结束。

停止顺序为：程分指令→停引风机电动机→关引风机动叶、引风机出口挡板、进气室入口挡板→程分结束。

图 4-6 为某厂轴流式送风机的程序控制操作流程图。

启动顺序为：程合指令→开风机油泵→关动叶→开送风机→开回转式空气预热器出、入

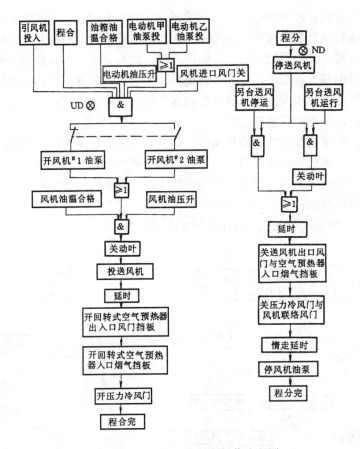

图 4-6　送风机程序控制操作流程图

口风门→开回转式空气预热器入口烟气挡板→开压力冷风门（供磨煤机调温）→程合完。

停止顺序为：程分指令→停送风机→关动叶→延时→关出口风门与入口烟气挡板→关压力冷风联络风门→惰走延时→停风机油泵→程分完。

流程图中 LD、ND 为程合、程分指令灯。开关 K 为油泵选择开关，不论 K 在什么位置，总有一台油泵被选用。为防止回转式空气预热器变形和维持炉膛在一定的负压，锅炉启动时，应先投回转式空气预热器，再投引风机，最后投送风机。锅炉停运时，先停送风机，后停引风机及预热器。因此，引风机的启动条件之一是回转式空气预热器投入，而送风机的启动条件之一是引风机的投入。

送风机停止后，要根据不同情况联动控制有关的挡板。当一台送风机停止而另一台送风机仍在运行时，则应切除已停运送风机侧的空气预热器（关闭空气预热器烟气侧入口挡板和当气侧出口挡板），关闭已停送风机的出口低温风联络挡板和送风机入口挡板。当两台送风机均停止时，则应投入两侧空气预热器。这时本侧空气预热器已在投入状态，不再进行任何控制。而另一侧空气预热器，由于该侧送风机停止时已被切除，此时应重新投入，并将送风机入口挡板全开，以利用自然通风将炉膛内可燃气体排走。一般在送风机停止且入口挡板全开 5min 后，即可认为炉膛内可燃气体已全部排出，这时应再将送风机入口挡板强制全关，以防止炉膛温度降低过快。

此外送、引风机的联动控制系统还包括：空气预热器的交流电动机和直流电动机、引风机的辅助油泵、引风机电动机、引风机入口挡板（调节）、引风机出口挡板、送风机电动机、送风机入口挡板（调节）、空气预热器烟气侧入口挡板、空气预热器空气侧出口挡板、送风机出口低温风联络挡板等。图4-7～图4-10为常用的联动控制框图（送、引风机均为离心式）。

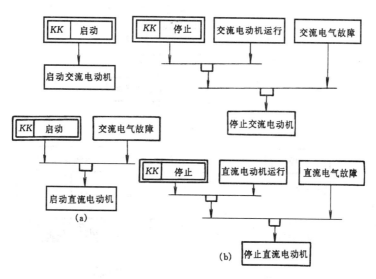

图4-7 回转式空气预热器联动控制框图

二、制粉系统的运行

（一）中间储仓式钢球磨煤机制粉系统的启停程序控制

筒式钢球磨煤机一般用于中间储仓式制粉系统，在运行中必须保持三项运行参数在一定的范围之内，即磨煤机入口负压（正常运行不利于磨煤机轴承的工作）、磨煤机进出口压差（控制磨煤机内的存煤量）、磨煤机出口风粉混合温度（防爆要求，挥发分越高的煤，这个温度限制就越低，通常烟煤≯100～130℃）。通常为了保持这些参数符合规定要求，应通过自动调节系统进行调节。图4-11为筒式钢球磨煤机的风门系统图。图4-11中热风来自空气预热器出口，压力冷风来自送风机出口，两者的电动调节门均由磨煤机出口温度调节系统进行自动控制，而冷风门和热风总门为电动门，与磨煤机一起进行程序控制。

1. 制粉系统的启动程控

制粉系统的启动过程分为：启动准备、暖磨、制粉三个阶段。

（1）启动准备阶段。制粉系统启动之前，必须认真、仔细检查各设备和系统，如磨煤机内应有足够的钢球、磨煤机和排粉机内无着火自燃现象、管道及各部件内无积粉和自燃现象、润滑油系统正常等。之后启动润滑油泵，维持正常油压，以保证磨煤机轴承的润滑与冷却。

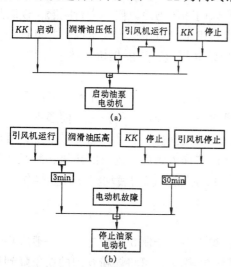

图4-8 引风机辅助油泵联动控制框图

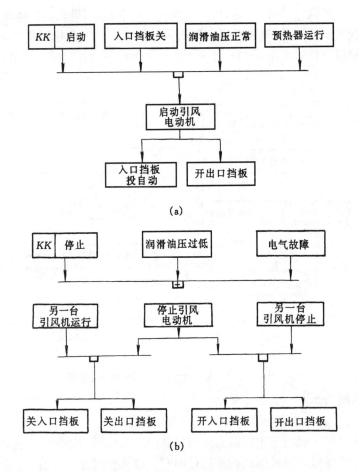

图 4-9 引风机的联动控制框图

（2）暖磨阶段。由于筒式钢球磨煤机壳体庞大，筒壁较厚，为了减少磨煤机筒体的热应力，在冷态启动时需要暖磨。暖磨初期，先微开三次风门启动排粉机，待排粉机转动正常后，关闭冷风门，开启热风总门，调整磨煤机入口热风门和压力冷风门，进行暖磨，使磨煤机壳体温度逐渐上升。同时保持磨煤机入口负压和排粉机出口风压达到规定值，并进行一次风管吹扫。当磨煤机出口温度达到 60～65℃ 时，可启动磨煤机，待磨煤机壳体温度均匀后，结束暖磨。

（3）制粉阶段。当磨煤机出口温度达到规定值后，可启动给煤机进行制粉。同时开启一次风门，调整给煤量和通风量，调节磨煤机入口热风门、压力冷风门的开度，使磨煤机入口负压、出入口差压及磨煤机出口温度维持在正常运行要求范围内。若系统通风量不足，可调节再循环风门，以增加通风量。随着给煤量的增加，逐步加大磨煤机进口的热风、冷风调节门及再循环风门，以增大系统的通风量（即增加出力）。制粉系统的启动程序控制操作流程如图 4-12 所示。

2．制粉系统的停止程控

对于停炉进行大小修和停炉需较长时间备用的锅炉，在停止制粉系统之前，一般应将煤粉仓内煤粉用尽，并将原煤仓的煤用完。对于短期停运的锅炉，可将煤粉仓内的粉位降到规定的粉位。

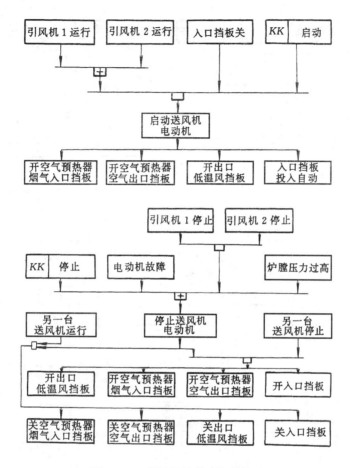

图 4-10 送风机的联动控制框图

对于热风送粉的制粉系统，其停止过程包括减负荷减温、停给煤机、吹扫延时、停磨煤机等项操作。

（1）逐步减少磨煤机的给煤量，以降低系统的出力。由于进入磨煤机的煤量的减少，会引起磨煤机出口温度的逐步升高，因此在减少给煤量的同时要逐步关小磨煤机进口的热风调节门，适当调整再循环风门和压力冷风门，降低磨煤机进口的干燥剂温度及系统的通风量。在调节过程中，应控制磨煤机出口温度始终保持在规定范围之内。

（2）给煤机停止运行后，磨煤机还应继续运行，以便把磨煤机内的存煤磨完。磨煤机内的煤粉抽尽后，还需要继续通风一定时间，进行吹扫（一般持续 1～10min）。一方面把系统中的煤粉抽尽，以防积粉自燃或爆炸；另一方面还可以降低系统的温度。当磨煤机进出口压差下降到某一值（一般为 500～1000Pa），且粗粉分离器回粉管内无回粉时（回粉管锁气器不动），则表明磨煤机及系统内存粉已基本抽

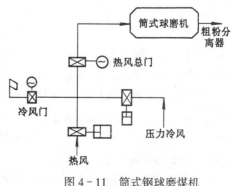

图 4-11 筒式钢球磨煤机的风门系统图

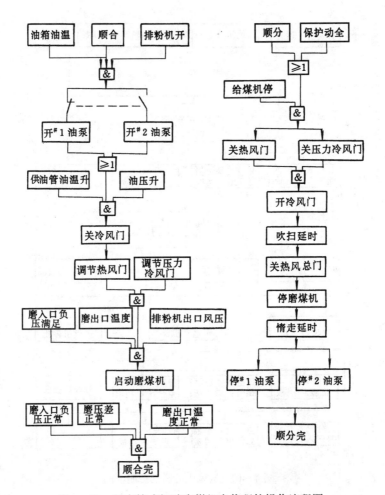

图 4-12 具有筒式钢球磨煤机启停程控操作流程图

尽，可以停止磨煤机。

（3）磨煤机停转后，润滑油泵需继续运行10min左右，以保证磨煤机、减速箱等轴承的冷却。当各轴承完全冷却后，才可停运润滑油泵。如果磨煤机停运后作备用，润滑油泵应继续运行，而且对停运的磨煤机还应定时启动，进行短时间的空转，以保持各部温度均匀。

（4）当排粉机入口温度低于60℃时，可关闭抽风门，停止排粉机。之后关闭磨煤机进口总门，同时还应开启三次风喷嘴冷却风对喷嘴进行冷却。

制粉系统的停止程控操作流程如图4-12所示。

制粉系统在启停的过程中，磨煤机出口温度不易控制，容易因超温而发生煤粉爆炸事故。另外在停运过程中，若系统中的煤粉没有抽尽，煤粉会发生缓慢氧化，在下次启动通风时就会疏松和扬起阴燃的煤粉，引起制粉系统的爆炸。因此，制粉系统的启停操作，必须特别注意防止煤粉爆炸。启动前必须全面检查，确保系统内无积粉和无阴燃现象。启动中，当磨煤机出口温度达到一定值后，立即启动给煤机向磨煤机给煤；在停运过程中，给煤量逐渐减少，并严格控制磨煤机出口温度，防止磨煤机出口温度超过规定值。

（二）直吹式中速磨煤机制粉系统的启停程序控制

直吹式制粉系统启动和停止的主要步骤，与中间储仓式制粉系统基本相同，而且要简单

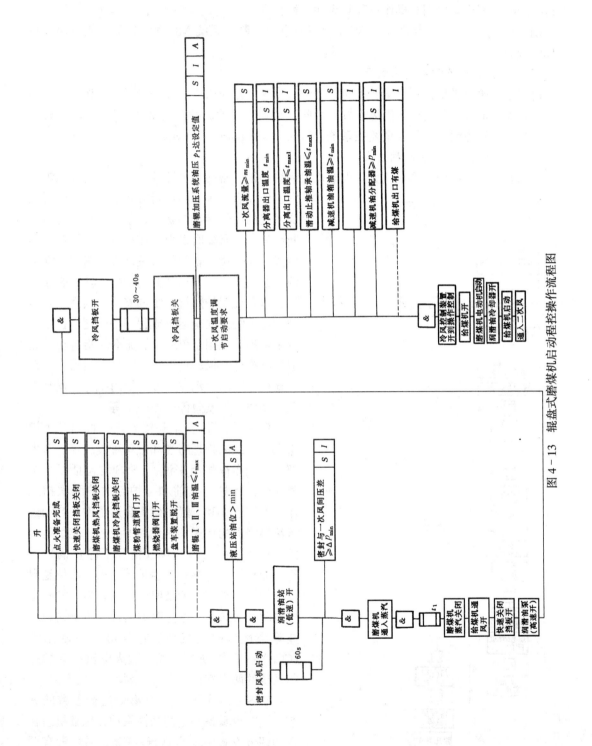

图 4 - 13　辊盘式磨煤机启动程控操作流程图

一些。启动和停用前均要进行检查，启动时同样要先启动排粉机等，逐步建立正常的通风工况，进行暖机、暖管，然后依次启动磨煤机、给煤机，并调节风量和煤量，使其与锅炉机组的运行工况相配合。停用时操作过程与启动过程相反。

图 4-13、图 4-14 为某 300MW 机组正压直吹式制粉系统 MP 辊盘式磨煤机启停程控操作流程图。

三、炉膛安全监控系统的运行

燃料在炉膛里燃烧进行能量转换时，燃烧易出现不稳而灭火。如果进一步操作不当，则易发生爆炸，造成严重的设备损坏事故。因此，必须对锅炉炉膛及燃烧系统进行安全保护，这一保护系统称为锅炉炉膛安全监控系统（furnace safeguard supervisory system，FSSS）。

（一）炉膛安全监控系统的主要功能

炉膛安全监控系统是现代化大型火电机组锅炉必须具备的一种监控系统。它能在锅炉正常工作和启停等各种运行方式下，连续监视燃烧系统的大量参数与状态，不断地进行逻辑判断和运算，必要时发出动作指令，并通过连锁装置，使燃烧设备中的有关部件严格按照既定的合理程序完成必要的操作或处理未遂性事故，以保证锅炉燃烧系统的安全。实际上它是把燃烧系统的安全运行规程用一个逻辑控制系统来实现。采用了 FSSS 系统不仅能自动地完成各种操作和保护动作，还能避免运行人员在手动操作时的误动作，并能及时执行手操来不及的动作，如紧急停炉或跳闸等。

FSSS 的具体安全联锁条件应根据各个机组燃烧系统的物理特性和燃料种类决定。对大部分大型燃煤机组来说，FSSS 均包括以下主要功能：锅炉点火前和停炉后的炉膛吹扫工作；保证点火和点燃主燃料合适条件；自动进行油燃烧器的点火和主燃料的投入；连续运行的监视，并能在机组事故情况下停止锅炉运行。如在运行时突然发生炉膛灭火、水位越限以及炉压异常等，能及时切断主燃料（简称主燃料跳闸 MFT），停止锅炉运行，防止锅炉爆炸等恶性事故的发生。它与协调控制系统（CCS）一起被视为现代大型火电机组锅炉控制系统的两大支柱。

CCS 系统主要实现对锅炉运行参数的调节，同时也具备一定的联锁保护，保证机组在自动调节方式中安全运行。FSSS 系统没有调节功能，不直接参与调节燃料量和风量等参

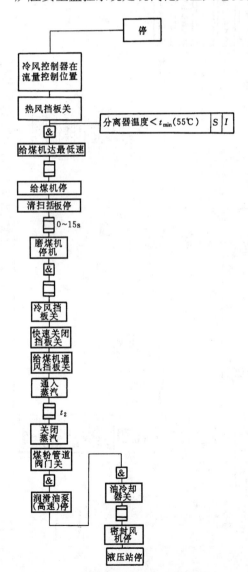

图 4-14 磨煤机正常停机控制程序图

数，它主要起到逻辑控制的作用。但是它能行使超越运行人员和过程控制系统的作用，可靠地保证锅炉安全运行。例如在锅炉启动后，只要出现风量低于启动允许的最低值的情况，FSSS就会自动发出主燃料跳闸信号将锅炉停掉。同样，如果运行人员违反安全规程操作，设备也将自动停掉。

（二）炉膛安全监控系统的组成

根据设备所起的作用不同进行划分，FSSS主要有五部分组成，即控制盘、敏感元件、驱动装置、逻辑系统和CRT图形站，它们之间的作用关系如图4-15所示。

1.控制盘

控制盘主要包括运行人员操作显示盘和就地控制盘。

（1）运行人员操作显示盘。包括：①指令器件，如启动燃烧系统和将有关设备投入运行的必要的开关和按钮等。②反馈器件，如状态指示灯，向运行人员提供一些特殊设备的运行状态（如阀门开、阀门关、电动机投入与停止等）以及运行操作情况。如"吹扫开始"、"吹扫完成"等。当机组发生紧急停炉时，控制盘上还能显示首次跳闸原因。运行人员操作显示盘安装在主控室的控制台上，通过电缆与计算机控制系统机柜相连。在正常运行时，所有命令均可由运行人员发出，运行人员通过操作盘和主机柜与安装在

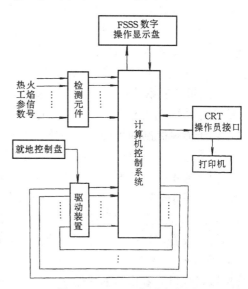

图4-15 FSSS组成方框图

整个燃烧系统上的所有敏感元件和驱动装置取得联系。

（2）就地控制盘。就地控制盘主要用于维修、测试和校验现场设备。在正常运行时，所有就地控制盘上的开关均放置在遥控或自动位置，这样使得这些设备处在远方控制室控制状态。如果主控逻辑系统出现事故，可以利用就地控制盘进行就地操作。

2.检测元件

检测元件是用来检测炉内燃烧状态、燃料以及空气等热工参数的设置。如炉内有无火焰、空气和燃油压力、温度的高低以及阀门和挡板开度等都是由检测元件反应出来。

压力开关用于反映燃料、空气和炉膛的压力。例如当炉膛压力超过规定允许值时，使机组跳闸；温度开关用于反映燃料和空气温度。例如当磨煤机出口温度过高时，可关闭磨煤机热风门，必要时停止磨煤机运行；流量开关用于指示空气系统的流量。如一次风量过低或失去一次风量时，使得磨煤机停止运行；限位开关用于限制阀门和挡板的行程，以保证运行在规定的安全限度之内，或提供一个证实信号，证实阀门是开的、还是关的；火焰检测器主要用于监视炉膛和暖炉油枪以及煤粉燃烧器火焰。

显然，保持敏感元件的良好工作状态是非常重要的，若敏感元件出现事故，将会导致机组事故的发生或有不必要的停炉跳闸。敏感元件投入前应进行严格的检查，以满足运行要求。投入使用后，要定期进行校验。必须保持敏感元件的清洁度，这对火焰检测器更为重要。需要定期对检测器检查，同时始终提供足够的冷却空气。FSSS出现的事故，大多数情

况是由于现场设备引起的，首先应该检查现场设备。

为了得到可靠的检测信号，可采用二个、三个或四个敏感元件进行测量，然后进行二取一、三取二、四取三等数据处理，得到一可靠的检测信号。炉膛压力和汽包水位均采用三取二方式检测，即三个压力开关或液位信号有两个以上输出压力高或水位高信号，则确认炉膛压力高或水位高。

3. 驱动装置

驱动装置用于控制和隔离进入炉膛的燃料和空气，燃烧系统的驱动装置包括电动和气动的阀门、挡板驱动器，如暖炉油跳闸阀、热风门等，以及电动机启动器，如磨煤机、给煤机以及风机等。运行人员通过逻辑系统监控这些装置。由于 FSSS 是逻辑控制系统，因此逻辑系统给这些驱动装置的指令都是开或关和投入或退出。某些燃烧控制如燃料风和辅助风调节挡板以及冷一次风和热一次风挡板的开度大小可由 CCS 系统控制，而在设备启动和停止时由 FSSS 逻辑控制系统输出开关信号送 CCS 进行逻辑控制。

燃料系统驱动装置有的采用交流电驱动，有的用直流电驱动。它可以设计为给予能量跳闸或不给予能量跳闸两种类型。对于大型机组的 FSSS 通常采用给予能量跳闸类型的驱动装置。这种类型的系统打开阀门时需要提供能量，关闭阀门也需要提供能量。不提供任何能量时，阀门位置不变，从而防止了电源消失而跳闸，保证系统的安全。保证这些驱动装置良好的工作状态是十分重要的。因为 FSSS 的指令和安全联锁要靠这些驱动装置来实现，因此必须对所有现场设备进行定期监视、检查和测试。保持这些设备的清洁，不让这些设备粘上灰尘和油污。设备停运后，要定期活动所有的阀门的挡板。

4. 逻辑系统

逻辑系统可以看作是 FSSS 的大脑，用来完成逻辑运算、判断等任务。所有运行人员的指令都是通过逻辑系统来实现的，每个驱动装置和敏感元件的状态都是通过逻辑系统进行连续的监测。运行人员发出的指令只有通过逻辑系统验证满足一定的安全许可条件后才能送到驱动装置上。当出现危及设备和机组安全运行的情况，逻辑系统自动停掉有关设备。目前，大型机组的 FSSS 逻辑系统通常都由分散控制来实现。

5. CRT 图形站（OIS）

FSSS 作为分散控制系统中的一部分时，还共享 CRT 图形站。它包括 CRT 终端，CRT 功能键盘、打印机。利用 CRT 图形站可以进行与 FSSS 有关的锅炉运行工况的监视及记录，OIS 图形站与逻辑系统之间的信息交换通过厂区环路进行通信。CRT 画面上主要有炉膛燃油系统图、制粉系统图以及炉膛火焰等模拟图。在 CRT 画面上还可以显示逻辑组态图，如主燃料跳闸、炉膛吹扫及油层自启动等。

（三）炉膛吹扫

锅炉在点火之前，炉膛要进行吹扫，以清除所有积存在炉膛内的可燃气及可燃物，这是防止炉膛爆燃的最有效方法之一。吹扫时通风容积流量应大于 25% 额定风量（通常为 25%～40%），通风时间应不少于 5min，以保证炉膛内吹扫的效果。对于煤粉炉的一次风管也应吹扫 3～5min，油枪应用蒸汽进行吹扫，以保证一次风管与油枪内无残留的燃料，保证点火安全。当完成吹扫规定的时间后可发出吹扫结束信号，解除全系统的 MFT 状态记忆（MFT复值）。炉膛内继续保持吹扫时的风量，直至锅炉负荷升至对应吹扫风量的负荷时，再逐步增加风量，从而防止了当点火不成功时用吹扫风量带走炉膛内的燃料，避免炉膛爆燃。当点火不成功时，需重新点火，点火前必须对炉膛进行重新吹扫。

在吹扫时，应先启动回转式空气预热器，然后再顺序启动引风机和送风机，为炉膛吹扫提供足够的风量，并且可以防止点火后出现回转式空气预热器因受热不均而发生变形的问题，同时也可以对回转式空气预热器进行吹灰吹扫。

一般规定炉膛吹扫的条件是：

（1）所有燃料全部切断；

（2）所有燃烧器风门应处于吹扫位置；

（3）至少有一台送风机及一台引风机在运行；

（4）风量应大于 25% 全负荷风量。

启动吹扫顺序框图如图 4-16 所示。

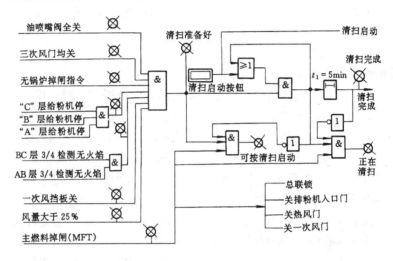

图 4-16　启动吹扫顺序框图

锅炉必须经启动吹扫顺序才允许点火，否则装置将处于 MFT 状态，所有燃料阀不能开启。当炉膛内风量大于 25% 额定风量、燃料全停、炉内无火焰、无跳闸指令以及其他吹扫条件满足时，"吹扫准备好"灯亮、"可按吹扫启动"灯亮。运行人员按下"吹扫启动"按钮，"正在吹扫启动"灯亮、"可按吹扫启动"灯灭、吹扫启动指令送出。经过 5min 吹扫，"吹扫完成"灯亮、"正在吹扫"灯灭、吹扫完成信号送出。复置 MFT 记忆，MFT 灯灭，吹扫顺序结束。

吹扫顺序结束后，锅炉可点火启动，同时应始终保持炉膛大于 25% 的额定风量，直至锅炉负荷大于 25% 额定负荷。保持炉膛内风量充足，带走未点燃的燃料，同时满足点火后在低负荷运行时建议过量空气系数值较大的要求。

（四）轻油、重油系统泄漏检查

轻油、重油系统泄漏检查主要是检查轻油、重油快关阀关闭的严密性，确保炉轻油、重油系统没有泄漏现象。如果炉前电磁阀关闭不严，在点火之前就会有油泄漏到炉膛内；如快关阀关闭不严密，当锅炉发生 MFT 时，则会使油泄漏到炉内，引起爆燃。因此，轻油、重油系统的泄漏检查是保证炉膛点火安全，不产生爆燃的重要措施之一。

泄漏的检查方法是先打开快开阀，使炉前油管路充油（炉前的油电磁阀关闭），然后关闭快关阀。经过若干秒，如果油枪入口压力在规定值以上，即为合格（也可以用压力变化计来检查，快关阀关闭前后的压力差值 Δp 小于规定压力差，即泄漏检查合格。如果 Δp 大于规定压力差，说明炉前油管有泄漏）。如果泄漏检查合格，允许点火；如果泄漏检查不合格，说明炉前油系统有泄漏，不能点火，必须待缺陷消除后再行检查，直至合格，才能进行点火。

轻油、重油系统泄漏检查一般应由 FSSS 自动完成，有的机组由专门操作系统来完成炉膛吹扫与泄漏检查。

（五）全炉膛火焰检测——灭火保护

灭火保护的实质是在锅炉灭火时，通过保护动作确保炉膛安全。它包括：启动前的炉膛吹扫联锁、全炉膛火焰监视和 MFT 联锁。

某些电厂把灭火保护装置扩大了功能范围，增加了一些功能项目。如除了上述三个功能之外，将自动点火、熄火、油枪顺控等加入灭火保护装置控制范围。因此，灭火保护的功能并没有一个严格的界限，但灭火保护与 FSSS 之间还有一定距离。

1. 灭火保护的功能要求

（1）启动前的炉膛吹扫联锁。这一点在前已作了叙述。

（2）全炉膛火焰监视。它包括两个内容：①向运行人员提供炉膛火焰分布指示信号，使其能直观地判断炉膛火焰燃烧稳定程度，判断是否会出现全炉膛灭火，以便决定采取稳定燃烧或人为停炉措施。②装置本身具有判断能力。当炉膛已经不能维持稳定的燃烧的火焰，即将出现全炉膛灭火时，将全炉膛灭火信号发给跳闸联锁装置。

（3）MFT 联锁。当某些不能保证锅炉正常运行的情况出现时，MFT 应能迅速切断所有燃料，并将危急报警信号发到各系统，进行必要的安全操作并显示出跳闸的第一原因，并将此状态（MFT）维持到一次锅炉启动，其解除信号应在下次安全启动允许及炉膛吹扫完成后自动发出——解除 MFT 状态记忆。

对于汽包锅炉，锅炉主燃料快速切断（MFT）停炉和联锁，在下述条件之一就立即动作生效：汽包水位过高；汽包水位过低；送风机全部跳闸；引风机全部跳闸；送风机风量降低到 25％额定风量以下；燃料全部中断；火焰全部熄灭；炉膛压力过高；炉膛压力过低；手动跳闸；主蒸汽温度高；再热器出口汽温高；冷段再热管道金属温度高等。

当锅炉发生 MFT 时，下述设备或装置应动作到相应位置：切断所有燃料源；点火油系统的安全截止阀（快关阀）关闭；每个点火器阀均关断；给粉机停运；切断点火器电源。

2. 炉膛火焰特性及其检测原理

燃料在炉膛中燃烧时，火焰能辐射出大量的能量。火焰轴射能量的分布曲线是波长与温度函数。当温度升高时，辐射能量分布曲线向较短的波长方向移动，且辐射总能量增大；当温度降低时，辐射能量分布曲线向较长的波长方向移动，且辐射总能量减少。因此炉膛火焰的辐射能量是在某个平均值上下闪烁着，这就给人眼一个直觉，火焰亮度在某个平均值上下闪烁着。此外，燃料在燃烧过程中辐射出的能量还包括光能（紫外光、可见光、红外光）、热能和声波等，这些特性都构成了检测炉膛火焰存在的基础。

从喷燃器中喷射出来的煤粉火焰大约可以分为四段：从一次风口喷射出的第一段是一股暗色的煤粉与一次热风的混合流；第二段是初始燃烧区，煤粉因受到高温烟气的火焰回流的加热开始燃烧，众多的煤粉颗粒燃烧成亮点流，此部位的亮度不是最大，但亮度的变化频率达到最大值；第三段为完全燃烧区，各个煤粉颗粒在与二次风的充分混合下完全燃烧，产生出很大的热量，此处的火焰亮度最高；第四段为燃尽区，这时煤粉大部分燃烧完毕，形成飞灰，少数较大颗粒进行燃烧，最后形成高温烟气流，其亮度和亮度变化的频率较低。因此火焰检测器的安装位置对于检测到火焰的强度和频率极其有关。

从利用光能原理检测炉膛火焰这个角度来说，火焰辐射的光强是在某个平均值上下闪烁着，即火焰的光强可看作是平均光强叠加上闪烁光强的总和。当锅炉灭火时，平均光强和闪烁光强才同时消失。因此，可以利用检测火焰的闪烁光强存在与否来判断是否发生了灭火事故。这种检测方案有较高的分辨率。如果再加上检测火焰的平均光强，把平均光强与闪烁光强两个信号相"与"，那么只有当平均光强与闪烁光强同时消失时，才能判断为炉膛灭火。

此外，炉膛火焰光按波段分又分为紫外光、可见光和红外光。不同的燃料，其火焰的频谱特性也不同。图4-17为油、煤气、煤粉及1650℃黑体发射的辐射强度光谱分布。从图4-17中可见，所有的燃料燃烧时都能辐射出一定量的紫外光与大量的红外光，光谱范围从红外光、可见光直到紫外光。煤粉火焰有丰富的红外光、可见光和一定的紫外光。燃油火焰有丰富的红外光、可见光和紫外光。燃气火焰具有丰富的红外光、紫外光和一定的可见

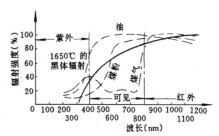

图4-17　不同燃料火焰的辐射
强度与波长关系

光。同一燃料在不同的燃烧区，火焰的频谱特性也有差异。火焰的频谱响应特性是选择何种光电器件首要考虑的问题。

(1) 紫外火焰控制

紫外光敏管是一种固态脉冲器件，其发出的信号是自身脉冲频率与紫外辐射频率成比例的随机脉冲。紫外光敏管有两个电极，一般通入交流高压电。当辐射到电极上的紫外线足够强时，电极间就产生"雪崩"脉冲电流，其频率与紫外强度有关，最高达几千赫。熄火时则脉冲电流为零。

根据含氢燃烧火焰具有高能量紫外光辐射的原理，在燃烧带的不同区域，紫外光的含量有急剧的变化。在第一燃烧区，紫外光含量最丰富。而在第二和第三燃烧区，紫外光含量显著减少。

紫外光用作单火嘴火焰检测时，对相邻火嘴的火焰具有较高的鉴别率。由于紫外光易被介质吸收，因此当紫外光的表面被烟灰油雾污染时，灵敏度显然下降，为此要经常清除污染物，使现场的维护量大为增加。此外，探头需瞄准第一燃烧区，也增加了现场的调试工作量。根据紫外光的频谱响应特性，它在燃气锅炉上效果较好，而在燃煤锅炉上效果较差。

(2) 可见光和红外光检测

硅固态检测器（光敏电阻、光电二极管、硅光电池）能产生与火焰亮度成正比的模拟信号，其频率相应可达10kHz以上，光谱范围一般从远红外光到可见光。因此可以用检测器检测火焰在可见光和红外光谱段的闪烁来判断火焰存在与否。由于可见光和红外光辐射的波长较长，不易被烟、飞灰或CO_2等所吸收，所以其检测器表面受烟灰油雾污染时，灵敏度不像紫外光下降得那么明显，现场维护量较少。但其缺点是区分相邻火嘴的鉴别率不如紫外

光。它可以利用初始燃烧区和燃尽区火焰的高频闪烁频率不同这一特性来作为单火嘴火焰检测。根据光敏电阻、光电二极管和硅光电池的频谱响应特性，这种检测器用在燃煤锅炉和燃油锅炉上效果较好，而在燃气锅炉上效果较差。

紫外光火焰检测器对火焰强度反应敏感，红外火焰检测器对闪烁频率反应敏感，可见光火焰检测器对火焰强度和闪烁频率反应都较敏感。从原理和实践的角度看，利用可见光或红外光原理的火焰检测器较好。

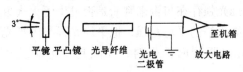

图 4-18　IDD-Ⅱ型红外火焰检测器
的探头示意图

图 4-18 为 IDD-Ⅱ型红外火焰检测器的探头示意图。它主要包括：平镜、平凸镜、光导纤维、钢制外壳包着的硫化铅光电二极管及放大电路。透镜接受到火焰中的红外线由光导纤维传递，经光—电器件转换成电信号并送到远方安装的电子线路板上。光导纤维是经过特殊处理的，以减少红外线的传输损失。电子线路板以集成电路为主，可对送来的信号进行处理。输入有高低两个信号通道，以适合不同工况或不同燃料的信号灵敏度需要，同时高低信号通道还有助于对单只燃烧器火焰的鉴别。探头和火焰放大器将煤和重油燃烧时辐射出来的红外辐射光转换成为继电器的触点的接通或断开来判断火焰的着火或灭火状态。

火焰检测器探头布置于四角切圆燃烧炉膛各角燃烧器的二次风机口内，在同一水平高度（同一层）的四个探头与同一机箱相接。当鉴别单根油枪的火焰时，通常将探头安装在油枪旁边（上游、下游均可）。当检测全炉膛火焰时，通常将探头置于两个相邻煤粉燃烧器层中间的二次风口内，视角为 3°，并描准煤粉初始燃烧区。因为该区内红外辐射较强，且频率变化达到最大值，能有效地检测煤火焰。

当火焰的辐射能量变化时，光电管的硫化铅衬底的电阻发生变化，这个变化导至输出电压为变化的交流电压，该电压与火焰辐射能量变化的总量和速度成比例。

火焰检测探头全部装入冷却室内，冷却风充满整个冷却室，探头的整体位置在冷却风的包围中（0～38℃）。冷却室的出口对着炉膛，将冷却风排进炉膛内，探头可以有效地被冷却。探头的长期工作温度范围为 60℃。若不采用冷却室，探头外壳直接暴露在炉墙周围的温度内，局部位置可达 80～107℃。尽管探头内部通冷却风冷却，但探头外壳在高达 80～107℃的高温中加热会使探头超温而烧坏。

红外元件的可靠性大大优于紫外光敏管，紫外光敏管往往会"自激"，其事故形式表现为在"无"火时指示"有"火，因而必须采用带机械快门的自检系统，周期检查管子与线路是否正常。而红外元件的事故形式，多表现为"有"火时表示"无"火（不灵敏），从保护设备角度看是偏于安全的。红外元件本身有虚假指示火焰闪烁的缺陷，不必自检。

采用什么原理是表征火焰检测器性能的重要条件，但火焰检测器性能的优劣还得从多方面来综合考虑。如探头定位的难易程度、电子线路的设计技巧及维护方便与否等，最终的性能优劣则应视现场应用的成功与否。

3. 全炉膛灭火概念

(1)"层"火焰信号

对于四角切圆布置的煤粉炉，一般将火焰检测器探头布置于两层煤粉喷嘴中间的二次风口内，以监视上下相邻喷嘴的煤粉火焰，探头的布置方向对准炉膛中心火球。装设于同一层的四个火焰检测器探头（四个角每角一个探头）发出信号，送到同一火焰检测机箱。在切圆燃烧锅炉中，当一层有两个角有稳定燃烧火焰时，火焰可以将其他两个角的煤粉点燃。因此，当其中两个探头发出"有火焰"信号时，认为本层有火焰。而当其中三个探头发出"无火焰"信号时，则认为本层无火焰。在中间仓储式制粉系统中，一台给粉机供一只喷嘴，此时情况要比直吹式制粉系统一台磨煤机供同层四角煤粉喷嘴的情况复杂。但作为全炉膛火焰检测的一部分，判断一层的燃烧工况，四取二仍然是合理的，其单喷嘴事故不能作为停炉条件。

（2）全炉膛失去火焰

每"层"火焰信号与相邻层煤粉喷嘴工作情况合为一个煤粉火焰检测层的投票信号。作出全炉膛是否灭火的判断还取决于油层火焰的工况，当油层 3/4 无火焰时，油层投票"灭火"，油层次 2/4 有火焰时可以支持全炉膛火焰燃烧，不发出灭火信号，参见图 4-19。

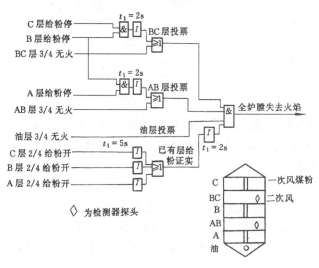

图 4-19　典型全炉膛失去火焰逻辑图

图 4-19 中"已有层给粉证实"信号的意义是 A、B、C 三层中任意一层已经有煤粉进入炉膛，对应直吹式燃烧系统，说明给煤机与磨煤机已经启动，并且经过一定时间的运行。而对应给粉机与煤粉喷嘴一对一的中间仓储系统，说明该层给粉机只启动 2/4。这个信号也就是"全炉膛失去火焰"保护投入的信号。该保护在油层投入时不具备跳闸能力，油层出现的异常情况应由油枪控制系统自行负责处理。当保护投入以后，各层投票"无火焰"时，发出全炉膛灭火信号。在正常停炉时，"全炉膛灭火"信号不会出现，因为停炉前已将油层投入工作，油火焰稳定，油层投票"有火焰"，然后停止送粉，给粉证实信号退出，不再工作。

4．MFT 跳闸顺序（如图 4-20 所示）

吹扫完成后，MFT 记忆元件状态为"0"输出，MFT 灯灭，锅炉处于运行状态中。当锅炉联锁跳闸、炉膛压力高、炉膛压力低、全炉膛灭火、运行人员危急跳闸的任一信号首先出现时，MFT 记忆元件翻转输出"1"，MFT 出口继电器动作，跳闸原因指示灯亮。

以上逻辑可保证记忆第一动作信号，后续信号不被记忆，也不显示。点亮的第一动作原因指示灯在下次启动吹扫指令发出时熄灭，即 MFT 状态持续到下次吹扫完成时为止。MFT 动作不应伴有风机跳闸，以保持风量进行 MFT 跳闸后的吹扫，这是十分重要的。如果装置

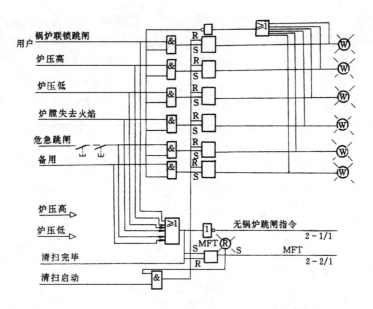

图 4-20 MFT跳闸顺序

不对风系统实现控制的话，要人为手动或自动增加风量，至少持续 5min。如果跳闸时，风量低于 25%，那么保持这个风量至少历时 5min，并逐渐将它增加到 25% 以及保持这个数值 5min，进行熄灭后吹扫。

5. 火焰显示

炉膛火焰显示灯应给运行人员以清晰的有火焰的显示，帮助运行人员判断燃烧情况，决定下一步的操作。当该检测器指示 2/4 有火，相邻层有"给粉证实"信号时，则该层火焰指示灯灭，该层"无火焰"灯亮；当检测器指示 3/4 无火时，则该层火焰指示灯灭，该层"无火焰"灯亮。

完整的 FSSS 系统，油枪火焰检测显示包括在油枪控制顺序之中。而对于不完整的 FSSS 系统，可以将油层"角有火焰"灯信号和煤层"角有火焰"灯信号，不加任何逻辑处理，送至火焰显示板上。

6. 全炉膛灭火

对于中间仓储式制粉系统，给粉机与煤粉喷嘴一一对应布置。当油火焰检测指示有"火焰"和某层给粉机大于 2/4 开时，经过 5s 后，给粉被证实，它具备有保护跳闸的能力；当各火焰检测器指示"无火焰"时，则全炉膛失火焰；当某层给粉机大于 2/4 开时，该层检测器指示"无火焰"，其余各层给粉机全停机，则全炉膛火焰丧失。

7. 失去燃料 MFT

在锅炉点火成功以后，无论因何种原因失去全部燃料，再次点火前必须进行启动吹扫顺序，这样再次点火才是安全的。如在锅炉低负荷时，煤层尚未工作，油快关阀跳闸造成的灭火即属于失去燃料 MFT。在正常停炉时，各种保护不动作，只有待燃料全停以后，才将装置自动置于 MFT 状态，保证装置与设备的状态一致。锅炉点火过程中，当有一层油燃烧成功时，燃料记忆元件投燃料；当燃料全停时，发出失去燃料 MFT 信号，5s 后，燃料记忆元件自动复置，准备下次投燃料记忆。中间仓储制粉系统在出现失去给粉机电源时，燃料记忆元件的功能尤为重要。

8. 燃烧器自动点火控制

自动点火熄灭控制功能是 FSSS 的基本功能之一，只需按动设在控制盘上的"点火"或"熄灭"操作按钮或者由计算机发出点火、熄灭指令，应能对燃烧器与点火器的点火、熄火操作的全过程进行自动顺序控制。各项操作在规定时间内是否完成，由计时器监督，如在规定时间内没有完成，就发出点火失败（或熄火失败）警报，同时系统自动转向安全操作。

燃烧器点熄火控制系统是一个逻辑顺序控制系统，由于燃烧设备的操作内容多，所以按系统功能分层的原则，将整个系统分解为若干个基本控制回路。每个回路使用逻辑元件设备，模仿人的逻辑思维过程（操作过程），自动按顺序进行操作。顺序控制的逻辑都是由"或"、"与"、"非"、"延时"、"记忆"等逻辑元件组成的。这部分内容还将在下面介绍。

9. 风门挡板控制

二次风的总流量是由燃烧调节系统根据总燃料量进行调节的。FSSS 根据燃烧器投入或切除状况，自动开启或关闭各风门挡板，并根据燃料量进行比例控制、差压控制，以获得锅炉最佳燃烧工况。

二次风挡板是由炉膛—风箱差压控制的，差压的设定值随锅炉负荷（即主蒸汽流量）的大小而改变。如果二次风口内有点火枪，当油枪投运时，该层的二次风挡板开度按油压大小进行比例控制；在油枪停运时，仍为差压控制。当煤粉燃烧器设置有燃料风（周界风）时，燃料风挡板开度按给粉机转速或给煤机转速进行比例控制。对于三次风挡板，一般采用手动控制。

锅炉在不同运行工况下，FSSS 根据预先设定值决定各风门挡板的状态。如炉膛吹扫时，二次风挡板开启，其开度按炉膛—风箱差压进行控制，燃料风挡板关闭。MFT 紧急停炉时，所有风门挡板均开启。

10. 事故状态下燃烧器的投切控制

当发生系统事故而使主开关跳闸时，汽轮机应实现无负荷运行或者带厂用电运行。当汽轮发电机事故跳闸，机组应实现停机不停炉运行方式，即具有 FCB 功能，维持锅炉最低负荷运行，蒸汽经汽轮机旁路系统进入凝汽器。待事故原因消除后，机组可以进行热态启动，机组迅速并网发电。锅炉在低负荷运行时，要切除一部分煤粉燃烧器。为稳定炉内燃烧，要投运部分点火油枪。当发生 FCB 时，哪些煤粉燃烧器应切除，投运哪些油枪助燃，是预先给予设定，并应由 FSSS 自动投切动作。

辅机发生事故时，机组也紧急降到运行辅机所能允许的负荷（RB）运行。这时，锅炉也应切除部分燃烧器，投运油枪助燃。当发生 RB 时，机组协调控制系统快速选择维持运行辅机所能允许的相应负荷及机组运行方式。FSSS 自动选择最佳燃烧器运行层数，并快速切除部分燃烧器。根据燃烧稳定性要求，投运部分油枪助燃。

（六）燃烧器的点熄火

对于煤粉炉，在启动或低负荷运行时，往往要采用油燃烧器，以帮助点火启动、助燃和稳定煤粉燃烧。具体油燃器有以下几个功能：作为从锅炉启动到机组带 20%～30% 额定负荷的主要燃料。当锅炉主要辅机发生事故，机组减负荷运行（RB）、或机组发生甩负荷、停机不停炉、或电网故障、主开关跳闸、机组带厂用电运行时，油燃烧器起稳定燃烧、维持低负荷运行的作用。点燃煤粉烧器，煤粉着火需要一定的能量，投用一定数量的油燃烧器，使锅炉达到 20% 额定负荷以上，可以保证煤粉稳定着火燃烧。

1. 点火方式

目前大容量锅炉的点火方式主要有以下几种：

（1）轻油点火器（涡流极式点火器）

每一只燃烧器（包括重油燃烧器和煤粉燃烧器）侧面均设置了小容量的油点火器，即轻油点火器。点火器由高能点火装置来点燃。点火器的火焰以一定的角度与主燃烧器喷射轴线相交，以可靠地点燃主燃料（重油、煤粉）。轻油点火器能简便迅速地投入，点火性能可靠，并能产生足够的能量使主燃料着火。在投用重油燃烧器或煤粉燃烧器时，应先投用相应的轻油点火器。在停用重油或煤粉燃烧器时，也要求投用相应的点火器，以燃尽残油或剩余的煤粉。

（2）重油点火器

相邻的煤粉燃烧器之间设置了重油燃烧器。点火时，先由高能点火装置点燃轻油点火器，再由轻油点火器点燃其相应的重油燃烧器。由重油燃烧器点燃其相邻的煤粉燃烧器。煤粉着火的能量是由重油燃烧器提供的。

（3）具有电火花高能点火装置的轻油点火器（HEA）

点火器的构成如图4-21所示。点火器分为引燃、燃烧及火焰检测三部分。主要由点火电极、油枪、检测器套管、涡流板、喷嘴及二次风连接管等组成。点火器燃料分气体和液体两种。气体燃料一般使用天然气，液体燃料一般使用轻柴油。国内大型燃煤锅炉均采用电气引燃装置和高能点火装置。电气引燃有电阻丝点火、电弧点火和电火花点火等几种形式。电阻丝在高温下容易氧化、发脆、点火头易受油污染，使用寿命短。电火花高能点火装置是利用低电压大电流放电的原理，通过220V供电，经点火变压器升压、整流并将贮能电容充电。当贮能电压达到放电管击穿电压时，经电缆导电杆沿半导体电阻放电，发出强烈的火花。电火花装置的点火能量大、火花瞬间能发出白炽光，具有较强的辐射能，以点燃经过空气雾化的轻柴油，其抗污染性能较好。

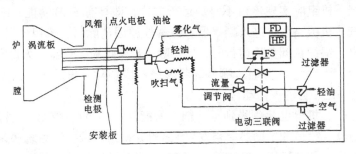

图4-21　点火器构成图

图4-21所示的涡流板式点火器安装在主燃烧器侧面。二次风喷出方向与点火器油枪火焰主燃烧器的喷出方向成斜交，点火器的喇叭口内有三块导向板分别支撑着三根导向管，涡流板装在点火器二次风口处，空气在涡流板下方形成涡流，使燃料和空气能充分混合，混合后气体流速减少，可有效地防止点火能量的逸散。

点火前点火器应具备下列条件：轻油系统油压为额定值；气源压力为规定值；电动三联阀处于关闭位置；点火风管与炉膛之间的差压在规定范围内。电动三联阀是三个互相机械联锁的阀门，即油枪电磁阀、油枪雾化空气阀和吹扫阀。它有两个状态：关闭与开启状态。在关闭状态，电磁阀、雾化阀处于关闭位置，而吹扫阀处于开启位置；在开启状态，电磁阀、雾化阀处于开启位置，而吹扫阀处于关闭位置。当点火器点火时，应先投高能点火装置，然后开启电动三联阀，即电磁阀、雾化阀开启，吹扫阀关闭，这样点火油经三联阀流入油枪中心管，而空气经三联阀流入油枪外管，油与空气在油枪头部混合雾化，再从雾化嘴的扁缝中喷出，形成油与空气的混合物。油点火器的二次风通过点火器上下两端的接口管引入，经过涡流板后与雾化的油—空气混合物逐渐混合。在三联阀开启的同时，高能点火装置开始连续打火，油雾在点火器的喷嘴内被电火花点燃，然后喷出，进入炉膛形成稳定的火焰，点燃相应的主燃烧器。当主燃烧器稳定燃烧后即可关闭电动三联阀。停运点火器，这时三联阀处于关闭状态，即电磁阀、雾化阀关闭，而吹扫阀开启，停止向点火器油枪进油和雾化空气，而吹扫空气进入油枪，将油枪内的残油吹净。

油点火器的逻辑控制回路如图 4‑22 所示。

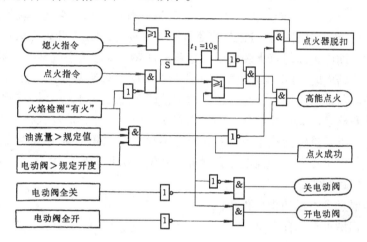

图 4‑22　点火器逻辑控制图

当点火器处于熄火状态时，电动三联阀发出"全关"信号，火焰检测器发出"无火"信号。当点火器控制回路发出点火指令（手动点火指令或计算机点火指令）后，RS 触发器置位到点火状态，高能点火装置放电打火，开启三联阀，喷出燃料点火。如果三联阀已大于规定开度，火焰检测器检测到火焰信号，并有足够的轻油流量，则表示点火器点火成功。停止高能点火装置打火，控制盘上红灯亮（红灯表示点火器投运），同时向点火器控制回路返回信号。如果 10s 内，点火未获成功（三联阀未开足、检测不到火焰信号或轻油流量不足），则点火器点火失败而脱扣，停止打火，关闭三联阀，并将 RS 触发器复置熄火状态。接到点火器熄火指令，其控制回路动作与上述类似。

（4）高能电弧重油点火器

高能电弧点火器（HFA）是一个放电装置，它装置在每根油枪的附近，作为油枪的点火源式点火器。点火时，点火器火花棒直接插入油枪出口处，产生高强度的电点火花将蒸汽雾化了的重油点燃。高能电弧点火器由点火端、软火花棒、软电缆、点火变压器、伸缩机构和导管组成，如图4‑23所示。

2. 燃烧器的点熄火程序控制

（1）轻油点火器的启动顺序

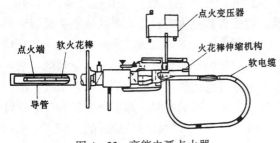

图 4-23 高能电弧点火器

轻油点火器包括轻油枪、高能点火器（HEA），以及轻油枪、高能点火器的进退机构。轻油点火器安装于主燃烧器（重油燃烧器）的侧面，贯通有二次风，轻油枪的火焰与重油枪的油雾方向成斜交，便于点火。高能点火装置的关键部件是火花塞，火花塞的内外芯之间有缝隙，在缝隙间通入间断的高电压直流电，通过间隙放电而产生电火花。

油枪与 HEA 高能点火装置按下列顺序进行动作：

①轻油枪与 HEA 火花塞（棒）推进到点火位置；

②当证实油枪与 HEA 高能点火器到位后，三通阀开启，雾化空气与轻油进入油枪；

③在油枪三通阀开启的同时，HEA 的变压器电源接通，HEA 开始点火；

④在点火的周期内，高能点火装置以一定频率打火，点燃被空气雾化的轻油；

⑤在点火周期结束时，HEA 火花塞变压器断电，同时火花塞（棒）自动缩回；

⑥当火焰检测器证明油枪火焰存在，三通阀被证实确已开启，表示该轻油枪点火成功；

⑦如火焰检测器发出无火焰信号，则三通阀立即切断，停止油进入，并进行吹扫。

当控制回路发出"进轻油枪指令"的同时，不存在轻油角层跳闸指令及油阀关闭指令，则高能点火器执行推进指令。当高能点火器推进到位，满足下列条件：

①无轻油角层跳闸指令存在；

②无轻油角层点火不成功指令存在；

③无轻油吹扫请求指令存在；

④无开轻油枪吹扫阀指令存在。

则轻油枪三通阀由全关位置进入点火位置，30s 点火试验时间开始。若在 30s 内火焰检测器显示无火，则本次点火失败，关断轻油阀，退出高能点火器。

在三通阀从全关位置进入点火位置的中途经过吹扫位置的瞬间，高能点火器（HEA）变压器接通电源。当三通阀开启、油进入炉膛时，HEA 信号失去，HEA 自动缩回，HEA 变压器电源断开。此时火焰检测器将检查点火是否成功，如"有火焰"，则保持油阀继续开启，启动成功，油枪投入。如指示"无火焰"说明轻油枪未点着，则意味着点火失败，关轻油阀，切断油路。

轻油枪启动顺序图如图 4-24 所示。

图 4-24 中的 O 点为推进轻油枪指令发出时刻，油枪开始推进，HEA 推进指令发出，HEA 开始进。A 点为 HEA 推进到位，开进油阀指令发出，阀开始开启，30s 点火试验时间开始。B 点为三通阀从全关位置进入点火位置的中途经过吹扫位置点，HEA 开始通电打火。C 点为点火试验时间到，如"有火焰"则表示点火成功，油枪投入运行；如"无火焰"则自动缩回油枪，点火失败。

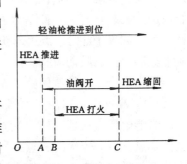

图 4-24 轻油枪启动顺序
OA—HEA 推进时间；OB—三通阀离开全关到吹扫位置时；AC—30s 点火试验时间；BC—HEA 打火时间

(2) 重油燃烧器点熄火的基本顺序与控制逻辑

重油是锅炉点火到带25%额定负荷期间的主要燃料，四只重油燃烧器，分布于四角构成一层。它是以单只为单位进行燃烧控制的。中央方式（包括中央操作盘或计算机指令）控制时，由上位逻辑和向角控制逻辑电路发出命令；现场方式控制时，在现场控制箱操作，向角控制逻辑电路发出命令。每只重油燃烧器都有一个点火器用于点燃重油，点火器是以层为单位进行点火控制的。这种分层控制的逻辑结构可以提高可靠性和使用率。装置的整个逻辑系统分为上位逻辑和下位逻辑，上位逻辑包括公共逻辑电路和控制各层燃烧器的层逻辑电路；下位逻辑是控制各角燃烧器的角逻辑电路。公共逻辑电路是对全部燃烧器状态进行监视以及实现自动缩减燃料量功能的电路，层逻辑电路是对整个一层燃烧器进行点熄火控制和状态监视的电路，角逻辑电路则是对某一层中一个角的点火器和燃烧器进行控制的电路。控制系统运行时，由中央操作盘发出的操作命令送到主逻辑控制框的上位逻辑电路，再由其向各个下位逻辑电路发出命令。通过现场控制箱的切换开关，可以在现场发出命令至角逻辑电路直接进行控制。

图4-25为重油燃烧器点熄火的基本顺序。

重油燃烧器点火的前提条件是相应点火器"点火成功"。当点火器"点火成功"，而且重油燃烧器的点火条件具备时，即重油燃烧器"点火许可"，此时可对重油燃烧器进行点火。重油燃烧器点火时，将重油燃烧器自动推入（采用气缸或电气式进退机构），开启进油电磁阀及蒸汽雾化阀（Y型油喷嘴），重油喷入炉内与点火器火焰相遇点燃。重油燃烧器进入点燃状态时，通过时间继电器延时若干秒（重油燃烧器允许点火时间），发出"重油燃烧器点火时间完"的信号，该指令送入点火器的熄火顺序，点火器自动熄火。当点火时间结束而重

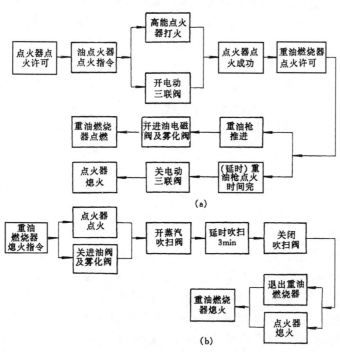

图4-25　重油燃烧器点熄火的基本顺序
(a) 点火顺序；(b) 熄火顺序

油燃烧器火焰监视器仍显示"无火焰",则发出"重油燃烧器点火失败"的报警信号,这样必须重新进行点火操作或重发点火指令。

重油燃烧器"熄火指令"是由运行人员发出、或由计算机发出、或由联锁保护动作(如紧急停炉、灭火保护动作、燃烧器检测无火焰等)发出的。指令发出后,重油燃烧器执行熄火顺序。熄火时点火器处于熄灭状态,为保证炉膛安全,应由运行人员通过控制台发出点火器点火指令或由顺控系统自动发出点火指令,使相应的点火器投入,将重油燃烧器吹扫出来的残油燃尽。熄火顺序包括关闭进油电磁阀、切断油路、关闭蒸汽雾化阀、开启吹扫阀,将油枪内残油吹扫干净。吹扫(一般需 3min)后关闭吹扫阀,熄灭点火器,重油燃烧器自动从工作位置退出,熄火顺序结束。

重油燃烧器点熄火控制逻辑电路如图 4-26 所示,现将其主要工作原理叙述如下:

当该层燃烧器处于中央控制(四只燃烧器的"中央/现场"。切换开关有三只及以上切向中央)时,选用重油燃料(该层另有煤气燃烧器,停重油后可换烧煤气,现燃料选择开关切到重油),并且重油点火许可条件满足(如轻油点火许可、重油压力、雾化蒸汽压力、火焰检测器冷却风等正常),"与"门 D11 导通,"与"门 D1 的另一输入为触发器 D2 的非端输出,在上一次燃烧器熄火后为"1"态,于是"与"门 D1 导通,允许重油点火的白灯 HW 点亮。当按下燃烧器点火按钮,"与"门 D3 = 1,触发器 D2 = 1,红灯 HR1 点亮,表明控制电路进入点火状态。同时 D3 = 1 的信号通过"或"门 D4 发出重油层点火器自动点火指令,点火器点火成功的回报信号送到"与"门 D5。D2 = 1 的信号还送到"接通延迟单元"D9,48s 为燃烧器点火的限定时间(包括点火器点火限定时间 10s),还通过"与"门 D6 送出"燃烧器点火中"的信号。当 10s 后,点火器点火时间结束,"与"门 D7 导通,通过单稳发出脉冲信号使触发器 D8 置位后,才相继发出一系列操作命令:①通过电磁阀驱动油枪用气缸,将油枪推入炉内;②油枪推动气缸前端位置开关送回"已推入"信号后,打开雾化蒸汽阀;③确认雾化阀打开后,开启重油阀喷入燃料,这时重油应被点火器火焰点燃。当紫外线火焰检测器检测到火焰,"火焰检测有火"信号成立,红灯 HR2 点亮,表明该重油燃烧器确已点燃。实际上重油燃烧器的点火限定时间为 30s,是由"断开延迟单元"D10 确定的。即点火器点火 10s 结束后,30s 之内燃烧器应正常点燃,否则判为事故。当重油层的四只重油燃烧器全部点火结束,燃烧能量充分(以重油压力正常表征),通过点火器的逻辑控制电路使点火器自动熄火。

当按动熄火按钮时,电路复置到熄火状态,同时发出点火器点火指令。触发器 D2 复位后,绿灯 HG1 点亮,并通过单稳发出脉冲信号,使触发器 D8 复位,此后进入熄火操作阶段:首先关闭重油阀,然后打开吹扫蒸汽阀,通入蒸汽吹扫油管和油枪中的剩油,并利用点火器火焰将剩油烧掉。60s 后,雾化蒸汽阀关闭,180s 后,吹扫结束。先关闭吹扫阀,然后油枪推动气缸使油枪退出炉内。当四只重油枪已全部处于退出位置后,点火器自动熄火。若锅炉发生事故,产生主燃料跳闸信号 MFT(切除锅炉所有燃料),或者重油系统事故使供油总管路上的保护用快关阀关闭,都将产生层燃烧器跳闸指令,要求立即停用重油燃烧器。不吹扫油枪,油枪留在炉内待以后处理。当主燃料跳闸保护 MFT 动作时,重油燃烧器将熄火,送至点火器的点火指令在点火器逻辑控制电路中被闭锁,因而不能使点火器点燃。

重油燃烧器点熄火过程中,异常工况的报警信号有:

1)燃烧器无火:这时重油阀已打开,但检测不到火焰。

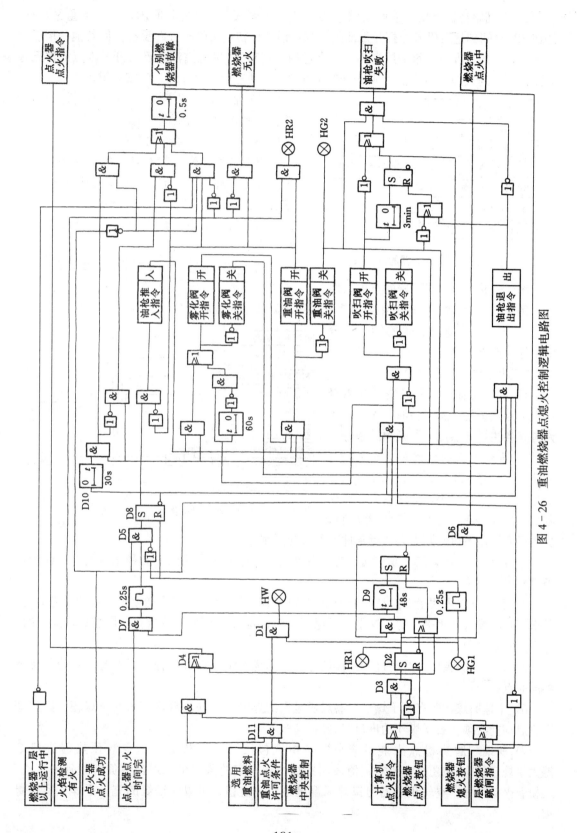

图 4-26　重油燃烧器点熄火控制逻辑电路图

· 181 ·

2）个别燃烧器事故：①重油燃烧器在进入点火状态的 30s 时间内，点火器重又熄灭。②在 30s 时间到达后仍未能打开重油阀。③在锅炉最初点火阶段（即没有任何其他一层燃烧器在运行中的情况下，重油层尚不足三支重油枪运行），尽管重油阀已打开，因点火器已熄火而检测不到火焰。当产生个别燃烧器故障时，自动进行熄火处理，吹扫后退出油枪。

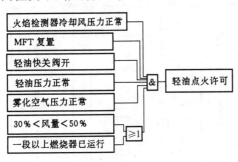

图 4 - 27　轻油点火器的点火条件

图 4 - 28 为重油燃烧器的点火条件；

图 4 - 29 为磨煤机（RP 中速磨直吹式系统）和给煤机启动条件。

上述各图中重油、煤粉燃烧器分别由轻油点火器点燃。

"点火条件"的部分说明：

1）由于重油、煤粉燃烧器是由轻油点火器点燃的，所以轻油点火器点火许可是各主燃烧器点火所必须的条件。

2）锅炉点火器点火时，要保证有一定的空气量和压力，防止风量过大会吹熄火焰，风量过小也会使点火器点火困难。如果已有一层以上燃烧器运行，炉内已有一定风量，则点火风量条件就不再受限制。

3）油枪吹扫失败：吹扫时不能打开吹扫阀，或者吹扫后油枪退不出。

（3）点火许可条件的自动确认

点火器和燃烧器都有各自的点火条件，锅炉燃烧器自动控制系统可以自动确认条件信号，在满足点火条件时，发出"点火指令"信号，同时向运行人员发出灯亮信号，指示可否点火或熄火。

图 4 - 27 为轻油点火器的点火条件；

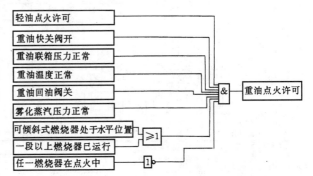

图 4 - 28　重油燃烧器的点火条件

3）油压和雾化蒸汽（或空气）的压力要正常，这是为了保证油的雾化质量，保证着火条件和经济燃烧。

4）有的锅炉采用上下摆动燃烧器来调节再热汽温。在锅炉点火初期投运重油燃烧器时，要求煤粉喷嘴放在水平位置，这是为了保证煤粉稳定着火燃烧。但当有一层燃烧器运行时，可不受此条件限制。

5）为防止炉膛压力波动过大，在任意一层燃烧器正在点火过程中，不允许其他层燃烧器同时点火。

6）中速磨煤机装有石子煤斗，磨煤机排出的煤矸石、铁块等均落入石子煤箱。因此磨煤机启动前必须将石子煤斗的进口门开启。

7）所谓"磨煤机点火能量充分"是指汽包压力大于规定值、空气预热器进口烟温大于规定值。汽包压力大于规定值表明锅炉达到一定的蒸发量，炉内热负荷达到一定值，煤粉着火条件好；空气预热器出口热风温度达到一定值，可以保证煤的充分干燥，容易着火。

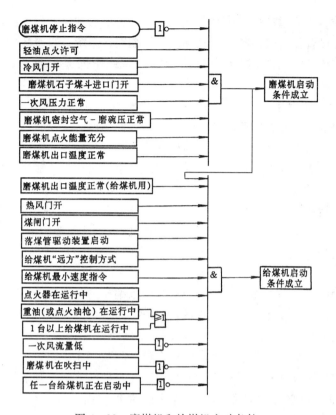

图 4-29 磨煤机和给煤机启动条件

8）"给煤机远方控制方式"是指给煤机在控制室内手动操作。

四、锅炉吹灰系统的运行

（一）概述

锅炉运行过程中，各部分受热面常出现积灰和结渣，这不仅会影响受热面管壁的传热效果，严重时还会形成结焦，影响受热面的寿命，甚至损坏受热面。因此，在大型锅炉上均设有吹灰器，用来定期吹扫锅炉各部分受热面上的积灰，维持受热面的清洁，保证锅炉的安全经济运行。大型锅炉通常要配有 50～100 余台的吹灰器，分层布置在受热面附近。

吹灰器的种类很多，按结构特性的不同，可分为简单喷嘴式、回转固定式、伸缩式（有长伸缩型吹灰口及短伸缩型吹灰器）和摆动式等。各种吹灰器的吹灰工作原理基本相似，都是利用吹灰介质在吹灰口喷嘴出口处所形成的高速射流，冲刷受热面上的积灰。当汽（气）流的冲击力大于灰粒与灰粒之间、或灰粒与管壁之间的粘着力时，灰粒便脱落，其中小颗粒被烟气带走，大渣块则沉落到各灰斗中。

吹灰介质有过热蒸汽、饱和蒸汽、排污水、压缩空气及给水泵出口水等。排污水吹灰又称高压疏水吹灰，是利用锅炉的排污水通过喷嘴喷出后，形成高速的射流。当气流与水滴射到受热面上的灰渣时，灰渣被击碎、吹落。排污水吹灰一般只用于水冷壁吹灰。由于在吹灰过程中，总会有部分水滴冲击或飞溅到管壁上，使管子遭受侵蚀，并会引起管壁温度发生剧烈的变化，影响到管子的寿命和工作可靠性，故除燃用易结渣的褐煤外，一般很少采用。用饱和蒸汽吹灰，虽然在一定程度上能对积灰起到疏松作用，但由于蒸汽易凝结，湿度大，蒸汽中的水滴也会造成与排污水吹灰类似的不良后果，故在电厂锅炉中也很少采用。利用压缩空气作为吹灰介质，不会增加烟气中水蒸气的含量，也不会加剧低温受热面的腐蚀影响，效果较好。但它需要设置压力较高的气源及相应的压缩空气系统，投资较大。目前电厂锅炉多采用过热蒸汽作为吹灰介质，如利用再热器的进口或中间某段抽汽的蒸汽作为吹灰汽源。

(二) 吹灰器的工作过程

过热器、再热器及省煤器的吹灰器一般都采用长伸缩型吹灰器吹灰，该吹灰器通常由电动机、传动机构、吹灰枪、顶开式汽阀、前板限开关和后板限开关组成。吹灰枪的内管是固定的，外管可以在内管上由电动机带动推进和退出，电动机通过机械传动使吹灰枪同时作旋转运动，以提高吹灰效果。吹扫时将吹灰枪推进炉膛，吹扫后将其退出。吹灰前，首先应启动吹灰用的介质，然后再将吹灰枪伸入炉内边走边吹 (进吹)。进吹到位后，由前板限开关控制电动机反转，吹灰枪后退 (退吹)。退到位后，由板退开关控制电动机停止并关闭汽源，完成一次吹扫。吹灰方式是成对吹扫，即前后墙或两侧墙相对的两只吹灰器同时吹扫 (对吹)。

吹灰器吹扫的顺序一般是按照烟气的流动方向来编排的。但对于回转式空气预热器，因其本身积灰就比较严重，在整个吹灰过程进行前若不先进行空气预热器的吹灰，则就会使自炉膛开始顺序吹扫下来的积灰大量积存于回转式空气预热器内。一方面使烟气流动阻力骤增，另一方面因积灰过分严重不易吹净。因此在整个吹灰程序中，应先吹扫回转式空气预热器，然后按烟气流程顺序吹扫各受热面，最后再次吹扫回转式空气预热器。为了保证吹灰效果，炉膛吹灰子程序和空气预热器吹灰子程序的吹灰过程，每次都是进行两遍的循环吹扫。

为了保证锅炉燃烧的稳定性，锅炉吹灰器只能一个一个地进行吹扫，每个吹灰器从推进到退出大约需几分钟，所有吹灰器运行一遍需2h左右。

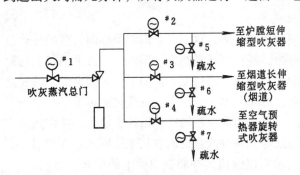

图 4 - 30 吹灰蒸汽管路阀门系统图

(三) 吹灰器的程序控制实例

实例1：图 4 - 30 为吹灰蒸汽管路阀门的系统，其吹灰装置的程序控制对象包括吹灰蒸汽管道上的蒸汽阀、疏水阀以及为炉膛水冷壁、烟道受热面、回转式空气预热器设置的吹灰器。从图 4 - 30 中可看出，吹灰蒸汽经总蒸汽阀1后又分成三路，分别再通过蒸汽阀 2、3、4，并经各分支管引至炉膛各短伸缩型吹灰器、烟道各长伸缩型吹灰器及回转式空气预热器的旋转式吹灰器。在三条分管上各设有相应的疏水总管 (各吹灰器的疏水支管汇接于该管上) 及疏水阀。总蒸汽阀1的压力信号作为低汽压保护信号。当吹灰蒸汽总管内汽压低，蒸汽总阀将拒绝开启，相应的程控装置及所有吹灰器均不能工作。为防止当汽压过低、汽量过少时，造成吹灰器喷射速度过低，达不到预期的吹灰效果，还可能使吹灰管过热损坏。在每只疏水阀后的疏水管上装有疏水温度测点，作为开启疏水阀的控制信号。

1. 程序控制系统的组成

吹灰器程控装置由程控柜、动力箱及有关的热力操作盘组成。程控柜为全套装置的核心部分，在柜内的程控部分包括电源、印刷线路板插件箱、单板机、输出继电器和中断保护回路。在柜门上装有工作方式的选择开关、自检开关、大跳步开关以及电动阀门、吹灰器手动这方面操作按钮与开关等。此外还有各种信号、监视灯及电动阀门、吹灰器的类别、编号、工况显示，以及所有吹灰器工作方式的选择开关。选择开关可设置三种不同位置："自动"（程控）、"手动"、"跳步"。

程控系统能根据需要，利用大跳步开关来实现全程控或部分程控，同时还可依靠每只吹灰器的工作方式选择开关来选定任一台吹灰器退出程控系统。

程控柜还有过电流、低汽压、低汽温、吹灰器进吹退吹超时、出错等中断性质的接点，并接至热力控制盘上。在控制盘上还设置有吹灰程序启动、复归、中断和中断解除按钮、程序启动信号灯以及吹灰器蒸汽减压阀远方操作开关和吹灰蒸汽总管的压力表等。

动力箱内有各蒸汽阀、各疏水阀的动力回路和各吹灰器的动力回路。

2．程序控制系统的工作过程

此吹灰程序控制系统有三种运行方式，即程序控制方式、远方自动操作（手动遥控）方式及就地手动操作方式。吹灰器程序控制也有两种工作方式，全程控（全程自动控制）和部分程控（分程自动控制）方式。

全程程控为所有吹灰器及其相关的电动阀门全部投入程控，大跳步开关（切换开关）都不闭合，各电动阀门、吹灰器均放在"自动"位置。部分程控为只有部分吹灰器及其相关电动阀门投入程控。运行中只要合上需要退出程控的吹灰器的大跳步开关，即可跳开这些吹灰器及其电动阀门。

在全程程控状况下，吹灰顺序为空气预热器的吹灰→炉膛短伸缩型吹灰器吹灰→烟道长伸缩型吹灰器吹灰→空气预热器旋转式吹灰器吹灰→结束。其中炉膛吹灰器可以对吹或单吹控制。吹灰顺序由下而上，先左、右墙，再前、后墙。长吹灰器均为对吹，总的工作顺序为先水平烟道，后竖井烟道，按烟气流程自前向后，自上而下的顺序进行。

系统主程序流程、炉膛吹灰子程序、长伸缩型吹灰子程序及回转式空气预热器吹灰子程序框图分别如图4-31、图4-32、图4-33、图4-34所示。

3．程序控制系统的工作原理

该吹灰程序控制系统采用了三级控制，即微机控制级、继电器控制级和执行级（吹灰器及电动阀门等），如图4-35所示。继电器控制级接受微机的控制信号和吹灰器、电动阀门的状态反馈信号，控制吹灰器的进吹、退吹、制动、旋转动作和蒸汽阀、疏水阀的开关动作，并可实现多种保护和联锁、工作信号和故障信号指示、实现远方遥控操作和就地手动操作等功能。此外继电器控制级还向微机控制级反馈吹灰器、蒸汽阀和疏水阀的工作状态信号、汽压、温度等参数信号。

微机控制级则根据继电器控制级的反馈信息和运行人员的操作指令，完成程序启动、程序执行、程序中断及事故处理等操作。显示受控吹灰器、蒸汽阀及疏水阀的编号和其工作状

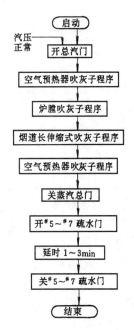

图4-31　吹灰器主程序流程

态，并且有自检功能。微机控制级包括一个单板机和若干个外围设备。

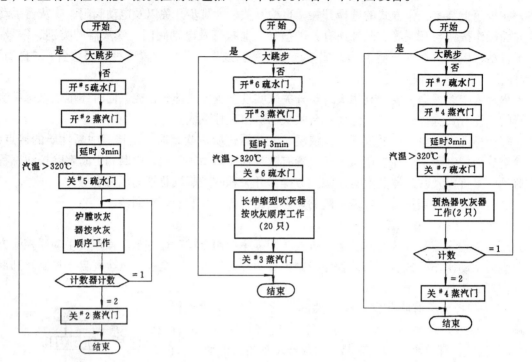

图 4-32　炉膛吹灰子程序　　图 4-33　长伸缩型吹　　图 4-34　回转式空气预热器吹
　　　　　　　　　　　　　　　　 灰子程序　　　　　　　　　　灰子程序

图 4-35　吹灰程序控
制系统示意图

　　锅炉吹灰微机程控的系统程序是根据吹灰的顺序及程控要求，结合微机工作原理编排的系统程序也称为用户程序，是程序自动控制的指挥中心，决定着每一步的工作内容，具有采样输入、编码输出、状态显示、中断服务等多种功能。系统程序分为四个层次，第一层是主程序（吹灰主程序）；第二层是吹灰器吹灰全过程（包括管路暖管、蒸汽电动阀、疏水电动阀的开关过程等）程序，还包括回转式空气预热器吹灰过程子程序、短吹灰器吹灰过程子程序、长吹灰器吹灰过程子程序及系统复位程序；第三层是电动阀、吹灰器工作子程序和事故中断子程序；第四层是公用子程序，包括经常用到的相同指令组。例如判别自检子程序，在电动阀子程序及两种吹灰器子程序中经常用到。

　　以上所述的四个层次的关系是：第一层可调用第二、三、四层程序，第二层可调用第三四层程序，第三层可调用第四层程序。系统程序采用分层结构，大量应用子程序和公用程序，压缩了总系统程序的长度，减少了程序存贮量。

　　4. 程序控制系统的保护与程序中断功能

　　（1）汽压低程序中断。当吹灰器运行过程中出现汽压低于规定值时，程序中断并发出中断信号—程序中断信号灯及汽压低光字牌亮。与此同时，长伸缩型吹灰器立即退回，炉膛吹灰器继续工作，直到退回为止。

　　（2）超时程序中断。超时程序中断分进吹超时程序中断和退吹超时程序中断两种。吹灰器在进吹过程中，遇到障碍或因其他机械故障等原因不能顺利进吹时，其进吹时间将超过正常运行时间，此时发出程序中断信号——信号灯亮和音响报警，同时应立即退回长伸缩型吹灰器，停止回转式空气预热器吹灰器的旋转。

（3）过电流、过载保护。吹灰器在工作过程中，因运动件发生卡涩使电动机的工作电流超过允许值时，过电流保护动作，发出中断信号，其动作过程与上述相似。过载保护为过电流保护的后备保护。

（4）短路保护。吹灰器在工作时，一旦电动机至母线间或电动机内部出现短路故障，短路保护动作（即熔断器熔断），电源被切断，程控发出超时中断信号。此时，运行人员需立即去现场处理，调换损坏的熔断器，并将吹灰器退出。

（5）手动中断与中断解除。在吹灰程控运行中，当需要时，可利用手动中断功能人为地使程控中断。此时，通过操作"手动中断"按钮，进行的程序则立即中断，同时"中断"信号灯亮。当事故消除需程序继续进行下去时，则可按"中断解除"按钮，恢复程序控制，同时"中断"信号灯熄灭。

另外，程控系统还有蒸汽阀与炉膛吹灰器、长伸缩型吹灰器之间的条件闭锁功能。在蒸汽阀全开之前，禁止炉膛吹灰器和长伸缩式吹灰器投入。同时在吹灰器退出之前，禁止蒸汽阀关闭。这些闭锁条件是防止炉膛吹灰器及长伸缩型吹灰器的吹灰管在炉内或烟道中被烧坏。

在吹灰程控操作盘上还装有各种信号及监视灯：

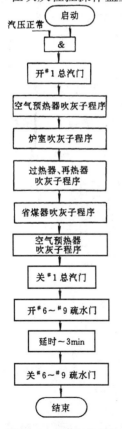

图 4-36 吹灰主程序
流程框图

电源监视灯：用作监视吹灰器程控回路电源状态；

程序中断信号灯：当保护动作，发出程序中断信号时，程序中断灯亮，而事故性质由光字牌显示；

程序进行灯：程序启动后，程序进行灯亮，程序结束即熄灭；

吹灰器进吹、退吹指示灯：显示吹灰器进吹、退吹工况；

温度检测灯：蒸汽阀开启后，检测的蒸汽温度达到要求时，指示灯亮。

实例2：某1000t/h锅炉共有过热器、再热器管排吹灰器48台，布置在两侧墙上，每侧24台，为长伸缩型（长吹）。吹灰枪内管固定，外管可在内管上滑动和旋转，喷嘴在外管前端。进吹时，电动机通过传动机构一方面打开顶开式进汽阀，一方面使吹灰枪外管前进并旋转，蒸汽通过内管进入外管到喷嘴喷出形成圆柱形吹灰面。进吹到位后，由前端位置开关控制电动机反转开始退吹，吹灰枪外管后退并旋转。退吹到位后，由后端位置开关控制电动机断电关闭汽阀。

炉膛吹灰器共66台，分五层布置在炉膛四周，为短伸缩型（短吹）。吹灰枪伸入炉内时不转不吹，只在后退时边转边吹，并在退吹到位时进行制动。省煤器吹灰器有24台，布置在烟道两侧，每侧12台，为固定旋转型（固吹）。吹灰枪轴线上布置有许多喷嘴，吹灰时不伸缩，只进行旋转吹扫。

空气预热器吹灰器有四台，布置在回转式空气预热器上，

· 187 ·

是专用吹灰器（空吹），与长吹类同。吹灰蒸汽总管道上有一个蒸汽总门，在四种类型吹灰器的分支蒸汽管道上各有进汽门和疏水门一个，共8个。因此该系统的被控对象为9个电动阀门和140台吹灰器。吹灰主程序流程框图如图4-36所示。

各电厂锅炉的吹灰器种类和数量可能有所不同，但吹灰器的吹灰程序程控系统的工作原理都基本相同。

五、定期排污系统的运行

锅炉排污是提高蒸汽品质的重要方法之一。根据排污的目的不同，分为连续排污和定期排污。连续排污是连续不断地排出一部分含盐度高的炉水，通过补充新水使炉水总含盐浓度不致过高，并维持炉水有一定的碱度。定期排污是排出炉水中的不熔性水渣，因此应从沉淀物聚集最多的水冷壁下联箱排出，排污时间是间断的，间隔时间和排污量应根据汽水品质的要求来确定。某厂300MW机组锅炉定期排污的管道系统如图4-37所示。

定期排污系统中控制对象（阀门）的数量较多，它取决于锅炉的下联箱数量和锅炉的容量，通常可达20个左右。从图4-37中管道系统可以看出，全系统共有16组联箱，分别由16个小电动阀控制排污，而每4只小阀又通过1只大电动阀控制，4个小阀的排污都要通过大阀来完成。排污是每个联箱依次进行的。当联箱排污门开启后，下联箱的水就可以通过母管和总排污门排走。因此，在锅炉定期排污时，应将总排污门开启，然后顺序地开启每个联箱排污门，并经一定时间排污放水后，再关闭每个联箱排污门。当最后一个联箱排污门关闭后，关闭总排污门。控制程序为：开启排污总门，再开启排污门1，经一般时间排污放水后，关1门，然后开启2门，直到所有阀门操作一遍之后，最后关闭排污总门，结束排污。由于定期排污阀门一般安装在炉底附近，那里环境条件较差，运行过程中通常每班需要顺序地全部操作一遍排污阀门，人工操作时间长，劳动强度大，因此适合于采用程序控制。目前使用最广泛的控制装置是由电磁继电器组成的固定接线式程序控制装置。

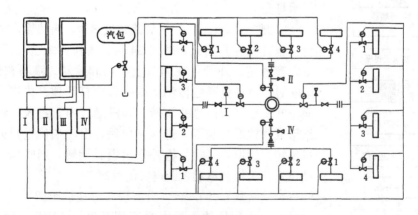

图4-37 锅炉定期排污管道系统

定期排污系统工作时，必须保证汽包水位正常，因此按照定期排污时的操作规律，应顺序打开各排污阀门。另外，在定期排污过程中，如果遇到汽包水位低或排污门故障等异常情况时，必须立即停止排污并将所有排污门关闭。锅炉定期排污的程序框图如图4-38所示。它是一个典型的（加延时环节的）步进式控制流程，其程序的类型基本属于按条件及时间交替进行的串行程序。

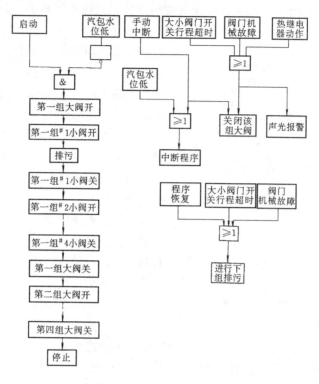

图 4-38　锅炉定期排污程序框图

此程序控制装置应有手动跳步功能，以便必要时将某些不能工作的阀门退出程序，而自动跳到下一步，使其他阀门仍可进行程序控制。当锅炉汽包水位低到规定值时，锅炉保护回路发出信号，（闭锁条件满足）停止定期排污程序进行，并自动关闭所有排污阀门。排污定时时间，可通过程控框内的按钮来选择。

程序控制的反指令机构可以装在主要控制台或辅助控制盘上，为监视程序运行情况，在主要控制盘台上还装设有必要的显示信号，如投影显示器或信号灯、光字牌事故中断信号则另外借助音响报警。

六、化学水处理系统的运行

1. 概述

化学水处理车间是火电厂主要的辅助车间之一，主要完成向热力系统供给合格的补充水、对凝结水进行除盐处理等任务。当生水经过澄清、过滤除去机械杂质后，要进行除盐软化，去除溶解在水中的钙、镁、钠等盐类。目前广泛采用的化学水处理方法是离子交换法，也就是利用离子交换树脂将水中溶解盐的离子吸收。有两种不同的离子树脂即阳离子交换树脂、阴离子交换树脂，阳离子交换树脂用来吸收水中的阳离子；阴离子交换树脂用来吸收水中的阴离子。将充有阳离子交换树脂的阳离子交换器和装有阴离子交换树脂的阴离子交换器串联使用，就可以除去水中的全部溶解盐。但是，离子交换树脂吸收离子的能力是有限的。当运行一定时间后，它就会失效，这时就需要停止运行，对阳离子交换树脂使用酸进行再生（或称还原），对阴离子交换树脂使用碱进行再生，以恢复它们的交换能力。因此水处理设备运行和树脂再生是周期性轮流进行的。树脂再生操作比较频繁，阀门较多、较大，人工操作费力费时。另外因水处理设备在生产过程中相对独立性较大，程序控制原理基本上都是按时间顺序进行自动操作的类型，因此化学水处理程序控制系统比较易于实现。

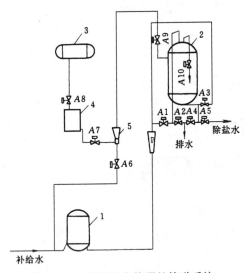

图 4-39 阴离子交换器的管道系统

火电厂中采用的水处理设备主要有固定床、移动床和浮动床等类型。一级除盐系统通常由阳离子交换器（阳床）、除碳器、除碳风机、中间水箱、水泵和阴离子交换器（阴床）等组成，二级除盐系统通常为混合离子交换器（混床）。系统中使用的操作阀门为全动衬胶隔膜阀，全开式阀门在通入压力空气时能打开，无压力空气时依靠弹簧压力保持常闭。气闭式阀门则与此相反。控制气动阀的电气转换部件为电磁阀，单线圈电磁阀的线圈吸合时，气路导通；线圈释放时，气路断开。双线圈电磁阀有两个线圈，置位线圈吸合时，气路导通；置位线圈释放后，气路仍保持导通。只有在复位线圈吸合后，气路才断开。复位线圈释放后，气路仍保持断开状态。

一级水处理除盐系统的运行与再生比较频繁，再生过程中阀门、水泵和风机的操作量很大。如固定床，阳离子交换器有全动阀 13 只，运行时间约一昼夜，再生时间约 100min；阴离子交换器有气动阀 13 只，运行时间约一昼夜，再生时间约 130min。移动床的周期更短，运行时间约 1h，再生时间约 20min。由此可见，对于一级水处理除盐系统，必须应用程序控制技术来提高自动化水平。

2. 水处理程序控制系统的基本工作过程

图 4-39 为一台阴离子交换器的管道系统图，需要处理的水先通过阳离子交换器再进入阴离子交换器。阴离子交换器启动时，应先开启进水门 A 和排气门以排出交换器中的空气，然后关闭排气门 A 开启正洗排水门 A 进行冲洗，直到出水水质合格时，再关闭正排门 A，开启出水门 A，此时交换器可以工作。它的启动流程如图 4-40 所示。

由于离子交换器的还原（再生）系统仅有一套供所有同类离子交换器使用，因此当阴离子交换器失效时，必须在其他阴离子交换器已在正常运行（还原结束）时才允许开始进行还原。还原时，先关闭出水门 A5 和进水门 A1，使交换器退出工作。然后，一方面开启补碱门 A8 将碱箱中的碱注入碱计量箱，另一方面对交换器进行反冲洗。不洗时，开启反洗进水门 A3、排气门 A10 和反洗排水门 A2，使水从交换器下部进入交换器。反洗一方面可以将留在树脂层上部的杂质冲走，另一方面可以将树脂翻松，以利于还原。反洗结束时，应关闭反洗进水门 A3、反洗排水门 A2 及排气门 A10。进碱时，开启进碱门 A9

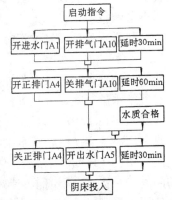

图 4-40 阴离子交换器的启动流程图

和正洗排水门 A4，使碱由交换器上部进入。计量箱中的碱由水喷射器带入交换器，直到计量箱中的碱液全部进入交换器为止。喷射器和计量箱配合，可以使进入交换器的碱浓度始终不变。碱液进入交换器后，应将出碱门 A3 关闭，使碱与离子交换树脂充分反应，然后关闭进碱门 A9、正洗排水门 A4 和喷射水门 A6。树脂和碱反应后，为了彻底冲去残留的碱，应加大水量冲洗。为此，阴离子交换器前的阳离子交换器必须投入运行。冲洗时，先开启水门 A1 和排汽门 A10，排走交换器内空气，然后再开启正向排水门 A4，直到交换器的出水水质合格时再关闭进水门 A1 及正向排水门 A4。这时，阴离子交换器还原完毕，转入备用状态。阴离子交换器的还原流程如图 4-41 所示。

从图 4-39 和图 4-40 的流程框图中可以看出，在阴离子交换器系统内，每个控制对象的动作条件不仅取决于在这些对象动作之前的各个阀门的最终状态，而且还取决于这些阀门动作后所需稳定的时间，此外，有几个阀门在离子交换器的操作流程中频繁动作，如排气门 A10 和正洗排水门 A4 等。而且由于原系统是所有阴离子交换器所公用的，因此出碱门 A7、补碱门 A8 和喷射水门 A6 在所有阴离子交换器进行还原时都必需参加工作。

图 4-42 为某 300MW 机组的补充水处理系统工艺流程图。该系统由机械过滤、阴阳床一级除盐和湿床二级除盐组成。机械过滤器用来过滤机械杂质，运行一段时间后，滤网上将沉积一定的杂质，因此机械过滤器运行一段时间后就要停下来进行反洗。六套机械过滤器并联连接，机组正常运行时有三至四套运行即能满足供水要求，其余可处于备用或反洗状态。

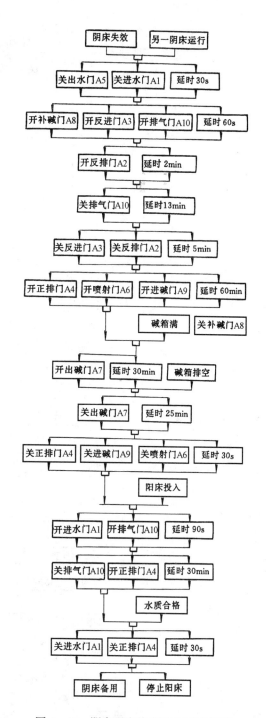

图 4-41　阴离子交换器的还原流程图

阴床、阳床及除碳器构成一套除盐设备，共有三套并列运行，阴床或阳床中的树脂运行一段时间后，可由再生程序控制系统控制进行再生处理。图 4-43 为再生与运行程序控制流程图。

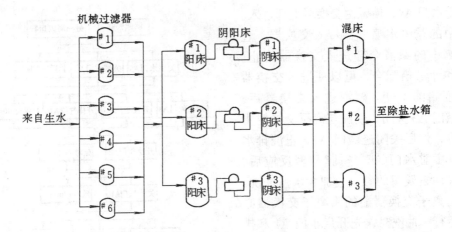

图4-42 补充水处理系统工艺流程图

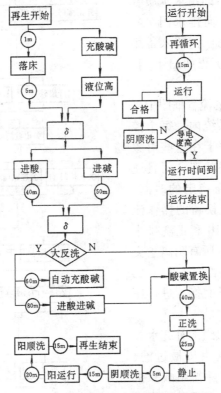

图4-43 阴阳床程序控制系统流程图

第二节 汽轮机辅助系统运行

一、凝结水系统的运行

(一)凝结水系统简介

凝结水系统是借助于凝结水泵将凝汽器中的凝结水输送到凝结水除盐装置进行化学处理的,然后再由凝结水升压泵升压,通过轴封加热器及各低压加热器加热后送到除氧器除氧。

图4-44为某300MW机组的凝结水系统图。该系统主要由两台凝结水泵、两台凝结水升压泵、一台轴封加热器、四台低压加热器、一台除氧器等组成。凝汽器内的凝结水经凝结水泵入口电动门、凝结水泵入口滤网、凝结水泵、凝结水泵出口逆止门、凝结水泵出口电动门、化学除盐装置、凝升泵、轴封加热器、轴封加热器出口手动门（或旁路门）、除氧器水位控制站、#8低加、#7低加、#6低加、#6低加出口手动门（或旁路门）、#5低加、#5低加出口手动门（或旁路门）、逆止门最后到除氧器。

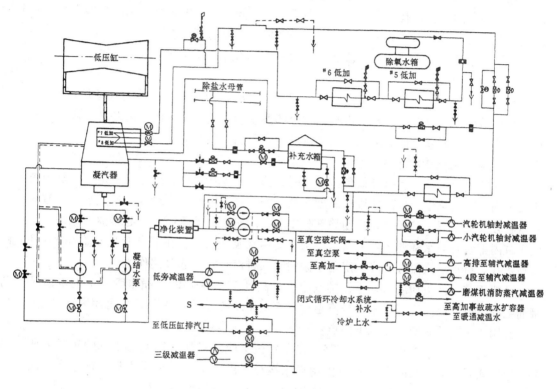

图4-44 某300MW机组凝结水系统图

在凝汽器和凝结水泵之间的进水管道中各装有一个水封阀，以便于水泵检修时起隔离作用，正常运行时此阀全开。两个凝结水泵入口均装有带法兰的锥形滤网，以防止热井中可能积存的残渣进入泵内。滤网上装有一个差压开关，当滤网受堵，压降达到预定值时，将向控制室发出报警信号。凝结水泵出口的凝结水一路经逆止阀、电动门，一路到除盐装置，另一路经凝结水泵再循环管回到凝汽器。

在凝结水升压泵入口到补充水箱底部之间有一根管道，管道上装有一个电动闸阀和一个逆止阀，此管道的作用是：当由于某种原因凝结水升压泵进口突然失去流量或凝结水升压泵流量大于凝结水泵流量或凝结水升压泵进口压力低于某入口倒灌高度时，补充水箱可以立即向凝升泵入口供水，以满足其进口的倒灌高度，防止事故的扩大；在凝结水升压泵安装或检修后的单独试转时，也可由此管道从补充水箱中向凝升泵供水，再通过凝汽器高位放水管回到补充水箱；当需要较快地进行冷炉上水及向除氧器水箱补充水时，可通过此管道启动凝结水升压泵进行上水；凝结水系统启动前，可通过此管道由补充水箱向凝结水泵出口到凝结水升压泵入口之间的管道充水放气。

在轴封加热器进出口分别装有一手动门，同时装有旁路门。投旁路时，先开旁路门，然后关入口门，再关出口门。待正常后，先同时开出入口门，最后关旁路门。轴封加热器出口到凝汽器装有一根凝结水再循环管，该管上装有一个凝结水操作台，在操作台上有一个主调节阀和两个隔离阀、一个副调节阀和两个隔离阀、一个旁路阀，此管道能保证凝结水升压泵和轴封加热器有一个最小冷却流量，另外还可以防止除盐装置超压。

除氧器水位控制站位于轴封加热器和8号低压加热器之间的管路上，用于控制除氧器的水位。此控制站上也装有一个主调节阀和两个隔离阀、一个副调节阀和两个隔离阀、一个旁路阀。开启时，先开副调节阀，随着流量的增加，再自动打开主调节阀。

凝结水泵除了将凝结水送往低加后作为锅炉给水外，还有其他一些用途：

1. 至轴封汽高低均压箱减温水

在正常运行时，轴封供汽由除氧器（辅汽）供给。当除氧器因故切换备用汽源供汽时，需要投用减温水，以保证轴封供汽与轴封金属温度相适应，控制汽轮机差胀正常运行及防止轴颈产生过大的温差，该减温水抽头是以凝结水泵出口供给的。

2. 至低压缸喉部喷水降温器

在汽轮机启动、空负荷及低负荷运行时，蒸汽通流量很小，不足以带走低压缸内由于摩擦鼓风而产生的热量，从而使排汽温度升高，排汽缸温度也随之升高。排汽缸温度过高会引起汽缸较大的变形，破坏汽轮机动静部分中心线的对中，严重时会引起摩擦或振动，为此在低压缸内都装有喷水降温装置。其水源来自凝结水泵的出水，在下半圆上布置的喷水管上钻有喷水孔，将水沿汽流方向成一定角度倾斜喷入排汽缸空间起降温作用。

一般规定当低负荷或启动中，排汽温度升高到75～80℃时，喷水管路上的电磁阀自动接通电源，打开阀门进行喷水，排汽温度降至低于70℃时自动关闭，也可用手动遥控操作。

使用喷水装置时应注意以下两点：

(1) 防止排汽缸温度突发性下降，以免排汽缸收缩过快，影响低压缸的正常差胀。另外，运行实践表明，长时期低负荷投用喷水运行，由于末级叶片通流部分存在汽流回流现象，会将喷水带回叶片根部出汽侧，对末级叶片有一定的冲蚀作用。

(2) 防止喷水后排汽缸温度不明显下降，这可能是滤网阻塞压力不够，可检查滤网及电磁阀后压力表是否正常。若正常则可能是喷水管上的喷水孔阻塞，应设法使水路畅通。

3. 至汽轮机猫爪、油动机冷却用水

不论汽轮机采用何种支承方式，外缸上的猫爪都会不断地把热量传给工作垫块。为了保持汽轮机工作中心不随温度变化，须对垫块进行水冷。水冷垫块固定在轴承座上，内部开有水冷却通路，其水源为凝结水泵来的凝结水，带走由猫爪传来的热量，既不使支承面高度因受热而改变，又能改善轴承的工作条件，保证轴承温度正常。

机组高中压油动机有些是固定在调门外壳支架上的，因此也必须对其进行冷却，带走由调门传来的热量，不使油动机内油质温度过高而老化油质或产生油垢，保证油动机正常工作，其冷却水源亦为凝结水。

4. 至发电机冷却水补水箱

在发电机水冷系统运行时，需要时常补充水以维持水箱水位，而且对水质有较高要求。凝结水泵来的凝结水，在导电度、硬度及无机物悬浮杂质等各方面要求能满足上述需要，因而被用来作为补充水的水源。

5. 至汽轮机本体疏水膨胀箱冷却水

汽轮机本体高、中、低压三只膨胀箱均设置喷淋装置，其水源为凝结水泵来的凝结水。其目的在于保持膨胀箱内工作压力正常，保证各疏水系统畅通疏水。此外，凝结成水通至凝汽器热井，余汽至凝汽器喉部，从而不致影响凝汽器的真空。

6. 至再热器事故喷水

为了保护再热器，在再热蒸汽温度超过设定值 3～5℃ 时，再热器事故喷水自动投入，其水源为凝结水泵来的凝结水。

7. 至锅炉燃油雾化器减温水

在燃烧重油时，由于油的粘度大，进入炉膛需要雾化蒸汽配合。凝结水泵来的凝结水是雾化蒸汽的减温水。

8. 低压旁路减温水

由再热器加热出来的再热蒸汽绕过汽轮机的中、低压缸，经低压旁路排入凝汽器之前，需对蒸汽进行减温减压。

（二）低压加热器的运行

回热回热器按其水侧压力分为低压加热器和高压加热器，低压加热器通常都是随主机启动和停止的。机组启动前各台低压加热器的出入口门全开，各旁路门全关，但靠近除氧器的那台低压加热器出口门应处于关闭状态。当凝结水泵启动后，缓慢向低压加热器通水，将水室及管道内积存的空气充分排出，各加热器的进汽门、疏水门、空气门全开，汽侧放水门全关。汽轮机启动后，回热抽汽开始进入加热器，疏水则逐级自流至下级加热器，最后排到凝汽器。机组在启动中，当凝结水水质合格后，关闭启动放水门，开启靠近除氧器的低压加热器出口门，将凝结水导入除氧器。随着负荷的增加，低压加热器疏水水位升高，应及时调整到正常数值。当负荷稳定后，将疏水调节投入自动调节。随着疏水量的增加，机组负荷达到30％额定负荷时，可启动低压加热器疏水泵，关闭去凝汽器的疏水调整门。

停机时，随着负荷的减少，低压加热器进汽量相应减少，直至和主机同时停止。在停机过程中，除需调整凝汽器水位外，其他阀门一般不进行操作。停机后如要对低压加热器进行找漏时，应将汽侧放水门全开，确认汽侧存水放净时再启动凝结水泵，检查汽侧放水门是否流水，根据水量的大小，可以判断低压加热器管束漏泄程度。

机组运行中，如果发生低压加热器管束或水室结合面漏泄以及其他缺陷时，则需要将低压加热器停止，低压加热器疏水泵停用。减少负荷的数值以除氧器不振动为宜。切除低压加热器时，应先关闭加热器的进汽门和空气门。为保证凝结水不能继续流入除氧器，应先开启水侧旁路门再关闭水侧出入口门，然后关闭疏水门，最后开启汽侧入水门及水室放空气门。为防止抽汽管道内积存疏水，应将抽汽逆止门前后的疏水门开启。

当需要在机组运行中投入低压加热器时，应先开入口水门，注意排净空气，防止汽水共存，再开出口门，关水侧旁路门，使凝结水全部通过加热器。当汽侧放水门全关后，缓慢开启加热器进汽门，将汽压逐渐提高到当时负荷的抽汽压力。而后根据负荷情况启动疏水泵。加热器投入后，关闭抽汽管道上的疏水门。

低压加热器正常运行时，主要监视其水位的变化，如果低压加热器管系漏泄或水位调整失灵时，均会造成水位升高或满水。低压加热器满水时除能引起壳体振动外，还可能使汽轮机中、低压缸进水。判断低压加热器水位是否过高，除了水位计及水位信号外，还可以从低压加热器出口温度来判断。如果负荷未变而出口水温下降，则说明某台低压加热器水位过高。另外，在正常运行中，对汽侧压力最低的低压加热器出入口水温也要注意检查，如果此低压加热器的出入口水温减小，说明汽侧抽汽量减少。这可能是由于空气排不出去引起的，应进行调整。

二、给水系统的运行

（一）给水系统的简介

给水系统是把经过除盐及除氧后的凝结水从除氧水箱中输出，送至锅炉省煤器入口。在输送的过程中，给水在各台高压加热器中被加热，以提高给水温度。

图 4 - 45 为某 300MW 机组的给水系统图。在 #1 高压加热器之前和 #3 高压加热器之后的给水管上，分别装有一个高压加热器出口联成阀和一个四通阀，控制着高压加热器旁路；在高压加热器入口电动门之后给水母管上另设有一根串联着两个阀门的管道，引到四通阀之后，这两个阀称为注水阀。此阀在启动时打开，用于对高压加热器充水注气，正常时关闭；在高压加热器入口电动门之前的给水管上，又设置了一根自动旁路管，引到锅炉省煤器；高压加热器之前还有一根管去过热器减温、一根管去高压旁路系统作为减温水；从给水泵中间抽头引出一路水作为再热器的事故喷水。

此系统设有三台前置泵，两台汽动给水泵的前置泵单独配置电动机，另一台电动给水泵与前置泵共用一台电机。在每台前置泵的吸入口均装有一个电动门和一个滤网。在启动初期，滤网可以分离出安装和检修期间可能积聚在给水箱和吸水管内的焊渣、铁屑等杂物，以保护给水泵。在给水泵入口也装有滤网，对给水泵进行保护。前置泵出口管有一根给水泵暖泵管，在给水泵启动之前对给水泵进行暖泵。给水泵平衡盘的泄漏管接至前置泵出口、给水泵入口的管道上。

两台容量为 50% 的汽动给水泵由两台小汽轮机变速驱动，小汽轮机的汽源为中压缸的四段抽汽，主蒸汽作为启动和低负荷时的备用汽源。每台汽动给水泵出口管上装有一个逆止阀和一个普通的电动阀，从逆止阀处又引出一根给水泵再循环管到除氧水箱。电动给水泵主要在机组启停时用，正常运行时处于热备用状态。当汽动给水泵发生事故或汽轮机甩负荷时，电动给水泵可以立即投入。电动给水泵的出口管也设有给水泵再循环管到除氧水箱。每台给水泵的出口均设置了一套流量测量装置。

给水的流程为除氧水箱下来的水经过给水前置泵入口门、给水前置泵、给水泵（两台汽动泵、一台电动泵）、给水泵出口逆止门、给水泵出口电动门、高压加热器入口电动门、高压加热器入口联程阀、#3 高压加热器、#2 高压加热器、#1 高压加热器、高压加热器出口联程阀（或小旁路）、高压加热器出口电动门，最后到达锅炉给水操作台。

（二）高压加热器的运行

高压加热器能否正常投入运行，对火力发电厂的经济性和负荷都有很大的影响。当高压加热器切除时，由于抽汽量的变化，改变了汽轮机各级的压降和蒸汽流量，使动叶、隔板上所受应力随之增加。另外，由于进入锅炉的给水温度降低，若锅炉仍保持原来的蒸发量，则必然要加大燃料消耗量，由此可能会造成锅炉过热器超温。因此，在高压加热器停用时，应限制机组的负荷。此外，高压加热器停运后，加大了排汽在凝汽器中的热量损失，降低了机组的循环热效率。对于一台 300MW 机组，高压加热器切除时，机组热耗将增加 4.6%，标准煤耗率增加 14g／（kW·h）左右。由此可见，提高高压加热器的投入率，对发电厂的安

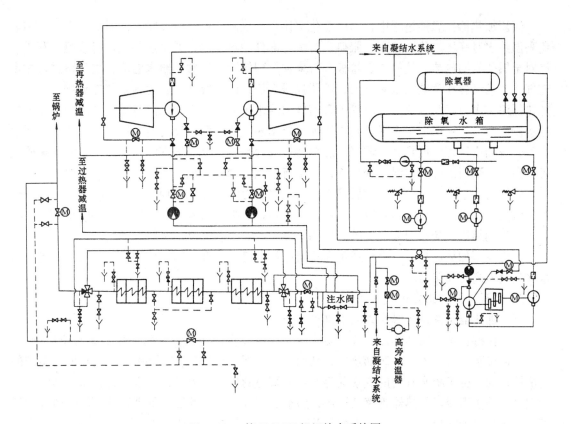

图 4-45　某 300MW 机组给水系统图

全、经济运行将有着重要的意义。

1. 高压加热器的启停方式

为防止高压加热器管速及胀口漏泄，延长高压加热器的寿命，在高压加热器启停过程中应限制高压加热器的温度变化率。国产 300MW 机组规定，启动时给水温升率不大于 1.7℃/min；停止时，温降率也不大于 1.7℃/min。为了控制高压加热器温度变化率在规定范围内，高压加热器应随机组滑启、滑停。这是由于给水温度和抽汽参数是随着机组负荷的增减而变化的，高压加热器的壳体、管束、管板、水室等就能均匀地被加热和冷却，相应地金属热应力也就减少了，高压加热器管束和胀口漏泄也可能会大大减少。

随机启动高压加热器时，一般在给水泵运转后，就对高压加热器注水。在注水过程中，根据邻近除氧器的高压加热器入口给水温升速度，控制注水门开度。高压加热器注满水后，从汽侧放水门检查高压加热器管束是否漏泄。如果不漏，即可关闭该放水门，连续排汽门全开。投运过程中，重点要监视高压加热器水位的变化。疏水方式为逐级自流，并用疏水调节阀保持水位，在机组负荷稳定后投入水位自动调节。高压加热器随机启动时，如果高压胀差增长较快，应适当关小一次抽汽门，以提高高压外缸的温度。

高压加热器随机滑停时，随着负荷的减少，抽汽参数和给水温度逐渐下降，直至汽轮机停止运行时，高压加热器也即停止。当机组负荷降低时，要特别注意汽轮机上下缸的温差，如果上下缸温差增大时，可以停止高压加热器，以保证汽轮机的安全运行。高压加热器停止后开启高压加热器汽侧放水门。

高压加热器在启停过程中，温度变化率比较难控制，操作时要特别注意。启动时，为避免高温给水对高压加热器管束、胀口、管板等部件的热冲击，通水前要先进行预暖。利用蒸汽对金属的凝结放热，使筒体、管板和管束加热到接近于正常的给水温度，之后再进行注水充气。注水时要注意监视水侧压力，不要提得太快，以使容器和管道内空气充分排出。高压加热器注满水时，其水侧压力应等于管道内的给水压力。关闭注水门时应注意观察高压加热器水侧压力，如果压力不下降，则高压加热器不漏，此时可以进行通水操作。高压加热器通水后，按抽汽压力由低到高的顺序，逐个开启每台高压加热器进汽门和疏水门，并注意监视每台高压加热器出口给水温度变化率，直至将进汽门全开。疏水逐级自流到除氧器。

停用高压加热器时，先停汽后停水，按抽汽压力由高到低的顺序缓慢关闭每台高压加热器进汽门。严格控制给水温降速度。水侧停止以前，要先开给水旁路门，再关闭出入口门。为防止汽侧超压，疏水门最后关闭。汽侧全停后，应开启汽侧及水侧放水门。

不论高压加热器是随机启动还是在机组运行中启动，都必须提前进行保护装置试验，通水前先投入高压加热器保护。

2. 高压加热器正常运行中的维护

高压加热器正常运行时应做如下维护工作：

(1) 保持正常高压加热器水位，防止无水位或高水位运行。高压加热器无水位运行时，蒸汽将通过疏水管流入下一级加热器，从而减少了下一级抽汽，直接影响着机组回热系统的经济性；同时由于疏水管内的汽水共存而造成管道的振动。另外，无水位运行时，蒸汽夹带着被凝结的水珠流经加热器管束的尾部，将造成部分管束的冲蚀，特别是疏水冷却段处的管束。高压加热器水位过高时，一方面使管束的传热面积减少，给水温度下降；另一方面水位过高，容易造成保护动作，而一旦保护失灵，容易发生汽轮机进水。

(2) 监视高压加热器出入口温度和抽汽压力。若给水温度降低，可能是疏水水位过高、汽侧连续排汽不畅、处于关闭状态下的给水旁路门不严、入口联成门未全开以至部分给水旁路等。此外，加热器入口水室挡板与筒壁或管板之间有间隙，也可能使给水走近路，应将挡板缝隙封死。抽汽逆止门、加热器进汽门开度不足，处于节流状态，也使给水温度降低，此时可根据汽轮机抽汽口与加热器汽侧压力之差的变化来分析。若汽侧压力等于或高于抽汽压力，则说明高压加热器水位过高，应及时采取措施。

(3) 高压加热器汽侧连续排汽门要畅通，防止空气聚集在传热面上，影响高压加热器传热效果，腐蚀高压加热器管束。

(4) 注意负荷与疏水调节阀开度的关系，当负荷未变而调节阀开度增加时，管束可能出现轻度漏泄，此时应将高压加热器停止，防止压力水对相邻管束的冲刷。

(5) 防止高压加热器在过负荷状态下运行。高压加热器在过负荷时，抽汽量增加，蒸汽流速加大，将使管束发生振动。另外将使过热蒸汽冷却段出口蒸汽过热度减少，产生的水雾将严重侵蚀管束。此时，可暂关进汽门，使高压加热器的给水温升保持在正常值。

(6) 在运行时，应维持给水溶氧不超过 $7\mu g/L$。高压加热器随机启动时，要防止未除氧的水通入高压加热器。给水的 pH 值为 $8.8\sim9.2$，pH 值高，易于在碳钢管形成一层保护膜，可减少对设备的过度腐蚀，但 pH 值过高，又将加速设备腐蚀。

(7) 高压加热器运行中，汽侧的安全门应保证可靠好用，并定期进行校验及动作试验。应定期进行高压加热器保护、危急疏水门、抽汽逆止门和进汽门的连锁试验；定期冲洗水位计，防止出现假水位。

3. 高压加热器停止后的防腐

为了防止高压加热器管系的锈蚀，高压加热器停运后要进行防腐，既停运后如不充水，应将水排干，并保证汽、水各隔绝门严密。

高压加热器管系锈蚀的主要原因是氧化，因此，防腐时主要保证管系与空气隔绝。一般有以下两种方法：

(1) 高压加热器停用时间在 60h 以内，可将水侧充满给水。

(2) 高压加热器停用两星期以内，其水侧充满含 $50\sim100\times10^{-6}$L/L 联胺的凝结水，汽侧充满蒸汽或氨水。高压加热器停用两星期以上，水侧、汽侧均应充氮。

4. 高压加热器事故处理

在高压加热器运行中，常出现的事故是管束漏泄而使水位升高。此时若保护拒动而又操作不当时，则可能会使高压加热器壳体爆破。因此，应严格监视高压加热器的水位。高压加热器一旦满水，除能发出水位高信号外，还将使端差增大，出口水温下降，严重时，汽侧压力出现摆动，并可能导致抽汽管道和加热器壳体振动。当发生上述现象时应立即将高压加热器切除，先切断水侧，再将各台高压加热器进汽门同时关闭，稍开汽侧放水门泄压，最后关闭疏水门，此时要注意壳体内压力不应升高。如果由于水位波动造成高压加热器保护动作时，不要急于关进汽门，待水位恢复正常后，高压加热器入口联成门及出口逆止门将自动开启，高压加热器继续通水，调节水位并保持在正常范围内。但不允许长时间停用高压加热器水侧而不停汽侧，以防止蒸汽继续加热管束内不流动的给水，而引起水侧超压导致管束爆破。

(三) 高压加热器的程序控制

给水回热加热提高了锅炉给水温度，使工质在锅炉中的吸热量减少，从而节省了大量燃料，提高了电厂的热经济性。一般给水温度少加热 1℃，标准煤耗约增加 0.7g/ (kW·h)。

高压加热器正常运行中主要监视的指标有：

(1) 加热器的端差。运行中若端差值增加，可能是由于加热器受热面结垢；加热器抽空气管上的阀门开度与节流孔太小，使加热器汽空间集聚了过多的空气；疏水器或疏水阀工作不正常使疏水水位过高；加热器旁路门漏水等原因造成。

(2) 汽侧凝结水位。水位应保持在规定的范围内。当水位迅速升高到进汽管口时，会使水从抽汽管流入汽轮机造成水击。凝结水位过低时，会维持不住汽侧压力，造成蒸汽由疏水管跑掉，使疏水管发生振动。因此，当高压加热器水位升高时，应联动高压加热器紧急疏水阀开启排水，若水位继续升高，则不但继续开启紧急疏水阀，而且必须做好解列高压加热器的准备，水位过低或无水位时，也应将高压加热器解列检修。

(3) 加热器内蒸汽压力与出口水温。在运行中，如加热器内压力比抽汽压力低得多，则加热器出口水温将随之下降，说明回热抽汽管上阀门节流损失增大，可能是由于抽汽管道上逆止阀或截止阀未开足或卡涩造成。

图 4-46 为某台机组的高压加热器管路系统图。高压加热器一般是在机组带到一定负荷后才投入，其汽侧一般不设运行抽空气管，为排除启动前存于汽侧和加热器连接水管内的空气，设置了启动排气阀直接排空气。加热器投入前，应检查水侧是否泄漏。此外还应确认凝结水和给水系统已运行；高压加热器各疏水门状态正确，各放水门关闭；高压加热器各进

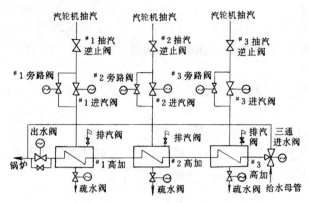

图 4-46 高压加热器管路系统图

汽电动门在关位并已送电；高压加热器出入口门在关位并已送电；高压加热器保护正常好用；高压加热器出入口联成阀已在开位等。在高压加热器启动过程中，根据当时的温升及水位变化，高压加热器进口蒸汽阀不应全开，但这一点程序控制启动很难完成。因为目前程序控制都是双位式的开关量，即阀门不是全开就是全关，因此要求进口蒸汽阀实现开度调节是有困难的。另外高压加热器投运时，考虑到进汽阀即使不全开，也易造成热冲击，使壳体各部分加热膨胀不均匀而产生热应力，故系统中设置了旁路电动阀（有些大型机组无此电动阀）。在启动初期，先开进汽阀的旁路阀，一方面对管道进行暖管，同时对高压加热器进行预热。经一定时间后，再逐步开启进汽阀、关闭旁路阀，按高压加热器疏水的温升曲线对给水加热，同时应注意上述监视指标。

高压加热器停运时，水侧、汽侧往往要加入保护液体和气体，故投入运行前都需要水侧注水、汽侧排气。如果直接利用高压加热器进水门注水，会因为给水压力高而造成水冲击，损坏高压加热器设备，因此水侧注水专门设置了注水阀，此阀不宜设置电动操作，有人工手操。为了更好地在水侧注水，保证水压能逐渐升高，须排除水侧容积空间的气体，高压加热器出水阀还设有小旁路汽水侧的排气阀，待气体排尽后，关闭排气阀和小旁路阀，逐渐升至全压。

图 4-47 为高压加热器程控流程图。程控的对象有进出口水阀、抽汽逆止阀、旁路进汽阀、进汽阀以及三台高压加热器水位调节系统的信号控制。

高压加热器投入的执行顺序为：开启出水阀和进水阀、开启抽汽逆止阀、开启进汽旁路阀，待暖管一段时间后，投入水位自动调节系统。然后按照压力由低向高的顺序逐渐关闭进汽旁路阀和全开各台高压加热器进汽阀，进汽阀开启的速度以各台高压加热器出口水温升率不大于 $1.7^\circ\mathrm{C}/\mathrm{min}$ 为准。抽汽管道上的疏水门应根据机组负荷逐渐电动关闭或高压加热器投入正常后，手动关闭。

高压加热器的停运程序，与启动同样原理，先停汽侧再停水侧，先停压力高的抽汽，后停压力低的抽汽。

高压加热器的紧急解列程控指令的发出有两种情况：一是只要三台高压加热器中有一台水位达到最高水位，即自动发出紧急解列指令；二是由运行人员根据高压加热器或系统发生异常情况而必须切除高压加热器时，按下"紧急解列"按钮发出指令。紧急解列高压加热器时，要求快速切断汽源，以防止高压加热器内疏水倒流入轮机。因此，所有被控对象（阀门）均采用"并联"控制，同时执行动作。但疏水阀的关闭应滞后于进汽阀的关闭，防止高压加热器疏水进入汽轮机内。

三、除氧器系统的运行

除氧器作为给水回热加热系统中的一个混合式加热器，其作用是除去锅炉给水中的氧

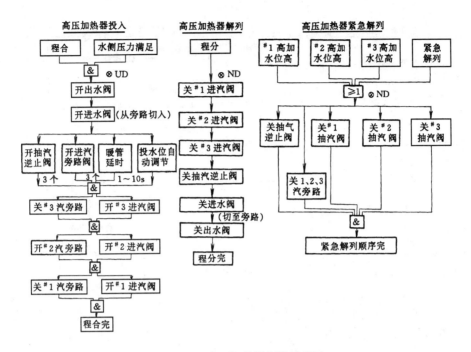

图 4-47 高压加热器程控流程图

气、氮气、二氧化碳等气体，以保证锅炉给水的品质合格。因此，除氧器还承接着高压加热器的疏水，化学补充水、全厂各处的疏水、排汽等均可汇总通入除氧器加以利用，以减少电厂的汽水损失。除氧水箱是为了在机组负荷波动、机组启动和意外事故（如凝结水系统事故、除氧器进水中断等）时，保证在一定时间内给水泵能不间断地向锅炉供水。

火电厂运行中，给水会不断地溶解入气体，主要是由补充水带入的空气，从系统中处于真空下工作的设备（如凝汽器及部分低压加热器）和管道附件不严密处漏入空气。溶入水中的氧对热力设备及管道会产生强烈的腐蚀作用，而二氧化碳又将加剧氧的腐蚀，在短期内就会造成管道腐蚀穿孔，引起漏泄或爆管。而所有不凝结的气体在换热设备中均会使热阻增加、传热效果恶化，从而导致机组热经济性下降。因此炉水的含氧量必须严格控制在允许的范围内，一般高压以上锅炉的给水含量应控制在 $7\mu g/L$ 以下。

（一）除氧器系统

图 4-48 为某 300MW 机组滑压运行除氧器全面性热力系统图，除氧器出力为 1080t/h，给水箱储水量为 180m³。该除氧器的加热汽源取自第四段抽汽，抽汽管上无压力调节阀。除氧器滑压运行的范围为 0.147~0.865MPa。低负荷及启动汽源为辅助蒸汽联箱来蒸汽，其切换管上设有压力调节阀以维持启动和低负荷时除氧器定压运行。向辅助蒸汽联箱供汽的汽源为启动锅炉和冷再热蒸汽。除氧器水箱内设有再沸腾管，在锅炉启动上水时，利用再沸腾管将给水加热至锅炉所需热量。滑压运行除氧器负荷骤升时，由于压力升压高，给水温度的升高滞后于压力升高，此时投入再沸腾管在给水箱内对给水进行加热，以改善除氧效果，同时完成给水的深度除氧。再沸腾管的汽源一般为除氧器加热蒸汽。另还设置有启动循环泵，当机组启动前和机组负荷小于 15% 额定负荷时，用启动循环泵将给水箱中的给水打回除氧器进行再循环。除氧器排汽在启动时排大气，启动带负荷后排至凝汽器。此外主凝结水、门

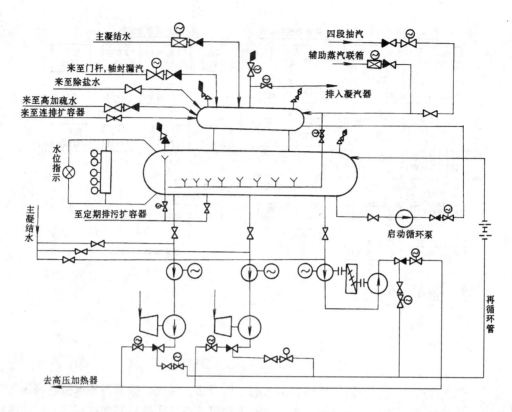

图 4-48　单元机组滑压运行除氧器的全面性热力系统

杆和轴封漏汽、高压加热器疏水和连排扩容蒸汽接至除氧器。另外启动时除氧器的水来自化学除盐水，机组停运时除氧器的放水至定期排污扩容器。如遇机组甩负荷除氧器暂态过程，为防止给水泵汽蚀，在三台给水泵进口处设置了注入"冷水"（即主凝结水）的管路，以加速给水泵入口水温的下降。系统内共设有三台给水泵，两台 50% 最大给水量的启动调速泵经常运行，一台 50% 最大给水量的电动调速泵备用。备用泵兼锅炉启动时上水用，给水泵出口逆止阀上装有给水泵再循环管，启动和低负荷时将给水再循环至给水箱。为保证除氧器和给水箱工作安全，在除氧器和给水箱上方两侧各装有一只安全阀。

（二）除氧器的启动与停运

单元机组的除氧器是随机启停的。机组启动时，锅炉应先上水，为此在锅炉点火前除氧器必须先投入。在对系统检查结束后，并先向除氧器补水，同时，加热汽源也应投入。补至正常水位后，补水停止，还需进行循环加热，这时除氧器的加热汽源可用启动锅炉来汽，也可用邻机抽汽。当水加热到规定温度，即可满足锅炉上水的要求。

给水泵运行时，需要开启至除氧器的再循环门。汽轮机启动后，只有当凝结水硬度合格时，才能将凝结水导入除氧器。低负荷时注意保证除氧器内的压力应能满足轴封供汽的需要。机组负荷稳定后，投入压力和水位自动调节器。随着除氧器压力的上升，要注意根据给水中含氧量调整排气门（排氧门）的开度。与除氧器联络的其他系统，应随着机组启动的过程逐个地投入，如门杆漏汽、高压加热器疏水、锅炉连排等。

当停机时，随着机组负荷的减少，抽汽压力降低，当抽汽压力不足时，应将加热汽源切换到与启动时相反的汽源处，并注意控制降压速度。机组解列时，关闭进汽门，但因停机后锅炉需要间断上水，所以要保持好水位，直到给水泵不再启动时，除氧器的补水停止。

除氧器停运期间，应采取防腐保护措施，以防止空气或其他有害气体对除氧器及给水箱内壁侵蚀。通常规定：除氧器停运一周内，应采取蒸汽保养，停运一周以上，则应采取充氮保养，维持充氮压力在 30~50kPa 范围内，无论是充蒸汽还是充氮，均应与除氧器泄压放水同时进行。

（三）除氧器运行中的监督

除氧器在正常运行中需要监督的主要指标有溶解氧、压力、温度、水位等。

1. 除氧器溶解氧的监督

通常给水中溶解氧应控制在 $7\mu g/L$ 以下，而除氧的结构是否良好、系统连接是否合理，直接影响着给水除氧的效果。对于喷雾填料式除氧器，如果喷嘴中心有偏差、雾化不好、淋水盘倾斜堵塞、筛盘穿孔或塌陷等等，都会造成水流不均匀，汽水传热面积减少而影响除氧效果，因此应及时吹扫、检修或更新，以保证除氧器处于良好的运行工况。

为了有效地除氧，必须将水中分离出来的气体经排汽门及时排出设备之外。在除氧器水平方向上部装有一排排汽管，合并至一根带有节流孔板和调节阀的管子，将混合的蒸汽和气体排向大气。排汽门要保持一定的开度，开度大小对溶解氧有直接影响，开度太小不仅对气体排出不利，也将影响除氧器内的蒸汽流速；开度太大对改善除氧效果有利，但增大了汽水损失和热量损失，过大时，还出现排汽管冒水。所以，为了保证良好的除氧效果和减少工质、热量损失，排汽门必须经化学测试后决定其开度。实践证明，在排气中，未凝结的蒸汽占加热蒸汽量的 3%~5% 时，除氧效果最佳。排汽门保持一定的开度的另一作用是使除氧塔内保持汽流一定的流速，一方面可把水流破碎成不连续的小水滴，使汽水扩散面积增大，同时又使塔内氧气的分压力减少，水中氧气与蒸汽间氧气分压增大，有利于除氧。

在喷雾填料式除氧器中，为使筛盘下有一定的汽量通过，应将一、二次加热蒸汽分配比例进行适当调整。当一次加热蒸汽门开度较小，淋水盘上部汽压会降低，淋水盘下部汽压会增加，从而造成淋水盘上下压差增大，可能形成蒸汽把水托住现象（水封），使蒸汽自由通路减少。同时，一次加热汽量不足又可能使雾化水加热不足，而降低除氧效果。但如果一次加热蒸汽门开得过大，又会影响深度除氧。因为给水经过喷雾加热后，还不能完全达到对应压力下的饱和温度，还有残余的气体没有分离出来，只有当水经过筛盘继续加热，重新组织水滴的自由表面，才能使新的氧气逸出。当一次加热汽门不加限制时，必然会减少进入筛盘底部的汽量，造成给水中溶解氧过高。

进入除氧器的主要水源是主凝结水，如果进水量改变，除氧器内的压力将瞬间发生变化，但很快又能恢复到原来的压力，在这一暂态过程中，溶解氧也随之发生变化。如水量增加时，除氧的内压力瞬间降低，此时水温高于饱和温度，有利于气体析出，溶解氧将减少。待进汽量增加后，压力和温度达到相应的饱和状态时，溶解氧又恢复到原来的数值。

在除氧器启动时，应投入再沸腾装置，使水始终保持在对应压力下的饱和温度。正常运行中，投入再沸腾可驱动水箱中的水位，防止出现呆滞区，也防止水面上出现蒸汽呆滞区。

2. 除氧器压力和温度的监督

压力和温度是除氧器正常运行中的主要控制指标之一，当除氧器内压力突然升高时，水的温度暂时低于压力升高所对应的饱和温度，溶解氧也随之升高；当除氧器内压力突降时，溶解氧先是较短时间的降低，但很快又回升上来，因为水温下降的速度落后于压力下降的速度，则水温暂时高于饱和温度，有助于溶解气体的析出。

在除氧器中，保证将水加热到除氧器压力下的饱和温度是提供气体从水中分离出来的基本条件。实践证明，即使是少量的欠饱和也会使除氧效果恶化，例如在 0.6078MPa 除氧器中，若加热不足（即欠饱和）0.63℃，将会使不中溶解氧达 $10\mu/L$ 多。这已经超过了现行给水含氧量的规定标准，因此对定压运行的除氧器，应保证除氧器内压力稳定。压力的瞬间升高也会造成水温不饱和而增加溶氧量。进入除氧器的水温水量应满足设计工况下的热平衡要求。进水温度低（相邻加器停用）或补充水量过大，都会使除氧器降压速度加快，给水不能加热到除氧器压力下的饱和温度，水中含氧量就会增大。

3. 除氧器水位的监督

除氧器水位的稳定是保证给水泵安全运行的重要条件。水位过低会使给水泵入口处的富裕静压减少，甚至使给水泵发生汽化。威胁锅炉上水，造成停炉等事故。水位过高，将会造成汽轮机汽封进水，抽汽管发生水击，或者促成除氧器满水，造成除氧器振动及排汽带水等，因此给水箱应能自动或手动调节到规定的正常水位。

水箱水位的变化也必然导致压力的变化，压力的突变对溶解氧的影响如前所述，此外对运行安全也有影响。当压力突然升高时，由于温度升高落后于压力升高的速度，对给水泵是有利的，可避免给水泵汽化。当压力突然降低时，由于温度降低要滞后一段时间，这时水箱内的存水温度高于对应压力下的饱和温度，易使给水泵产生汽化。因此除氧器内压力突然降低时，对给水泵的运行安全是不利的。

4. 避免除氧器发生"自生沸腾"现象

前面提到除氧器的另一作用是汇集厂内的疏水和余汽。当疏水温度高于除氧器内的饱和温度时，进入除氧器内的一部分疏水要汽化成蒸汽。它要排挤掉一部分除氧器用汽，严重时会使供汽量为零。由于自生沸腾的汽泡漩涡发生在除氧塔下部，会使塔内压力升高，分离出来的气体排不出去，既降低了经济性又恶化了除氧效果。若出现自沸腾现象时，其解决办法一是提高除氧器的运行工作压力，二是改进进入除氧器的各种汽水管路。

（四）除氧器的滑压运行

随着中间再热机组单机容量的不断增大，单元机组采用滑参数启停和滑压运行方式逐渐推广，除氧器也跟随采用了滑压运行。与除氧器的定压运行相对而言，滑压运行（也称变压运行）是指其运行压力随主机负荷变动而变化的方式，它是高参数大容量单元机组提高热经济性的措施之一。

1. 除氧器滑压运行的优点

除氧器采用滑压运行后对提高热力系统的经济性有如下优点：

（1）避免了除氧器抽汽的节流损失。对于定压运行的除氧器来说，在任何情况下均应使除氧器内保持恒定的压力。供除氧器的抽汽压力一般需要高出除氧器工作压力 0.2026～0.3039MPa，抽汽管路上需装设压力调节阀。当机组在较高负荷下运行时，抽汽有节流损失，使热效率降低。当机组负荷再降低时，原抽汽压力不能维持除氧器一定工作压力时，需将抽汽切换到高一级压力的抽汽。同样导致节流损失，同时还停掉原级抽汽，热经济性降低更多。而采用滑压运行方式，不必维持除氧器压力的恒定，所以至除氧器的抽汽管路上没有压力调节阀。除氧器压力在任何工况下都接近供汽压力，低负荷时也不需汽源切换，这样既简化了系统又避免了节流损失，大大改善了回热系统的经济性。图 4-49 为除氧器两种运行方式的热经济性比较曲线。当机组从额定负荷开始降低时，抽汽压力随降低，定压运行除氧器的节流损失随之逐渐减少，$\delta\eta$ 随负荷的下降而下降，如图 4-49 中 ab 曲线所示。当机组负荷继续下降（约 70%）到抽汽压力不能满足定压运行要求时，则需切换至高一级抽汽，这时由于停掉了原级抽汽，热经济性显著下降，$\delta\eta$ 将突然增大（曲线上 c 点），一直到滑压除氧器在低负荷（约 20%）切换成定压运行，这段负

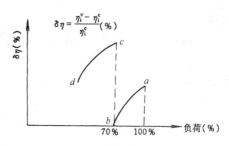

$$\delta\eta = \frac{\eta_i^y - \eta_i^c}{\eta_i^c}(\%)$$

图 4-49　除氧器两种运行
方式的热经济性比较

η_i^y—滑压运行热效率；η_i^c—定压运行热效率

荷区间滑压除氧器热经济性也一直高于定压除氧器，如图中 cd 曲线所示。据有关资料介绍，国外 100～150MW 中间再热机组采用除氧器变压运行提高机组效率 0.1%～0.15% 左右，尤其在 70% 负荷以下运行时，可提高效率 0.3%～0.5%。

（2）可使汽轮机抽汽点得到合理分配，提高机组的热经济性。在设计汽轮机时，汽轮机回热抽汽点的确定，在考虑汽轮机结构合理的同时，应尽量使抽汽点布置得合理，因为这样可以提高汽轮机回热系统的经济性。除氧器在采用定压运行时，往往不能很好地把除氧器作为一级加热器使用，表现为凝结水在除氧器中的温升比在其他加热器中的温升低得多，即除氧器的工作压力与后面相邻一级低压加热器的抽汽压力相差不多，或者与它前面的一级高压加热器同用一级抽汽，这两种情况都使抽汽点不能合理地分配。当除氧器采用滑压运行时，上述缺点就可以避免，此时除氧器中的压力就和其他加热器一样是随着负荷变化的，则除氧器起着除氧和加热两个作用。在热力循环中作为一级回热加热器使用。

2．除氧器滑压运行时出现的问题及解决措施

除氧器内压力与水温变化速度不同，压力变化较快，水温变化则较慢。当汽轮机在额定工况下稳定运行时，进入除氧器的水量、水温符合设计工况，除氧器的定压与滑压工作效果是一样的，都能保持给水处于沸腾状态。当机组负荷变化缓慢时，除氧器内压力与水温变化不一致的矛盾也不突出。但当机组负荷突变时，情况变得严重起来。当负荷骤增时，水温升高远远落后于压力的升高，致使除氧器内原来的饱和水瞬间变成不饱和水。原逸出的溶解氧就会重新溶回到水中，出现"返氧"现象；当机组负荷骤减时，水温的降低又滞后于压力的降低，致使除氧器内的水发生急剧的"闪蒸"现象。虽然除氧效果变佳，但进入给水泵的水温不能及时降低，而泵的入口压力则已下降，当这个压力降很大时，将在水箱、给水泵进口等处发生部分水的汽化，严重时会引起给水泵不能正常工作。

负荷突升过程中的除氧恶化问题，可以通过加装在给水箱内的再沸腾管式内置加热器来解决，目前国内机组普通加装了再沸腾加热器。突然甩负荷时防止给水泵的汽化问题，则要在给水系统上采取措施。如适当提高除氧器的安装高度，增大除氧器水箱容积，降低除氧器的设计压力；增加低压加热器机组管路的水容积，以减缓甩负荷时除氧器内压力和温度变化的时间差；此外，在给水泵前装设前置泵，增大给水泵入口压力，使水泵入口压力始终高于水温对应的饱和压力，也是防止给水泵入口汽化的有效措施。

（五）给水泵的运行

在分析单元机组的滑压运行时指出，采用变速给水泵是单元机组经济性得以提高的重要

前提。

从流体力学中知道，给水泵的运行工作点是水泵的流量扬程曲线与水泵的装置扬程曲线在坐标图上的交点。对同一台给水泵，决定其装置扬程特性曲线的唯一变量是流量系数 K，而决定其流量扬程特性曲线的是水泵的转速 n，因此要想改变给水泵的工作点即流量，就有两种方法可选择，一是通过改变流量数 K 而改变其装置扬程曲线，二是用改变转速 n 的方法改变给水泵的流量扬程曲线。前者可以在给水管路上装一调节流量的节流阀，用开大或关小这一调节阀门的方法，就可改变管路的流量系数 K，从而改变水泵的装置扬程曲线，达到调节流量的目的。

如图 4-50 所示，当转速为 n_1 时，给水泵特性曲线与流量系数为 K_1 的装置扬程曲线相交于 A 点，流量为 Q_A，如需将给水流量减少到 Q_C，则可用关小调节阀的办法，把流量系数 K_1 改变到 K_2，管路特性曲线就随之发生变化，此时 K_2 装置特性曲线与转速 n_1 的给水特性曲线相交于 B 点，同理也可将 A 点改变为 D、E……任何工作点。

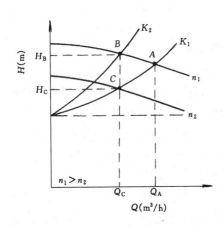

图 4-50　给水泵的调节性能曲线

节流调节是依靠节流阀处压力损失的大小来调节给水流量的，故要以节流压力的损失换取流量的变化，这正是节流调节的主要缺点。尤其对大容量机组，矛盾更加突出。例如对一般超高参数及亚临界参数的 200~400MW 再热机组而言，给水泵的功耗可达 6000~10000kW，约占主机容量的 2%~3.5%，以 200MW 机组给水泵来说，给水泵耗电量约占全部厂用电的 25% 左右，因而在低负荷运行时，给水节流损失不是个小数字。

考虑到上述情况，现代大容量单元机组一般都以变速给水泵取代了传统的定速给水泵。用改变泵本身的特性曲线使其特性曲线升高或降低的办法，改变给水泵的流量。如图 4-50 所示，假定给水阀门的开度不变，将给水泵转速由 n_1 变到 n_2，则水泵的工作点由 A 点变为 C 点，此时水泵的流量由 Q_A 减少到 Q_C，显然采用变速调节，减少了调节流量时而附加的节流损失，这正是变速调节的优点。

目前，在国产机组中采用变速给水泵的方法是改用液力联轴器，是一个无级变速的联轴器，用液压来传递力矩。国外大多采用能改变转速的原动机，如汽动小汽轮机，用主机的蒸汽带动小汽轮机，也有用直流调速电动机的。

关于汽动小汽轮机的运行调节，在很多方面与主汽轮机相似。可参阅汽轮机的运行调节，只是它的工作转速在大范围内可连续调节，一般调节范围在 3000~540r/min 在这段转速内不会遇到临界转速振动问题。至于电动给水泵，则须注意在启动时将出水阀关严，待达到额定转速时再慢慢开启出水阀，以免因过电流而烧坏电动机，对汽动给水泵配置的备用电动泵，则应维持其开关处于自动位置，并使泵体处于暖泵状态，以便随时能自动启动。

（六）电动给水泵的程序控制

大机组正常运行时，锅炉给水通常由汽动给水泵提供。电动给水泵作为锅炉启动初期及低负荷时使用，或汽动给水泵故障时备用。电动泵与汽动泵之间构成了联锁，在联锁状态下，汽动泵事故或给水管压力低时，电动泵能自动联动启动。下面通过两个实例说明电动给水泵的程序启停过程。

实例1：

典型的电动给水泵程序控制系统控制范围包括电动给水泵电动机断路器、电动油泵、给水泵出口门及再循环门。冷油器及冷风器的冷却水出口门不纳入程序控制，在程控投入之前，由手动打开并调到适当开度。再循环门只考虑在给水泵启动前和给水泵停止后接受程序控制，而在给水泵运行期间，由给水泵低流量保护来控制。给水泵同轴带有一油泵，在正常运行时，供电泵润滑和调速用。在给水泵启停过程中或润滑油压过低时，为了保证轴承的润滑，电动给水泵还配有一台辅助油泵。另外前置泵和电动给水泵的暖泵系统未在系统图中表示出来。

图4-51为电动给水泵的程序控制流程图，程序属于不同情况下的带分支的串联程序，可采用有分支及跳步功能的步进方式配以延时环节来实现其程序控制。

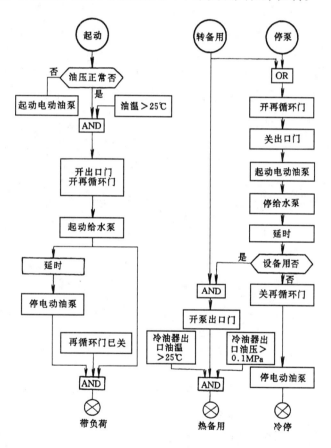

图4-51　电动给水泵程序控制流程图

为了避免在启动时电动机过载，要求在泵出口门关闭状态下启动给水泵。

当电动给水泵在下列条件全部具备时才能启动：

（1）除氧器水位不低于Ⅰ值；

（2）电动给水泵已跳闸；

（3）电动给水泵前置泵入口门已开；

(4) 电动给水泵出口门已关闭；

(5) 电动给水泵再循环控制阀已开；

(6) 电动给水泵暖管器置"0"位；

(7) 润滑油压大于 0.1MPa；

(8) 给水泵泵体上下温差小于 20℃。

为了保证给水泵的安全，程序启动的指令，只有在给水泵处于热备用状态下才能进行，程序以带负荷信号表示结束。

转备用包括给水泵从工作状态转为备用泵和从冷态转为备用状态的操作指令。只需给出思考备用指令，给水泵就能自动转入备用状态，即出口门及再循环门打开，电动油泵运行。但暖泵门及冷油器、冷风器水门需要人工参与进行必要的操作，程序以冷停信号灯表示结束。

实例 2：

图 4-52 为某厂电动给水泵管路系统图。此系统中的旁路电动阀及主出水电动阀只作开闭隔离用，不作调节。锅炉冷态启动时，给水由旁路管进入给水母管。电动给水泵冷态启动时需利用暖泵系统向内灌入由除氧器来的水。热态启动时，因给水管路内已有一定压力，则用倒暖泵系统灌水。泵体上下温差在小于 20℃ 时，才能启动。其他一些启动条件同实例一。程序启停流程图如图 4-53 所示。

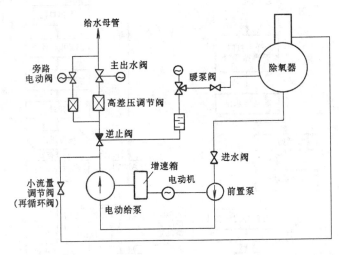

图 4-52 电动给水泵管路系统图

在启动过程中，当电动给水泵冷态启动时，开关 LK 断开；当电动泵热态备用时，LK 闭合，VD 灯亮为程合指令产生。在正常运行时，两台汽动给水泵运行，可以满足机组负荷的要求。当给水母管压力低至某一值或汽动泵跳闸时，则需备用电动泵投入运行，故用"或"门逻辑；而"风机运行"和"锅炉保护未动作"，则说明锅炉运行正常，可以投运电泵，故用"与"门逻辑。

启动电动给水泵之前，应先启动润滑油泵，以保证电动机及其辅助设备正常运行，同时润滑油温应在规定范围内。启动电动给水泵前，为防止泵入口汽蚀和泵振动，应先开足再循环调节阀。冷态启动电动给水泵后应开启主给水电动阀，给水压力和流量由高差压调节阀自

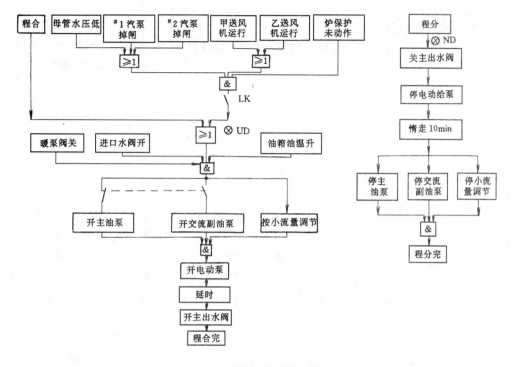

图 4-53 电动给水泵程序控制流程图

动调节或手动调节。

程分由人工发出指令，ND指示灯亮，依次关主出水阀、停电动给水泵、保持给水泵惰走10min，再停主副油泵和关小流量再循环调节阀。大型电动机拖动转动机械，其惯性大，停电动给水泵的同时马上停运油泵，会因润滑油压不足而烧毁轴承和推力轴瓦，因此需要保持油泵继续运转一定时间。

当电动给水泵作热备用时，可直接在运行操作台上对电动给水泵作停止操作，引时电动给水泵出口逆止阀关阀，将泵与系统隔绝，油系统继续工作，主出水阀开启，高差压调节阀也开启，一旦电动给水泵联动投入，即可向锅炉供水。

四、凝汽设备及系统的运行

凝汽设备是凝汽式汽轮机设备的一个重要组成部分，其工作的好坏将直接影响到整个机组的热经济性和可靠性。国产引进型300MW机组凝汽器压力升高1kPa，就会使热耗增加0.9%～1.8%，功率将减少1%左右；凝结水过冷度提高1℃，煤耗量约增加0.13%左右；凝结水中含氧量以及含盐量的增加，则会影响蒸汽的品质。此外，循环水泵的耗电量约占总发电量的1.2%～2%，因此凝汽设备的正常运行对节省厂用电有着重要意义。凝汽设备的运行主要是应保证达到最有利的真空、较少的凝结水过冷度和凝结水的品质合格。

凝汽设备运行时，主要监视的指标有：

（1）凝汽器中的真空或排汽压力；

（2）凝汽器进口蒸汽温度；

（3）凝汽器冷却水进、出口温度；

（4）凝汽器出口凝结水温度；

(5) 循环水泵的耗功；

(6) 循环水在凝汽器中的水阻。

将上述观察得到的数据和设计时的数据（如凝汽器的特性曲线）作比较分析，以判断设备工作情况是否正常。若发现异常时，应根据现象找出原因，并采取措施加以解决。

（一）凝汽器

1. 影响凝汽器真空的因素

凝汽器中的压力，在理想情况下应为蒸汽的饱和压力，而饱和压力又由主凝结水的饱和蒸汽温度 t_s 决定；

$$t_s = t_{w1} + \Delta t + \delta t \tag{4-1}$$

由式（4-1）可知影响凝汽器真空的因素主要有：

（1）冷却水入口温度 t_{w1}。冷却水入口温度降低，排汽的温度必然降低，因此在相同负荷和冷却水量下，冬季凝汽器的真空比夏季高。对于采用开式循环的冷却水温完全由自然条件所决定，即随着气候、季节而变化。对于采用闭式循环的冷却水温除受大气温度及相对湿度的影响外，还取决于循环水冷却设备运行的好坏。如自然通风冷却塔内的塔芯填料的塌陷、喷嘴的堵塞、瓷碟的不正及冬季水塔的结冰等都将造成淋雨密度的不均匀，而影响循环冷却水在塔中的散热。

（2）冷却水温升 Δt。冷却水温升取决于冷却倍率。当排入凝汽器的蒸汽量一定时，若凝汽器中冷却水的温升增加，则说明冷却水量不足，从而引起冷却水出口温度升高，真空下降。冷却水量不足的原因主要是循环水泵出力不足或水阻增加，而水阻增加的主要原因是铜管堵塞、循环水泵出口或凝汽器进水阀开度不足以及虹吸被破坏等原因造成的。

（3）凝汽器的端差 δt。凝汽器的端差增加，会使排汽温度升高，真空下降。端差与冷却水进口温度 t_{w1}、凝汽器每单位冷却面积的蒸汽负荷 D_{c0}/F、铜管表面清洁度以及凝汽器内积聚的空气量等因素有关。换句话说，对于一定的凝汽器，在相同的凝汽量和冷却水流量的条件下，端差的大小表明了凝汽器传热效率的高低，而凝汽器的传热效率主要取决于铜管表面的脏污程度和汽侧积聚的空气量的多少。凝汽器铜管表面结垢或脏污均会妨碍传热，使端差增大。而当凝汽器内积聚的空气增多时，由于空气和水蒸气混合物对铜管表面的放热系数很低，因此妨碍了传热而使传热端差增大。空气漏入凝汽器的主要原因是由于真空系统管道阀门不严或汽封供汽压力不足甚至中断所至。有时也由于抽气器或真空泵效率降低，不能将漏入凝汽器内的空气全部抽出所造成的。此外，凝汽器水位升高，淹没了部分冷却铜管，使冷却面积减少，也会影响真空。

2. 极限真空和最佳真空

汽轮机的排汽压力越低，则真空越高，汽轮机的理想焓降越大，输出功率也越大。但是真空不是越高越好，对于一台结构已定的汽轮机，蒸汽在末级的膨胀有一定的限度，若超过此限度继续降低排汽压力，蒸汽膨胀只能在末级动叶以外进行，出现了膨胀不足现象。此时当初参数和蒸汽流量不变时，汽轮机功率不再增加，这个使汽轮机做功达到最大值的排汽压力所对应的真空称为极限真空。如果冷却水进口温度不是很低时，要达到极限真空就需要消耗大量的冷却水，因此在达到极限真空前，循环水泵的耗功增加量就可能超过了汽轮机功率的增加量，若再继续增加冷却水量以提高真空，反而会使电厂出力减少。

最佳真空就是提高真空所增加的汽轮机功率与循环水泵等所消耗的厂用电之差达到最大

时的真空值,这时经济上的收益最大。由于实际运行的循环水泵可能有几台,当采用定速泵时,循环水量不能连续调节,所以对每台汽轮机装置都应通过试验确定不同蒸汽流量及不同进口水温下的最佳运行真空。

3. 凝汽器凝结水过冷的监视及消除

凝汽器运行中凝结水的过冷度也是一个反映热经济性的重要指标。因为在正常运行中,要求凝结水的温度恰好应为在排汽压力下的饱和温度,但是可能由于设备或运行维护不当,使凝结水的温度低于排汽压力下的饱和温度而造成过度的冷却。凝结水过冷却意味着冷却水要额外带走热量而产生冷源损失,要将凝结水加热到原来的温度就要多消耗燃料。一般凝结水的过冷度每增加1℃,就相当于发电厂的燃料消耗量约增加0.1%~0.15%。另一方面由于凝结水过冷却还会造成溶解氧的增加,使给水系统管道、低压加热器等设备受到氧的腐蚀。因此减少凝结水过冷度不仅对经济性有利,同时对设备的安全运行也有好处。导致凝汽器运行中凝结水过冷的主要原因有:

(1) 凝汽器冷却水管束排列不佳或管束过密。蒸汽进入凝汽器被冷却时,冷却水管外表面蒸汽的分压力低于管束之间的平均蒸汽分压,使蒸汽凝结温度低于管束之间混合汽流的温度。蒸汽凝结在管子外表面形成水膜(包括上排管束淋下来的凝结水在内),受管内冷水冷却,使得水膜平均温度低于水膜外表面的蒸汽凝结温度。汽阻使管束内层压力降低,也使凝结温度降低。为降低过冷度,现代凝汽器常制成回热式,即管束中留有较大的蒸汽通道,使部分蒸汽有可能直接进入凝汽器下部,与被冷却的凝结水在进入热井之前有充分接触,从而消除凝结水的过冷。

(2) 凝汽器内积存空气。在凝汽器中,常因为汽轮机真空部分及凝汽器本身不严密,或抽汽器真空泵工作不正常而造成空气积聚。此时,不仅因冷却水管表面构成传热不良的空气膜降低了传热效果,使真空恶化。同时,凝汽器中的压力再成为蒸汽和空气二者分压的总和。显然蒸汽空气混合物中空气的成分愈多,则蒸汽分压力的数值就愈低。因此在这种混合物中,蒸汽的凝结温度是蒸汽分压力下的饱和温度,它比排汽总压力的饱和温度要低,这样就形成了过冷现象。如果凝汽器中漏入空气越多,则过冷现象越严重,即过冷度愈大。因此,在运行中保证真空系统的严密性,不仅是为了维持凝汽器内的高度真空,同时也是为防止凝结水过冷的有效措施之一。

(3) 凝汽器水位过高。在运行中凝汽器水位过高会使凝汽器下面部分冷却水管淹没,这样冷却水又带走了凝结水的部分热量,使凝结水产生过冷。为防止这种现象,除运行人员要多加注意,保持凝汽器水位在正常范围内之外,现代电厂都利用凝结水泵的汽蚀特性,采用低水位运行方式,这样可以避免水位过高的现象。

4. 凝结水水质的监视

为了防止锅炉设备及凝结水管道的结垢和腐蚀,必须经常通过化学分析方法对凝结水水质进行监督。对于超高压机组,凝结水水质的标准为:硬度≤1.0μmol/L,溶解氧≤30μg/L,pH值为7~8.5。

凝结水是经过化学处理车间严格处理并化验合格后供给的,因此水质不良大多是由于冷却水漏入所引起的。在运行中,若发现凝结水水质不合格,但硬度又不很高,可能是由于管板胀口不严,有轻微的泄漏所致,这时若停止凝汽器运行,不易找出泄漏处。电厂的应急做法是在循环水泵吸入口水中加锯木屑,木屑进入水室里,在泄漏处受真空的吸引将"针孔"

堵塞，便可维持硬度在合格范围内。

在运行中，如果铜管腐蚀或由于铜管振动而损坏，冷却水便会大量漏入凝结水中，这时必须停止凝汽器运行并查漏，将发生泄漏的铜管用木塞或紫铜棒堵死。

机组运行中，当某一台凝汽器需要停止吹扫或检修时，应先关闭凝汽器空气门，然后关闭循环水入口门，最后关闭出口门。当确认出入口门关严后，开启入口门及出口门前的放水门和出口管放空气门。此操作顺序不能颠倒，如果先停水侧，后关空气门，而汽轮机的汽流到该凝汽器不再凝结，将通过空气管流到射汽器（真空泵），从而使抽气设备过负荷，造成真空下降。在机组运行中，需要投入凝汽器时，必须先关闭所有的放水门，以防止凝汽器通水后大量跑水。操作顺序与停止凝汽器相反，即先开启循环水出口门向凝汽器充水，此时水侧积存的大量空气经出口管的放空气门排出，见水后将该阀门关闭，然后开启循环水入口门，最后开启凝汽器的空气门。

5. 凝汽器的胶球清洗

在实际生活中，我们知道江河中的激流在河床中心，那里流速最大。而在靠近岸边几乎看不到水在流动，水中的悬浮物很容易沉积下来，这个现象与循环水在凝汽器铜管中的流动相似。循环水在铜管内中心部位流速最大，管壁附近流速减小，在管壁附面层，则几乎不流动。因此循环水中的悬浮物泥浆及盐类等很易于在管壁上附着，又没有足够的水速将它们冲洗掉。随着附着物增加，管道中心流通面积减小，附面层也跟着向内移动。长此以往就会使铜管内产生堵塞或流动阻力增大，因此必须对管子内壁进行冲洗。

目前普遍采用胶球冲洗方法，胶球分为硬胶球和软胶球两种。硬胶球是改变循环水在管内的流动状态及流速，达到破坏上述沉积物或结垢的目的。采用直径小于铜管内径 1～2mm，密度接近于水的胶球，使胶球在水中均匀分布，顺利通过铜管。理论分析和实验都表明，球在管内运动的轨迹近似于正弦曲线。由于球与水之间的相对运动关系，从而使管内的水流速改变。而且由于硬胶球在管子中偏向一侧，此时在管壁边层区的流速最大，以此来冲洗管壁，使沉淀物冲掉或使其不能沉积于管壁上。同时胶球与管壁不断产生碰撞浮动的冲击，也起着一定的清洗作用，总之，借助于水力冲刷和胶球与管壁的撞击而除掉沉淀物。

软胶球冲洗采用海绵状橡胶球，它浸水后，密度与水相似。其球径比管子内径要稍大 1～2mm，质地柔软。它随着循环水进入管子，并在水流的作用下变成椭圆形。它与管子内径有一个整圈接触面，行进中即可将管壁上的沉积污垢抹刮下来，并带出管外。当胶球流出管口时，它在自身弹力的作用下，突然恢复原状，因而清除了胶球表面的污垢（即使胶球表面还有些污泥，也将随着水充动的过程而清除）。胶球随着水流流出管后，在收球网壁的阻挡及出水的冲带下进入网底。由于胶球泵进水管口接在此处，故胶球在泵的进口负压的作用下被吸入泵内。在泵内获得能量后，重新进入装球室重复以上运动。根据机组的大小、胶球管道的长短及冷却水流速的不同，胶球在系统中循环一周的时间约为 10～30s，个别胶球的循环时间为 40s。

胶球清洗系统主要由大小网板收球网、胶球泵、装球室及进出水管等组成。

（1）收球网。胶球收球网板设置在循环水出水管内部，实际上就是一道安装在出水管中的水梳子，能把跟着循环水一道流出的胶球分离出来回收。当投用胶球清洗前，应先将大小网板通过电动或手动操作调整到张开的收球位置。为防止大网板由于受到水流的冲击力使底部张口造成胶球挤过张口逃脱，因而在放开网板后尚需顶紧大网板的撑头。胶球清洗结束时，应先将顶网撑头手动解除，然后将大网板反转180°到反洗位置，利用水力反冲洗净积在大网板迎面上的垃圾后再将大网转到与出口管平行的位置上，以减少水阻。但是在胶球冲洗时会在碟形大网板的喉部产生涡流，胶球在该涡流区中间回旋，不易进入网底。另一问题是胶球在近网底堆积，这都会影响收球率。为此在大网底涡流区中间加装了固定的导流板，能使水分流达到消除涡流的目的。

（2）胶球泵。胶球泵是使胶球从凝汽器出水管的收球网中重新进入凝汽器，并进行循环的离心式水泵。它属于无障碍离心泵系列，具有不堵球、不磨损和不易切球的特点。

（3）装球室。当胶球清洗结束后，应先手动操作小网板使其转到反冲洗角度，并利用水流冲脱小网板正面的垃圾，再使小网板回转到与出水管平行的位置。小网紧接着装球室的出球管。装球室能向清洗系统加球或取出胶球，装球室上设有监视孔，以监视胶球的循环运转情况。当一定数量的胶球加入并连续运转清洗1h后，可将收球网三通阀扳到收球位置，胶球即被挡在装球室内。这样运行20～30min后，即可停胶球泵，关闭加球室进出水门，在旋脱加球室存水后即可打开装球室门，检查胶球回收量，算出收球率。

（二）抽气设备

抽气设备是凝汽设备的重要组成部分，其任务是在汽轮机组启动时建立真空，在正常运行时，抽出从真空系统不严密处漏入的空气和未凝结的蒸汽，以维持凝汽器的真空。现在大型机组多采用了机械式真空泵即包括离心式真空泵和水环式真空泵等形式。这里以2BW4-353-0型水环式真空泵泵组为例说明其运行特点。

泵组的工作流程如图4-54所示。由凝汽器抽吸来的气体经气体吸入口1、气动蝶阀2、管道3，进入真空泵5，该泵内的低速电动机7通过联轴器6驱动，由真空泵排出的气体经管道9进入汽水分离器8，分离后的气体经气体排出口10排向大气。分离出来的水与通过水位调节器11的补充水一起进入冷却器13。冷却后的工作水，一路经孔板4喷入真空泵进口，使即将抽入真空泵的气体中可凝结部分凝结，提高了真空泵的抽吸能力；另一路直接进入泵体，维持真空泵的水环和降低水环的温度。冷却器冷却水一般可直接取自凝汽器冷却水进水，冷却器冷却水出水接入凝汽器冷却水出水。

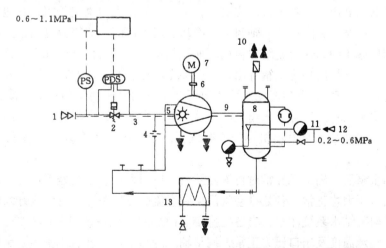

图4-54　2BW4-353-DBK4泵组工作流程图

在泵组启动前，打开补充水入口阀向真空泵组注水，水经过汽水分离器连接管道，使热交换器及真空泵中的水位不断提高，以排掉泵组系统内的气体。当汽动蝶阀的前后压差小于 3kPa 时，气动蝶阀开启，凝汽器真空系统的气体经过气动蝶阀抽入真空泵，因此避免了因启动真空泵而引起大量空气经真空泵倒灌进入正在工作的凝汽器真空系统，确保凝汽器及系统的正常工作。

通常一台机组配备两台真空泵组，一台处于"手动操作"运行状态。另一台备用，处于"自动操作"运行状态。当真空泵的吸入压力低于预定压力时，处于"自动操作"运行状态的备用泵泵组自动停泵，并关闭气动蝶阀。处于"手动操作"运行状态的真空泵继续运行。当真空泵的吸入压力高于预定压力时，备用真空泵泵组立即投入，从而使真空泵组始终保持在预先设定的吸入压力范围内运行。

当真空泵电动机过载，泵事故跳闸时，应报警联动备用泵。

泵组停运时按下停机按钮使水环泵停止转动，并关闭吸入管上的气动蝶阀，关掉补充水阀及热交换器冷却水阀。停机后系统内多余的水通过自动排水阀排掉。若无自动排水阀，则应打开放风阀，由总排水管道排除多余的水。如果机组需要停放的时间较长，则应打开真空泵、汽水分离器、热交换器等部件底部的放水螺塞，放掉其中所有的水，必要时应作防锈处理。

（三）凝结水泵

目前大机组配套的凝结水泵包括主凝结水泵和凝升泵（升压泵），主凝结水泵将凝汽器内的凝结水送入除盐设备，经过除盐后的凝结水再用凝升泵进行升压，通过低压加热器组进入除氧器。主凝泵与凝升泵串联工作，一方面避免了除盐设备承受较高的压力，另一方面由于凝结水通过除盐设备后，压力损失较大，需凝升泵提高压力后才能送入除氧器。主凝结水泵与凝升泵工作条件不同的是主凝泵抽吸高度真空下的饱和液体——凝结水，容易产生汽蚀，而凝升泵则不会发生这种问题。

通常每一汽轮机组配置两台主凝结水泵与两台凝升泵，其中一台主凝结水泵和一台凝升泵保证汽轮机的正常运转，另一台主凝结水泵与凝升泵作为备用。

凝结水泵在启动前，凝结水系统应完好，并已达到投入状态，各放水门关闭，放气门开启；邻近除氧器的低压加热器出口门应关闭，出口门前入水门也应关闭，其他低压加热器出入口门均开启，旁路门关闭；开启轴封抽气冷却器出入口门、关闭旁路门；开启除氧器水位调节主、副前后截止门；开启凝结水再循环前后截止门；开启化学至补充水箱补水门及自动补水前后截止门，开始向补充水箱补水；开启补充水箱至凝汽器的补水门，开始向凝汽器补水，并将水位投"自动"，开启凝结水泵入口门、空气门及密封水门；开启凝升泵入口门及轴承冷却水供回水门；开启补充水箱至凝升泵入口注水门；开启凝升泵空气门，当见到水后将此门关闭；检查凝结水泵电动机油位、凝汽器水位；凝结水系统至其他系统的各门应关闭。

启动凝结水泵后，确认无异常时再缓慢开启出口门，检查电流是否正常，声音、振动及轴承温度、出口压力均正常；各处排空气门见到水流后可以关闭。启动凝升泵时，也是缓慢开启出口门，向凝结水系统注水，当各处排空气门见到水流后才可关闭；检查凝升泵电流、声音、振动、轴承温度及出口压力正常，调整轴承冷却水量；开启各备用泵出口门，投入各泵联锁开关。

当停止凝结水系统时，应先开启凝汽器至凝升泵的入口门；断开凝结水泵及凝升泵的联锁开关；关闭凝升泵出口门，将凝升泵停运，检查电流及压力到零，并防止泵倒转；关闭凝结水泵出口门，将该泵停运，检查电流及压力到零，并防止泵倒转，关闭凝汽器补水门，关闭化学至补充水箱补水门。水泵正常运行时，要注意检查凝结水泵和凝升泵的转向正确，振动正常，进出口管无振动；凝结水泵及凝升泵出口压力表指示应正常；凝结水泵的密封水应正常；整个系统无泄漏，凝汽器热井水位应正常；各泵、各轴承温度、电机线圈温度应正常；补充水箱的水位应正常。

（四）循环水泵的程序控制

火力发电厂循环水系统一般采用母管制系统，如图 4-55 所示。此系统由三台循环水泵共同向母管供水。各循环水泵前后有进出口水阀，各泵之间有联络阀连接。平时为两台泵运行，一台泵备用。由于运行泵与备用泵的组合方式不固定，联络阀的开启和关闭难以与循环水泵组合操作，因此循环水泵的联动操作只包括进、出口水阀，而进口水阀又只作为泵检修时隔绝用，所以除在启动程序中有开启进水阀外，停止程序中进水阀则不予关闭（检修停泵除外）。

由于循环水泵具有大流量低扬程的特点，因此国产 100MW 及以上机组较普遍地采用了轴流泵，轴流泵运行中有以下特点：

（1）开循环水泵前，水泵必须充水，故先开进口水阀。对于直式、斜式轴流泵，由于叶轮浸没在水中，不须充水即可启动；对于卧式轴流泵，则一般需用真空泵抽真空引水后才能启动。

（2）顶轴。如果泵停用太久，轴瓦上的油膜将消失，这时需要将轴顶起（一般最大顶起高度不超过 5mm），使轴瓦进油而建立油膜。

（3）带负荷启动。轴流泵应在全开出口阀门的情况下带负荷启动，以减少启动电流。对于不停泵可以进行动叶调节的轴流泵，则应将动叶片调在启动角度，使启动电流为最少。

（4）调节。采用可变动叶调节。

随着机组容量的不断增大，目前国内大型火电厂中使用的循环泵又发展成为立式混流泵，它的性能介于离心式泵与轴流泵之间，具有良好的抗汽蚀性能和效率高的特点。它在运行过程中除具有上述轴流泵的特点外，所不同的是在启动前要求出口门在关闭状态，同时在出口门打开之前应同时满足两个条件：即延时若干秒及泵出口压力升高达到稳定值。延时的目的是防止大容量电动机在未达到额定转速时即带负荷，造成启动电流过载；泵出口压力升高是为了防止循环水母管压力对泵本身的倒流。图 4-56 为图 4-55 所示的循环水泵程控操作流程图，此水泵采用的就是立式斜流泵。

"程合"指令的发生分两种情况：一是当汽轮机启动时，循环水泵为非备用状态的投入，在此情况下，操作员利用程序控制柜或操作台上的"程合"指令；二是循环水泵作为备用状态，如果循环水母管压力降低至某一压力时，或两台运行泵之一事故跳闸时，自动形成"程合"指令，启动备用

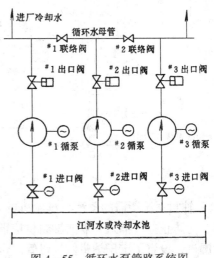

图 4-55　循环水泵管路系统图

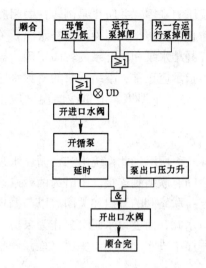

图4-56 循环水泵程序操作流程图

泵。

循环水泵的停止，即"程分"操作比较简单，其操作顺序是关出口水门、停循环水泵，其进口水阀不必关闭。当检修循环水泵及其系统时，可手动关闭进口水门。"程分"指令只要在控制盘上或程控柜按"停止"按钮即可。

目前大型汽轮发电机组，通常按一台主机配两台50%容量的循环水泵来设置，不设备用泵，但启停顺序同前面所述都一致。

五、轴封系统的运行

在汽轮机的高压端和低压端虽然都装有轴端汽封，减少了蒸汽从汽缸的高压端漏出及空气从汽缸的低压端（排汽缸）漏入，但漏汽现象不可能完全消除。为了防止和减少这种漏汽现象，保证机组的正常启停和运行，以及回收漏汽和利用漏汽的热量，减少系统的工质损失和热量损失，汽轮机均设有由轴端汽封及与之相连接的管道、阀门、附属设备等组成的轴封系统。

不同型式汽轮机组的轴封系统各不相同，它是由汽轮机进汽参数和回热系统连接方式等因素决定的。目前大型汽轮机都采用了具有自动调节装置（调整轴封蒸汽压力）的闭式轴封系统，系统如图4-57所示。它是由轴端汽封、轴封供汽母管压力调整机构、轴封冷却器、减温器以及有关管道组成。

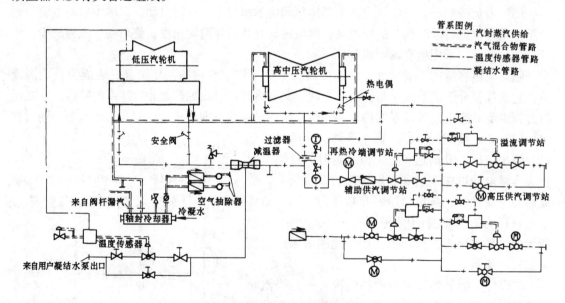

图4-57 300MW机组轴封系统

轴封系统所需的蒸汽与汽轮机的负荷有关。在启动、空载和低负荷时，汽缸内汽压很低，为防止空气漏入，需向轴封供应低温低压的蒸汽。在高负荷时，为防止高、中压缸的轴封漏汽，设置了定压轴封供汽母管。母管内蒸汽来自冷再热蒸汽或主蒸汽或辅助蒸汽或高压轴封漏汽。机组冷态启动时,先用辅助蒸汽向轴封供汽。机组正常运行中,主蒸汽、冷再热蒸汽、辅助联箱来蒸汽作为轴封的备用汽源,轴封用汽主要靠高、中压缸的高压轴封漏汽(即自密封蒸汽)供给。

轴封供汽母管压力通常维持在 0.02~0.027MPa,此压力是通过三个气动控制的膜片阀即高压供汽阀、冷再热蒸汽供汽阀、溢流阀来进行调节的,每个阀上都装有气动压力调节器的控制阀和一个带有内置式滤网的空气减压阀。减压阀供给控制阀的压力稳定在 0.133~0.147MPa,控制器则利用这个压力根据轴封供汽母管上的传感器传来的蒸汽压力信号产生出一个相应的空气压力输出。这样,在机组所有的运行工况下,调节汽阀都能使通往轴封装置的密封蒸汽维持在控制器的整定值所给定的压力范围。每个阀门的控制阀都能检测出轴封供汽母管的压力。根据汽轮机蒸汽参数和负荷变化的需要,在蒸汽来源许可的情况下,可通过控制器整定压力最高的调节汽阀供汽。通常,在启动、跳闸甩负荷、低负荷下无冷再热蒸汽时,用主蒸汽作为轴封的汽源,因此高压进汽控制阀的整定压力最低,而再热冷段蒸汽控制阀的整定压力比高压供汽阀高 0.0033MPa,而溢流阀的控制阀压力又比再热冷段蒸汽控制阀高出 0.0033MPa。在不同轴封供汽母管压力下,各汽阀的工作状态如表 4-1 所示。

表 4-1 在不同轴封供汽母管压力下各汽阀的工作状态

轴封供汽母管压力(MPa)	高压供汽阀	冷再热供汽阀	辅助供汽阀	溢流阀
0.0204	开启和控制	关闭	关闭	关闭
0.0238	关闭	开启和控制	关闭	关闭
0.025	关闭	关闭	开启和控制	关闭
0.0272	关闭	关闭	关闭	开启和控制

在汽轮机启动和低负荷时,汽缸中的压力都低于大气压力,密封蒸汽由轴封母管进入"X"腔室后,如图 4-58 所示。一路经过若干汽封片后,流向汽缸内部,此时"X"腔室压力控制在 0.114~0.126MPa 左右;另一路则经过若干个汽封片后,流到"Y"腔室,"Y"腔室与轴封冷却器相连。轴封冷却器上的风机抽吸着此漏汽,并控制该腔室的压力在 0.097MPa 左右,略低于当地大气压力。此时外界来的空气则通过轴封漏入"Y"腔室后,与从"X"腔室来的密封蒸汽混合,再流向轴封冷却器。

随着机组负荷的增加,汽轮机进汽调节汽阀开大,进汽量增加,汽缸内压力相应增大。当高中压缸两端的排汽压力高于"X"腔室压力时,汽流在内汽封环内发生相反流动,缸内的蒸汽经过第 1 段汽封片流向"X"腔室,如图 4-59 所示。随着排汽压力的增加,蒸汽漏汽量也在增加。当负荷达到 15% 额定负荷时,高、中压缸调整四端的高压排汽压力已达到密封蒸汽压力,变成自密封。在 25% 额定负荷时,高、中压缸发电机端的中压排汽压力达到密封压力,变成自密封。这时,蒸汽从"X"腔室排出,流入汽封供汽母管,蒸汽再由汽封供汽母管流向低压汽封的"X"腔室。若通过"X"腔室流向汽封供汽母管的漏汽量超过低压缸轴端汽封所需蒸汽量时,则轴封供汽母管压力升高。供汽阀全关,溢流阀打开,将过量的蒸汽排入疏水扩容器,以达到调整轴封供汽母管压力的目的,故该阀控制压力的整定值为最高。送往轴封的蒸汽除了对其压力有一定的要求外,还对其温度提出了一定的要求,由于低压缸的温度比较低,送往轴封的温度不易过高,否则将引起轴封体和轴承座产生过大的

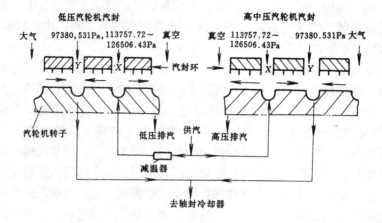

图 4-58　汽轮机在空负荷或低负荷的轴封系统

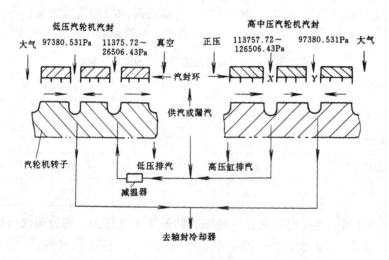

图 4-59　汽轮机在 15% 或更高负荷下的轴封系统

膨胀和变形。因此供汽母管中的蒸汽在送往低压轴封之前，必须适当降温，要求冷却后的蒸汽温度保持在 120～200℃ 之间。蒸汽的减温一方面是利用裸露的进汽管自然冷却降温，另一方面用低压缸轴端汽封的温度传感器控制的喷水减温系统来调节并加强冷却。改变进入喷水冷却器的冷却水量，就可调节低压缸轴封的蒸汽温度。

　　轴封供汽进入减温器后，在管子收缩部分流速增加，流过汽化喷嘴时，由凝结水泵来的冷却水从喷嘴中喷出，喷向高速流过的蒸汽，随着冷却水的蒸发雾化而使蒸汽降温。"Y"室的漏汽与主汽阀、调节汽阀阀杆漏汽都被抽入轴封冷却器冷却。凝结后的疏水自流到凝汽器。空气和其他没有凝结的气体则用排汽风扇排向大气。

　　在轴封系统投入之前，先确认汽轮机的盘车运行正常，凝结水、循环水系统运行正常；然后适当开启轴封冷却器疏水水封注水门，关闭轴封系统连续疏水门，开启至地沟的疏水门；稍开启轴封系统供汽门对管道进行暖管；暖管之后可启动轴封风机和真空泵进行抽空气（汽）并逐渐全开轴封系统供汽截止门，同时将轴封压力和温度调节投入自动；最后关闭轴封系统至地沟的疏水门，开启连续疏水门。当凝汽器真空小于 2.5kPa 时，关闭轴封冷却器疏水水封注水门、轴封减温水门及轴封系统供汽截止门，停止轴封风机的运行，开启轴封系统至地沟的疏水门，关闭连续疏水门，使轴封系统退出运行状态。

六、发电机密封油系统的运行

对于采用水氢氢冷却系统的发电机，除了定子绕组为水冷却外，其转子绕组为氢气内部冷却，铁芯也为氢气冷却。为了防止发电机的氢气外漏，采用了双流环式密封瓦，由两个各自独立又互相有联系的油系统向双流环式密封瓦的氢侧和空侧同时供油。密封油除了起到不使氢气外漏的作用外，还对密封装置起到了润滑和冷却的作用。进入密封瓦的油量、油温和油压均由外部密封油系统来保证。

图4-60为某300MW机组的发电机密封油系统，发电机正常工作时，工作氢压为0.3MPa密封油压与氢压的额定压差为0.085MPa。

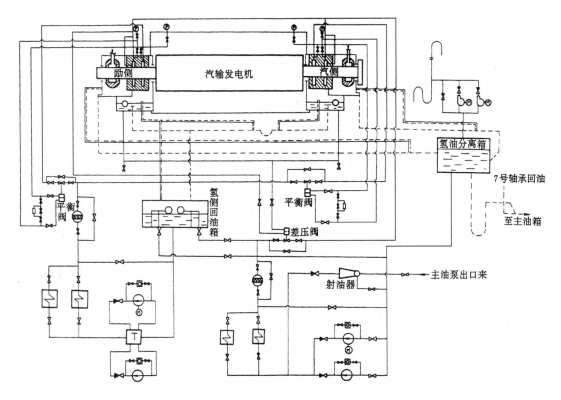

图4-60 发电机密封油系统

正常运行时，氢侧密封油由交流电动油泵供给。从交流油泵出来的压力油经管式冷油器冷却（一台运行、一台备用）、过滤器过滤后分成汽轮机端和励磁机端两路各经过一个平衡阀再进入密封瓦。氢侧密封瓦回油经油封箱，又进入油泵，经冷油器、过滤器形成一个闭式循环回路。平衡阀用以保证氢、空侧油压相等，其压差不大于0.98kPa。氢侧回油中含有的氢气，经密封油箱分离出来后，再顺着回氢管回到发电机内。密封油箱上有补油阀、排油阀、浮球阀各一个，油封箱上还装有液位指示器，当油位升高或降低到一定程度时，发出报警信号。为确保氢侧供油的可靠性，直流备用油泵应投自动。此外油泵又设有旁路，当压差阀侧的泵出入口压差过大时，阀门打开，油从旁路流走。平衡阀和差压阀也设有旁路，当阀门失灵或检修时，油走旁路。

空侧密封油正常运行时为汽轮机主油泵出口的高压油，经专设的射油器供给。来油经管式冷油器降温、过滤器过滤，又经过压力调节阀，最后进入发电机两侧密封瓦的空侧油环。其回油经分离箱至汽轮机的主油箱形成一个闭式系统。射油器出口油压为 0.65～0.8MPa，空侧油压由压力调节阀按机内的氢压力自动调节，以保证密封油压高于氢气压力 0.085MPa。发电机空侧回油含有部分油，不能直接进入汽轮机的主油箱，它与发电机轴承润滑油混合，先回到氢油分离箱经扩容后使氢气和油分离，分离后的氢气由排烟机排到厂房外的大气中去，油回到主油箱。

单元机组事故诊断与对策

第一节 概 述

一、事故诊断的重要性

电能是不能大量储存的，其产、供、用在瞬间完成，因此一旦发生事故，尤其是大面积停电事故，对国民经济影响极大，在经济上会造成工农业生产中断，甚至会因此造成人身伤亡和重大设备损坏事故。交通运输会因停电而陷于瘫痪，在政治上还会造成不可弥补的影响。

多年来的实践经验说明，火电机组可用率低的直接原因是事故率高。当前安全生产的基础还不够牢固，事故仍然时有发生，在这些事故中，有相当一部分是频发性事故。事故的诊断在于通过对事故的现象、成因和发展过程进行细致地分析，采取正确对策，吸取教训，防止同类事故再次发生以提高设备的可靠性。

二、单元机组事故的特点

（1）单元机组的纵向联系紧密，炉、机、电任一环节事故将影响整个机组的运行。同时辅机及辅助设备随着主机容量的增大而增大，其要求也增高。因此，不论是主机、辅机还是辅助设备损坏，都可能造成机组停运或限制出力。在单元机组事故中，辅机的事故占有相当高的比例。

（2）单元机组均为高参数大容量机组，金属材料处于严峻的工况下，设计时在材料性能（如高温持久强度）方面留有的裕量是极为有限的，所以对运行参数及管壁温度有严格的限制。尽管如此，由于参数超限、管壁超温而造成的设备事故仍占相当大的比例。

（3）单元机组容量较大，机组结构复杂，发生事故造成设备损坏所需检修时间长、费用大。即使没有造成设备损坏，机组启停也会带来发电量的损失和机组启停所需要的费用。

（4）单元机组发生严重的主设备损坏事故，检修难度大，往往难以使设备恢复至原来状态，从而影响设备正常使用。

（5）大容量单元机组的控制系统自动及保护装置十分复杂，由于设备和人为的各种原因，往往不能正确使用，甚至有的自动及保护装置长期不能投运。在这种情况下，若发生事故，极易造成主设备的重大损坏。

三、机组事故处理的原则

（1）事故发生时应按"保人身、保电网、保设备"的原则进行处理。

（2）根据仪表指示的变化及设备异常现象，判断事故的性质，迅速处理事故。首先解除对人身、电网及设备的威胁，必要时应立即解列或停用发生事故的设备，尽最大可能保持厂用系统的正常供电。

（3）采取一切可行措施防止事故进一步扩大。查明原因并将事故消除后，恢复机组正常运行。在确定机组设备不具备运行条件或对人身、设备有损害时，应及时停止机组运行。

（4）事故处理完毕后，应实事求是地把事故发生的时间、现象、事故过程及所采取的措施等做好记录。

第二节　锅炉事故诊断与处理

本节主要对锅炉的一些主要事故如锅炉灭火、受热面爆管及水位事故的危害、发生事故的机理、现象进行分析，并提出防止措施。

一、锅炉燃烧事故的诊断及其防止对策

（一）锅炉灭火

锅炉炉膛灭火事故是发电厂的常见事故。事故一旦发生，将会造成锅炉设备严重损坏，还可能造成人身伤亡。出现灭火事故时，如果能及时发现，正确处理，则能很快地恢复正常运行；如果不能及时发现，或发现后没有立即切断向炉膛供给的燃料，而是增加燃料企图用爆燃的方法来使炉膛恢复着火，则其后果往往是扩大事故，引起炉膛或烟道爆炸，造成更大的危害。

1．产生锅炉灭火事故的原因及预防措施

（1）燃料质量低劣。煤中挥发分低，水分、灰分高或燃油中的水分高、粘度大，都会造成着火困难，燃烧不稳。煤中水分高，还易发生煤斗、给煤机、给粉机及落煤管、煤粉管道阻塞，使下煤不均匀，甚至中断。这些情况的发生，都可能造成灭火。此外，燃用易结焦的煤种，往往出现大量塌焦，使锅炉熄火。因此，在燃用低质燃料时应加强检查，严密监视燃烧工况，精心调节，防止灭火。应及时了解煤种改变的情况，以便做好燃烧调节工作。

（2）燃烧调节不当。风粉或风油比例配合不当，旋流喷燃器扩展角大小不合适，直流喷燃器四角气流方向紊乱，混合不好，一次风速过高或过低等，特别在负荷低时燃烧调节不当，都会造成火焰不稳定而灭火。

（3）燃烧设备损坏。煤粉喷燃器喷口烧坏，使煤粉气流紊乱；给粉机事故"缺角"运行，使火焰不稳；油喷嘴喷头烧坏，使油的雾化质量恶化等。

（4）煤粉或燃油供应不当。煤粉仓粉位过低，使给粉机给粉不均或部分给粉机给粉中断。燃油杂质多、粘度大、油温低，以致雾化质量不良，堵塞喷嘴，供油不均。

（5）炉膛温度低。当燃料中的水分、灰分高时，极易使炉温降低。此外，送风量或炉墙漏风量过大，除灰时开启放灰门，大量冷空气进入炉内，锅炉负荷降得太快，水冷壁管严重爆破，大量水汽泄漏入炉膛等，都会导致炉温降低。炉温降低除使燃烧工况变坏，严重时造成灭火。

（6）机械设备事故。全部引风机或送风机跳闸或停电、仓储式制粉系统事故、直吹式制粉系统的给煤机事故或停电都会造成灭火事故。

2．锅炉灭火的现象

锅炉炉膛灭火时常见的现象有：炉膛负压突然增大，炉膛风压表指示在最大负值；一、二次风风压表指示减小，炉膛内变暗发黑，从看火孔看不到火焰；汽压、汽温、水位、蒸汽流量急剧下降。若是因锅炉辅机事故而引起的灭火（如引风机、送风机、给粉机以及制粉系

统电源中断等）则可有事故信号以及这些事故发生时应有的各种现象。

3. 锅炉灭火事故的处理方法

发生锅炉灭火事故时，应立即停止制粉系统的运行，完全切断向炉内的燃料供给；将所有自动调节改为手动调节，关小减温水和锅炉给水流量，控制汽包水位在 -0.5kPa 左右，以免重新点火后水位过高；减小送、引风量至最低负荷值，应调整炉膛负压进行通风。通风时间不少于 5min，以排出炉内或烟道内存粉；禁止采用关小风门、继续供应燃料，企图以爆燃恢复着火的方法。查明灭火原因加以消除，然后投油喷嘴点火，着火后逐渐带负荷至正常值；如造成灭火的原因不能短时期消除，则应按正常停炉程序停炉。

（二）锅炉炉膛爆炸事故

炉膛爆炸有两种：一是正压爆炸，又称为外爆；二是负压爆炸，又称为内爆。炉膛灭火就是燃烧着的火焰突然熄灭。灭火使炉膛风压骤降，形成真空状态，炉墙受到外界空气侧给于的巨大内向推力，称为内爆。炉膛灭火未能及时切断燃料，进入与积存于炉内的燃料又突然燃烧，炉膛风压骤升，形成正压状态，炉墙受到炉内侧给予的巨大外向推力，称为外爆。严重的炉膛爆炸事故将使炉墙破坏、水冷壁管破裂，因此锅炉炉膛爆炸事故是锅炉的重大事故之一。

1. 炉膛正压爆炸机理分析

外爆是炉膛中积存的可燃混合物瞬间同时爆燃，从而使炉膛烟气侧压力突然升高，超过了结构设计的允许值，而造成水冷壁、刚性梁及炉顶、炉墙破坏的现象。

爆炸要有三个条件，即通常所说的三要素，一是有燃料和助燃空气的积存；二是燃料和空气的混合物达到了爆燃的浓度（混合比）；三是有足够的点火能源，三者缺一不可。锅炉在启动过程中，后两者是当然存在的。因此，如何避免燃料和助燃空气的积存是关键所在。但做到这一点是很困难的，因为从发现灭火到切断燃料的这段时间里，实际上已经有一定质量的燃料进入炉膛，再加上给粉机、阀门、挡板等的动作滞后时间和关不严，以及从阀门挡板到炉膛之间还有一段管道，都可能将燃料继续送入炉膛而造成积存。只要采取相应措施，使炉膛内不具备爆燃三要素之一，就可以不发生炉膛爆炸。例如：不使其有可燃物的积存；或虽有可燃物大量积存，但采用强力通风吹扫，使其与空气混合比达不到爆燃浓度；或不给予足够的点火能源等，均可防止炉膛爆炸。由于爆燃发生在瞬间，而且由于火焰传播速度非常快，达每秒数百米到数千米，火焰激波以球面波形式向各方传播，在百分之几到十分之几秒内即可燃尽，就相当于燃料同时被点燃，烟气容积突然增大。这样大的烟速，其阻力也非常之大，因来不及泄压，而使压力陡增，发生爆炸。

2. 炉膛负压爆炸机理分析

"内爆"的机理是在采用平衡通风的机组上，当主燃料点燃之前或燃料突然中断时，送风机突然停转，而引风机还在抽吸，因而使炉内的空气及烟气量陡减，在 10～20s 内烟气量减少到额定值的 50%，如图 5-1 所示。因而烟气侧压力急降，使炉膛负压在 7～8s 内降到 3050～6860Pa，造成炉膛、刚性梁及炉墙的破坏，如图

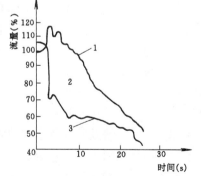

图 5-1　切断燃料后烟气、
空气流量的变化

1—空气流量；2—炉内介质；3—烟气流量

· 223 ·

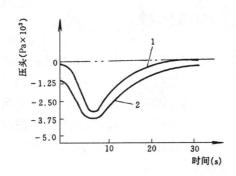

图 5 - 2　切断燃料后引起风机及炉膛负压变化
1—炉膛负压；2—引风机负压

5 - 2 所示。

大型机组采用离心式引风机，容易发生"内爆"。这是因为离心式风机在低负荷时，达到最大压力，产生很大负压。而且在调节风机挡板时，挡板开度越小，特性越陡，这时流量稍有变化，压头就跳跃式升高很多。

炉膛内燃料燃烧产生的烟气量大于送入炉膛内的空气量，并且燃烧温度很高，炉内气体的体积大，炉膛熄火将使炉膛内气体实际容积缩小 5～6 倍，因而炉膛风压剧降。发生破坏性内爆事故的锅炉容量一般在 500MW 以上，其中燃油燃煤炉占多数。

3. 产生锅炉炉膛爆炸事故的原因分析

导致炉膛爆炸的原因是综合性的。它与锅炉机组及其辅机的结构设计、制造质量、安装和运行管理水平等都有一定的关系。但是主要原因是由于运行人员对设备结构、系统不熟悉造成的误操作；其次是设计上缺乏必要的防爆措施，如灭火保护和联锁、报警、跳闸系统等。下面分六个方面进行具体分析：

（1）设计上缺乏安全防爆的必要条件——可靠的灭火保护和可靠的联锁、报警、跳闸系统。关于锅炉灭火保护问题，近年来在必须设置炉膛安全保护装置的观点取得了一致认可。在《火电厂设计技术规程》中已明确了："锅炉燃烧系统应设置炉膛火焰监视、炉膛灭火保护、炉膛压力保护和炉膛吹扫闭锁"。但是机组安全防爆的必要条件至今尚未全部解决，例如火焰检测器的光敏元件质量还存在着动作不灵敏等缺陷。

（2）炉膛及刚性梁结构欠佳。以前国产锅炉炉膛的炉墙多为光管轻型炉墙，现逐渐向膜式壁敷管炉墙过度。今后的方向应当是全膜式全焊接的气密性结构，以便增加抗爆能力。炉膛爆炸时，之所以撕开四角并揭开顶棚，就是因为这里是光管、节距大（有的加焊宽节距扁钢），这是薄弱环节。

（3）防爆门不起防爆作用。国产锅炉普遍装设防爆门，大型发电锅炉的防爆门一般装在水平烟道两侧墙上。但是由于爆炸是发生在瞬间，在压力激波还未传到炉膛上部时，炉膛就已经炸坏了。即使防爆门放在燃烧区，由于防爆门自重的惰性，也不能在零点零几秒内打开。因此事实证明，在大型发电锅炉机组上装设防爆门有害无益。因为人们会把防爆希望空寄托到防爆门上而导致事故。

（4）运行人员误判断、误操作。已发生的炉膛爆炸事例中，直接原因中有 90％是与操作人员误判断、误操作有关。

（5）制粉系统及其设备存在缺陷。国产给粉机的通病是出力不足、卡涩、干粉不均匀。对于四角燃烧的锅炉，常常会造成四角给粉不均匀及燃烧不稳定。再加上一、二次风的管道长度差大、阻力差大，而阻力越大，给粉越少，使燃烧恶化，造成灭火。在风扇磨直吹系统中，由于磨煤机磨损程度不同，则出力不同，这导致了给粉不均匀。特别是当风扇磨一侧出现事故时，单侧运行更为不均匀，造成缺角燃烧以致灭火，导致炉膛爆炸。

（6）严禁爆燃的规定未贯彻执行。《电力工业技术管理法规》关于防止锅炉爆燃的有关规定即：锅炉在熄火后和点火前，炉膛和所有的烟道，包括再循环烟道，在燃气和燃油时，必须用送、吸风机通风，时间不少于 10min；在燃用固体燃料时，烟道通风可只用吸风机，时间不少于 5min。同时还规定：炉膛灭火后，严禁利用炉内余热强送燃料进行爆燃。

4. 防止锅炉炉膛爆炸事故的对策

锅炉发生炉膛爆炸事故，以致水冷壁焊缝开裂，刚性梁弯曲变形，顶棚被掀起，烟道膨胀节开裂等设备损伤，所以必须予以充分重视，并做好下列工作：

（1）采用全膜式（包括膜式顶棚）、全焊接的气密炉膛，并采用双面满焊，确保焊接质量。

（2）刚性梁的抗爆能力应由 3000Pa 提高到 5000～6000Pa。刚性梁结构应改进，如节点的形式应取缔焊接式及滑接式，并在铰接及可调螺钉式的基础上进行改造；研究整体防爆刚性梁结构（如加主杆件）；刚性梁沿锅炉高度的开档应适当减少，如 2.0～2.5m 左右。

（3）取消防爆门。采用程序控制防爆系统、程序控制点火、灭火保护、联锁、报警及跳闸系统等。

（4）严禁采用"爆燃法"点火。熄火时，应立即先断燃料，然后按规程点火，点火前必须以大于 25% 的额定风量抽吸至少 5min。

（5）在燃烧不稳、炉膛负压波动大时，如启动、燃料变更、制粉系统设备事故、低负荷运行、降负荷、停炉等情况，应精心调整燃烧，严格控制负压，及时投油助燃。

（6）应严格按图纸及技术文件和有关规程安装施工，尤其应确保水冷壁四角的焊接及刚性梁接头安装的质量。

（三）锅炉尾部烟道二次燃烧

1. 发生锅炉尾部烟道二次燃烧事故的原因分析

发生烟道再燃烧的主要原因是烟道内沉积了大量燃烧物质（煤粉或油垢），在一定条件下复燃。其具体原因如下：

（1）燃烧工况失调。正常运行时，风量调节不当，使大量油和煤粉进入尾部烟道内燃烧；制粉设备调节不当，煤粉太粗或细粉分离器堵塞，锅炉燃烧不良，尾部烟道内积聚大量煤粉，煤粉自流、下粉不匀、风粉混合差等，都会造成煤粉未燃尽而进入烟道；燃油中水分大、杂质多、油温过低、来油不均、油喷嘴堵塞、油的雾化质量不好、风油混合差等，都会造成碳黑或油滴沉积在烟道中。

（2）低负荷运行时间过长。长时期低负荷运行，则一方面炉温低，燃烧工况差，未燃尽煤粉多；另一方面烟速低，煤粉容易积存，以致形成烟道再燃烧。

（3）锅炉启动和停炉频繁。锅炉启动时，炉膛温度低，容易有可燃物沉积于烟道中，加上启动时烟道中氧气较多，因而容易引起再燃烧事故。同样，停炉时或事故停炉时，操作调整不当，炉膛燃烧恶化，油或煤粉进入尾部烟道内，沉积在受热面上也可能引起再燃烧。

（4）吹灰不及时。及时吹灰，可以将少量沉积燃料吹走，减少烟道再燃烧的机会。

2. 锅炉尾部烟道二次燃烧的现象

尾部烟道二次燃烧的常见现象有：锅炉尾部烟道温度不正常地突然升高；自锅炉尾部烟道人孔可发现火星或冒烟；若预热器处发生二次燃烧时，预热器外壳发热或烧红，预热器电流表指针晃动；烟道内负压剧烈变化；烟道防爆门动作等。

3. 锅炉尾部烟道二次燃烧的处理方法

当发现排烟温度不正常地升高时，应检查炉内燃烧工况，增加空气量，使炉内燃烧充分。如排烟温度急剧上升，炉膛负压波动剧烈，采取措施无效时且当检查确定锅炉尾部烟道二次燃烧时，应即紧急停炉，切断煤粉，并将吸、送风机停止，严密关闭所有风烟挡板隔绝空气，切不可通风，否则将愈烧愈旺。将炉膛和烟道的各部分人孔门关严，烟道保持密闭状态，然后向锅炉尾部烟道内充入蒸汽灭火。必要时保持锅炉连续少量进水，打开省煤器再循环门以保护省煤器；打开过热器疏水门以保护过热器；对再热机组应开启旁路系统并打开事故喷水以保护过热器和再热器。当确认烟道内燃烧完全扑灭后，可启动引风机，逐渐开启其挡板，抽出烟道中的烟气和蒸汽，待锅炉冷却后，应对烟道内受热面进行全面的检查。如果是在引风机外壳内发现火星或火焰，应立即关闭其挡板并停止引风机的运行，以免风机损坏或变形。

4. 锅炉尾部烟道二次燃烧事故实例

某电厂1号炉由于煤粉粒度较粗，又严重结焦，燃烧很不正常，使煤粉在该炉后部烟道内积存，产生二次燃烧，排烟温度最高达550℃以上。在被迫停炉后，运行人员又错误地将吸风机运行近1h。当吸风机停止后，入口挡板又未关严，空气不能隔绝，使烟道内煤粉继续燃烧，以致烟道被烧红，下部放灰斗被烧坏而脱落，大量空气进入烟道，燃烧更加强烈，空气预热器在烈火中全部烧毁，化为铁水。

二、锅炉受热面爆管事故的诊断与防止对策

(一) 引起受热面爆管的因素分析

在锅炉事故中，受热面（包括水冷壁、过热器、再热器、省煤器）爆管是锅炉的严重事故。受热面爆管时，高压高温的水汽喷出，锅炉不能继续运行，不但要停炉限电，而且可能造成人身伤亡。因而，防止和消除受热面爆破损坏事故，对保证安全经济运行尤为重要。造成受热面爆管的主要原因有以下几种：

1. 管壁金属超温

在现代大型锅炉中，随着蒸汽参数不断提高，已使锅炉受热面的管壁金属温度非常接近其安全极限。当锅炉钢管的外表面金属温度升高到某一数值时，则在管子外表面形成氧化皮，甚至使金属的金相组织发生改变。在水冷壁辐射受热面中，由于该受热面的热负荷最大，并且经常改变，如壁温过高，则产生氧化皮现象更为严重。过热器和再热器在锅炉总受热面中占了很大比例，处在烟温更高的区域，其工作条件是锅炉受热面中最为恶劣的，受热面管壁温度接近于钢材允许的极限温度。当金属的温度升高时，它的持久强度下降，因此，受热管的工作温度应满足钢材的强度要求（在进行强度计算时，管壁温度采用管子内外壁的平均温度）。如果金属温度超过按强度计算所容许的温度值，则锅炉受热管长期工作的可靠性就不能保证。如果受热管超温，将导致受热管胀粗、鼓包、起氧化皮等，直至引起爆破。

2. 金属管壁温度长期波动

即使金属温度未超过容许温度，当金属温度长期波动时，也会导致氧化皮脱落和金属疲劳破坏。这种受热面的金属温度波动，主要是由于管内工质冷却金属的条件变化而引起的。在疲劳损坏时，金属将产生裂纹。对于有焊缝的金属管，特别当焊接质量不高时，在工质流量和温度发生剧烈变化时，不仅会产生很大的交变应力和发生疲劳损坏，而且因焊缝中存在金属的不同性、焊渣及其他因素，会加剧腐蚀，更助长了产生金属的疲劳损坏事故。

3. 管内腐蚀、结垢和积盐

锅炉受热管的管内腐蚀,主要是指金属材料与周围介质接触时,由于发生化学或电化学过程而遭受损耗或破坏的情况,可归纳为汽水腐蚀、电化学腐蚀以及电化学和机械作用共同产生的腐蚀等。锅炉停炉备用期间,保养得不好也易产生氧化性腐蚀。由于水垢的导热性比金属差得很多,在热负荷很高的受热管中形成水垢后,将使金属管壁温度急剧升高,以致爆管。结垢不仅危及安全,也降低经济性。当结有 1mm 厚水垢时,燃料耗量将增加 1.5%～2.0%。此外,给水品质差易发生汽水共腾现象,造成过热器管内严重积盐而超温爆破。

4.管外磨损

使用高灰分燃料的锅炉,省煤器管和再热器易被烟气飞灰磨损。烟速愈高,磨损愈剧,极易引起爆破事故。喷燃器附近的水冷壁管易被煤粉磨损而减薄引起爆破,故应经常检查喷燃器工作情况,防止煤粉气流偏斜。此外,打焦、吹灰方式不正确,也易磨损管子。大块焦渣落下来时还可能砸坏管子。

5.启动、停炉工作不符合要求

冷炉进水时的水温或进水速度不符合规定,点火时,升压、升温和升负荷速度过快,停炉时冷却过快,放水过早等,都会使炉内冷热不均,产生过大热应力,导致受热面管爆破。

6.运行中负荷变动过大

运行中锅炉负荷的突增突减,也将对受热面管子带来威胁。如果外界负荷骤减过多,一方面汽压突然升高,易使原来受热较弱的水冷壁管中的水循环变慢或停滞;另一方面,炉内需要减弱燃烧,在停止运行的喷燃器周围的水冷壁管热负荷急剧下降,也可能引起这些管中发生水循环停滞现象。

7.运行调整不当

运行中燃烧调整不正确,喷燃器运行方式不合理,风量、燃料量使用不当,炉膛负压控制不好,引起火焰中心偏斜或炉膛结渣等现象,都容易使水冷壁管、过热器和再热器等设备管壁局部过热损坏。燃烧调整不当或者煤粉过粗,烟气中携带较多的固体可燃颗粒,沉积在尾部受热面上,也易引起煤粉再燃烧,致使再热器和省煤器管子损坏。经常保持高水位运行或水位控制调整不当,造成缺水或满水事故,以致引起水冷壁管或过热管爆破损坏。

(二)水冷壁管损坏

1.水冷壁管损坏的原因分析

水壁管损坏的常见原因有:锅炉给水质量不符合标准,化学水处理不当或监督不严,使水冷壁管内部结垢腐蚀;管子被杂物堵塞,未能发现和清除;燃烧器喷嘴附近或通风孔四周管子保护不良,磨损严重或管子外壁严重腐蚀;吹灰器喷口或吹灰管安装不当,吹灰操作有错误,管子被汽水吹坏;管材或焊接质量不合格;锅炉启动时,水冷壁管热膨胀受阻,造成损坏;炉膛内严重结焦,定期排污门大量漏水或锅炉长时间在过低负荷运行,使正常的水循环破坏,以及因启动方式不当等造成水循环不良,而使管子过热损坏;锅炉严重缺水;炉膛内发生严重爆炸,使水冷壁管损坏;大量塌焦砸坏水冷壁冷灰斗管子等。其次锅炉设备的事故处理不当,将引起水冷壁管损坏的并发事故。

2.水冷壁管损坏的事故现象及处理

水冷壁管损坏的常见现象有:严重损坏时,炉膛内发出爆破声,自炉膛检查孔和炉门外听到汽、水喷出的声音;炉膛负压表呈正压,从检查孔、门、炉墙等不严密处喷出烟气或蒸汽;汽包水位迅速下降,给水流量不正常地大于蒸汽流量;炉膛及各段烟温下降,蒸汽压力、蒸汽流量和给水压力下降；炉膛内燃烧不稳定，甚至造成灭火等。

水冷壁管损坏的处理：若水冷壁管损坏不太严重，尚能维持汽包正常水位，则允许继续运行一段时间。对于燃煤锅炉，如设备上有条件，可投入燃油喷嘴，稳定锅炉燃烧，煤粉仓保持较低粉位，适当降低出力运行。但在这段时间内，应加强对泄漏点和仪表的监视，密切注意事故的发展，以便等到备用炉投入运行或高峰负荷过去后再停炉。但是，维持运行时间不宜过长，否则会使事故进一步扩大。若水冷壁管损坏严重，造成锅炉灭火或对锅炉加强进水后仍不能维持正常水位，而且事故很快会扩大，则应立即停炉处理。停炉后继续加强进水，如汽包水位仍不能回升时，则应停止对锅炉的进水，但省煤器再循环门不应开启。停炉后应保留一台吸风机运行，待排除炉内汽、水后再停止。

3. 水冷壁管损坏的预防措施

(1) 在启、停炉和负荷变化大时，应严格执行规程制度，防止水循环障碍和管壁超温。

(2) 尽可能杜绝垢下腐蚀，其根本途径是防止凝结器铜管泄漏，做好给水系统的防腐（特别是低压给水系统）工作。

(3) 一旦发现水冷壁管鼓泡，出现垢下腐蚀迹象时，要及时进行酸洗。

(4) 要进行水冷壁管测厚工作，重点检查水冷壁管位于热负荷较强区域的焊口、弯头等部位的向火侧壁厚减薄情况，以便更换已腐蚀减薄的管子。

(5) 检查炉内加药管的开孔情况，保证加药均匀，避免个别循环回路炉水浓度偏高。

(6) 防止锅炉缺水和灭火等严重事故和频发性事故的发生。

（三）过热器管损坏

1. 过热器管损坏的原因分析

(1) 蒸汽品质不合格。化学监督不严，汽水分离设备结构不良或不严密，过热器管内积聚盐垢，使管子的流通截面减少，流动阻力增加，流过该管子的蒸汽量减少，管子不能充分冷却。同时盐垢热阻大，导热性很小，不能较快地将管壁吸收的热量传递给管内的蒸汽，容易造成管子过热鼓泡以致破裂。

(2) 过热器管长期过热引起的爆破。在高温下运行时，管子所受的应力主要是由于蒸汽造成的对管子的切向应力。在这种应力的作用下，使管子发生胀粗。当管子因超温而长期过热时，由于运行温度提高，即使管子所受应力不变，管子也会以加快了的蠕变速度而发生管径胀粗。蠕变速度的加快程度与超温的温度有关。随着超温幅度的提高，蠕变速度也会增加，于是随着超温运行时间的增加，管径就愈胀愈粗，慢慢地在各处产生晶间裂纹，晶间裂纹的继续积聚并扩大就成为宏观轴向裂纹，最后以比正常温度、正常压力下小得多的运行时间而开裂爆管。

2. 过热器管损坏的现象及处理

过热器管损坏的常见现象有：自过热器检查孔、门可看到蒸汽喷出或听到蒸汽喷出的声音；炉膛负压减小或变正压；蒸汽流量不正常地小于给水流量；过热器损坏侧烟温降低；过热蒸汽温度发生异常变化等。

过热器管损坏的处理：若损坏不太严重，过热蒸汽温度尚能维持在正常范围内，应适当降低锅炉出力，保持燃煤锅炉煤粉仓较低粉位，并加强检查，争取调度停炉处理，但应注意损坏是否迅速扩大。一旦损坏扩大，应尽早停炉处理。若损坏严重，过热蒸汽温度变化过大，不能维持在正常范围内，并且炉膛正压过大，炉火极不稳定时，应立即停炉处理。

3．预防过热器爆破的措施

（1）锅炉在启动和停炉过程中，应及时开启一、二级旁路、过热器疏水门或向空排汽门，使过热器得到充分冷却。

（2）锅炉启动时，应按照运行规程的规定严格控制升压速度，严禁关小一、二级旁路门点火升压，即追加燃料和风量迅速升压，以免过热器管壁温度急剧增高。

（3）在启动期间，由于操作不当或其他原因引起蒸汽温度突然升高时，就暂时将所有的燃烧器熄灭，进行吹扫后，待温度正常再重新点火。

（4）启动期间应控制过热器出口的蒸汽温度低于其额定温度 50～60℃，以免个别蛇形管壁温度超过允许值。

（5）做好燃烧调整工作，火焰中心不应偏斜，两侧烟温差不能过大。保持稳定的蒸汽温度，严禁过热蒸汽温度超过规程规定的允许数值运行。

（6）注意减温系统的正常运行，防止因减温器工作不正常而引起过热器管结垢或过热。

（7）锅炉大、小修时，对过热器进行冲洗。

（8）保持良好的炉水和蒸汽品质，以防过热器管结垢。

（9）锅炉大、小修时应对过热器进行详细检查，发现不正常现象时，应及时消除。

（四）再热器管损坏

1．再热器管损坏的原因分析

（1）烟气中飞灰对管壁的磨损和高温腐蚀是造成再热器管泄漏、爆管的主要原因。

（2）再热蒸汽对热偏差较为敏感。再热器和过热器各蛇形管间的受热偏差基本相同，但由于再热器中的蒸汽压力比较低，比热容小得多，总焓增较小，相对的温度变化在同一运行时刻大于过热蒸汽，所以再热蒸汽更容易引起汽温的变化。这样再热器遇到热偏差时，汽温很容易升高，也就是说再热器的管壁金属比高压的过热器更容易超温。为了再热器工作的安全可靠，在运行时必须注意不使热偏差过大。

（3）再热器管的壁温较高，易超温。这是由于再热蒸汽压力低、密度小，所以蒸汽侧的放热系数比过热蒸汽小得多，故再热蒸汽对管壁的冷却能力较差，管壁温度较高，很容易超过允许的壁温极限。

（4）再热器出口钢管高温氧化腐蚀速度快。虽然再热器在各种运行工况下的管壁温度未超过材料允许的工作温度，但再热器管表面，出现严重的氧化腐蚀，其原因是再热器出口钢管在烟气环境中，尚达不到抗氧化性能。

2．再热器管损坏的现象及处理

再热器管损坏的常见现象有：自再热器检查门、孔可看到汽水喷出或听到汽水喷出的声音；损坏侧再热器的烟温下降；再热器汽温发生异常变化；省煤器集灰斗放出潮湿的细灰。

再热器管损坏的处理和过热器管损坏的处理相同。

（五）省煤器管损坏

1．省煤器管损坏的原因分析

省煤器管损坏的常见原因有：管壁被飞灰磨损、管子内壁腐蚀、给水品质不合格、管材或焊接质量不合格。

（1）省煤器易磨损的部位。①当烟气从水平烟道进入省煤器的垂直烟道时，由于烟气转折所造成的离心力作用，使大部分灰粒抛向尾部烟道的后墙，引起该部位飞灰浓度大大增加。因此，靠近锅炉后墙的省煤器管容易受到飞灰磨损。②由于烟气走廊处烟气阻力要比其他处的阻力小得多，故该处的流速就将大大提高，处在烟气走廊两侧的管子或弯头就会受到严重磨损。

（2）省煤器管磨损与以下因素有关。①烟气的速度。省煤器管金属被磨去的数量与灰粒子的动能和单位时间内单位表面上被冲击的次数成正比。受热面的磨损量正比于烟速的三次方，即烟速增加一倍，磨损量就增加为八倍，可见烟气速度对受热面磨损影响极大。②烟气中灰粒的浓度。烟气中灰分愈多，磨损愈严重。③气流冲刷受热面的角度。对横向冲刷的第一排管子，在偏离迎风气流约 30°～40°处磨损最严重。④管束排列情况对磨损的轻重和磨损部位都不相同。错列管束较顺列管束的磨损严重些。因为烟气进入管束后，流通截面收缩，流速会增加 30%～40%，而且气流方向急剧改变，冲刷作用加强。在以后各排管子，则因灰粒经前两排碰撞后，丧失了大部分动能，磨损减轻。⑤烟气中灰粒的性质对磨损也有相当影响。灰粒的质量、硬度、颗粒大小、外形以及灰分、颗粒尺寸的分布都与磨损有关。这些因素都决定于燃料的性质和燃料磨制的加工方式。

2. 省煤器管损坏的现象及处理

省煤器管损坏的常见现象有：严重损坏时，汽包水位迅速下降，给水流量不正常地大于蒸汽流量；从省煤器检查孔、门可看到汽、水喷出或听到汽、水喷出的声音；省煤器细灰斗内放出潮湿的细灰；损坏侧省煤器的烟温下降；烟道阻力增加，吸风机电流增大。

省煤器损坏的处理和水冷壁管损坏的处理方法相同，但在停炉后，严禁开启省煤器再循环门，以免汽包内的水经省煤器泄漏处漏掉。

3. 省煤器管损坏的预防措施

（1）防止省煤器管内壁的腐蚀。首先要保证合格的给水品质，保持给水中较高的 pH 值，以防氧腐蚀和其他腐蚀。其次要求省煤器中水的流速不能过低，非沸腾式省煤器蛇形管中水速应大于 0.5m/s，沸腾式省煤器中水速应大于 lm/s。因为水的流速过低，会增加腐蚀性气体在管壁上的停留机会，促使管壁腐蚀。运行中应尽可能保持给水流量和温度的稳定，避免给水量的猛增猛减。

（2）在启动时应及时开启和关闭省煤器再循环门。当锅炉在运行中发生事故而熄火不能立即恢复时，应保持一定的给水量或开启省煤器再循环门，以防止省煤器管过热。低负荷运行时不允许给水中断。

（3）运行中应经常注意省煤器两侧烟温有无偏差。发现偏差时应查明原因，予以消除。如果省煤器管泄漏引起的烟温偏差，应尽快停炉处理，以免吹损其他管子。

（4）锅炉检修时，应将省煤器内的积水全部放尽，并将省煤器管子烘干，以防腐蚀。

（5）对于省煤器易被磨损的管子可采取加强防磨瓦等防磨措施。

（6）停炉检修期间，应对易磨损的管子加强检查，发现有磨损严重的管子应及时更换。

三、锅炉水位事故

在锅炉汽包中，水位表示蒸发面的位置。汽包正常水位的标准线一般定在汽包中心线以下 100～200mm 处，在水位标准线的 ±50mm 以内为水位允许波动范围。

锅炉的水位事故是锅炉最易发生且后果又十分严重的事故之一。锅炉水位事故可分为满水、缺水和汽水共腾等几种情况。

（一）锅炉缺水事故

缺水分为轻微缺水和严重缺水两种：当水位虽低于规定的最低水位，但在水位计上仍有读数时，为轻微缺水；当水位不但低于规定的最低水位，而且在水位计上已无读数时，为严重缺水。

造成锅炉缺水的原因大致有水位计指示不准确、给水自动调节失灵、给水压力下降、水冷壁和省煤器等受热面泄漏以及机组的负荷、汽压、燃烧工况等扰动影响。

锅炉发生缺水事故时，有许多现象可判断，如水位警报器发出低水位报警信号、各种水位计指示汽包水位低或不见水位、蒸汽流量不正常地大于给水流量，严重缺水时还使汽温升高。当水位低于最低允许水位，严重缺水时致使低水位保护动作主燃料跳闸（MFT），停止锅炉运行。若锅炉汽包水位下降是因给水泵发生事故，造成给水压力下降，应立即启动备用给水泵，恢复正常给水压力，增加给水流量，逐渐恢复正常水位。

若锅炉正在进行定期排污，应立即停止排污。若属排污门不严密而大量泄漏，应立即关闭排污系统的隔绝门。如采取了恢复水位的措施后，汽包水位仍继续下降，则降低锅炉负荷。如汽包水位继续下降，发生严重缺水时，应立即熄火停炉，严禁向锅炉进水。若不是由于运行人员监视疏忽而造成的缺水，判明汽包缺水尚不严重时可增加锅炉的给水量，缓慢地向锅炉进水，消除事故后，可重新点火带负荷。

锅炉缺水事故是锅炉恶性事故之一，如果处理不当，轻则使大批水冷壁管爆破，重则导致锅炉爆炸，故应引起高度重视。

（二）锅炉满水事故

满水也有轻微满水和严重满水两种。当水位虽高于规定最高水位，但在水位计上仍有读数时，为轻微满水；当水位不但高于规定最高水位，而且在水位计上已无读数时，为严重满水。

当锅炉发生满水事故时有以下现象：水位计水位高或不见水位、高水位报警、给水流量不正常地大于蒸汽流量、过热汽温下降；严重满水时过热汽温急剧下降、发现主蒸汽管道有水锤声并发生振动、阀门门杆及汽轮机轴封处向外冒白汽。

锅炉满水事故发生时，当汽包内的水位超过规定的正常值，应减少给水流量，必要时开启事故放水阀门，如无事故放水门，则开启水冷壁下联箱放水门；如汽包内水位继续上升，如经处理无效，且证实为严重满水时，应立即停炉，且继续加强放水，严密监视水位。如主蒸汽温度急剧下降时，应立即关闭减温水门，开启集汽联箱和侧墙疏水门，以及主蒸汽管道和汽轮机侧疏水门。停止锅炉机组运行后停止向锅炉上水。确认满水时，可增加锅炉放水，尽快使汽包水位恢复正常。消除事故后，可重新点火带负荷。

当发现锅炉满水时，在处理水位的同时，还应作好锅炉过热汽温突降的准备，一旦严重满水，过热蒸汽温度急剧下降时，应果断地停止锅炉燃烧，停止给水，作紧急停炉处理。这样可避免毁坏汽轮机叶片和推力瓦。例如某电厂400t/h燃油锅炉，在调整燃油压力时，盲目地多次关燃油调节门，致使燃油压力过低，使锅炉熄火。在处理锅炉灭火的过程中，未及时关闭给水门，造成锅炉满水。主蒸汽温度由540℃下降到260℃，汽轮机被迫停机。由于汽轮机及时停机，汽轮机叶片、推力瓦均未损坏。经处理后，锅炉点火带负荷恢复正常。

（三）汽水共腾

汽水共腾又可分为汽水共腾和泡沫共腾两种情况。通常汽水共腾是指蒸发量瞬时增大，汽包水位急剧升高，使机械携带大幅度增加的现象。泡沫共腾是指当锅炉水中含有油脂、悬浮物或炉水含盐量过大等原因引起，当炉水含盐量过大，在汽包水面上出现很多泡沫。泡沫是包有一层水膜的汽泡，当水膜破裂时，蒸汽逸出，同时把水膜破裂时溅出的水滴带走。含盐量越大，负荷越高，则泡沫越多；泡沫越多，泡沫层越厚，则蒸汽带走的水分就越多。这些现象均属汽水共腾。

锅炉汽包内发生汽水共腾时，其部分现象与锅炉满水时的现象相同，如过热蒸汽温度急剧下降，主蒸汽管道有水冲击声，法兰及汽轮机轴封冒白汽等，但有以下两个特点可供正确判断：一是汽包水位计的水位急剧波动，看不清水位，其他水位的指针摆动，另一是炉水饱和蒸汽含盐量明显增大。

若经判明为汽水共腾，应降低锅炉负荷，全开连续排污门，并开启锅炉事故放水门，如无事故放水门，应开启水冷壁下联箱放水门，同时加强给水，以改善炉水品质。同时，注意保持正常水位（必要时水位可维持稍低些，以减少蒸汽带水量），将减温器解列，打开过热器疏水门和主蒸汽管道疏水门，打开汽轮机侧主蒸汽管道疏水门，并通知化验人员化验汽水品质。经上述处理后，若汽水共腾现象已消除，而且汽水品质合格，则可恢复正常负荷。坚持对汽水品质进行严格的化学监督，加强给水处理和锅炉排污，控制炉水含盐量不超过规定标准，是防止汽水共腾的有效措施。

（四）锅炉汽包水位保护

锅炉汽包水位是由给水自动调节系统调节控制的。但当锅炉负荷突然大幅度波动、操作不当或调节系统失调时，会使汽包水位过高或过低。为了防止汽包水位高、低对设备引起的异常运行和损坏，目前大型锅炉均设置了锅炉汽包水位过高过低的保护，简称汽包水位保护。

当汽轮发电机甩负荷时，锅炉汽压骤然升高，会造成汽包水位骤然下降，将使汽包水位产生虚假现象，为防止因虚假水位造成保护误动作的问题，设置闭锁环节。发出禁止信号，使水位保护闭锁，经过延续一定时间后，待虚假水位现象消失，自动解除闭锁，允许保护系统动作。

汽包水位升高主要是由于流入汽包的水量多于流出汽包的蒸汽量，在这种情况下，允许用开启事故放水门放水，以降低水位。但当锅炉安全阀起座，使汽包压力骤然下降，产生虚假的高水位，此时禁止开启事故放水门。只有当安全阀起座动作延续规定时间内，确认虚假水位现象已消失，禁止（闭锁）信号解除后，如此时水位仍较高，可开启事故放水门放水。当水位达到高二值，自行开启事故放水门放水后，水位恢复至高一值或正常水位，保护系统应立即关闭事故放水门。

第三节　汽轮机事故诊断与处理

一、汽轮机通流部分摩擦事故的诊断

随着汽轮机参数的提高和单机容量的增大，为了减少漏汽损失，通流部分的动静间隙要求尽可能地缩小。启停过程中汽轮机动静部套的热膨胀也更加复杂化，同时随蒸汽的参数提高，隔板、叶轮等部件的压差和工作应力的不断地增加，因此大型汽轮机的动静磨损问题就愈来愈突出。高速运转的汽轮机组，一旦发生动静摩擦，动静体就要受热膨胀，膨胀又加剧摩擦，从而恶性循环，造成严重的设备损坏。

（一）通流部分动静摩擦的原因

动静部分之间的摩擦分为轴向和径向两种情况。在轴向方面，沿通流方向各级的汽缸与转子的温差并非一致，因而热膨胀也不同。在启动、停机和变工况运行时，转子与汽缸膨胀差超过极限数值，使轴向间隙消失，便造成动静部分磨损。在径向方面发生磨损，主要是汽缸热变形和转子热弯曲的结果。当汽缸的变形程度使径向间隙消失的时候，便产生轴封与转子摩擦，同时又不可避免地使转子弯曲，从而产生恶性循环。引起通流部分发生动静摩擦的主要原因还有：

（1）动静部套加热或冷却时，膨胀或收缩不均匀；

（2）动静间隙调整不当；

（3）受力部分机械变形超过允许值；

（4）推力或支承轴瓦损坏；

（5）转子套装部件松动位移；

（6）机组强烈振动；

（7）通流部分部件破损或硬质杂物进入通流部分。

（二）汽轮机通流部分摩擦事故的现象与处理

通流部分摩擦事故的主要现象是：转子与汽缸的胀差指示超过极限、轴向位移超过限值、上下缸温差超过允许值，机组发生异常振动轴封冒火，这时即可确认为动静部分发生碰磨，应立即破坏真空紧急停机。停机后若重新启动时，需严密监视胀差、温差及轴向位移与轴承温度的变化，注意倾听内部声音和监视机组的振动。

如果停机过程转子惰走时间明显缩短，甚至盘车启动不起来，或者盘车装置运行时有明显的金属摩擦声，说明动静部分磨损严重，要揭缸检修。

（三）防止动静摩擦的技术措施

（1）加强启动、停机和变工况时对机组轴向位移和胀差的监视，注意对胀差的控制和调整。在启停过程中注意保持参数和负荷平稳，适当地控制轴封进汽温度和排汽温度。

（2）在机组停机打闸以后注意胀差的变化，要充分考虑转子转速降低后的泊桑效应和由于叶片鼓风摩擦使胀差增大的情况。

（3）在机组热态启动时，注意冲转参数的选择，保持蒸汽有充分的过热度和足够的高于汽缸内壁温度的温差。

（4）在机组启停过程中，应严格控制上下汽缸温差和法兰内外壁温差，不使其超限。

（5）应严格监视转子挠度指示，不得超限。机组检修时一定要检查大轴的弯曲情况并作好记录。

（6）严格控制蒸汽参数的变化，以防止发生水冲击，损坏推力轴瓦。

（7）机组运行中控制监视段压力，不得超过规定值，以防止隔板等通流部件过负荷、轴向推力过大以及通流部件破损等情况发生。

（8）停机后应按规程规定进行盘车，如因汽缸上下温差过大等因素造成动静摩擦使盘车不能正常投入或手动也不能盘动时，不可强行盘车，应待其自然冷却，摩擦消失后，方可投入盘车。

（9）严格控制机组振动，振动超限的机组不允许长期运行，要求机组在工作转速和临界转速下的振动都不应过大,大容量机组应创造条件直接监督机组的轴振动。

(10)加强对叶片的安全监督,防止叶片及其连接件的断落。对新装机组最好能在安装前或大修时用水平尺检查隔板的变形情况,以防止因隔板变形引起动静摩擦。

(四)通流部分磨损事故典型事例

某台 200MW 机组发生严重的通流部分磨损事故。事故前,机组带 90MW 负荷运行,仪表指示正常。因发电机差动保护误动作,突然甩负荷到零。由于Ⅰ、Ⅱ级旁路未能投入,锅炉熄火。汽轮机利用锅炉余汽空转 65min 后锅炉重新点火。当发电机并网时,中压胀差由 1.3mm 很快增加到 2.8mm,低压胀差由 3.5mm 突增到 5.0mm(表计极限),这时发现 5 号轴承处冒烟起火,被迫打闸停机,转子惰走 9min 静止。经揭缸检查发现,第 28、29、30 级动叶片出口与下一级静叶入口级第 33、34 级反流向的静叶出口与末级动叶入口严重磨损。

造成这次事故的主要原因是中压缸膨胀收缩受阻所致。此次事故发生在甩负荷后的空转过程,中压缸金属温度从 430℃ 降到 250℃,而中压缸绝对膨胀却未发生变化。当并网后,由于工况变动及开大低压缸喷水门的影响,汽缸的收缩力大于卡涩的摩擦力,于是中压缸的绝对膨胀从 5.7mm 急剧收缩到 3.5mm,致使中,低压胀差正值的突增。

二、汽轮机大轴弯曲和断裂事故

(一)大轴弯曲事故

汽轮机大轴弯曲事故,一直是汽轮发电机组恶性事故中最为突出的一种,这种事故多数发生在高压大容量的汽轮机中。

大轴弯曲通常分为热弹性弯曲和永久性弯曲。热弹性弯曲即热弯曲,是指转子内部温度不均匀,转子受热后膨胀不均或受阻而造成转子的弯曲。这时转子所受应力未超过材料在该温度下的屈服极限。所以,通过延长盘车时间,当转子内部温度均匀后,这种弯曲会自行消失。永久弯曲则不同,转子局部地区受到急剧加热(或冷却),该区域与临近部位产生很大的温度差,而受热部位热膨胀受到约束,产生很大的热应力,其应力值超过转子材料在该温度下的屈服极限,使转子局部产生压缩塑性变形。当转子温度均匀后,该部位将有残余拉应力,塑性变形并不消失,造成转子的永久弯曲。

1.汽轮机大轴弯曲的原因分析

汽轮发电机组大轴弯曲的原因是多方面的,在运行中造成的大轴弯曲主要有以下几种情况:

(1)汽轮机在不具备启动条件下启动。启动前,由于上下汽缸温差过大,大轴存在暂时热弯曲。机组强行启动引起强烈振动,使得动静间隙消失,引起大轴与静止部分发生摩擦,从而使摩擦部分的转子局部过热。由于转子的局部过热,使过热部分的金属膨胀受到周围材质的约束,从而产生压缩应力。如果这种压缩应力超过了材料的屈服极限,就将产生塑性变形。在转子冷却以后,摩擦的局部材质纤维组织变短,故又受到残余拉应力的作用,从而造成大轴弯曲变形。当转速低于第一临界转速时,大轴的弯曲方向和转子不平衡离心力的方向基本一致,所以往往产生愈磨愈弯,愈弯愈磨的恶性循环,以致使大轴产生永久弯曲。当转子转速大于第一临界转速时,大轴的弯曲方向和转子的离心力方向趋于相反,故有使摩擦面自动脱离接触的趋向,所以高速时,引起大轴弯曲的危害性比低速时要小得多。大轴永久弯曲后往往可以发现事故过程中,转子热弯曲的高位恰好是永久弯曲后的低位,其间有 180° 的相位差,这也说明了因热弯曲摩擦而发热的部位,恰好是受周围温度低的金属挤压产生塑性变形的部位。

（2）汽缸进水。停机后在汽缸温度较高时，操作不当使冷水进入汽缸会造成大轴弯曲。因为高温状态的转子，下侧接触到冷水时，会产生局部骤然冷却，这时转子将出现很大的上下温差，产生热变形。汽缸和转子的热变形将很快使盘车中断，转子被冷却的局部在材料收缩时因受到周围温度较高的材质的约束从而产生很大的拉应力，如果这种拉应力超过了材料的屈服极限，就会产生塑性变形，即大轴形成永久弯曲。

（3）机械应力过大。转子的原材料存在过大的内应力或转子自身不平衡，引起同步振动。套装转子在装配时偏斜也会造成大轴弯曲。

（4）轴封供汽操作不当。当汽轮机热态启动使用高温轴封蒸汽时，轴封蒸汽系统必须充分暖管，否则疏水将被带入轴封内，致使轴封体不对称地冷却，大轴产生热弯曲。

2. 防止大轴弯曲的技术措施

在运行操作方面通常采取以下措施：

（1）汽轮机冲转前的大轴晃动度、上下缸温差、主蒸汽及再热蒸汽的温度等必须符合有关规程的规定，否则禁止启动。

（2）冲转前进行充分盘车，一般不少于 2～4h（热态启动取最大值），并尽可能避免中间停止盘车。若盘车短时间中断，则应适当延长连续盘车时间。

（3）热态启动时应严格遵守运行规程中的操作规定，当轴封需要使用高温汽源时，应注意与金属温度相匹配，轴封管路经充分疏水后方可投入。

（4）启动升速中应有专人监视轴承振动，如果发现异常，应查明原因并进行处理。中速以前，轴承振动超过允许值时应打闸停机。过临界转速时振动超过 0.10mm 应打闸停机。严禁硬闯临界转速开机。

（5）机组启动中，因振动异常而停机后，必须经过全面检查，并确认机组已符合启动条件，仍要连续盘车 4h，才能再次启动。

（6）启动过程中疏水系统投入时，应注意保持凝汽器水位低于疏水扩容器标高。

（7）当主蒸汽温度较低时，调节汽阀的大幅度摆动，有可能引起汽轮机发生水冲击。

（8）机组在启、停和变工况运行时，应按规定的曲线控制参数变化。当汽温下降过快时，应立即打闸停机。

（9）机组在运行中，轴承振动超标应及时处理。

（10）停机后应立即投入盘车。当盘车电流较正常值大、摆动或有异音时，应及时分析、处理。当轴封摩擦严重时，应先改为手动的方式盘车 180°，待摩擦基本消失后投入连续盘车。当盘车盘不动时，禁止强行盘车。

（11）停机后应认真检查、监视凝汽器、除氧器和加热器的水位，防止冷汽、冷水进入汽轮机，造成转子弯曲。

（12）汽轮机在热状态下，如主蒸汽系统截止阀不严，则锅炉不宜进行水压试验。如确需进行，应采取有效措施，防止水漏入汽轮机。

（13）热态启动前应检查停机记录，并与正常停机曲线比较，发现异常情况应及时处理。

（14）热态启动时应先投轴封后抽真空，高压轴封使用的高温汽源应与金属温度相匹配，轴封汽管道应充分暖管、疏水，防止水或冷汽从轴封进入汽轮机。

3. 大轴弯曲事故典型事例

某厂1号机在运行中，发现锅炉再热器泄漏，决定滑参数停机。开始滑停的 1h，降温速度为 2.7℃/min，规程规定降温速度为 1～1.5℃/min。随后 1h 降温速度为 3.6℃/min。从额定参数滑降到汽压 2MPa，汽温 260℃ 时，按规定应为 6h，而这次仅用 2.5h。由于降温速度过快，使汽缸急剧冷却变形。当差胀急剧变化并达到负值时，运行人员没有及时打闸停机，延误了停机时间，致使大轴弯曲值达 0.23mm。

（二）大轴断裂事故

汽轮机轴系断裂事故后果极为严重，可以造成机毁人亡。造成轴系断裂的原因很复杂，国内外已发生的事故表明，轴系断裂大都发生在机组严重超速事故中，其原因除超速产生的离心力、剧烈振动引起的破坏外，又同轴系质量的不平衡、轴系共振、油膜失稳以及转动部件质量、轴系联接件质量不良有关。

1. 引起大轴断裂事故的原因及现象

（1）蠕变和热疲劳。这类事故多发生在整锻转子上，整锻转子受叶轮、叶片离心力的作用，内孔存在切向拉应力，转子被加热时，内孔的热应力也是切向拉应力，二者叠加，综合应力可达到很高的水平。转子外表面加热时受压应力，冷却时受拉应力，综合应力小于内孔。然而转子表面承受温度变化所产生的热应力首当其冲，因此低周热疲劳易从表面开始，即转子裂纹一般出现在表面。随着裂纹的扩展，转子在横断面上沿裂纹平行方向和垂直方向的刚度有了差异。当转子受到较快冷却时，裂纹张开补偿了轴向收缩，因而在圆周上收缩应力分布也发生了差异，而使转子弯曲。这种情况发展到一定程度，便会在机组的振动上反映出来。国外总结转子低周疲劳断裂前兆的振动特征是，当汽温突然下降时，转子振动振幅可能增大 0.025～0.05mm。随着裂纹加深，较小的温度下降也会引起较大的振动。另外，对振动频率进行分析可以看到，振波中会有 2 倍或 3 倍频谐波。转子裂纹达到临界值时，转子会在瞬间折断。

（2）轴承安装不良。一台 600MW 机组，在 70 年代发生转子断轴事故。该机组在进行超速试验过程中，当转速升到 107% 额定转速时，振动猛增，20～30s 后转子断裂，使总长 51m 的转子 17 处断裂，转子、轴承座、盘车装置、汽缸等碎块横飞，末级叶片飞出 380m。事故分析认为，此次事故是由于励磁机轴承安装不良，底脚螺栓被振松，轴承失去正常承载能力。在超速试验时，使励磁机转子轴颈在其临界转速附近，因强振断裂飞出，猛烈冲击的连锁反应引起主轴的一连串爆炸。这个例子说明大型机组轴承严重失常，可能诱发灾害性事故。

（3）超速。关于超速在后面有详细论述，这里不再赘述。

此外，在运行中，转子断裂的现象，随断裂的位置不同而有很大差别。汽轮机内部发生断轴，则整个汽轮机发生振动，同时带有强烈的撞击声，使汽缸、轴封、轴承遭受严重损坏。汽轮机外部轴的前端发生断轴时，前轴承强烈振动，并有强烈的撞击，使汽轮机调速系统、保安装置、主油泵等为轴折断部分所驱动而遭受损坏。

2. 防止大轴断裂事故的措施

（1）检修时，应定期对汽轮发电机大轴、大轴内孔、发电机转子护环等部件进行探伤检查，以防止产生裂纹，导致轴系严重损坏事故。

（2）减少轴系不平衡因素，必须正确设计制造和精良安装推力轴承及各支持轴承，采取有利措施，防止油膜振荡的发生。

（3）为防止联轴器螺栓断裂事故，采用抗疲劳性能较好的钢种，如 40CrNiMnA 钢材，并改进螺栓设计加工工艺、装配工艺。同时还要定期对螺栓进行探伤检验。

（4）防止发生机组超速，以免超速后由于其他技术原因引起设备扩大损坏，造成轴系断裂。

（5）发电机出现非全相运行时，应尽力缩短发电机不对称运行的时间，加强对机组振动的监视，确保汽轮发电机组和轴系不受损伤。

三、汽轮机进水、进冷汽事故分析与对策

（一）汽轮机进水、进冷蒸汽事故的危害

汽轮机进水或进低温蒸汽，使处于高温下的金属部件受到突然冷却而急剧收缩，产生很大的热应力和热变形，致使汽轮机由于胀缩不均匀而发生强烈振动。而过大热应力和热变形的作用将使汽缸产生裂纹、引起汽缸法兰结合面漏汽、大轴弯曲、胀差负值过大，以及汽轮机动静部分发生严重磨损等事故。

当进汽温度急剧下降达到某一程度时，此时汽轮机进汽将大量带水，就会发生水冲击事故。由于水滴的重度大和流动速度比蒸汽小，故在叶片进口处，水滴常以不适当的速度和角度撞击叶片背弧，对汽轮机产生制动作用。当发生水冲击时，由于大量水滴撞击叶片背弧，使制动作用十分明显，具体表现为单机运行时周波、电压的下降，并列运行时出力的显著降低，有时水冲击还会导致叶片的折断。实际上，当蒸汽内含水量达到 20％～30％时，叶片所受的应力就已经超过了叶片材料所允许的强度极限。而当汽轮机发生水冲击时，还将促使轴向推力急剧增大，尤其是中间再热汽轮机新蒸汽带水时，会使高压缸的反向推力急剧增大。如果不及时停机，将会产生更危险的轴向推力，甚至使推力轴承的轴瓦乌金熔化，造成通流部分的严重磨损和碰撞。当水量较大时，事故发展很快，也常造成汽轮机各级叶片大量损伤和断落。

（二）汽轮机进水、进冷蒸汽的原因

汽轮机在运行中发生水冲击或进低温蒸汽事故的原因是比较多的，归纳起来来自以下几个方面：

（1）来自主蒸汽系统。由于误操作或自动调整装置失灵，锅炉蒸汽温度或汽包水位失去控制，有可能使水或冷蒸汽从锅炉经主蒸汽管道进入汽轮机。汽轮机在启动过程中，没有进行充分暖管，疏水不能畅通排出或在滑参数停机时由于控制不当，降温降压速度不相适应，使蒸汽的过热度降低，甚至接近或达到饱和温度等，都会导致蒸汽管道内集结凝结水而进入汽轮机内。

（2）来自再热蒸汽系统。对于中间再热机组，由于误操作或阀门不严，减温水积存在再热蒸汽冷段管内或倒流入高压缸中。当机组启动时，如果暖管和疏水不充分，则造成汽轮机进水。

（3）来自抽汽系统。水或冷蒸汽从抽汽管道进入汽轮机，多数是因除氧器满水、加热器管子泄漏及加热器系统事故引起。尤其当高压加热器水管破裂，保护装置失灵时，使水经抽汽管道返回汽轮机内造成水冲击。

（4）来自轴封系统。在正常运行中，轴封供汽来自减温装置或除氧器，若减温控制不良，除氧器满水时，轴封加热器满水有可能使水倒入轴封。汽轮机启动时，如果轴封系统暖管不充分或当切换备用汽源时，轴封也有进水的可能。

汽轮机进水进冷汽的可能性是多方面的，应针对不同情况具体进行分析。

（三）汽轮机进水进冷汽的现象与处理

发生水冲击或低汽温事故的基本现象是：

（1）新蒸汽温度急剧降低；

（2）轴封、汽缸、流量孔板、主汽阀和调节阀的门杆、阀门盖、法兰结合面等处冒出大量白汽和水点；

（3）汽轮机振动逐渐加剧或增大；

（4）汽轮机内部发生金属噪声或抽汽管道发生水冲击声；

（5）转子轴向位移增大，推力瓦轴承合金温度和推力轴承温度升高；

（6）汽轮机负荷骤然下降。

当确知汽轮机已发生了水冲击或汽温直线大幅度下降，必须立即紧急停机。不能等待轴向位移、推力轴承温度升高等现象出现后再处理。

水冲击、低汽温事故处理方法是开启汽轮机本体及蒸汽管、抽汽管的所有疏水门，进行充分的疏水；汽轮机在惰走过程中必须仔细倾听汽轮机内部声音；正确记录惰走时间，分析惰走时间是否有变化；密切注意轴向位移、胀差、汽缸上、下及内、外温度、温差；推力瓦轴承金属温度和推力轴承排油温度、轴向位移等变化情况。

若水冲击是由于加热器满水，应迅速关闭加热器进汽门；若水冲击是由于除氧器满水，应进行紧急放水，维持正常水位；若水冲击是由于再热器喷水倒入汽轮机，迅速要求锅炉关闭事故喷水，必要时可以停给水泵，切断水源。根据事故过程中仪表分析结果，确定是否要检查推力轴承或揭缸检查汽轮机内部。

汽轮机因发生水冲击事故停机后重新启动时，除了应符合启动条件外，还应特别注意：加强疏水、测量大轴弯曲值的变化、仔细倾听汽轮机内部声音；在提升汽轮机转速过程中注意机组振动及缸温的变化，加强暖机；带负荷时，必须密切注意轴向位移、胀差、推力瓦轴承金属温度和推力轴承温度；再发现异常情况，应立即停机进行检查。

（四）防止汽轮机进水、进冷汽的运行对策

在机组正常运行操作控制方面应采取如下措施：

（1）加强主蒸汽温度和再热蒸汽温度的控制。在自动调节不稳定或燃烧不正常时，应采取必要的操作措施，如将自动切为手动控制，投油助燃防止锅炉灭火等。

（2）保持炉水及蒸汽品质，防止因炉水品质不良引起汽水共腾，加强炉水品质监督和管理。

（3）加强汽包水位的监视与调节，防止负荷的急剧变化时产生虚假水位。

（4）注意监督汽缸金属温度变化和加热器、水位，当发现有进水的危险时，要及时地查明原因，注意切断可能引起汽缸进水的水源；定期检查加热器管束，一旦发现泄漏情况要及时检修处理；定期检查加热器水位调节装置，保证水位调节装置和高水位报警装置工作正常；高压加热器水位保护进行定期检查试验，保证其工作性能符合设计要求；高压加热器保护不能满足运行要求时，禁止高压加热器投入运行。

（5）加强除氧器水位监督，定期检查水位调节装置，杜绝发生满水事故。

（6）定期检查减温装置的减温水门的严密性，如发现泄漏应及时检修处理。

（7）在汽轮机滑参数启动和停机的过程中，汽温、汽压都要严格按照运行规程规定保持必要的过热度。

(8) 在锅炉熄火后，蒸汽参数得不到可靠保证的情况下，一般不应向汽轮机供汽。如因特殊需要（如快速冷却汽缸等），应事先制定必要的监督措施。

四、汽轮机油系统事故的诊断

油系统运行中引起的事故在汽轮机事故中占有相当大的比重。油系统一旦发生事故且处理不当时，往往能扩大为灾难性的事故。油中进水、油质劣化使调节保安系统锈蚀阻涩；甩负荷时超速甚至飞车或漏油着火；供油中断或油质不洁造成轴承及轴颈磨损、轴承乌金熔化；机组漏油导致火灾事故。这类事故如不及时处理，将会严重影响汽轮机的安全运行。

(一) 主油泵工作失常的诊断分析

汽轮机在正常运行中，调节系统用油和润滑系统用油通常是通过主油泵供给的。主油泵一旦发生事故将影响整个油系统的运行。

主油泵工作失常的主要原因，通常是由于本身机械部分的损伤或破坏。对于离心式主油泵还可能是注油器工作失常，使主油泵入口油压降低，影响出力，调节系统和润滑油系统油压也降低。在运行中发现油系统压力降低、油量减少以及主油泵声音失常，可断定是主油泵事故，应立即启动辅助油泵，紧急停机。

(二) 油系统漏油的诊断与处理

油系统的管道、阀门、冷却器等部件，由于安装检修不良，运行中机组振动而松弛，以及贮油设备破裂或误操作等原因，均可能使油系统漏油，使油箱油位降低或油压下降，或两者同时出现。其处理方法如下：

(1) 油压和油箱油位同时下降时，表明主油泵后的管道发生严重漏油，应及时检查主油泵出口的高、低压油管道及有关管件，并采取有效措施堵漏，同时向油箱内补充油至正常油位。若经检查，无漏油时，则可检查冷油器出口的冷却水内是否含有汽轮机油，以判别冷油器内的铜管是否破裂而漏油。当确认冷油器漏油时，应迅速切换备用冷油器。当漏油不能及时消除致使油箱油位降至允许的最低油位以下时，应启动辅助油泵，紧急停机。

(2) 油压降低而油箱油位不变时，应检查主油泵的工作情况。如主油泵工作正常，可能是辅助油泵的逆止阀不严，压力油经此而漏回油箱，或是汽轮机前轴承箱内压力油管漏油返回油箱等原因。此时启动备用油泵保持油压，同时查明原因消除漏油。如漏油在短时间内无法处理时，应作事故停机进行处理。

(3) 油压不变而油箱油位降低时，应检查油位指示器是否失灵，以及油管道有无微量漏油，油箱放油阀是否误开等。查明原因后应及时处理，同时向油箱补油至正常值。若漏油不能及时消除，而油箱油位降至最低允许油位以下时，应紧急停机。

(三) 油系统进水的监督

油中进水对机组的安全运行威胁较大，可以导致透平油油质酸化乳化，引起锈蚀，腐蚀调节系统的部件，导致调节系统事故或使轴承严重磨损。

油中进水是电厂常见的问题，其原因一般有：

(1) 轴封间隙大。组装时轴封间隙偏大或由于启动不慎或汽缸刚度差使轴封间隙被磨大。

(2) 轴封系统不完善。压力调节器工作不正常，高压轴封和低压轴封供汽不能分别调整。

（3）排油烟机未调整好，汽轮机轴承回油室负压过高。

（4）轴封冷却器不正常或轴封抽汽器容量不足。

以上情况出现会使蒸汽通过轴承撺入油系统，造成油中进水。此外也可能在汽缸结合面漏汽时使汽水浸入油中；油冷却器铜管泄漏使冷却水浸入油中。近年来还发现有些机组油中泡沫增多的现象，致使油箱油位虚假上升，甚至溢流；回油管空间被泡沫充满以致油流不畅，轴承油挡漏油；油管振动增加；以及排油烟机抽出泡沫等。如不及时处理，可能造成断油。可用加入消泡剂的方法进行处理，但需注意确定剂量并充分稀释后缓慢加入，以防泡沫突然消失，影响油系统的稳定运行。

为防止油系统进水，在运行中应保持冷油器的油压大于水压，以免冷油器管破裂或管板渗漏时，水由裂口处渗入油中。高压轴封适当调节；定期化验油质，发现油中带水要及时采取措施。

（四）油系统着火

1. 油系统着火的原因

由于设备结构上存在缺陷、安装检修不合标准及法兰质量不佳，运行不当引起油管道振动使管道破裂，油管接头螺纹部分断裂变形、脱落等，均能造成漏油。当油落至附近没有保温或保温不良的高温部件（加高压汽缸、高温蒸汽管道）上时，将引起油系统着火。油系统着火往往是瞬时发生且火势凶猛，如处理不及时，会蔓延扩大，以至烧毁设备，危及人身安全。

2. 防止汽轮机油系统着火的技术措施

（1）油系统的布置应尽量远离高温管道，油管最好能布置在低于高温蒸汽管路的位置。油管应尽量减少法兰。

（2）汽轮机油管道要有牢固的支吊架和必要的隔离罩、防爆箱。油系统仪表管应尽量减少交叉，以防在运行中发生振动磨损。高压油管的管接头宜按高一级压力选用，不许采用铸铁或铸铜的阀门。在大型机组上使用抗燃油和将压力油管放在无压力的油管内，油泵、冷油器安放在主油箱内，这种对防火非常有利。

（3）汽轮机油系统的安装和检修，必须保证质量，阀门、法兰接合面不渗不漏。

（4）油系统的阀门、法兰盘及其他可能漏油的部位附近敷设有高温管道或其他热体时，这些热体的保温应牢固完整，并外包铁皮或玻璃丝布涂油漆。压力油管的法兰接头处应有护罩，防止漏油时直接喷射。保温层表面温度一般不应超过50℃，如有油漏至保温层内，应及时更换保温层。必要时装设低位油箱，收集流入轴承座沟槽内的油，疏油管应经常保持畅通。

（5）油系统有漏油现象时，必须查明原因，及时修复，漏出的油应及时拭净。运行中发现油系统漏油时，应加强监视，及时处理。如运行中无法消除，而又可能引起火灾事故时，应采取果断措施，尽快停机处理。

（6）事故排油门的标志要醒目，油门的操作把手处应有两个以上的通道可以达到，且操作把手与油箱或与密集的油管区间应有一定的距离，以防油系统着火后被火焰包围，无法操作。为了便于紧急情况下能迅速开启，操作把手平时不宜上锁。

（7）油系统管道、阀门、接头、法兰等部件一般应按工作压力的两倍来选用。油系统管子厚度最薄不得小于1.5mm，油系统不要采用铸铁或铸铜的阀门、考克。油系统安装完毕或大修后,应进行超压试验,以便及早发现问题。

(8) 汽轮机在运行中发生油系统着火,如属于设备或法兰结合面损坏喷油起火时,应立即破坏真空停机,同时进行灭火。为了避免汽轮发电机组轴瓦损坏,在破坏真空后的惰走时间内,应维持润滑油泵运行,但不得开启高压油泵。有防火油门的机组,应按规定操作防火油门。当火势无法控制或危及油箱时,应立即打开事故放油门放油。

3. 汽轮机油系统火灾事故事例

某厂一台 300MW 机组,运行中高压油动机活塞上压力表管漏油,检修人员用胶皮包住漏点并用铁丝缠紧,交待运行人员 10min 检查一次。后在检查间隔中突然断开,运行人员跑到漏油点脱下工作服堵漏,油管断开约 4min 后,值长下令停机,随即油动机下部着火并发展到机头附近地面的油气爆燃,形成火线,将一人封在火区内,撤出时从 10m 平台掉落到 0m 造成死亡,另一人被烧伤。

油系统火灾事故案例表明,透平油系统漏油,特别是高压油系统漏油遇到高温热体时就会立即起火燃烧,并迅速形成大火,大火又烧坏油系统设施(如法兰塑料垫、胶皮垫等),增加新的漏油点形成恶性循环,越烧越大。因此,对汽轮机油系统防火工作决不能有所松懈。

五、汽轮机真空下降事故的诊断

汽轮机凝汽器真空下降是汽轮机的频发性事故。其主要现象为:真空表指示下降;排汽温度升高和凝汽器端差明显增大。

真空下降后,若保持机组负荷不变,汽轮机的进汽量势必增大,使轴向推力增大以及叶片过负荷。不仅如此,由于真空下降,使排汽温度升高,从而引起排汽缸变形,机组中心偏移,使机组产生振动,以及凝汽器铜管因受膨胀产生松弛、变形甚至断裂。因此机组在运行中发现真空下降时,除应按规定减负荷外,必须查明原因及时处理。如真空继续下降,为避免排汽温度上升到不容许的程度,甚至使自动排大汽薄膜安全门动作,应在达到极限值时停机。

(一)凝汽器真空下降的原因分析

能引起凝结器真空下降的原因大致可分成以下几个方面:循环水中断或减少;凝汽器空气抽出设备及其系统事故;系统漏空气;凝汽器汽侧满水等。

1. 循环水中断或减少

发生循环水中断或循环水量减少时,凝汽器循环水进水压力降低到零,循环水泵电流到零,出水温度升高,循环水进出口温差增大,真空急剧下降。其处理方法如下:

(1) 发现循环水泵电源事故时,应首先启动备用循环水泵,关闭事故水泵的出水门。若两台水泵都处于运行状态,同时跳闸时,可以在极短时间内(即水泵未倒转时),从外部检查确认电动机正常后,可立即合闸。

(2) 若由于误关凝汽器循环水进水门或是误关凝汽器循环水出水门时,则现象比较明显。此时阀门开度指示将有大的改变,循环泵电流减小或增大(据泵的型式而定),凝结器循环水入口、出口压力也相应发生变化,循环水温升随真空降低而增加。

(3) 当循环水量减少时,出现真空下降、循环水进水压力下降、循环水温升增大、循环水泵电流降低接近空负荷值的现象,这种情况大多是由于吸入口侧被杂质严重堵塞,或水泵盘根处漏入空气,通过吸水池供水的循环水泵也可能是吸水池水位过低等原因所致,应立即开启备用泵供水，停下异常运行的循环水泵，清除进口堵塞物，对盘根进行严密性处理，或对吸水池补充水源。

对于循环水断水使真空急剧下降的事故，在处理过程中，应同时按规定减负荷，当负荷减到零真空仍不能维持时，应立即停机。当循环水中断导致被迫停机时，因排汽缸温度、排汽压力升高，为避免过热骤冷，增加凝汽器铜管的损伤，需等凝汽器冷却到 50℃，再经凝汽器送水。同时检查汽轮机排汽缸上自动排汽门薄膜，若有破裂立即调换。

2. 凝汽器空气抽出设备及其系统事故

目前国内已投产的大型机组，其凝汽器空气抽出设备大致有两个类型，一是配射水泵的射水抽气器，二是机械真空泵。空气抽出设备及其系统事故按其严重程度可分为两种情况，一种是失去抽空气作用，且空气门未关闭大量空气或水从外面倒回凝汽器，引起凝汽器真空快速下降及凝结水水质变坏。另一种是抽空气作用减弱或完全不能抽空气但尚无倒空气倒水，这类事故发生时真空下降速度较慢。

真空快速下降的可能原因是：射水泵因某种原因失电或跳闸而备用泵未自动启动，射水泵断水失压而备用泵未启动，带水箱的射水系统失水，射水抽气器进水门误关而空气门未联动关闭等；机械真空泵因某种原因失电或跳闸而备用泵未启动，水环式机械真空泵断水而空气门未关闭；这两种情况都是抽气器失水（进水压力到零）或真空泵失去作用、空气从空气门大量倒回凝汽器。当抽气器喷嘴严重堵塞时，现象与上述情况同上。同时进水压力表指示升高。以上事故的处理方法都是启动备用射水泵抽气器或真空泵替代事故设备，或恢复水箱、真空泵正常供水。此外带水箱的射水系统水温太高，机械式真空泵水温太高，各种原因引起的抽气器进水压力低，抽气器喷嘴轻微堵塞，使抽气器或真空泵效率降低，从而使凝汽器内滞留气体量增加引起凝汽器真空缓慢下降。

3. 真空系统漏空气造成真空下降

如果凝汽器的真空下降，排除了循环水，抽气器和凝结水系统、轴封的影响外，则应考虑低压（真空）系统漏空气。它是影响真空下降的最常见的原因。

真空系统大量漏空气，通常会发生与凝汽器连接的膨胀不畅的管道接口或发生机械碰撞的地方。真空系统漏空气的主要原因及处理方法有：

（1）真空系统不严密存在较小泄漏点。这类真空下降的特点是下降速度缓慢，而且真空下降到某一定值后即保持稳定不再下降，这说明漏空气量和抽气量达到平衡。

（2）与真空系统相连接的一些管道、法兰、焊口、人孔门、安全门、通大气的隔绝门和放气放水门以及水位计等处不严密易产生泄漏。若负荷减小时真空下降，负荷增加时真空升高，则漏空气点在正常运行时处于微真空状态。机组运行中查出泄漏点，最好使用专用的检漏仪。用烛火查找时应遵守电业安全工作规程规定和注意防火，漏点找出后应及时堵漏。

（3）若在系统操作之后真空系统漏空气，则应检查所操作设备或系统是否造成了向凝汽器漏空气。尤其是排汽到主机凝汽器的汽动给水泵停用，其排汽蝶阀漏汽的异常情况已在电厂多次发生。如凝汽器排水系统中的水封筒水封破坏造成的漏空气、通大气和通凝汽器的疏水排汽等阀门门芯泄漏等异常情况也多次发生，在这些地方操作时应特别注意对真空的影响，发现漏空气应立即停止操作，消除泄漏。

4. 凝结水系统的不正常运行

对使用蒸汽抽气器的机组，凝结水是抽气器的冷却水源，凝结水泵事故或水泵汽化、漏入空气多而打不出水时，使抽气器冷却水量减少或中断，不能正常工作，造成凝汽器真空下降。

凝汽器水位升高引起的真空下降，其最大的特点是在真空下降、排汽温度升高的同时凝结水温度下降、过冷度增加。水位越高，真空降得越多，凝结水温度降得越多。当水位高至凝汽器抽气口时，抽气器或真空泵工作被破坏，真空将急剧下降。

凝汽器水位异常升高影响真空时，应开大凝结水泵出口侧凝汽器水位调整门，必要时增开备用凝结水泵，迅速降低凝汽器热井水位，并查明原因进行相应处理。

（二）真空下降的处理原则

（1）当发现汽轮机真空下降后，首先应检查当时有无影响真空的操作，并立即停止这类操作或将设备系统恢复到操作前状态。其次，迅速检查以下仪表指示或计算机模拟量显示：循环泵电流；循环水进出水压力、温度及温升；轴封供汽进汽压力；凝结水温度、过冷度及凝汽器热井水位；真空泵电流或射水泵电流；射水抽气器进水压力等。通过排它法检查、分析，确定究竟是哪方面的原因引起的真空下降。对汽动给水泵排汽进入凝汽器的机组，同时要检查汽动给水泵真空系统运行情况。必要时应提高轴封供汽压力，增加循环水泵、真空泵或射水泵及抽气器的工作能力。

（2）在查找出消除原因的过程中，应严密监视真空变化情况，严格按规程规定内容进行降负荷。特别是在真空快速下降时，这一点尤为重要。有些300MW汽轮机配有低真空时自动限负荷的保护装置，当真空下降时，需检查其动作是否正常。

（3）真空继续下降至规定停机极限值，低真空停机保护未动作时，应进行事故停机。因真空下降进行事故停机，严禁汽水继续排入凝汽器，在机组脱扣后不可向凝汽器排汽排水。如汽轮机高低压旁路自动投用，则应切除自动，并关闭高、低压旁路。循环水中断引起的事故停机，停机过程中和停机后不应立即向凝汽器停送循环水，一般需待低压缸排汽温度降至50℃以下，再向凝汽器送循环水，另外还需检查低压缸排汽安全门是否动作损坏。

（4）真空下降时，应注意低压缸的排汽温度，排汽温度升高至大于允许值时，排汽缸喷水冷却装置应自动投入，否则应手动投用。

六、汽轮发电机甩负荷及严重超速

（一）汽轮发电机甩负荷

在运行中，汽轮发电机的负荷突然大幅度减少或降到零，这种事故称为汽轮发电机组甩负荷。

1. 引起机组甩负荷的可能原因

（1）电网或发电机发生事故；

（2）汽轮机调速系统事故；

（3）汽轮机发生事故；

（4）锅炉或锅炉辅机事故；

（5）电调控制回路发生事故。

2. 机组甩负荷时有以下主要现象

（1）机组有功负荷表指示突然减小或到零；

（2）过热蒸汽流量急剧减小；

（3）过热蒸汽压力急剧上升，调节级压力及各段抽汽压力急剧降低；

（4）锅炉汽包水位急剧变化；

（5）调速系统二次油压、调节汽门开度变化较大；

（6）主开关动作引起甩负荷后，转速升高并维持一定值。

3．机组甩负荷事故的处理原则

（1）根据现象和各表计的指示，应迅速分析确定机组甩负荷的原因。如果由于电网、发电机、汽轮机及其调速系统发生事故，根据负荷下降程度，立即减少锅炉的燃煤量，必要时从上至下切除运行制粉系统。燃烧不稳定时，应及时投油助燃，稳定燃烧。检查厂用电系统是否正常，如不正常立即倒为备用电源。注意监视锅炉水位变化，防止水位波动造成缺水或满水。抽汽压力不能满足小汽轮机、除氧器需要时，应检查确认其备用汽源切换正常，必要时开启电动给水泵供水。汽轮机在 3000r/min 转速下停留时间应不超过 10min。恢复时注意检查机组各支持轴承和推力轴承金属温度、回油温度、轴向位移、胀差、汽压、汽温、振动等是否正常；倾听汽轮机内是否有异常声音；调节轴封汽压力、凝汽器水位、除氧器水位、加热器水位。

（2）进行全面检查。当锅炉未熄火且主蒸汽温度过热度符合要求，并且汽温高于高压内上缸温度，无冷汽冷水倒入汽轮机时，方能短期维持 3000r/min 或重新启动到 3000r/min。

（3）发电机突然甩负荷。对发电机本身来讲，可能引起端电压升高。端电压升高是由两方面原因造成的，一是因为转速升高使电压升高，这是因为电势和转速成正比的缘故；二是因为甩负荷时定子的电枢反应磁通和漏磁通消失，使此时的端电压等于全部励磁电流产生的磁场感应电势。发电机自动跳闸引起的甩负荷要注意应迅速增加机组励磁机的磁场电阻，维持发电机电压，注意厂用电流是否自动切换，恢复和保护厂用电的供应，检查发电机各保护动作情况，以判断事故的性质。

（二）汽轮机严重超速事故

超速事故是汽轮机事故中最为危险的一种事故。转速超过危急保安器动作转速并继续上升，称为严重超速。严重超速主要发生在汽轮发电机与系统解列（空负荷）或运行中甩负荷的情况下。当机组严重超速时，则可能使叶片甩脱、轴承损坏、大轴折断，甚至整个机组报废。所以，为了防止汽轮机超速，在设计时已考虑了多道保护措施。但是，汽轮机超速事故仍时有发生，所以应给予足够的重视。

1．汽轮机超速的原因

汽轮机超速事故除由于汽轮机调速、保护系统事故和设备本身的缺陷造成的外，还和运行操作维护有着直接的关系。按照不同的事故起因和事故环节，将引起汽轮机超速的原因分为以下几种情况进行讨论。

（1）调速系统有缺陷。调速系统是防止汽轮机超速的第一个关卡。如果汽轮机甩掉全负荷以后，不能正常保持空载运行，就可能引起超速。汽轮机甩负荷后，转速飞升过高的原因通常有以下几个方面：①调速汽门不能正常关闭或漏汽量过大；②调速系统迟缓率过大或部件卡涩；③调速系统不等率过大；④调速系统动态特性不良；⑤调速系统整定不当，如同步器调整范围、配汽机构膨胀间隙不符合要求等。

（2）汽轮机超速保护系统事故。①危急保安器不动作或动作转速过高。危急保安器的动作转速一般规定在高于额定转速的 10% ～12%。如果在汽轮机转速升高时，危急遮断器不动作或动作转速过迟，将会引起超速事故；②危急遮断器滑阀卡涩；③自动主汽门和调速门卡涩；④抽汽逆止门不严或拒绝动作。

（3）运行操作调整不当。①油质管理不善，如轴封漏汽过大，造成油中进水，引起调速和保护部套卡涩；②运行中同步器调整超过了规定调整范围，这时不但会造成机组甩负荷后飞升转速过高，而且还会使调节部套失去脉动，从而造成卡涩；③蒸汽带盐，造成主汽门和调整汽门卡涩；④超速试验操作不当，转速飞升过快。

2. 防止汽轮机超速事故的措施

（1）坚持调速系统静态特性试验。汽轮机大修后或为处理调速系统缺陷更换了调速部套以后，均应作汽轮机调速系统试验。调速系统的速度变动率和迟缓率应符合技术要求。

（2）对新装机组或对机组的调速系统进行技术改造以后，应进行调速系统动态特性试验，以保证汽轮机甩负荷后，飞升转速不超过额定值。汽轮机甩负荷后应保持空负荷运行。

（3）机组大修后、甩负荷试验前、危急保安器解体检查以后、运行 2000h 以后，都应作超速试验。对具有注油试验设备的机组，在运行 2000h 后可用注油试验代替超速试验。但在注油试验不合格时，仍应作超速试验。超速试验要严格按照规定进行，高速下不宜停留时间过长。此外，超速试验次数要力求减少。在作超速试验时，升速应平稳，注意防止转速突然升高，并应事先采取防止超速的技术措施。

（4）合理地整定同步器的调整范围，上限富裕行程不宜过大，一般要求高限比额定转速 n_0 高 $[\delta + (1 \sim 2)\%]\, n_0$；低限（周波下降的方向）能降低 $3\% \sim 5\%$ 的额定转速。配汽轮机构要保证汽轮机在热状态下能严密关闭调速汽门。

（5）汽轮机的各项附加保护，如电超速保护、微分器、磁力断路油门等，要进行严格的检查试验，保证符合技术要求，并经常投入运行。

（6）高中压主汽门、调速汽门要开关灵活，严密性合格。机组大修后、甩负荷试验前，必须进行主汽门和调速汽门严密性试验，并保证符合技术要求。若制造厂没有明确规定，则主汽门和调速汽门单独关闭时，机组在额定参数下的最高稳定转速不得超过 $1000\text{r}/\text{min}$。

（7）按照规定定期进行自动主汽门、调速汽门的活动试验，以及抽汽逆止门的开关试验。当汽水品质不符合要求时，要适当增加活动次数和活动行程范围。增加活动行程时，应注意主汽门前后的压差不宜过大，防止因其压差过大而自动关闭。

（8）运行中发现主汽门、调速汽门卡涩时，要及时消除。消除前要有防止超速的措施。主汽门卡涩不能立即消除时，要停机处理。

（9）在汽轮机运行中，注意检查调速汽门开度和负荷的对应关系以及调速汽门后的压力变化情况。若有异常，应检查门座是否升起或门芯是否下移，尤其是对提板式配汽机构的检查。

（10）加强对油质的监督，定期进行油质分析化验，防止油中进水或杂物造成调节部套卡涩或腐蚀。

（11）加强对蒸汽品质的监督，防止蒸汽带盐使门杆结垢，造成卡涩。

（12）采用滑压运行的机组以及在机组滑参数启动过程中，调速汽门开度要留有裕度，不应开到最大开度，以防止同步器超过正常调节范围时，发生甩负荷超速。

（13）机组长期停止时，应注意做好停机保护工作，防止汽水或其他腐蚀性物质进入（或残留）在汽轮机及调整节供油系统内，引起汽门及调节都套锈蚀。

（14）在停机时，采用先打危急保安器关闭主汽门和调速汽门，确信发电机电流倒送后，再解列发电机的方法，可以避免发电机解列后由于主汽门和调速汽门不能严密关闭造成的超速。但应注意打闸至发电机解列时间不能拖得过长，因这时机组处于无蒸汽运行状态，时间过长，会使排汽缸温度升高，胀差增大。

3．超速事故实例

某厂200MW机组运行中，发电机开关跳闸甩负荷后．转速上升，危急保安器虽然动作基本上关闭了高压自动主汽门、调节汽门，但由于右侧中压主汽门自动关闭器滑阀活塞下部压力油进口缩孔旋塞在运行中退出，支住滑阀活塞不能移动泄压，造成右侧中压主汽门延时关闭，再热器余汽的能量使机组转速继续上升。约在3800r/min时，机组剧烈振动，中、低压转子间的加长轴对轮螺栓断裂拉脱，高、中压转子继续上升到4500r/min左右，轴系断裂成5段，高中压转子、汽缸通流部分严重毁坏，轴承、油管损坏后透平油漏出起火，经奋力抢救扑灭。事故后经鉴定，汽轮机本体报废，发电机修复后继续使用，经8个多月耗资1400多万元才恢复运行。

七、汽轮机轴承损坏事故

造成轴承损害事故的因素很多，如设计结构、安装检修工艺及运行操作等。

（一）轴承油温升高和轴瓦断油的分析诊断

轴承油温的升高分为：所有轴承的温度均升高和某一轴承的温度升高两种情况。

汽轮机在运行中，如果发现所有轴承的温度均有升高现象时，应首先检查润滑油压和油量是否正常。如润滑油压和油量均正常，可确认是因冷油器工作失常所致。如冷油器冷却水量不足，夏季冷却水温过高以及冷油器脏污使传热不良等，此时应增大冷却水量。若冷却水温升高时，可投入备用冷油器加强冷却，降低润滑油温。如发现某一轴承油温局部升高，应检查是否该轴承有杂物堵塞使油量减少，不足以冷却轴承而使油温升高，或轴承内混入杂物，摩擦产生热量使温度升高。轴瓦从温度升高到烧毁有一个过程。当发现轴承温度升高后，应采取措施控制轴承油温在允许范围内，这些措施是：

（1）若轴承进油温度即冷油器出油温度升高，可开大冷油器冷却水出水门，增加冷却水量，降低轴承进油温度；

（2）若轴承油压降低，应分析原因，加以消除，必要时启动润滑油泵，维持正常轴承进油压力；

（3）检查转子振动情况有无异常，如果所采取的措施无效，轴承进油压力降低到运行极限值，或轴承回油温度升高到运行极限值时，应立即紧急停机。

（二）推力轴承烧损的原因及处理原则

推力瓦烧毁表现在推力瓦轴承乌金温度升高，温度升高到一定值时，会使轴承乌金熔化。推力瓦轴承乌金温度的升高，除了由于轴承油压、油温的影响外，主要还由于汽轮机轴向推力的增加，或者由于汽轮机载荷过大（新蒸汽温度低，而又保持额定功率），或者由于汽轮机发生了水冲击并又延缓了停机。对于推力瓦轴承乌金温度，目前许多电厂规定最高为90℃。发现推力瓦轴承乌金温度升高，并接近规定最高值时，应立即着手处理。例如降低进油温度；降低负荷，减小推力；改变高中压缸的抽汽量以平衡正向、反向推力；合理调整主蒸汽及再热蒸汽温度等。

推力瓦烧损的事故现象主要表现为轴向位移增大，推力瓦乌金温度及回油温度升高，机器的外部现象是推力瓦冒烟。为保证轴向位移表的准确性，还应和胀差表的指示值相对照。

当发现轴向位移逐渐增加时，应迅速减负荷使之恢复正常。特别注意检查推力瓦块金属温度和回油温度，并经常检查汽轮机运行情况和倾听机组有无异音，并检查测量振动。如果轴向位移增大，推力瓦温度急剧升高，并伴随不正常的响声，噪声和振动，或轴向位移超过规程规定时，应迅速破坏真空紧急停机。

（三）轴承损坏事故的防止措施

为杜绝断油事故，必须严格执行以下几点：

（1）低油压保护一定要可靠；

（2）直流油泵要作全容量启动运行试验一段时间，以考验泵的性能和熔丝是否合适；

（3）直流油泵在检修期间，如无特殊措施，不允许主机启动运行；

（4）注意在切换高压油泵为主油泵运行的操作过程时要缓慢，并密切注意油压变化；在切换冷油器操作时，要严格监护，防止误操作，并密切注意油压；

（5）油系统的油质和清洁度必须完全合格，以防止油系统内的设备卡涩和油泵入口滤网的堵塞。

八、汽轮机叶片损坏事故的诊断

叶片损坏事故在汽轮机事故中占的比例较大，给设备安全、经济运行带来一定影响。叶片损坏的原因是多方面的。它与设计、制造、安装工艺、运行维护等因素有关。此外，电网低周波运行，某些机组不适当的超出力，低参数运行等，又是加剧叶片损坏的重要因素。

叶片损坏的情况包括叶片断落、裂纹、围带飞脱、拉金开焊或断裂、叶片水蚀等。在正常运行中，如发生叶片断裂，断落的叶片将夹在间隙很小的动静部分中造成碰磨，或断落的叶片在本级碰磨后，其残骸沿汽流进入后几级造成动静部分碰磨，造成设备严重损坏。其破坏力很大，并具有突发性。

（一）叶片损坏的原因

叶片损坏的原因很多，但不外乎下列三个方面：

1. 叶片本身的原因

（1）振动特性不合格。由于叶片频率不合格，运行时产生共振而损坏者，在汽轮机叶片事故中为数不少。叶片在运行中如果动应力、离心力超标或产生共振疲劳，将导致叶片断裂。如果叶片设计、制造上不能满足正常的动应力、离心力的需要以及叶片自身频率躲不开共振，在正常运行中也将造成叶片裂断。

（2）设计不当。叶片设计应力过高或叶栅结构不合理，以及振动强度特性不合格等，均会导致叶片损坏。个别机组叶片甚薄，若铆钉应力较大，则铆装围带时容易产生裂纹。叶片铆头和围带断裂事故发生的情况也不在少数。

（3）材质不良或错用材料。材料机械性能差，金属组织有缺陷或有夹渣、裂纹等，叶片经过长期运行后材料疲劳性能及衰减性能变差，或腐蚀冲刷机械性能降低，这些都导致叶片损坏。

（4）加工工艺不良。加工工艺不严格，例如表面粗糙度不好，留有加工刀痕，扭转叶片的接刀处不当，围带铆钉孔、拉金孔处无倒角或倒角不够或尺寸不准确等，均能引起应力集中，从而导致叶片损坏。

2. 运行方面的原因

（1）偏离额定频率运行。汽轮机叶片的振动特性都是按运行频率为50Hz设计的，因此当电网频率降低时，可能使机组叶片的共振安全率变化而落入共振状态下运行，使叶片加速损坏和断裂。

(2) 过负荷运行。一般机组过负荷运行时各级叶片应力增大，特别是最后几级叶片，除叶片应力随蒸汽流量的增大而成正比增大外，还随该几级焓降的增加而增大。因此机组过负荷运行时，应进行详细的热力和强度核算。

(3) 汽温过低。新蒸汽温度降低时，带来两种危害，一是最后几级叶片处湿度过大，叶片受冲蚀，截面减小，应力集中，从而引起叶片的损坏；二是当汽温降低而出力不降低时，流量势必增加，从而引起叶片的过负荷，这同样能引起叶片损坏。

(4) 蒸汽品质不良。蒸汽品质不良会使叶片结垢，造成叶片损坏。叶片结垢使通道减小，造成焓降增加，叶片应力增大。另外结垢也容易引起叶片腐蚀，使强度降低。

(5) 真空过高或过低。真空过高时，可能使末级叶片过负荷和湿度增大，加速叶片的水蚀，容易引起叶片的损坏。另外，真空过低仍维持最大出力不变时，也可能使最后几级过负荷而引起叶片损坏。

(6) 水冲击。运行时汽轮机进水的可能性很多，特别的近代大容量再热机组，由于汽水系统相应复杂，汽轮机进水的可能性更有所增加。蒸汽与水一起进入汽轮机，产生水击和汽缸等部件不规则冷却和变形，造成动静部件碰磨，使叶片受到严重损坏。

(7) 机组振动过大。机组振动过大，容易造成动静碰磨致使叶片损坏或使叶片进入共振区域而损坏。

(8) 启动、停机与增减负荷时操作不当。如改变速度太快，胀差过大等，使动静部分发生摩擦，导致叶片损坏。

(9) 叶片腐蚀。停机后主汽阀关闭不严而未开启疏水阀，有可能使蒸汽漏入机内，引起叶片腐蚀等。

3. 检修方面的原因

属于检修不当的主要原因有：动静间隙不合标准，隔板安装不当，起吊搬运过程中碰伤损坏叶片，或机内和管道内留有杂物等。新安装机组管道冲洗不干净，通流部分零件安装不牢固，运行时有异物或零件松脱等，有可能打坏叶片。检修中对叶片拉金、围带等的修理要特别注意，过去曾因拉金和叶片铆焊时发生过热而使叶片断裂的事故为数不少，而且对这种事故的原因一般较难分析。

此外，调节系统不能维持空负荷运行，危急保安器失灵，以及抽汽系统逆止阀失灵，汽轮机用甩负荷时发生超速，或超速试验时发生异常情况等，均能使机组严重超速而引起叶片损坏。

(二) 叶片断落的现象

在运行中叶片或围带脱落的一般现象为：

(1) 单个叶片或围带飞脱时，可能发生金属碰击声或尖锐的声响，并伴随着突然振动，有时会很快消失。

(2) 当调节级复环铆钉头被导流环磨平，复环飞脱时，如果堵在下一级导叶上，则将引起调节级压力升高。机组发生强烈振动或振动明显增大，这是由于叶片断落而引起转子平衡破坏或转子与断落叶片发生碰撞摩擦所致。但有时叶片的断落发生在转子的中间级，发生动静部分摩擦时，机组就不一定发生强烈振动或振动明显增大，这在容量较大机组的高、中压转子上有时会遇到。

（3）当叶片损坏较多而且较严重时，由于通流部分尺寸改变，蒸汽流量、调速汽阀开度、监视段压力等与功率的关系都将发生变化。

（4）若断落叶片落入凝汽器，则会将凝汽器的铜管打坏，使循环水漏入凝结水中，从而表现为凝结水硬度和导电度突增。

（5）若机组抽汽部位叶片断落，则叶片可能进入抽汽管道，使抽汽逆止阀卡涩，或进入加热器使管子损坏，导致水位升高。

（6）停机过程中，听到机内有金属摩擦声，惰走时间减少。

（7）在停机或升速过程中越过临界转速时，机组振动有明显的增大或变化。

（三）防止叶片断裂事故的措施

在运行管理上，应采取以下措施：

（1）电网应保持在额定频率和正常允许变动范围内稳定运行。根据叶片损坏事故的分析统计，电网频率偏离正常值是造成叶片断裂的主要原因，因此对频率的管理极为重要。

（2）避免机组过负荷运行，特别是防止既是低频率运行又是过负荷运行。对于机组提高出力运行，必须事先对机组进行热力计算和对主要部件进行强度核算，并确认强度允许后才可行，否则是不允许的。

（3）加强运行中的监视。机组启停和正常运行时，必须加强对各运行参数（例如汽压、汽温、出力、真空等）的监视，运行中不允许这些参数剧烈波动。严格执行规章制度，启停必须合理，防止动静部件在运行中发生摩擦。

（4）加强汽水品质监督，防止叶片结垢、腐蚀。

（5）机组运行中振动突然增加，听到甩脱叶片的撞击声，机组内部有摩擦声以及凝汽器管子突然泄漏等情况是掉叶片的事故象征，应按规程规定，果断停止机组运行进行检查，切不可施延时机，否则会对高速转动的机组造成严重损坏。

（6）停机后加强对主汽阀严密性的检查，防止汽水漏入汽缸。停机时间较长的机组，包括为消除缺陷安排的工期较长的停机，应认真做好保养工作，防止通流部分锈蚀损坏。

（四）事故实例

某电厂200MW凝汽式汽轮机在带满负荷运行中，轴向位移大保护动作掉闸。运行人员未做详细检查和分析，便错误地判断为保护误动作，进行挂闸，升速后汽轮机又跳闸。运行人员解除保护，重新挂闸。负荷带到30MW时，发现轴向位移与胀差变化异常，下令打闸停机。事故后检查设备损坏情况：推力瓦10块工作瓦块乌金严重磨损，厚度接近3mm；中压缸第13级叶片覆环全部甩出，叶片出口边全部被打瘪；第14级隔板的导叶全部脱出，全部叶片（132片）前侧叶根被磨出深沟，叶片连同覆环全部甩出；第10级隔板、导叶、叶片和叶轮损伤情况与第14级相近。

造成这次事故的直接原因，首先是第13级动叶片的一组覆环甩出，甩出的覆环打在外围的轴封围板和第14级隔板、导叶上，使之覆环掉下，叶片打弯，引起轴向推力增大。保护动作后如立即解列停机，设备不致造成如此严重损坏，至少第15级及第16级叶片、隔板不会有重大损伤，但由于盲目地两次挂闸，扩大了事故。

第四节　发变组及厂用系统事故与处理

一、同步发电机的不正常运行

（一）电压、频率变动时发电机的运行

系统电压和频率是电能质量的两个重要指标。电压和频率的升高和降低均对电力系统安全构成威胁，同时也会对用户产生不良的影响。

当电力系统的无功功率失去平衡时就会出现电压变动现象。无功功率不足会使电压降低；无功功率过剩会使电压升高。当电力系统的有功功率失去平衡时，会使频率发生变动，同时也会使电压发生变动。有功功率不足会使频率降低，电压也降低；有功功率过剩会使频率、电压升高。在事故情况下，或负载无计划地增、减情况下，会使有功功率、无功功率失去平衡。下面着重分析电压、频率超出允许范围对电机本身的影响。

发电机电压在额定值的 $\pm 5\%$ 范围内变化时是允许发电机长期运行的。若超出这个范围，就可能对发电机有不良影响。

1. 电压变动时对发电机运行的影响

（1）电压高于额定值时对发电机的影响。

1）励磁绕组温度有可能超出允许值。若在保持输出有功功率不变的条件下提高电压，需要增加励磁电流，这会使励磁绕组温度升高。当电压升高到 $1.1 \sim 1.3$ 倍额定电压运行时，转子的表面由于附加损耗增加将会进一步引起温度升高。因为漏磁通和高次谐波磁通引起的附加损耗与电压的平方成正比。电压越高，损耗增加越快，由损耗引起的发热也就越大，使转子表面和转子绕组的温度升高，并有可能超过允许值。

2）定子铁芯温度升高。电压升高时，铁芯内磁通密度增加，铁耗增加（损耗与磁通的平方成正比），铁芯温度将升高。从铁芯温度升高这一点来看，大容量机组铁芯的设计与小机相比，组磁通更接近饱合点，电压升高后引起的损耗增加更加明显，从而使铁芯的温度增加较多。

3）定子结构部件可能出现局部温度高。电压升高，铁芯饱和程度加剧，较多的磁通逸出扼部并穿过某些结构部件（如支持筋、机座、齿压扳等）形成环路。这会在结构部件中产生涡流，可能出现局部高温现象。

4）对定子绕组绝缘产生威胁。正常情况下发电机可耐受 1.3 倍的额定电压，如果电机的绝缘原来就有薄弱环节或老化现象，升高电压运行是危险的。

（2）电压低于额定值运行对发电机的影响。①降低运行的稳定性。这里所叙的稳定性包括两个意思，一是并列运行的稳定性，另一个是发电机电压调节的稳定性。并列运行稳定性的降低可以从功角特性看出。当电压降低时，功率极限幅值降低。要保持输出功率不变时，必需增大功角运行，而功角愈接近 $90°$ 稳定性愈低。调节稳定性降低，是指若运行点落在空载特性的直线部分时，发电机定子铁芯可能处于不饱合部分运行只要调节很小范围的励磁电流，将会造成较大范围的电压变动，甚至有时不易控制，使电压不稳定。②定子绕组温度可能升高。若要在电压降低情况下保持出力不变，则必须升高定子电流，而定子电流增大会使定子绕组温度升高。此外电压降低将影响厂用电动机的安全运行和整个电力系统的安全运行，反过来又会影响发电机本身，通常电动机的异步转矩与其端电压的平方成正比。若端电压下降到额定电压的90%时，该转矩将下降到最大转矩的81%，厂用电动机转矩下降使其出力降低，若不降低其出力则使电流增加，绕组温度上升。

2. 频率变动对发电机运行的影响

频率的升高极限，主要是受转子机械强度的限制。因为频率高即电机转数高，而转速高，离心力大，易使某些转予部件损坏。

频率降低对发电机有以下几方面的影响。①转速降低使两端风扇的风量减小，发电机的冷却条件变坏，致使电机各部分温度升高。②发电机电动势与频率，磁通成正比频率降低使发电机电动势降低导致发电机出力降低。为了使电势不变，频率降低必须增加磁通，也即增加励磁电流，这会使励磁绕组温度升高。③频率降低而磁通增加时，铁芯饱和程度加剧。磁通逸出磁扼易使机座上的某些结构部件产生局部高温，甚至有的部位冒火星。④频率降低可能引起汽轮机叶片断裂，因为频率降低即转速降低，当该转速引起叶片振动的频率接近或等于叶片的固有振动频率时，便可能因共振而使叶片折断。⑤频率降低也象电压降低一样会影响电厂厂用电及电力系统运行的安全。

频率降低致使厂用电动机转速也随之下降使其输出的机械出力的机械出力降低，最终影响机组的出力的降低。同时频率低，电压也会降低，故其后果是比较严重的。电力系统中保持功率平衡很重要，只有保持功率平衡，才能保持电能质量（电压和频率）符合要求。

（二）对电力系统电压降低的事故对策

电压下降可能与周波下降同时发生，提高周波所采取的措施，也可以用于提高电压。

当其母线电压超过电压曲线规定的允许变动范围时，应调整发电机的励磁，使母线电压恢复到允许变动范围以内。为了保持系统的静态稳定，当电压下降至中抠点规定事故极限电压值时，应利用发电机的事故过负荷能力，增加无功出力以维持电压。

当发电机的电流突然发生过负荷时，应迅速进行调整，以消除过负荷，但应注意不得使电压下降到事故极限值以下。

当电压降至事故极限值而发电机仍过负荷时，则应根据过负荷的多少，采取下列不同措施：

（1）如果过负荷小于15%则应消除过负荷，但不允许机组降低有功出力或进一步降低励磁电流。因为励磁电流的减少，使发电机电势降低，引起系统电压更低，加速电压崩溃。此时，请调度员利用系统中所有的无功和有功的备用容量来消除发电厂的过负荷。但当过负荷的发电厂位于系统中的受电端，而由另一端经过长距离重负荷的输电线路向本地区送电时，则降低过负荷发电机的有功出力不仅不能降低电流的过负荷，还可能因受电端发电厂母线电压降低，而使发电机定子电流增加，从而引起线路静态稳定的破坏，因此，在这种情况下，应该限制或切断受电端用户的负荷。

（2）如果过负荷大于15%，而周波正常，则在事故过负荷所允许的时间内，将过负荷消除。此时，如果过负荷的发电厂是在送电端，则可降低发电机的有功出力。

（3）当电力系统的电压降低到足以破坏厂用电系统的安全运行时，则应采取紧急解列措施，以保证发电厂的安全运行。

（三）对电力系统低频率的事故对策

当电力系统的频率降低至49.5Hz至48Hz（相当于低频率自动减负荷装置第一级动作

频率）之间时，在机组条件允许情况下，应增加发电机出力，直至频率恢复到 49.3 Hz 以上或已达到机组的最大可能出力为止。

当电力系统的频率降低（一般在 46Hz 左右）至足以破坏火力发电厂厂用电系统的安全运行时，应启动厂用备用发电机，按事先规定厂用电及供电方案，保证厂用重要用户部分与系统解列。当厂用电与系统解列后，待电力系统频率达 48.5 Hz 以上时，应尽快将厂用电机组与电力系统恢复并列。

（四）发电机过负荷运行应采取的对策

发电机定子电流和转子电流均不能超过容许范围运行。但在系统发生短路事故，发电机失步运行，大量电动机启动以及强励等情况时，发电机定子或转子都可能短时过负荷，电流超过额定值会使电机绕组温度超过其容许限度，甚至还可能造成损坏。过负荷数值愈大，持续时间愈长，上述危险性愈严重。因此，发电机只容许短时过负荷。过负荷的数值不仅和持续时间有关，还和发电机的冷却方式有关，直接冷却的绕组在发热时容易产生变形，所以过负荷容许值比间接冷却的要小。短时过负荷的容许时间，可由式（5-1）决定：

$$t = \frac{150}{\left(\dfrac{I}{I_n}\right)^2 - 1} \qquad (5-1)$$

式中　t——容许过负荷时间，s；

　　　I——短时容许过负荷数值，A；

　　　I_n——发电机额定电流，A。

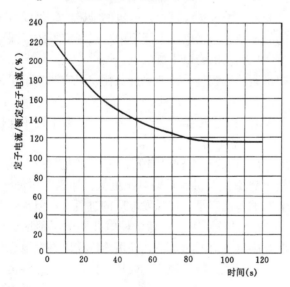

图 5-3　某 600MW 机组发电机定子过负荷曲线

图 5-4。

发电机不允许经常过负荷，只有在事故情况下，为防止系统静态稳定破坏，保证连续供电，才容许发电机短时过负荷运行。

发电机的运行负荷限额由发电机的容量曲线所确定，发电机的容量曲线由发电机冷却方式、运行温度和功率因数等条件决定。考虑到实际的过负荷运行往往伴随着系统的扰动，不正常的运行操作和系统的事故，为适应这种情况，发电机容许短时过负荷，其过负荷能力为 130% 额定定子电流 1min 和 123% 额定励磁电流 1min。在事故情况下，发电机定子线圈和转子线圈过负荷与时间关系见表 5-1、表 5-2、图 5-3 和

表 5-1　发电机定子过负荷与时间的关系

定子额定电流标示值	1.16	1.30	1.54	2.26
允许时间（s）	120	60	30	10

表 5-2　发电机励磁过负荷与时间的关系

额定励磁电压标示值	1.12	1.25	1.46	2.08
允许时间（s）	120	60	30	10

当过负荷时间超过允许时间时，应立即将发电机定子电流及励磁电压降到允许值。当发电机电压低于95%额定电压运行时，发电机定子电流不允许超过105%额定电流长期运行。

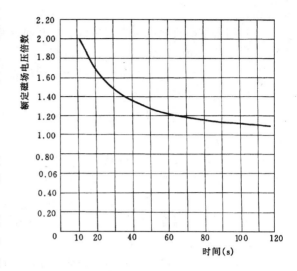

图 5-4 某 600MW 机组发电机过励磁曲线

（五）发电机冷却系统异常

1. 氢冷发电机冷却系统异常

采用氢气冷却发电机使冷却效果大大提高。但是氢气冷却系统的不正常将直接影响发电机的安全运行。

（1）氢气压力降低。当氢气系统不严密，氢冷却管道破裂或阀门泄漏、密封装置失灵、密封油压降低以及误操作等原因都将引起发电机的氢压降低。当发电机氢压降低，应立即查明原因予以恢复，保持正常压力运行。若由于漏氢引起氢压降低，应及时查明漏氢点，进行堵漏。如不能维持正常氢压时，应降低发电机负荷运行，发电机不允许无氢运行。

（2）氢气压力升高。当发电机氢压大于额定压力时，应视情况减少补氢量或进行排氢，使压力恢复至正常值。

（3）氢气纯度异常。发电机内氢气纯度应大于90%以上运行，含氧量不大于2%。为了防止发生氢爆事故，必须将氢气纯度保持在规定的范围以上运行。发电机氢气系统应注意保持密封油系统正常。氢纯度降低时应加强排污，提高氢纯度。

（4）氢气纯度。补充水发电机的氢气最好不含水分，目前国际标准规定补入发电机内氢气的绝对湿度应不大于 $2g/m^3$。氢气中的湿度是影响发电机绝缘干燥的主要危害因素之一。当发电机冷却气体内湿度增大，应采用干燥或利用吸附剂的办法除湿。发电机正常运行时应投入干燥装置运行。

2. 水内冷发电机冷却系统的异常

（1）冷却水温度。进入发电机绕组冷却介质的温度高低是衡量其冷却能力的标准之一。当冷却水出口温度升高时，应立即进行检查冷却水装置工作是否正常，并调节冷却水压力、流量，以改善冷却器工作状态，维持发电机正常温度。

（2）冷却水导电率。当发电机冷却水导电率增大，应立即检查冷却水的水质，若水质不合格应进行换水工作。

（3）发电机漏水。定子线圈及引线漏水时应按规程进行停机处理。一般常见的漏水现象有引水管漏水、空心导线接头或因焊接质量等引起。

（4）冷却水压力。发电机不允许在断水的状态下运行。由于冷却水系统水位降低、水泵工作失常或误操作等原因造成冷却水压力降低、流量减少时会引起发电机的工作失常，应及时处理，恢复正常运行。

（六）发电机异常运行处理原则

（1）发电机过负荷时，应降低无功功率，减少定子电流。如果过负荷时间太长，应解列发电机。

（2）如果发电机电压过高或过低，应及时调整电压，并相应降低无功功率或增加无功功率。增加无功功率时注意不要长期过负荷。

（3）发电机频率过高或过低，应相应增加有功功率或减少有功功率，如果机组带基本负荷，也可根据要求不参加调频。

（4）自动电压调节器工作不正常或发生事故时，应切为手动进行调节运行，如果手动失灵，应解列停机。

（5）发电机励磁限制器事故，可将电压调节器切换到手动调节，并将励磁电流调整到正常值，如果发电机过激励或低励应手动降低或增加励磁到正常值。

（6）定子线圈温度升高时，应加强监视发电机定子铁芯温度，并调整使其温度恢复正常，如果不能使其温度下降恢复正常，则应降低负荷，使其温度降到报警值以下。

（七）发电机异常运行事故举例

某电厂 1 号发电机，运行中发现氢压下降，内冷水箱有氢气，27 号槽层间测温元件温度高达 136℃。后经检查，发现 27 号槽汽侧出槽口拐弯处漏水，由直线向渐开线的拐弯处绝缘爆胀，并向 26 号线棒偏斜，汽侧从压板下向 26 号线棒位移 20～30mm，励侧位移 4～5mm，27 号槽上层线棒爆裂出的绝缘已完全焦化呈粉末状，线棒中 6 根空心导线有 2 根开裂，24 根实心导线中有 9 根开裂，1 根断裂，检查中未见电弧烧伤痕迹，但铜质粗糙有疏松现象，在冲洗中发现有橡皮塞的碎块，分析认为，绕组内冷水回路中有堵塞引起局部超温而烧损。

二、同步发电机的无励磁异步运行

同步发电机是交流、直流双边励磁，同步旋转的定子、转子磁场相互作用而产生电磁转矩。原动机的驱动转矩在克服电磁转矩的过程中，将机械能转换成电能。发电机的失磁运行，是指同步电发电机在运行中失去励磁电流，使转子的磁场消失，发电机失去励磁后，仍带有一定的有功功率，以低滑差与电网继续并联运行的一种特殊运行方式。

（一）引起发电机失磁的原因

（1）励磁回路开路，如自动励磁开关误跳闸，励磁调节装置的自动开关误动，励磁装置中元件损坏等；

（2）励磁绕组短路。发电机失磁后能否在短时间内无励磁运行，受到多种因素的限制。首先受到定子和转子发热的限制；其次由于转子的电磁不对称产生的脉动转矩将引起机组和基础的振动；还有一个重要因素，就是要考虑电力系统是否能提供足够的无功功率。

（二）发电机失磁后的表计现象

发电机控制盘上有用以监视电机运行的各种表计。发电机失磁后，表计指示的变化，反映发电机内部电磁关系的变化。失磁时的表计指示情况如下：

（1）转子电流表的指示等于零或接近于零。转子电流表有无指示与励磁回路情况及失磁原因有关。若励磁回路断开，转子电流表指示为零；若励磁绕组经灭磁电阻或励磁机电枢绕组闭路，转子电流表就可能有指示。但由于该电流为直流，直流电流表只指示很小的数值（接近于零）。

（2）定子电流表指示升高并摆动。定子电流表指示升高的原因是由于发电机既送有功功率又吸收很大的无功功率造成的。电流的摆动是因为力矩的变化引起的。摆动的幅度与励磁回路电阻的大小及转子构造等因素有关。

(3) 有功功率表指示降低并摆动。发电机输出的有功功率与转动力矩直接有关。发电机失磁时，转速升高，调速器自动将汽门关小。这样，主力矩减小，输出有功功率必然减小。

(4) 发电机出口电压表指示降低并摆动。发电机失磁后，因电网向失磁的发电机送无功功率，线路压降增大，导致机端电压下降，电压摆动是由于定子电流摆动引起的。

(5) 无功功率表指示负值，功率因数表指示进相。发电机失磁转入异步运行后，发电机相当于一个转差为 s 的异步电动机，它一方面向系统输送有功功率，另一方面也由系统吸收大量的无功功率，所以无功功率表指示负值，功率因数表指示进相。

(6) 转子各部分温度升高。异步运行发电机的励磁绕组，阻尼绕组，转子铁芯等处产生滑差电流，从而在转子上引起损耗使其温度升高，特别是在转子的端部，温升更高，温升的大小与异步电磁转矩和滑差成正比，严重时将危急转子的安全运行。

（三）失磁运行对电机和电网的影响

(1) 发电机无励磁运行时将从电网吸取大量无功功率，定子电流可能过大，使电枢绕组温度升高。另外，在驱动转矩作用下，转子加速，使发电机的转速高于同步转速，定子磁场将在转子表面感生频率为 f_2 的电流，增加表面损耗，引起表面发热。转子为整块的隐极式结构，失磁后即使送出较多的有功功率，也不致使转差太大，故转子表面损耗及发热不太大，发电机还可能带 70%～80%的有功负载。

(2) 失磁运行对电网的影响主要是引起系统无功电源减少和电压降低，严重时还可能导致电网失去稳定。因为一台发电机失磁后，不但不能向电网输送无功，反而从电网吸收无功，必然造成电网无功功率的差额。这一差额将引起整个电网电压水平的下降，尤其严重下降的是失磁发电机附近的各级电压。电压降低的多少，与电网运行方式，以及该失磁机组容量的大小有关。

(3) 电压下降不仅影响失磁机组的厂用电安全运行，还可能引起其他发电机的过电流。更严重的是，当电压下降后将会降低其他机组的送电功率极限，容易引起电网失去稳定，也可能因电压崩溃而造成电网瓦解。

（四）发电机失磁运行的处理

(1) 对于不允许无励磁异步运行的发电机应立即与电力系统解列，以免损坏设备或造成电力系统事故。对于整体式转子的汽轮发电机在失去励磁时，如果电力系统能供给足够的无功功率、使发电机母线电压不低于额定电压的 90%运行，而且定子电流摆动的平均值不超过额定值，转子表面损耗不超过正常励磁损耗则不必将发电机与电网立即解列，允许带一定量的有功负载（把负荷减至 40%额定负荷以下）无励磁运行一段时间。（但发电机无励磁运行的允许负载持续时间，应通过试验并根据系统稳定的要求与电力工业技术管理法规确定。）

(2) 在发电机失磁运行期间应采取措施尽快恢复励磁。首先应检查自动灭磁开关是否跳闸，若自动灭磁开关跳闸而发电机的断路器并未跳闸时，则可停用自动励磁调整装置，合上灭磁开关，逐渐恢复励磁。若系调节过程中发生磁场变阻器接头接触不良（近似励磁回路断线）时，则可转动磁场变阻器手轮，看能否恢复励磁。经上述处理后，如仍不能恢复励磁，则应：①立即停用电压校正器、复式励磁、强行励磁，将磁场变阻器手轮转到电阻最大位置；②断开自动灭磁开关并减低有功负荷到无励磁运行所允许的数值；③查明励磁消失的原因并尽可能加以消除。若系工作励磁回路事故且事故点可用工作励磁机出口刀闸隔绝者，则可用备用励磁机代替工作励磁机以恢复励磁；④当失磁发电机容量在电网中所占的比重较大时，发电机失磁后会使电网电压严重下降，甚至会引起电网失步振荡，造成大面积停电事故时，应将失磁发电机应立即从电网中解列，并停机检查。这些大容量发电机均装有失磁保护装置，当发电机失磁后，保护装置立即动作跳开发电机断路器。

（3）失磁保护动作后，一般先调整调速机构，把有功负荷降到一个预定的安全值，然后在一定延时后跳开发电机。但如果电网电压由于供给失磁发电机大量无功功率而立即下降到约 70％ 时，则一般由低电压保护迅速跳开发电机，以避免电网大面积停电事故。

三、发电机的非同期并列

在不满足发电机同期条件时，即待并发电机的电压幅值、相位、频率与电力系统的电压幅值、相位、频率相差过大的情况下，由人为操作或自动装置动作误将该发电机并入电力系统，称为非同期并列。在不符合并列条件下的非同期并列，将会产生巨大的冲击电流，强大的电动力效应，将使发电机定子绕组变形、扭弯、绝缘崩裂，甚至将定子绕组毁坏。与此同时，使机组发生强烈的振动，并引起电力系统电压下降，严重时会引起系统振荡，乃至瓦解。

在发生发电机非同期并列时，其主要现象是定子电流表指示突然升高，系统电压降低，发电机本体由于冲击力矩的作用而发出"吼"的声音，然后定子电流表剧烈摆动。发电机母线电压表也摆动，这些现象都说明发电机是非同期并列。

发生发电机非同期并列事故时，应根据事故现象进行迅速而正确判断和处理。根据运行经验，当非同期并列后，若汽轮发电机组无强烈音响及振动，而且表计摆动很快趋于缓和，这时可不必停机，表明发电机被拉入同步，进入稳定运行状态。若汽轮发电机组产生很大的冲击电流和强烈的振动以及表计摆动剧烈而且并不衰减时，应立即将发电机断路器、灭磁开关断开，解列并停止发电机。待转动停止后，测量定子绕组绝缘电阻，并打开发电机端盖，检查定子绕组端部有无变形情况，查明确无受损后方可再次起动。

四、发电机—变压器组内部短路

（一）短路事故的现象与原因

发电机—变压器组内部发生短路事故时，将伴随有系统冲击、表计摆动、机组运行噪声突变和短路弧光、发电机—变压器组保护动作自动跳开发电机—变压器组主断路器、灭磁开关和厂用电分支断路器、厂用电备用电源自投、汽轮机甩负荷等。

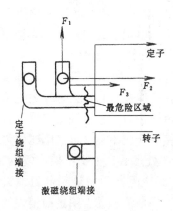

图 5-5 短路时的电磁力

发电机—变压器组内部短路事故产生的主要原因，可能是电机制造、检修质量不良留下的隐患，运行中绝缘材料老化导致击穿或运行人员误操作，大气过电压和操作过电压的作用以及外部发生短路事故时电流冲击等。

（二）短路事故的影响

1．对机组的影响

发电机短路时，大电流将产生很大的电磁力，且能引起绕组发热。突然短路对电机的影响主要表现在以下三方面：

（1）定子绕组受到很大电磁力的作用。电磁力包括（见图 5-5）：①作用于定子绕组与转子绕组端部之间的作用力 F_1。此力的最大值与定子绕组中的冲击电流及同一时间的励磁电流的乘积成正比，其方向趋向于使定子绕组端部向外张开。②定子铁芯和定子绕阻端部的吸力 F_2，它趋向于将绕组端部拉近铁芯。③作用于定子绕组各相邻端接部分之间的力 F_3。其大小与导线内电流的乘积成正比，其方向决定于导线中电流的方向。在绕组端部的直线部分，作用力沿切线方向。总之合力作用的结果，将使定子绕组端部向外弯曲，将线棒的渐开线部分压向支架。最危险的区域是线棒伸出槽口处。

(2) 转轴受到一很大电磁力矩的作用。电磁力矩有两类：一类是由于定子绕组有电阻，使定子交流分量产生横轴磁场而引起的制动性质的冲击力矩，另一类是定子直流分量产生的不动磁场与转子电路中的交流分量电流相互作用产生的交变力矩，这个力矩对转子时而起推动作用，时而起制动作用，每隔半个周期改变一次。它比前一类力矩大。这两类力矩都作用在转轴、机座和地脚螺钉上。

(3) 绕组发热。突然短路电流值可能达到额定电流的十几到二十倍，因此突然短路时各绕组都会出现较大的电流，使绕组的铜耗和发热增加，各绕组的温升增长。

2. 短路事故对电力系统的影响

(1) 破坏电力系统运行的稳定性。线路上发生突然短路时，由于线路电压降低，使发电机有功功率送不出去，但原动机输入功率一时还减不下来，致使发电机转子的转矩失去平衡，转速升高，甚至失去同步，从而破坏系统的稳定性。

(2) 产生过电压现象。不对称突然短路时，未短路相绕组将出现过电压，其数值一般达到额定电压的 2～3 倍。

(3) 产生高频干扰现象。不对称突然短路时，定子绕组电流将出现一系列的高次谐波分量，对附近的通信线路产生干扰，定子电流的高次谐波分量是由电枢负序旋转磁场与转子绕组反复感应而引起的。

(三) 短路事故的一般处理原则

如发电机—变压器组内部发生短路事故时，继电保护或断路器拒动，此时必须手动断开主断路器、灭磁开关及厂用电分支断路器；当备用电源自投保护未动作时，应手动强送厂用电；锅炉和汽轮机应按紧急甩负荷的各项步骤进行处理。然后，根据保护装置的掉牌情况和事故录波器记录波形，分析判断事故的形式和部位。

(四) 发电机事故举例

定子绕组绝缘烧损事故较多，约占发电机事故总数的 10% 左右，但造成的经济损失很大。

如某发电厂 2 号发电机运行中，保护动作跳闸。事后检查发现机内 C 相 24 号槽下层线棒（中性点倒数第二根线棒），B 相 23 号槽下层线棒（中性点一匝线棒），B 相 22 号槽下层线棒（中性点倒数第三根线棒）均发生接地短路现象。发电机外 A 相电压互感器（1YH）高压母线端接地刀闸触头发生过放电接地；22、23、24 号槽下层线棒烧断；上层线棒 18～22 号烧损严重，在渐开线处烧成直径约 130mm 的洞，在距铁芯约 240mm 处的 23、24 号下层线棒烧断并存在明显的熔洞，对烧断的三根线棒断口以外解剖发现断口二侧的剖面均有颗粒状铜熔渣，三根线棒断口到铁芯间表面防晕层均完全烧损，电屏蔽烧成椭圆形洞，长轴约 185mm，短轴 130mm，还有烧成的小孔洞，直径约 25mm，小压指 18～35 号烧坏，其中 21～23 号严重烧损，大压指 18～25 号也有不同程度的烧损；小绑环烧损截面约长 190mm，2 号、3 号支架烧损，其中 3 号最严重。A 相中性点柜内电压互感器（1HY）高压母线端接地刀闸静触头烧熔成球状，该触头的放电成散射状，不是某一点放电。

事故原因的分析有两种意见：一种意见认为 C 相 34 号槽下层线体制造缺陷如导线裂纹断股，投入运行后在温度和振动作用下导致接地并拉弧，产生中性点过电压所致；另一种意见认为由于某种原因使中性点小间 A 相高压母线出现断续多次接地，引起 C 相电压升高和多次过电压，形成 B 相中性点（23 号槽下层线棒的端部）对地击穿，使 A 相高压端对 B 相中性点突然短路，造成以 23 号线棒为中心的烧损事故。

五、发电机定子接地短路事故

发电机的外壳都是接地的，因此，发生定子绕组因绝缘破坏而引起的单相接地短路比较多。当单相接地短路电流比较大，能在事故点引起电弧时，将烧坏绕组绝缘和定子铁芯，并且也容易发展成为相间短路，造成更大的危害。

1. 发电机定子接地现象

(1) 中央信号盘发"定子接地"预告信号；

(2) 保护屏定子接地信号灯亮；

(3) 中性点电流表有指示；

(4) 按零序电压按钮，电压表有指示。

2. 发电机定子接地处理

(1) 确认发电机系统接地后，应做好事故停机准备；

(2) 对封闭母线及发电机电压互感器，电流互感器进行外观检查有无接地、漏水现象；

(3) 若外部未发现事故点，应视为发电机定子绕组接地，按照事故停机的有关规定进行停机处理，接地时间不得超过 30min。

六、变压器异常运行及诊断方法

(一) 变压器异常现象及运行分析

1. 油温度异常

变压器油温异常的可能原因有：

(1) 变压器过负荷。

(2) 冷却装置事故（或冷却装置未完全投入运行）。冷却器运行不正常或发生事故，如潜油泵停运、冷却电源中断、风扇损坏、散热器管道积垢冷却效果不良、散热器阀门没有打开、散热器堵塞等原因引起温度升高。发现异常后应对冷却系统进行检查，根据具体情况应分别对冷却系统进行维护或冲洗，提高冷却效果。

(3) 变压器内部事故。变压器的内部事故有绕组匝间或层间短路、绕组对周围放电、内部引线接头发热及铁芯过热等。铁芯多点接地后因铁芯内的涡流增大而引起过热；又如匝间短路等因素，引起变压器内部温度异常，发生上述事故后，将伴随着瓦斯或差动保护动作。事故严重时，由于变压器内压力过大，还可能造成防爆管或压力释放阀喷油，这时变压器应停用检查。

(4) 温度指示装置误指示。当远方测温装置发出温度高报警信号，变压器器身的温度计指示正常时，且变压器没有事故现象时，可能是由于远方测温回路事故误发报警所至。远方测温回路通过温度变送器传送温度数据，当远方测温回路发生事故或变送器内部元件事故时，远方指示装置就会产生错误指示，往往在很短时间内突然跃变到很高数值或指示为零，或指针还会来回摆动。对于油量很大的大容量的变压器，当变压器无明显事故现象时，油温这种跃变或摆动是不可能的，这种现象往往是远方测温回路事故引起的。

2. 油位异常

变压器油位不正常，包括本体油位不正常和有载调压开关油位不正常两种情况。运行中变压器温度的变化会使油体积变化，从而引起油位的上下变化。通过油枕上的油位计，可以观察本体油位。

常见的油位异常有：

（1）假油位。如变压器温度变化正常，而变压器油标管内的油位变化不正常或不变，则说明是假油位。运行中出现假油位的原因有：①油标管堵塞；②油枕呼吸器堵塞；③防爆管通气孔堵塞；④变压器油枕内存有一定数量的空气。

（2）变压器油位过高。运行中出现变压器油位过高的原因有：①在高气温、高负载时，油位随温度上升；②冷却装置事故；③变压器本身事故。变压器油位过高时，应检查负荷和油温、冷却系统是否正常，所有阀门位置是否正确，注意变压器本身有无事故迹象。如果是因为油温过高引起的，应采取措施。如油位高到95%以上，或出现溢油，变压器无其他事故现象，可适当放出少量变压器油。

（3）变压器油位低。运行中出现变压器油位过低的原因有：①低气温、低负载，油温下降，使油位降低；②变压器严重漏油引起油位降低；③放油阀误开。变压器油位过低会使轻瓦斯保护动作。严重缺油时，铁芯和绕线暴露在空气中，容易受潮，并可能造成绝缘击穿，所以应用真空注入法对运行中的变压器进行加油。如因大量漏油使油位迅速降低，低至瓦斯继电器以下或继续下降时，应立即停用变压器。

（4）变压器有载调压开关油位过高。除油温等因素影响外，还可能是有载调压切换开关的油箱由于电气接头过热或其他原因致使密封破坏，变压器本体绝缘油渗漏进入有载调压切换开关油箱内，导致有载调压开关油位异常上升。

（5）指针式油位计指针指示与实际不相符。其原因是：①隔膜或胶囊下面储积有气体，使隔膜或胶囊位置高于实际油面，油位指示将偏高；②呼吸器堵塞，油位下降时空气不能进入胶囊，油位指示将偏高；③胶囊或隔膜破裂，油进入胶囊内部或隔膜以上空间，油位计指示可能偏低。上述情况，可能导致油位计指示不正确。

3. 声音异常

异常噪声有两种类型，一是机械振动引起的，二是局部放电引起的。变压器发生音响异常时，应检查变压器的负荷、电压、温度和变压器外观有无异常。如果负荷及电压正常而有不均匀的噪声，首先应设法弄清噪声的来源是来自变压器的外部还是内部。可以用测听棒进行判断。

（1）声音增大。电网发生过电压或电网发生单相接地或产生谐振过电压时，都会使变压器的声音增大。当变压器过负荷会使其声音增大，尤其是在满负荷的情况下突然有大的动力设备投入，将会使变压器发出沉重的"嗡嗡"声。

（2）有杂音。若变压器的声音比正常时增大且有明显的杂音，但电流电压无明显异常时，则可能是内部夹件或压紧铁芯的螺钉松动，使得硅钢片振动增大所造成。

（3）有放电声。若变压器内部或表面发生局部放电，声音中就会夹杂有"劈啪"放电声。发生这种情况时，若在夜间或阴雨天气下，可看到变压器套管附近有蓝色的电晕或火花，则说明瓷件污秽严重或设备线夹接触不良，若变压器的内部放电，则是不接地的部件静电放电，或是分接开关接触不良放电，这时应将变压器作进一步检测或停用。

(4) 有水沸腾声。若变压器的声音夹杂有水沸腾声且温度急剧变化，油位升高，则应判断为变压器绕组发生短路事故，或分接开关因接触不良引起严重过热，这时应立即停用变压器进行检查。

(5) 有爆裂声。若变压器声音中夹杂有不均匀的爆裂声，则是变压器内部或表面绝缘击穿，此时应立即将变压器停用检查。

(6) 有撞击声和摩擦声。若变压器的声音中夹杂有连续的有规律的撞击声和摩擦声，则可能是变压器外部某些零件如表计、电缆、油管等，因变压器振动造成撞击或摩擦、或外来高次谐波源所造成，应根据情况予以处理。

4. 气味、颜色异常

变压器的许多事故常伴有过热现象，使得某些部件或局部过热，因而引起一些有关部件的颜色变化或产生特殊臭味。套管接线端部紧固部分松动，或引线头接触面发生氧化严重，使接触处过热，颜色变暗失去光泽，表面镀层也遭到破坏。温度很高时同时产生焦臭味。套管、绝缘子污秽或有损伤严重时发生放电、闪络，产生一种特殊的臭氧味。连接处接头部分一般温度不宜超过 70℃，可用示温蜡片检查（一般黄色熔化为 60℃、绿色 70℃、红色 80℃）或用红外线测温仪测量。

(二) 变压器的异常运行及处理

1. 变压器的过负荷

运行中的变压器过负荷时，可能出现电流指示超过额定值，有功、无功电力表指针指示增大，预告信号动作等。应按下述原则处理：

(1) 应检查核对各侧电流是否超过规定值。

(2) 检查变压器的油位、油温是否正常，同时将冷却器全部投入运行。

(3) 及时调整运行方式，如有备用变压器，应投入。

(4) 及时调整负荷的分配情况，必要时可调节负载负荷。

(5) 如属正常过负荷，可根据正常过负荷的倍数确定允许运行时间，并加强监视油位、油温，不得超过允许值，若超过时间，则应立即减少负荷。

(6) 若属事故过负荷，则过负荷的允许倍数和时间，应依制造厂的规定执行。

2. 冷却设备事故

主变压器均采用强迫油循环强力风冷却方式时，冷却设备的正常运行是保证变压器正常运行的必要条件。冷却设备事故是变压器常见的事故之一。当冷却设备事故时，冷却条件遭到破坏，变压器运行温度迅速上升，变压器绝缘的寿命损失增加，可进行如下处理。

(1) 应检查备用冷却器是否已投入运行正常。

(2) 检查冷却设备的电源供电是否正常。若失去工作电源时，应立即投入备用电源。

(3) 对没有备用冷却器的变压器，应申请降低负荷运行，否则应申请将变压器退出运行，防止变压器运行超过规定的无冷却时间，造成过热而损坏。

(4) 在冷却设备事故期间，要密切监视变压器的温度和负荷。如变压器负荷超过冷却设备事故条件下规定的限值时，应降低负荷。

特别应当注意的是：在温度上升过程中，油温上升较慢，而绕组和铁芯的温度上升快得多。在冷却设备事故初期，表面看来油温还不很高，但绕组和铁芯温度已经相当高。特别是在油泵事故时，绕组的温度远远超过铭牌规定的正常数值，可能从表面上看来油温似乎上升不多甚至没有明显上升，而铁芯和绕组的温度可能已经远远超过容许值了。以后随着油温逐渐升高，绕组和铁芯的温度将按一定负载和冷却条件下保持对油温升为一定值的规律，继续上升到更高数值。当绕组最热点温度达到140℃或以上时，就有过热击穿的危险。在冷却设备事故期间，不能仅靠观察油温来判断变压器的运行状态。在变压器制造厂说明书中，一般都规定有冷却设备停运情况下变压器容许运行的容量和时间，其限值因各厂家设计制造的差异而不同。实际运行中，应按制造厂说明和现场规程的规定执行。

3. 变压器跳闸

变压器断路器自动跳闸后，通常应进行以下几个方面工作：

(1) 检查变压器的负荷、油面、温度、油色、有无喷油、冒烟火、瓷套管释压阀或防爆管，或其他明显的事故迹象，并分析气体成分、瓦斯继电器有无气体等状态；

(2) 跳闸时的外部现象，如保护区内区外的短路事故，合闸励磁涌流等；

(3) 根据保护掉牌信号、事件记录器、其他监视装置的显示或打印事故录波记录等，分析判断跳闸原因；

(4) 分析事故录波器的波形；

(5) 在检查的同时，如有备用变压器，可将备用变压器投入运行恢复供电。

如果检查结果查明变压器跳闸确实是由于过负荷，外部短路，保护装置误动（例如瓦斯继电器二次腐蚀短路、差动保护电流二次断线或极性错误、低阻抗保护电压二次回路断线或失压）等外部原因，而不是变压器内部事故所引起，则在排除外部事故后，变压器可以不经内部检查重新投入运行。

如果有下列情况，则应认为变压器内部存在事故：

(1) 瓦斯继电器取出的气体可燃；

(2) 变压器有明显的内部事故象征，如外壳变形、冒烟火等等；

(3) 差动、瓦斯、压力等内部事故主保护有两套或两套以上保护动作；

(4) 事故录波表明内部有事故。

遇有上述情况，变压器必须证明事故已经处理排除并经过电气试验合格后，才能重新投入运行。

4. 瓦斯保护动作

变压器运行中若发生局部过热，在很多情况下，当还没有反映为电气运行参数异常时，首先反映的是油气分解的异常，即油在局部高温下分解为气体，逐渐集聚在变压器顶盖上端及瓦斯继电器内，引起瓦斯保护动作。由于事故性质和危险程度的不同，产气的速度和产气量多少不同，按事故处理轻、重、缓、急的要求不同，瓦斯保护分别设有轻瓦斯和重瓦斯两种，轻瓦斯保护动作发出信号，重瓦斯保护动作于主变压器各侧断路器自动跳闸。

(1) 轻瓦斯保护动作的原因有：①变压器内部事故；②检修工作中空气进入未排除；③外界空气漏入；④油位严重下降；⑤二次线腐蚀或瓦斯继电器触点短路；⑥振动。

(2) 重瓦斯保护动作的原因有：①变压器内部发生事故；②继电保护装置及二次回路事故；③轻、重瓦斯同时动作。

若轻瓦斯发信号和重瓦斯跳闸同时出现，往往是变压器内部发生事故。为区别事故性质，应收集瓦斯继电器内的气体，并根据气体多少、颜色、气味、可燃性等来判断其性质。

为了进一步判明变压器内部事故性质，应立即取气（或油）样进行色谱分析及电试分析。

5. 差动保护继电器动作

变压器的差动保护动作，变压器各侧的断路器同时跳闸。经过检查后，如判断确认差动保护是由于外部原因引起的，如保护装置误动，变压器可不经内部检查而重新投入运行。如不能判断为外部原因时，则应对变压器作进一步的检查分析，确定事故性质及差动保护动作原因，必要时应进行吊壳检查。若重瓦斯与差动保护同时动作跳闸，则可认为是变压器内部发生事故，事故未消除前不得送电。

6. 变压器过流保护动作

定时过电流保护为变压器的后备保护，它不仅是变压器主保护的后备保护，还是变压器负荷侧的线路保护的后备保护及母线保护的后备保护。过电流保护动作跳闸，应根据其保护范围，保护信号动作情况，相应断路器跳闸情况，对设备事故等情况予以综合分析判断后再进行处理。

7. 变压器着火

变压器着火，应立即断开各侧电源，关停风扇和油泵。如着火原因是绝缘油溢出在顶盖上引起燃烧，可打开下部放油阀门放油至适当油位即不再溢油为止，使油位低于着火处并向变压器外壳浇水，防止引起箱内起火。如为变压器内部事故致使内部着火，则不能放油，以防空气进入，形成爆炸性混合气体，导致严重爆炸。扑灭火以喷水和喷水雾最好，以便于修复。在灭火的同时，如有备用变压器，可将其投入运行保证供电。

第五节　电力系统事故

电力系统是由发、供电及用电设备组成的一个整体，各设备通过电网相互连接，其中任一设备的运行状况发生变化（如参数改变、发生事故），都会影响其他设备运行，有时甚至影响到整个电网的正常运行。因此，系统应该具备稳定运行的能力，即应能自动迅速消除，继续正常运行。电网稳定运行的能力，取决于电网的结构、性能、运行参数及相应措施等因素。正确处理系统事故是保证电力系统稳定的必要措施之一。

一、电力系统不对称运行对发电机的影响

电力系统的正常工作状态是指三相在对称负荷下的运行状态。

电力系统的不对称运行是指组成电力系统的电气元件三相对称状态遭到破坏时的运行状态，如三相阻抗不对称、三相负荷不对称等。而非全相运行是指不对称运行的特殊情况，即输电线、变压器或其他电气设备断开一相或两相的工作状态。

（一）不对称运行对发电机的影响

发电机出现不对称运行，其主要特点是伴随着负序电流产生。对发电机产生不利的影响主要是负序磁场在转子中造成过热、引起振动、引起保护装置误动及影响波形等。发电机所能承受不对称负载的程度，主要应按电动机转子的温升限制规定。

1. 引起发电机转子表面的发热

负序磁场扫过转子时，会在转子铁芯表面、槽楔、励磁绕组、阻尼绕组以及转子的其他金属结构部件中感应出倍频（100Hz）电流。该电流除在励磁绕组里引起附加损耗外，还在

转子表面及阻尼绕组中引起损耗。100Hz电流的频率较高，不能深入转子深处（因深处感抗较大），只能在表面流通。隐极式发电机转子由负序磁场引起的表面环流如图5-6所示。环流大部分通过转子本体，也可能在端部要经过套箍和中心环。它所引起的损耗约与负序电流的平方成正比。因

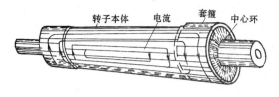

图 5-6　负序磁场引起转子表面环流

此，不对称运行时，转子将发热，尤其在一些接触处的局部高温，更加危险。如有的机组在事故情况下发电机不对称运行了几分钟，套箍与齿的接触面就被烧伤，槽绝缘及槽口处绝缘部分碳化、断裂。

2．引起发电机的振动

不对称运行时将出现交变力矩而引起发电机的振动。负序磁场相对转子以两倍同步速度旋转，它与转子的磁场相互作用，产生100Hz的交变力矩。该力矩的大小，与转子的结构不对称有关。它作用在转子轴和定子机座上，因而使机组产生频率为100Hz的振动和噪声。

3．电能质量变坏

由不对称运行引起的电压不稳定、不对称及高次谐波等，将使电能质量变坏，对用户产生不良的影响。例如，负序电压达5%时，电动机出力将降低10%～15%，负序电压达7%时，电动机出力将降低20%～25%，且电动机的使用寿命亦将缩短。

4．对通信线路的干扰

不对称运行时出现零序电流产生的零序磁通，在与输电线路平行架设的通信线路上可能产生危险的对地电压，危及设备和人身安全，影响通信质量。

5．继电保护装置可能误动作

继电保护装置中，有反应负序和零序分量，可能使某些继电保护装置误动作。

6．电力系统运行的经济性变差

不对称运行时，由于各相电流不相等，系统潮流不能按经济方式分配以致损耗增大。

7．可能产生过电压

不对称运行时，电机或电力系统的某点可能产生很高的电压，将绝缘击穿。尤其是由于某些谐波的存在而使其中某些部分发生谐振现象，而使电压的最大值大大地提高更是危险。

上述不利影响，前两点主要是针对发电机本身而言的，这些影响经采取必要措施有些是可以消除的，有些可以减少到一定程度。

（二）不对称运行的限制条件

不对称运行既然有上述危害，必须规定一个不对称负载的允许值。目前，汽轮发电机允许的负序电流不大于额定电流的8%，每台发电机在不对称运行时的允许值，应在符合下列三个条件的前提下，由试验得出：

（1）最大一相的定子电流不超过额定值。

（2）转子任一点的温度不超过允许值。

（3）发电机的振动不超过允许值。

上述的第一个条件是考虑到定子绕组的发热不超过容许值，第二和第三个条件是针对不对称运行时产生负序电流所造成的危害提出来的。对于300MW、600MW的汽轮发电机属

于隐极机，因其沿气隙的磁性不对称程度小，振动较小，所以转子发热的威胁是主要的考虑因素。由此可见，不对称负载的允许值由发热条件来决定。若不对称度以负序电流 I_2 对额定电流 I_n 的百分值来表示，则有 $I_2/I_n = 0.06$。另外，在不对称运行中还要求最大一相的定子电流不超过额定值，且三相电流之差与额定电流之比不大于 8%，为了能直接监视发电机不对称情况，在发电机控制盘上装有负序电流表。

要减小不对称运行的不良影响，应设法消除或改善不对称负载情况。此外，转子上的阻尼绕组也是削弱负序磁场的有效办法。

当发电机不平衡负序电流超过允许值时，应尽力设法减少不平衡电流至许可值，如不平衡电流允许时间已达到，则应立即将发电机解列。

二、系统和发电机的振荡

(一) 电力系统的非同期振荡

正常运行中，由于系统内发生短路、大容量发电机跳闸（或失磁）、突然切除大负荷线路（负荷超过系统稳定限值）、系统负荷突变、电网结构和运行方式不合理，以及系统无功电力不足引起电压崩溃等，将使电力系统的电源功率与用电功率失去平衡，可能造成稳定性破坏，使系统中一部分和另一部分之间失去同步，进而发生剧烈的振荡。造成系统非同期振荡的原因还有：

(1) 电力系统静态稳定或动态稳定的破坏。

(2) 两电源之间非同步合闸未能拖入同步和发电机失去励磁等。

系统非同期振荡的现象有：

(1) 系统电压、电流、有功功率和无功功率表的指示出现周期性地剧烈摆动，送端系统频率升高，而受端系统频率降低，并略有摆动。

(2) 电压波动大，照明忽明忽暗，主变压器、馈线有功、无功功率表往复摆动，且主变压器、发电机发出周期性的轰鸣声。

电力系统发生非同期振荡时，系统之间仍然有电的联系，系统的有功功率、无功功率、电流以及某些节点的电压，呈现不同程度周期性的摆动。振荡时，由于全网出力和负荷严重不平衡，联络线的有功功率、无功功率将比正常值大得多；一些没有振荡闭锁装置的继电保护因为电压降低、电流增大而可能误动作；连接失步的发电厂或系统的联络线上的潮流摆动幅度最大；在系统振荡的两端（即送端和受端），电压振幅异常剧烈。振荡剧烈程度与系统容量、联络线的运行方式及接线阻抗有关。一般地讲，系统容量大，运行方式合理时，接线阻抗小些，系统发生振荡的程度轻一些。可利用设备过负荷能力提高电压，促使系统迅速恢复稳定。

(二) 发电机的振荡

发电机在运行中转子磁场和定子旋转磁场是相对静止的。由于某种原因，如负荷突然变化、电力系统参数改变以及电力系统事故等原因使发电机受到扰动时，会出现转子的拖动力矩和电磁力矩的不平衡。这种不平衡会造成转子速度变化，而转子本身所具的惯性，又使转子不能很快平衡这种不平衡力矩，因此，就会造成定子电气量的摆动。同时，转子转速也不停地在同步转速附近变化，这就是发电机的振荡。

发电机振荡有两种类型：一种是由于振荡中的能量消耗，振荡的幅度愈来愈小，逐渐衰减下来，最后转子在获得新的位移角情况下，发电机转子将处于新的平衡位置，进入了同步稳定运行状态，称为同期振荡。另一种是转子磁场轴线和气隙磁场轴线的夹角，即功角 δ 在振荡过程中不断增大，一直脱出稳定范围，致使发电机失步（脱调），造成发电机与电力系统非周期运行状态，称为非同期振荡。

1. 振荡时各电气量的变化及电机的表计现象

发电机在振荡时主要引起电流、电压、功率等电气量的变化，其变化现象可以从控制盘的仪表上看得出来。

由于这些电气量的存在和电网分不开，要定量地求出它们的数值，已不单纯是同步电机本身的问题，而要分析电网有关部分的情况。所以，这里只介绍各量的变化规律。图 5-7 所示出电流、电压、功率等量随功角 δ 的变化情况。各电气量反映在发电机表计的现象如下：

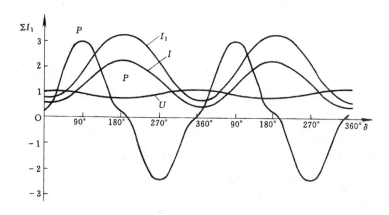

图 5-7　发电机振荡时各电气量的变化

（1）定子电流表的指针剧烈摆动，电流有时超过正常值。电流的变化与功率的变化有关。电流中含有平衡电流和负载电流。平衡电流与电网参数及功角 δ 的大小有关，$\delta = 180°$ 时，电流最大。

（2）发电机电压表和其他母线电压表的指针剧烈摆动，且电压表指示值降低。电压摆动的原因也是由功角 δ 的变化引起的。各点电压降低是由于平衡电流和负载电流在阻抗上压降引起的。电压降低的多少对于各点而言是不一样的。当发电机有自动电压调整装置时，其端电压波动幅度要小一些。

（3）有功功率表的指针在全刻度内摆动。在同期振荡时，随着功角 δ 的变化，同步电磁功率也会变化；在非同期振荡时，功角 δ 在每周期的 $0°\sim180°$ 范围内发电机向系统送出有功，在 $180°\sim360°$ 范围内发电机由系统吸收有功，所以表针摆动很大。此时还有异步功率。

（4）转子电流、电压表的指针在正常附近摆动。因振荡时电机的定子磁场与转子间有一定的相对速度，励磁绕组及转子的其他金属部分中都感应起交变电流。这种电流的大小与定子磁势有关，定子电流波动，该交变电流叠加在原励磁电流上，使得转子电流表、电压表指针摆动。

2. 振荡起因及防止振荡对策

根据运行经验，造成发电机失步而引起非同期振荡有以下几方面原因：

（1）静态稳定的破坏。发电机静稳定破坏往往发生在运行方式改变时，当发电机输送功率超过其极限允许功率的情况下。

（2）发电机与电网联系的阻抗突然增加。当发电机与联络线某处发生短路后，由于一部分并联元件被切除之后，如双回路中的一条线路断开或并联变压器断开一台等等，使传输功率极限下降引起力矩严重不平衡，引起机组振动。

（3）电力系统的功率突然发生不平衡。如大机组突然甩掉负载，某联络线路断开等原因，都可能造成严重的功率不平衡。使电力系统稳定破坏。

（4）大机组失磁。大机组失磁，吸取大量无功，系统无功不足、电压下降，容易失去稳定。

（5）原动机调速系统失灵。原动机调速系统失灵，造成原动机功率突升或突降，都将使发电机力矩失去平衡，引起振荡。

（6）电源间非同期并列未能拉入同步。要防止振荡和失步事故，主要应采取提高电力系统稳定的措施。

3．振荡的处理

发现有振荡现象时，应根据当时系统运行方式、负荷的情况等判断振荡的性质。若系统振荡是趋向稳定的振荡，即每次来回摆动的幅度愈来愈小，振荡若干次就很快衰减下去，最后达到新的稳定状态下继续运行，此时不需操作。若振荡有发生失步的可能时，则要尽快创造同步的条件。一般处理的原则为：采取措施使系统之间人工再同步；若一定时间内，人工再同步未奏效，则使系统解列，经调整后，再恢复并列。具体办法是：

（1）人工再同步。增加发电机的励磁。发生发电机振荡时，对于有自动电压调节装置的发电机不要退出调节器和强励，可任其自动调整励磁；对于无自动电压调节装置的发电机，则要手动增加励磁。增加励磁的作用是为了增加定子、转子磁场间的电磁拉力，用以削弱转子的惯性作用力，使发电机较易在达到功率平衡点附近时被拉入同步。

（2）系统解列。在采取上述措施后，非周期振荡仍未消失，且不能拖入同步时，应按事先经计算规定的事故解列点，将解列点断路器断开，系统解列。解列后应注意系统频率的变化。待系统恢复稳定后，应再将两个系统并列运行。

三、系统单相接地与发电机定子接地短路事故

（一）系统单相接地事故

1．接地的危害性

在中性点直接接地的大电流接地系统中，如发生一相接地时，则形成单相接地短路，此时接地电流很大，会引起零序保护动作断开事故设备或线路。

在小电流接地系统中，若一相发生金属性接地时，未接地相对地电压升高为相电压的 $\sqrt{3}$ 倍，当接地点有间歇性电弧时，则未接地相对地电压可升高 2.5～3.0 倍。由于未接地相产生过电压，可能使其中一相的绝缘被击穿而发展成为两点接地短路；在接地时产生稳定性电弧时，可使接地事故可能发展成为两相接地短路或三相短路。

2．发生接地的原因

（1）设备绝缘不良。如绝缘老化、受潮、绝缘子有裂纹、绝缘子表面太脏等，致使绝缘破坏，形成接地。

（2）动物及鸟类引起接地。

（3）线路上断线接地或线路倒杆等造成接地。

（4）设备在检修后，未拆接地线合闸，造成带地线合闸事故。

3. 单相接地事故的现象

（1）接地装置动作警铃响，有"系统接地"光字信号出现。

（2）绝缘监察电压表三相指示值不同，接地相电压降低（最低为零），其他两相电压升高（最高为线电压），绝缘监察电压表指示不摇摆时为稳定接地。

（3）若绝缘监察电压表指针不停地摆动，则视为弧光间歇性接地事故，此时非事故相的相电压有可能升高到额定电压的 2.5～3 倍。

4. 寻找单相接地的事故点和处理事故的方法

将系统分成在电气上互不相连的几个小系统运行，应考虑以下各点：

（1）应保持各小系统功率的平衡；

（2）消弧线圈的补偿应调整（调整分接头）。

第六节　厂用电源中断事故

由于厂用电系统对发电厂的正常运行极为重要，故应保证它的工作可靠性，因此当厂用电发生事故时，其处理原则是尽可能保持厂用设备的运行，特别是重要的厂用设备。

厂用电源中断的事故通常可分为三类，即厂用电部分中断、厂用电全部中断和控制电源中断。

目前单元机组的厂用电，在机组正常运行时均由单元机组自身供电。一般厂用电除具有正常的工作电源外，还应具有备用电源。当工作电源事故跳闸时，备用电源应自动投入。若备用电源自动投入装置失灵、备用电源侧断路器拒动或厂用母线发生永久性事故致使备用电源自投不成功或自投后复跳时，将发生厂用电源中断事故。

一、厂用电事故处理原则

（1）首先保证厂用电，避免全厂停电。

（2）迅速限制事故的发展，消除事故根源，防止事故进一步扩大。

（3）保证非事故设备继续良好运行，尽可能不影响机组运行。

（4）高压厂用电某一母线电源开关跳闸，备用电源开关应自动投入正常；备用电源自动投入后，应检查工作电源的事故跳闸原因。

（5）若高压厂用电某一母线工作电源开关跳闸，由于自动投入装置失灵或自动投入装置退出运行，而使备用电源开关没有自动合闸时，应立即检查低压厂用变压器开关是否自动跳闸与低压厂用电母线备用电源开关是否自动投入正常。如果高压备用电源未自动投入，在判断工作电源跳闸的母线正常后，应手动合上该母线的高压备用电源开关；若母线工作正常，随后再重新启动机炉跳闸动力装置，恢复发电机负荷。

（6）高压厂用电某一母线短路事故，工作电源开关跳闸，备用电源开关自动投入不成功时，应检查低压厂变是否自动跳闸。当确认低压母线备用电源开关已自动投入并正常运行，对事故母线及有关设备进行检查。

（7）某一低压厂用变压器跳闸后，应立即检查电源开关自动投入成功，注意将机炉跳闸的动力电源重新恢复运行，并检查其跳闸原因。

(8) 低压保安段母线事故。保安段母线工作开关跳闸，应检查备用电源开关自动投入正常。工作电源开关跳闸后，备用电源自投不成功，应立即查明原因，若为自动装置失灵，备用电源开关没有合闸，此时应手动合上备用电源开关，查明工作电源跳闸的原因，待事故消除后恢复原运行方式。

二、低压厂用母线失电

1. 厂用母线失电现象

事故喇叭响，所属厂变或工作电源保护动作光字牌亮，电压表、电流表计指示消失。

2. 厂用母线失电后的处理

(1) 检查备用电源自投情况。若"备用电源过流"光字牌未亮则不经检查强送备用电源开关一次；若"备用电源过流"光字牌亮或强送跳闸，均不准再强送。

(2) 若当时无备用或备用电源开关因故合不上，则应检查所属各工作电源保护动作情况，在确证非差动、瓦斯、速断动作跳闸，允许不经现场检查用工作电源强送一次。

(3) 当母线为备用电源供电，该母线失电，应检查备用变压器保护动作情况，在确证非差动，瓦斯、速断动作跳闸，不经检查，强送一次备用电源。

(4) 因高压侧母线侧失电强送不成，应将所属厂低变次级开关拉开，调用备用电源恢复低压母线供电。

(5) 对事故母线进行外部检查，查明是母线本身侧事故还是负载侧事故开关拒动而引起越级跳闸。

(6) 经检查，未发现事故点或事故点隔离后，手动拉开未跳的开关；当对母线充电良好后，再逐一恢复各设备运行。

(7) 对因事故而拒动跳闸的开关，应在查明原因、消除事故后方可恢复送电。

三、厂用电全部中断

厂用电全部中断时，交流照明灯熄灭，直流事故照明灯亮；所有运行辅机电流表指示突然到"零"，停止转动，高压厂用高压母线电压均到"零"，集控事故喇叭和声、光信号报警；汽温汽压及真空迅速下降；锅炉 MFT 动作，汽轮机跳闸，负荷到零；发电机将解列。此时应检查机组的保安电源即柴油发电机是否启动，如未启动应立即就地手动启动，以保证机组安全停运；同时将厂用电动机置于停止位置，防止水泵倒转；对真空系统、轴封系统、回热加热系统、冷却水系统等进行必要的切换操作，维持事故油泵运行。一旦厂用电源恢复，应迅速将汽轮机辅机启动，锅炉重新点火，并根据设备状态及真空情况使机组重新接带负荷。

发生厂用电全停事故时，不论有无停机保护和停机保护是否动作，都应立即停机。在事故停机过程中，主机和汽动给水泵的交流油泵也可能失电，这时应启动直流润滑油泵向轴承供油。运行的失电辅机的操作开关应置"停用"位置，原备用交流辅机已失电，其自启动开关也应解除，单元制循环水系统的机组，应参照循环水中断的规定停机，两台机组合用的系统，应启动备用循环水泵，关小或关闭事故机组的循环水门，确保正常运行的相邻机组的正常运行；在事故处理过程中，应力求尽早恢复电气事故保安电源的供电。带柴油发电机的机组，应及早启动柴油发电机，用事故保安电源向诸如交流润滑油泵、盘车电机、发电机交流密封油泵、交流 DEH 油泵等设备供电。这些辅机中，有些有直流备用辅机，但直流备用辅机一般不能长期运行，有些还没有直流辅机备用，如保安段恢复后，应及时将直流辅机改为交流电辅机运行；及早启动顶轴油泵后，投入盘车运行，对汽轮机大轴弯曲情况等应仔细检查；厂用电恢复后，应对机组情况进行全机检查，符合启动要求后，进行启动恢复工作。机组重新启动后，应对机组的各轴承振动及瓦温的变化加强监视。

四、热控电源中断

我国大部分电厂将各种指示灯、开度指示、电动门、操作器的电源称为热控电源。把仪表、计算机、保护等设备的电源称为热工电源。热控电源失去时，指示灯熄灭，开度指示失常、电动门、调整门不能电动操作。此时应仔细检查并尽量维持原运行状态，极个别阀门可手动操作；仪表盘电源失去时，仪表指示失常，还可能引起联锁误动作，应恢复误动作的设备；恒温箱电源失去时，仪表指示会发生偏差，这时应注意对照分析，防止盲目操作；计算机电源失去时，计算机的功能全部失去，其后果视计算机的功能而定。有些计算机信集监视、控制、保护等功能于一身。如 DEH 计算机，本身就有一个保护。当电源失去时，保护动作，机组跳闸停机。因计算机失电进行事故停机时，常规盘上的阀门和辅机都可操作。

发生汽轮机热控电源和热工电源失去的事故，除要求尽快恢复电源外，如确认机组运行情况没有异常，应尽量维持原状，极个别电动门、调整门的必要操作，只能到就地手动操作，但时间不能过长。300MW 汽轮机运行典型规程规定最长时间不超过 39min；若时间超过或机组发生了异常运行，应进行不破坏真空事故停机。机炉的热控电源和热工电源全部失去时，应进行不破坏真空事故停机。在事故停机过程中，应注意辅机自启动已失灵的处理，如交流润滑油泵低油压自启动已无效，不能等待其启动，而应手动启动；就地手动操作维持凝汽器或除氧器水位等；排汽缸喷水也不能联锁开启，应人为将其开启等。

参 考 文 献

1　章德龙 . 单元机组集控运行 . 北京：水利电力出版社，1993
2　山西省电力局 . 发电厂集控运行 . 北京：中国电力出版社，1997
3　郑体宽 . 热力发电厂 . 第一版 . 北京：水利电力出版社，1998
4　朱新华等合编 . 电厂汽轮机 . 北京：水利电力出版社，1993
5　施维新 . 汽轮发电机组振动 . 北京：水利电力出版社，1991
6　张保衡 . 大容量火电机组寿命管理与调峰运行 . 北京：水利电力出版社，1988
7　顾晃 . 汽轮发电机组的振动与平衡 . 北京：水利电力出版社，1989
8　翦天聪 . 汽轮机原理 . 北京：水利电力出版社，1986
9　席洪藻 . 汽轮机设备及运行 . 第二版 . 北京：水利电力出版社，1988
10　甘肃省、河南省电力局合编 . 汽轮机设备运行技术 . 北京：中国电力出版社，1995
11　李恩辰 . 锅炉设备及运行 . 第二版 . 北京：水利电力出版社，1990
12　吴季兰 . 300MW 火力发电机组丛书 . 燃煤锅炉机组 . 北京：中国电力出版社，1998
13　吴季兰 . 300MW 火力发电机组丛书 . 汽轮机设备及系统 . 北京：中国电力出版社，1998
14　哈尔滨汽轮机厂等 . 20 万千瓦汽轮机的结构及运行 . 北京：水利电力出版社，1980
15　李平康 . 现代工程师实用数字化技术 . 北京：中国电力出版社，2000
16　李遵基 . 热工自动控制系统 . 北京：中国电力出版社，1997
17　华东六省一市电机工程（电力）学会 . 热工自动化 . 北京：中国电力出版社，2000